广东金融学院成人高等教育系列教材

jisuanji yingyong jichu

计算机应用基础

（第二版）

陈国君　主编

暨南大学出版社
JINAN UNIVERSITY PRESS

中国·广州

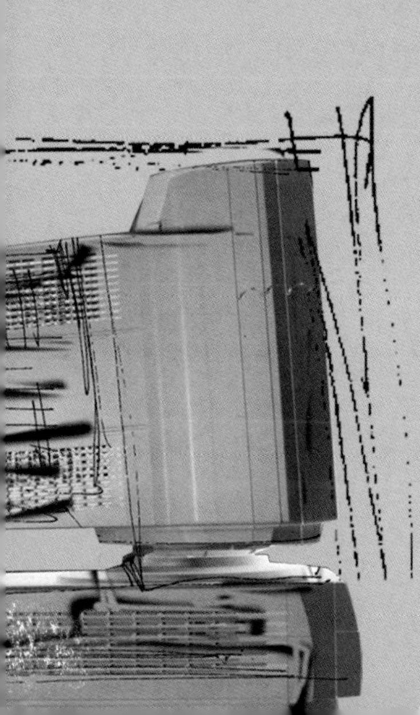

计算机应用基础编委会名单

主　编：陈国君

副主编：陈尹立

参　编：李星原　李福清　陈　力　李梅生

总　序

经济的全球化发展，使得国际竞争的实质在很大程度上是各国科学技术力量的竞争、人才的竞争。发展教育事业，不断完善人们的知识结构、提高人们的知识水平已成为时代的要求。随着我国经济的迅速发展、产业结构的不断调整、传统产业部门的改造、新兴产业部门的建立，数以千万计的各种岗位劳动者需要通过边工作边学习的方式来调整自己的知识结构和提高自己的知识水平，以适应这种现代经济与社会发展的要求。我国成人高等教育的发展面临着可贵的机遇，也肩负着重大的历史使命。

为了适应成人高等教育事业蓬勃发展的需要，打造我院成人高等教育品牌，实现“规模扩大、结构合理、效益显著”的奋斗目标，在学校领导和有关部门的大力支持下，经过周密筹划和积极准备，我院继续教育学院正式启动“成人高等教育系列教材”编写工作，计划用三年时间，聘请学校各专业长期从事成人教育的专家、学者，在总结我院成人教育教学经验的基础上，编写公共基础课和专业基础课教材及学习辅导书十五本左右，力求使这批教材从内容到形式真正符合成人学习的特点和要求。

2008 年，第一批推出的“广东金融学院成人高等教育系列教材”包括以下七种：《计算机应用基础》、《计算机应用基础习题解答与上机实验》、《微积分》、《微积分辅导》、《中国特色社会主义理论体系论纲》、《经济应用文写作》、《经济应用文写作范例与练习》。

2009 年，第二批将推出的“广东金融学院成人高等教育系列教材”包括以下六种：《统计学》、《会计学基础》、《会计学基础习题集》、《西方经济学》、《西方经济学习题集》、《管理学原理》。

本系列教材吸收了同类教材的优点，具有简明扼要、条理清晰、深入浅出、通俗易懂的特点。在内容的选择上，本教材注意面向大多数学生，既确保落实教学大纲的基本要求，又具有适当的弹性，能够适应学生进一步提高的要求，也给授课教师留有较大的选择和发挥空间。

本系列教材的使用对象主要为成人高等教育的专科学生，同时，本系列教材也可作为其他层次成人教育学生的参考书。

广东金融学院成人高等教育系列教材编委会

2008 年 5 月

第二版前言

该书第一版出版以后，在广大教师和学生的使用过程中，受到了广泛的好评，市场反应非常热烈。在广大读者的要求下，出版社决定修订再版，以满足需求。第二版总结了第一版的经验，同时又收集了广大读者的意见和建议，使该版在内容组织、表达方式等方面都有较大的改进，以适应计算机技术日新月异的发展需要。正是由于该书具有优化的知识体系、通俗易懂的讲解方式、对知识点的透彻分析和灵活实用的举例而深受读者的欢迎，这也是催生该书再版的主要原因。由于计算机技术发展十分迅速，加之作者水平有限，书中难免有不足之处，欢迎广大读者斧正。

在此，对暨南大学出版社的大力支持表示衷心的感谢！

编　者

2012 年 7 月

前 言

计算机基础是当代大学生在工作和生活中都必须具备的计算机知识，无论是工作还是生活，我们都离不开在计算机网络平台上对文字、表格、图表等的应用。因而了解计算机的基本原理、基础知识，掌握互联网的基本应用，利用现代办公软件以及互联网从事商务、办公以及企业经营管理活动，已成为大学生特别是财经类院校的大学生必须掌握的知识。因此，在网络平台上对计算机的各种应用和对现代办公软件的掌握，已成为大学计算机基础课教学的核心内容。为此，我们在明确了大学计算机基础教育的知识体系结构的基础上，编写了本教材，并在内容的选取及结构上注重应用技能的提高。

由于本教材的教学目标是使学生掌握一定的计算机应用技术基本理论，同时具备在实际学习与工作中较为熟练地应用计算机技术的能力。因此，在内容的安排上以基本应用技能培养为主线，并根据不同层次对计算机应用的要求，以应用案例的方式进行调整、充实和优化，从而使学生具备通过计算机应用技术获取信息、传输信息、处理信息和应用信息的能力，更好地为今后的学习和工作服务。

考虑到高等教育的前瞻性、先进性，本教材在软件版本的选定上，以 Windows XP、Office 2007 和 IE 7 作为背景，系统地介绍了 Windows XP、Office 2007 和 IE 7 的基本内容，应用软件部分介绍了目前比较实用的 FTP 工具软件 CuteFTP、屏幕录像专家软件、Windows 优化大师软件和数据恢复工具软件 EasyRecovery 的使用方法和技巧。整本教材概念清楚、层次分明、举例恰当。

本教材配有教辅《计算机应用基础习题解答与上机实验》。教材侧重于概念、基本原理和应用的讲解，各种软件的使用方法均通过操作实例来介绍；教辅的内容分为两部分：一是习题与解答，二是实验与上机指导。习题与解答部分搜集了一些以巩固所学知识为目的和在课后答疑过程中学生经常提到的典型问题，并给出相应的参考答案，以利于学生对知识的掌握；而实验与上机指导部分精心设计了许多与日常生活、学习关系密切的实验项目，旨在提高学生的学习兴趣，强化学生的动手能力。同时，为了方便广大师生的教学与学习，我们还制作了与教材相配套的电子教案，需要有关资料的师生可登录暨南大学出版社网站免费下载。

本教材共分七章，编写分工如下：第一章由陈国君编写；第二章由李星原编写；第三章由李福清编写；第四、五章由陈力编写；第六、七章由李梅生编写。本教材由陈国君教授担任主编，陈尹立副教授担任副主编。

由于编者水平所限，计算机技术发展又十分迅速，书中缺点和错误在所难免，敬请读者斧正。

编 者

2008 年 5 月

目　录

1　计算机基础知识

本章学习要点：

- 了解计算机的发展历史，掌握计算机系统的组成，即硬件系统和软件系统
- 理解计算机系统的层次结构，掌握计算机的特点、分类、应用及主要性能指标
- 理解计算机中的信息表示，包括数值和非数值信息的表示，掌握常用数制及其转换
- 了解计算机的进一步发展趋势
- 了解计算机病毒的基本知识，掌握计算机病毒的防治

本章主要介绍计算机的发展概况，以及计算机系统的组成，包括硬件系统和软件系统，计算机的分类、特点和技术指标等概念，同时还讲述了计算机的发展趋势。

1.1　计算机的产生和组成

电子计算机，简称计算机（俗称电脑），是20世纪最伟大的发明之一。这一伟大的科技成果极大地推动了人类社会的发展，人类已进入了一个前所未有的信息化社会，计算机也成为人们工作和生活不可缺少的现代化工具。

1.1.1　计算机的产生与发展

人类所使用的计算工具随着生产力的发展和社会的进步以及人们需求的不断提高，从简单到复杂、从低级到高级不断发展。在远古社会，人类以十个手指作为计算工具，进行一些简单的数字计算，并形成了十进制的计数法。公元前5世纪，我们的祖先发明了珠算，用算盘作为计算工具，并先后传到日本等亚洲和欧洲国家。公元17世纪，欧洲人发明了对数计算器，后来又发明了机械式的手摇计算机、电动机械计算机。20世纪初，英国人Boole创立了“布尔代数”，为电子计算机的诞生奠定了理论基础。用两个电子管等元件构成的双稳态触发器，来表示二进制数“0”和“1”，又为电子计算机的诞生奠定了物质基础。1946年，美国宾夕法尼亚大学摩尔学院与美国军方阿伯丁弹道实验室成功研制了第一台电子管组成的数字积分器和计算机ENIAC（electronic numerical integrator and computer），如图1.1所示。它装有16种型号的18 000个真空管、1 500个电子继电器、70 000个电阻器和18 000个电容器，内存17 KB，运算速度为5 000次/秒，是个耗电达30万千瓦/小时，8米高，3米宽，100米长，占地170 m^2，总重量达30吨的庞然大物。它奠定了现代计算机科学和技术的发展基础。

图 1.1　第一台电子计算机：ENIAC

ENIAC 用了 6 000 多个开关和配线盘来指示计算机，因此，每当进行不同的计算时，科学家们就要切换开关和改变配线，这使得当时从事计算的科学家看上去更像是在干体力活。为了改变这种状况，美国数学家冯·诺依曼提出了解决此问题的办法，就是“存储程序和程序控制”。通俗地讲就是把原来通过切换开关和改变配线来控制的运算步骤，以程序方式预先存放在计算机中，然后让其自动计算。至今，计算机设计仍然沿用这一思想。

自 ENIAC 诞生以来，伴随着电子器件的发展，计算机技术有了突飞猛进的发展。计算机的体系结构也已发生了重大变化。人们根据计算机所采用的逻辑元器件（逻辑元件）的演变把计算机发展划分为四个时代。

第一代（1946—1957 年）电子管计算机：这一代计算机使用的基本逻辑元器件是电子管，故称为电子管计算机。主存储器先采用汞延迟线，后来采用磁鼓、磁芯，且存储容量小，外存储器使用纸带或卡片。软件使用二进制的机器语言、汇编语言编写程序。在这一代计算机的发展期间形成了计算机的基本体系，确定了程序设计的基本方法。其主要用于科学计算和从事军事、科学研究的工作。这一代计算机的缺点是运行时产生的热量太大、可靠性较差、工作速度低、价格昂贵、体积庞大以及功耗大等，这都使计算机的发展受到限制。

第二代（1958—1964 年）晶体管计算机：这一代计算机使用的基本逻辑元器件是晶体管，所以称为晶体管计算机。采用磁芯作为主存储器，采用磁带和磁盘作为外存储器。开始有了系统软件，提出了操作系统的概念，出现了高级程序设计语言（如 ALGOL60、FORTRAN、COBOL 等）。运行速度为每秒几十万次到几百万次。与第一代计算机相比，其特点是体积小、耗电少、功能强、使用方便。这时期的计算机主要用于数据处理和自动控制。第二代计算机的成功，除了采用了晶体管外，另一个重要因素是“存储的革命”。1951 年，美籍华人王安发明了磁芯存储器，该技术彻底改变了继电器存储的工作方式和处理器的连接方法，也大大缩小了存储器的体积，为第三代计算机的发展奠定了基础。

第三代（1965—1970 年）集成电路计算机：这个时期的计算机使用的基本逻辑元器件是中小规模集成电路。采用半导体存储器作为主存储器，使用磁盘作为外存储器。系统软件有了很大的发展，出现了分时系统，多用户可共享计算机资源。在程序设计方法上采用了结构化程序设计，为研制复杂的软件提供了技术上的保证。运算速度达每秒几百万次到上千万次。这一阶段计算机的突出特点是体积缩小、价格降低、功能增强，广泛应用于科学计算、数据处理、事务管理、工业控制等领域。

第四代（1971 年至今）大规模和超大规模集成电路计算机：这一代计算机使用的逻辑

元器件是大规模和超大规模集成电路，主存储器采用半导体存储器，外存储器采用大容量的软、硬磁盘和光盘。计算机的运行速度可达每秒千万次到万亿次。软件方面，操作系统不断发展和完善，同时发展的数据库管理系统、通信软件等，使计算机的发展进入了以计算机网络为特征的时代。这一时代也是微型计算机诞生的时代。

现将计算机发展的各阶段总结成表 1.1。

表 1.1 计算机发展的各阶段

年代 元器件	第一代 （1946—1957 年）	第二代 （1958—1964 年）	第三代 （1965—1970 年）	第四代 （1971 年至今）
逻辑元器件	电子管	晶体管	中、小规模集成电路	大规模和超大规模集成电路
主存储器	汞延迟线	磁芯、磁鼓	磁芯、磁鼓、半导体存储器	半导体存储器
外部辅助存储器	纸带、卡片	磁带、磁鼓	磁带、磁鼓、磁盘	磁带、磁盘、光盘
处理方式	机器语言、汇编语言	监控程序、连续处理作业、高级语言编译	多道程序，实时处理	实时、分时处理，网络操作系统
运算速度	几千次到几万次/秒	几十万次到几百万次/秒	几百万次到上千万次/秒	千万次到万亿次/秒

总之，计算机从第一代发展到第四代，已由仅仅包含硬件的系统发展到包括硬件和软件两大部分的计算机系统。由于技术的更新和应用的推动，计算机一直处在飞速发展之中，遵循着信息技术发展功能价格比的摩尔定律，即计算机芯片的功能每 18 个月翻一番，而价格减一半。该定律的作用从 20 世纪 60 年代以来，已持续 40 多年。目前，集处理文字、图形、图像、声音为一体的多媒体计算机的发展方兴未艾。各国都在计划建设自己的“信息高速公路”，以期通过各种通信渠道，包括有线网和无线网，把各种计算机互联起来，从而实现信息在全球范围内的传递。

1.1.2 计算机系统的组成

在第一台电子计算机的研制过程中，美籍数学家冯·诺依曼针对该机存在的问题，提出了一个全新的通用计算机方案——EDVAC（埃德瓦克）方案。在该方案中，冯·诺依曼提出了三个重要的设计思想：

（1）计算机由五个基本部分组成：运算器、控制器、存储器、输入设备和输出设备。

（2）采用二进制形式表示计算机的指令和数据。

（3）将程序（由一系列指令组成）和数据存放在存储器中，并让计算机自动地执行程序，这就是“存储程序和程序控制”思想的基本含义。

EDVAC 方案成了后来计算机设计的主要依据。

如今，电子计算机虽然在外形和性能上发生了巨大的变化，但仍然沿用冯·诺依曼这种通用计算机的思想。计算机系统是由硬件系统和软件系统组成，如图 1.2 所示。硬件系统也称机器系统，软件系统也称程序系统。硬件系统是整个系统运行的物理平台，是计算机工作的基础，是计算机的躯壳；软件系统是控制和操作计算机工作的核心，是计算机的灵魂。计算机通过执行程序，在软件、硬件的协同工作下运行，两者缺一不可。

- 计算机系统
  - 硬件系统
    - 控制器、运算器：中央处理器（CPU）（主机）
    - 存储器
      - 内存储器（主机）
        - 只读存储器
        - 随机存储器
      - 外存储器（外部设备）
        - 软盘
        - 硬盘
        - U 盘
        - 光盘
        - ……
    - 输入设备、输出设备：I/O 设备（外部设备）
  - 软件系统
    - 系统软件
      - 操作系统
      - 语言处理程序
      - 数据库管理系统
      - 网络及通信系统
    - 应用软件
      - 应用软件包
      - 用户程序

图 1.2　计算机系统

1. 计算机硬件系统

计算机硬件是计算机物理设备的总称，它由各种电子元器件和电子线路组成，是我们能看到的设备实体。如果一台计算机只有硬件，那么可以说它是一台精密的、不会做任何工作的“死的”电子设备，一台只有硬件设备的计算机通常称为“裸机”。在计算机硬件系统的五个组成部分（运算器、控制器、存储器、输入设备和输出设备）中，运算器和控制器统称为中央处理器，简称 CPU（central processing unit，中央处理单元）。主机包括 CPU 和内存，外部设备包括输入设备、输出设备和外存储器。

（1）控制器。控制器能指挥和控制全机协调一致地工作。如逐条读取事先存放在内存中的程序指令，对指令进行译码，发出相应控制信号。控制器主要由程序计数器、指令存储器、指令译码器等组成。

（2）运算器。运算器又称算术逻辑单元 ALU（arithmetic logic unit）。它是计算机对数据进行加工和处理的设备，不但可以完成算术运算（加、减、乘和除），而且可以完成关系和逻辑运算（比较大小，比较是否相等，与、或、非等）。

（3）存储器。存储器是计算机中有“记忆”功能的器件，用于存放程序、参与运算的数据及运算结果。向存储器中存入数据称为写入，从存储器取出数据称为读出。存储器分内存储器（主存储器，简称内存）和外存储器（辅助存储器，简称外存）两种。内存的存取速度快，工作效率高，可以直接和 CPU 交换数据。外存一般用来存储需要长期保存的各种程序和数据，外存不能被 CPU 直接访问，必须通过内存和 CPU 交换数据。内存储器按工作原理可分为只读存储器 ROM（read only memory）和随机存储器 RAM（random access memory)。只读存储器中的内容只能读出不能写入，断电后也不会丢失，它用来存放计算机厂商预先一次性写入的程序和数据，所有计算机都把启动程序放在 ROM 中。而随机存储器 RAM 是内容可读、可写的存储器，其信息是通过电信号写入的，所以断电后其中的内容会全部丢失，我们一般说的内存储器主要是指 RAM。

由于 CPU 的速度比内存速度快得多，使得 CPU 在读写内存数据时要等待，严重降低了计算机的工作速度。为了提高 CPU 读写程序和数据的速度，在内存和 CPU 之间增加了高速缓冲存储器（Cache)。在 Cache 中保存着内存常用内容的部分副本，CPU 在读写数据时，首先访问 Cache，如果数据在 Cache 中，就从 Cache 中读取，否则才去访问内存。由于 Cache 的读写速度更快，将内存中最频繁使用的指令与数据存入 Cache 中，加快了 CPU 的读写数据速度，提高了计算机整体的工作效率。

(4) 输入设备。输入设备是把待输入计算机的信息转换成能被计算机处理的数据形式的设备。常用的输入设备有键盘、鼠标、磁盘驱动器、光驱、模/数转换设备、磁带输入机、数字化仪、扫描仪、手写板、触摸屏和麦克风等。

(5) 输出设备。输出设备是把计算机输出的信息转换成外界能接收的表现形式的设备。常用的输出设备有显示器、打印机、磁盘驱动器、刻录机、绘图仪、数/模转换设备、扬声器、静电印刷机等。

2. 软件系统

计算机可以识别和执行的操作所表示的处理步骤称为程序。计算机软件是指计算机程序和有关文档。计算机软件种类众多。通常将软件分为系统软件和应用软件两大类。系统软件是指管理、控制和维护计算机系统资源的程序集合，这些资源包括硬件资源和软件资源。例如，对 CPU、内存、外设的分配与管理，对系统程序文件与应用程序文件的组织和管理等。应用软件是用户利用计算机及其提供的系统软件为解决实际问题而编制的计算机程序，是指除了系统软件以外的所有软件。

(1) 系统软件。系统软件由操作系统（OS）和各种程序设计语言及其解释与编译系统、数据库管理系统、网络及通信系统等支撑软件组成，其核心是操作系统。系统软件是计算机正常运行不可缺少的，一般由计算机生产厂家或软件开发人员研制。下面介绍五种常用的系统软件：

第一，操作系统。操作系统是配置在计算机中的各种硬件上的第一层软件，是其他软件运行的基础。其主要功能是管理计算机系统中的各种硬件和软件资源（如存储器管理、文件管理、进程管理和设备管理等），并为用户提供与计算机硬件系统之间的接口（如通过键盘发出命令控制作业运行等）。在计算机上运行的其他所有的系统软件（如汇编程序、编译程序和数据库管理系统等）及各种应用程序，都要依赖于操作系统的支持。因此，操作系统在计算机系统中占据着极其重要的位置，无论是大型机还是微型机都必须配置它。目前，微机上较为流行的操作系统有 Windows 98、Windows 2000/XP/2003、Unix 和 Linux 等。

第二，程序设计语言。为了让计算机完成某项任务，人们必须使用计算机程序设计语言与计算机交谈。程序设计语言就是人和计算机之间进行交换信息时所使用的语言。程序设计语言的发展是一个功能不断完善、描述问题的方法愈加贴近人类思维方式的过程。程序设计语言主要分为机器语言、汇编语言和高级语言三类。

机器语言（machine language）：是一种用二进制代码，以 0 和 1 表示的、能被计算机直接识别和执行的语言。用机器语言编写的程序称为机器语言程序，它是一种低级语言。用机器语言编写的程序不便记忆、阅读和书写。通常不用机器语言直接编写程序。

汇编语言（assemble language）：是一种用助记符编写程序时所遵守的语法规则，按汇编语言的规定和规则编写出来的程序称为汇编语言程序。汇编语言是面向机器的程序设计语言，所以它也是低级语言。汇编语言的每条指令对应一条机器语言代码，不同类型的计算机系统一般有不同的汇编语言。计算机不能直接识别和执行汇编语言程序，而必须由"汇编程序"（或汇编系统）将其翻译成机器语言程序才能运行。这种"汇编程序"就是将汇编语言程序翻译成机器语言程序的翻译程序。汇编语言适用于编写直接控制计算机操作的底层程序，它与机器密切相关，不容易使用。

高级语言（high level language）：是一种比较接近自然语言和数学表达式的计算机程序设计语言。用高级语言编写的程序一般称为"源程序"，它也不能被计算机直接识别和执行。

第三，语言处理程序。随着计算机语言的发展，程序设计语言越来越接近于人的习惯而脱离机器存在。对于计算机不能直接执行的程序设计语言，就需要语言处理程序将其翻译成计算机能够执行的形式。也就是说要想执行源程序，就必须把用高级语言编写的源程序翻译成机器指令，翻译的方式通常有编译和解译两种方式：①编译方式是将源程序整个翻译成目标程序（即机器语言程序），之后通过链接程序将目标程序链接成可执行程序，然后再由计算机执行。②解译方式是将源程序逐句翻译，翻译一句执行一句，边翻译边执行，不产生目标程序，由计算机执行解译程序自动完成。

第四，数据库管理系统。数据库管理系统的作用是管理数据库，具有建立、编辑、维护访问数据库的功能，并给数据提供独立、完整、安全的保障。按数据模型不同，数据库管理系统可分为层次型、网状型和关系型三种类型，如 FoxPro、Oracle 和 Access 都是典型的关系型数据库管理系统。

第五，网络管理软件。网络管理软件是随着网络和 Internet 的发展而出现的，主要是指网络通信协议及网络操作系统。其主要功能是支持终端与计算机、计算机与计算机以及计算机与网络之间的通信，提供各种网络管理服务，实现共享，并保障计算机网络的畅通和安全。

（2）应用软件。应用软件是由计算机生产厂家、软件公司或用户为支持某一应用领域、解决某个实际问题而专门研制的软件，如图书管理软件、图形处理软件、办公自动化软件、杀毒软件、收发邮件软件及游戏软件等。

有了系统软件的支撑，程序员就可以利用各种程序设计语言编写出面向各行各业、实现不同功能的应用软件。虽然软件的设计还没有摆脱手工操作的模式，但随着软件技术的进步，应用软件也在逐渐地向标准化、模块化方向发展。目前已形成了用于解决某些典型问题的应用程序组合，称为软件包（package）。

3. 计算机系统的层次结构

计算机硬件、软件和用户之间的层次结构如图 1.3 所示。在计算机系统的层次结构中，最低一级的是硬件系统，即裸机。它是整个系统运行的物理基础，为其上的各种软件系统提供运行平台。直接运行在硬件系统之上的是操作系统，其他各种系统软件都是在操作系统的支持下运行的，由于应用软件是在这些系统软件的支撑下由用户开发的，所以这些系统软件又称为支撑软件。在支撑软件之上的是用户开发的各种应用软件，而最上面是用户。

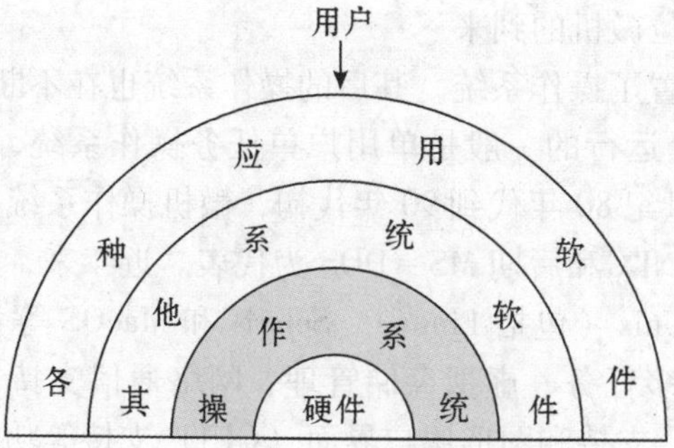

图 1.3　计算机硬件、软件与用户的关系

从另一个角度看，操作系统在逻辑上相当于硬件功能的扩充，而在操作系统的支持下运行的各种系统软件又相当于操作系统功能的扩充。所以可以说，每安装一个系统软件，就相当于对计算机的功能进行一次扩充。

1.1.3　微型计算机的发展

微型计算机（personal computer）简称微机或 PC 机，是计算机中应用最普及、最广泛的一类。它是由微处理器，存储器，总线，输入、输出接口及其相应设备组成，也属冯·诺依曼型计算机。

PC 机具有强大的处理信息能力，这主要因为它有一个称为微处理器的大规模集成芯片。世界上第一个通用微处理器 Intel 4004 在 1971 年问世，称为第一代微处理器。微机的发展大致经历了如下七个阶段：

第一代微机：以 IBM 公司的 IBM PC/XT 机为代表，CPU 是 8088，诞生于 1981 年，后来出现了许多兼容机。

第二代微机：IBM 公司于 1985 年推出的 IBM PC/AT 标志着第二代 PC 机的诞生。它采用 80286 为 CPU，其数据处理和存储管理能力都大大提高。

第三代微机：1987 年，Intel 公司推出了 80386 微处理器。386 又进一步分为 SX 和 DX 两档，档次由低到高依次为 386SX、386DX。用各档 CPU 组装的机器，称为该档次的微机，如 386DX。

第四代微机：1989 年，Intel 公司推出了 80486 微处理器。486 也分为 SX 和 DX 两档，即 486SX、486DX。

第五代微机：1993 年，Intel 公司推出了第五代微处理器 Pentium（中文名“奔腾”）。Pentium 实际上应该称为 80586，但 Intel 公司出于宣传竞争方面的考虑，改变了“$x86$”传统的命名方法。其他公司推出的第五代 CPU 还有 AMD 公司的 K5、Cyrix 公司的 6x86。1997 年，Intel 公司推出了多功能 Pentium MMX。奔腾档次的微机由于可运行 Windows 95，所以现在仍有部分在被使用。

第六代微机：1998 年，Intel 公司推出了 Pentium Ⅱ、Celeron，后来推出了 Pentium Ⅲ、Pentium Ⅳ，主要用于高档微机。其他公司也推出了相同档次的 CPU，如 K6、Athlon XP、VIA C3 等。

第七代微机：2003 年 9 月，AMD 公司发布了面向台式机的 64 位处理器：Athlon 64 和 Athlon 64 FX，标志着 64 位微机的到来。

微机在诞生之初就配置了操作系统，其后的操作系统也在不断发展。20 世纪 70 年代中期到 80 年代初期，微机上运行的一般是单用户单任务操作系统，如 CP/M、CDOS、MDOS 和早期的 MS－DOS。20 世纪 80 年代到 90 年代初，微机操作系统开始支持单用户多任务和分时操作，以 MP/M、XENIX 和后期 MS－DOS 为代表。近年来，微机操作系统得到了进一步的发展，以 Windows、Unix（包括 Linux）、Solaris 和 MacOS 等为代表的新一代微机操作系统都已经具有多用户和多任务、虚拟存储管理、网络通信支持、数据库支持、多媒体支持、应用编程接口（API）支持和图形用户界面（GUI）支持等功能。

1.2　计算机的特点、分类与作用

计算机作为一种通用信息处理工具，以其突出的特点应用在每个领域。在不同的领域，计算机的分类与作用也是不尽相同的。

1. 计算机的主要特点

运算速度快、计算精度高、具有“记忆”能力和逻辑判断能力是计算机的主要特点。

计算机的运算速度从每秒几千次发展到每秒万亿次以上，基于龙芯（Loongson，旧称 GODSON，是中国科学院计算所自主开发的通用 CPU，采用简单指令集，类似于 MIPS 指令集）2 号的国产万亿次高性能计算机系统 KD－50－I 于 2007 年 12 月 26 日在安徽合肥通过鉴定。计算机不但能进行算术运算，而且精度高，还能进行逻辑运算，即具有逻辑判断功能。计算机可以根据给定的条件进行判断，以此来决定下一步要做的事情。除此之外，计算机还具有在程序控制下自动工作的能力以及可靠性和通用性等特点。

2. 计算机的分类

目前，计算机可分为微型计算机、工作站用计算机、小型计算机、中型计算机、大型计算机、巨型计算机和高性能计算机等，如表 1.2 所示。

表 1.2　计算机的分类

类　别	特　点	用　途
微型计算机	体积小、功耗低、结构简单、使用方便	家庭、办公室
工作站用计算机	配有高分辨率的大屏幕显示器、绘图仪、扫描器和数字化仪等	计算机辅助设计（CAD）技术及专用
小型计算机	规模较小，价格相对较便宜	早期用于科研院所
中型计算机	规模和价格介于小型机和大型机之间	（介于小型机和大型机之间）

（续上表）

类 别	特 点	用 途
大型计算机	规模较大，价格昂贵，一台主机可带上百台用户机	金融业、大型商业、科研机构
巨型计算机	速度快、性能高、体积大、耗资多	国防与科技
高性能计算机	超级计算机 超级服务器	科学工程计算及专门的设计，数值计算、事务处理、数据库应用、网络应用与服务，气象观测、石油勘探、航空航天、信息安全和生命科学

3. 计算机的应用

早期的计算机主要用于科学计算。随着计算机的发展，计算机的应用已经渗透各个领域，下面介绍八个主要的应用领域：

（1）科学与工程计算。科学与工程计算是计算机最早的应用方面。计算机用于完成科学研究和工程技术中所提出的数学问题（数值计算），如人造卫星轨迹的计算、水坝应力的计算和气象预报的计算等。应用计算机进行数值计算，速度快，精度高，可以大大缩短计算周期，节省人力和物力。

（2）信息处理和管理。目前，计算机广泛应用于信息处理和管理，如文字处理、数据处理、统计报表、情报检索、图书资料管理、档案管理、网络信息服务等，并广泛应用于办公自动化、银行业务、股市、商业、企业信息管理、联网订票系统和 Internet 等。

（3）过程控制。过程控制又称实时控制，是指计算机实时采集检测数据，按最佳方法迅速地对被控制对象进行自动控制或自动调节。由于过程控制一般都是实时控制，要求计算机可靠性高，响应及时。目前在实时控制系统中广泛采用集散系统，即把控制功能分散给若干台计算机负责，而操作管理则集中在一台或多台高性能的计算机上进行。

（4）计算机辅助系统。计算机辅助系统包括计算机辅助设计（CAD）、计算机辅助教学（CAI）、计算机辅助制造（CAM）、计算机辅助测试（CAT）、计算机集成制造（CIMS）、计算机辅助软件工程（CASE）等系统。计算机辅助设计和辅助制造结合起来可直接把 CAD 设计的产品加工出来。近年来，CIMS 又成为制造自动化技术的前沿和方向。CIMS 是集工程设计、生产过程控制、生产经营管理为一体的高度计算机化、自动化和智能化的现代化生产大系统，是制造业的未来。

（5）电子商务。电子商务是指通过计算机网络以电子数据信息流通的方式在世界范围内进行并完成的各种商务活动、交易活动、金融活动和相关的综合服务活动。例如，在 Internet 上有虚拟商店和虚拟企业等提供商品，消费者在家里通过电脑选购和订购商品，再由专人送到用户手中。

（6）人工智能。人工智能是利用计算机对人进行智能模拟，即使计算机具有“模拟”人的思维和行为等能力。其中最具有代表性的两个领域是专家系统和智能机器人。专家系统是具有某个专门知识的计算机软件系统，它综合了某个领域专家们的知识和经验，使它具有较强的咨询能力。智能机器人的研究已经有很大的进展，目前已经研制出了具有一定的感知、环境辨别、语言理解、推理和归纳能力及模仿人完成一些动作的机器人。

（7）多媒体技术应用。把数字、文字、声音、图形、图像和动画等多媒体有机组合起来，利用计算机、通信和广播电视技术，使它们建立起逻辑联系，并能进行加工处理（包括对这些媒体的录入、压缩和解压缩、存储、显示和传输等）的技术。目前多媒体计算机技术的应用领域正在不断拓宽，除知识学习、电子图书、商业及家庭应用外，在远程医疗、视频会议中都得到了极大的推广。

（8）计算机网络应用。计算机网络是计算机技术与通信技术相结合的产物。计算机网络技术的发展，使不同地区的计算机之间实现软件、硬件资源共享，大大地促进了地区间、国际的通信和各种数据的传输及处理。这些应用包括电子商务、电子政务和网络教育等。

1.3 计算机中数据的单位和主要性能指标

数据首先在计算机内表示，然后才能被计算处理。计算机表示数据的部件主要是存储设备，数据的存储单位有位、字节、字等。计算机的性能指标用于衡量一台计算机的性能。

1. 主要数据单位

（1）位。位称为比特，记为 bit（binary digit）或小写字母 b。位是计算机中最小的信息单位，是用 0 或 1 来表示一个二进制数位。

（2）字节。字节称为拜特，记为 Byte 或大写字母 B。字节是数据存储中最常用的基本单位，计算机中八个二进制位构成一个字节，即 1 Byte = 8 bit。一个字节从最小的 00000000 到最大的 11111111 一共可以有 $2^8=256$ 个值。也可以表示由 8 个二进制构成的其他信息。要注意位与字节的区别：位是计算机中最小数据单位，字节是计算机中基本信息单位。

（3）字。字也称为计算机字，记为 Word 或 W，是位的组合。字是信息交换、加工、存储的基本单元（独立的信息单位）。用二进制代码表示，一个字由一个字节或若干字节构成（通常取字节的整数倍）。它可以代表数据代码、字符代码、操作码和地址码或它们的组合。

2. 主要性能指标

（1）字长。字长就是字中所包含的二进制数的位数，换句话说，字长是指 CPU 一次能处理的二进制信息的位数。字长的大小直接关系到计算机的计算精度，字长越长，精度越高，速度越快，但价格也越高。目前微机的字长由 32 位转向 64 位为主，传统的大、中、小型机的字长为 48 ~ 128 位。

（2）内存容量。内存的大小表示存储数据的容量大小，在微型机中一般以字节为单位。计算机内存的存储容量、磁盘的存储容量等都是以字节为单位表示的。

通常将 2^{10}，即 1 024 字节称为 1 K 字节，记为 KB（KiloByte），读作千字节；将 2^{20} 字节记为 MB（MegaByte），读作兆字节；将 2^{30} 字节记为 GB（GigaByte），读作吉字节；将 2^{40} 字节记为 TB（TeraByte），读作太字节；将 2^{50} 字节记为 PB（PetaByte），读作拍字节。它们之间存在下列换算关系：

1 B = 8 bit

1 KB = 1 024 B = 2^{10} B

1 MB = 1 024 KB = 2^{10} KB = 2^{20} B

1 GB = 1 024 MB = 2^{10} MB = 2^{30} B

1 TB = 1 024 GB = 2^{10} GB = 2^{40} B

1 PB = 1 024 TB = 2^{10} TB = 2^{50} B

注意： 硬盘厂商在标志硬盘容量时，采用的计量方法是1 KB = 1 000 Byte，而不是1 KB = 1 024 Byte。

（3）运算速度。运算速度是衡量计算机性能的一项主要指标，它取决于指令的执行时间。运行速度的计算方法有多种，目前常用单位时间执行多条指令来表示，因此常根据一些典型题目，计算各种指令执行的频度以及每种指令执行的时间来折算出计算机的运算速度。直接描述计算机的运算速度（平均运算速度）用每秒钟百万条指令数（million instruction per second，简称 MIPS）来衡量。

（4）主频。主频（main CLK）也就是 CPU 的时钟频率，即指 CPU 在单位时间（秒）内所发出的脉冲数。主频的单位是 MHz 或 GHz，一般来说，主频越高，一个时钟周期里面完成的指令数也越多，当然 CPU 的速度也就越快了。例如，Intel Pentium 4 2. 4G 表示英特尔公司生产的 Pentium 4，主频为 2. 4GHz。不要把 CPU 的时钟频率简单地等同于计算机的运算速度。

（5）磁盘容量。磁盘容量就是硬盘和软盘存储量的大小，它反映了计算机存取数据的能力。目前台式机磁盘的容量通常是 80 GB、120 GB、160 GB，甚至更高。

以上只是计算机的一些主要性能指标。在评价一台计算机时应当综合考虑，并且还要考虑经济合理、使用方便和性能价格比，以能满足应用的要求为目的。

1.4 计算机中的数据表示和信息编码

日常生活中最常采用的数制是十进制（Decimal），即用 0 ~ 9 的 10 个数字来表示数据。在计算机中，所有的信息都采用二进制编码。在二进制系统中只有 0 和 1 两个数，所以文字、图形、声音、视频等信息要存入计算机都必须转换成二进制数码形式。这是因为在计算机内部采用二进制（Binary）表示信息具有易于物理实现、运算简单、机器的可靠性高和通用性强等优点。此外，在编程中为了书写方便还经常使用八进制（Octal）和十六进制（Hexadecimal）。

1.4.1 计算机中常用的数制及它们之间的转换

1. 数制的概念

数制就是用一组固定的数字和一套统一的规则来表示数目的方法。按照进位方式计数的数制叫进位计数制。十进制即逢十进一，生活中也常常遇到其他进制，如六十进制（60 秒为一分钟，60 分钟为一小时，即逢六十进一）、十二进制、十六进制等。

进位计数涉及基数与各数位的位权两个概念。十进制计数的特点是“逢十进一”，在一个十进制数中，需要用到 10 个数字符号 0 ~ 9，即十进制数中的每一位都是这 10 个数字符号之一。所以，所谓基数是指该进制中允许使用的基本数码的个数。每一种进制都有固定数目的计数符号。

（1）十进制：基数为 10，10 个记数符号，分别为 0，1，2，…，9。每一个数码符号根据它在这个数中所在的位置（数位），按“逢十进一”来决定其实际数值。

（2）二进制：基数为2，2个记数符号，分别为0和1。每个数码符号根据它在这个数中的数位，按“逢二进一”来决定其实际数值。

（3）八进制：基数为8，8个记数符号，分别为0，1，2，…，7。每个数码符号根据它在这个数中的数位，按“逢八进一”来决定其实际的数值。

（4）十六进制：基数为16，16个记数符号，分别为0~9，A，B，C，D，E，F。其中A~F对应十进制的10~15。每个数码符号根据它在这个数中的数位，按“逢十六进一”决定其实际的数值。

为了区分这四种进制数，规定在数字的后面加字母D表示十进制数，加字母B表示二进制数，加字母O表示八进制数，加字母H表示十六进制数，其中表示十进制数的字母D可省略不加。也可以用基数作下标表示相应的进制。例如，十进制数25可表示为25D或25，也可表示为$(25)_{10}$。

一个数码处在不同位置上所代表的值不同，如数字6在十位数位置上表示60，在百位数上表示600，而在小数点后1位表示0.6，可见每个数码所表示的数值等于该数码乘以一个与数码所在位置相关的常数，这个常数叫做位权。位权的大小是以基数为底、数码所在位置的序号为指数的整数次幂（整数部分的个位位置序号为0）。例如，对于十进制数来说，其个位数位置的位权是10^0，十位数位置上的位权为10^1，小数点后1位的位权为10^{-1}。

十进制数5938.24的值可表示为如下的按权值展开的形式：

$(5938.24)_{10}=5\times10^3+9\times10^2+3\times10^1+8\times10^0+2\times10^{-1}+4\times10^{-2}$

小数点左边：从右向左，每一位对应的权值分别为10^0、10^1、10^2、10^3。

小数点右边：从左向右，每一位对应的权值分别为10^{-1}、10^{-2}。

同理，二进制数$(10101.01)_2$可表示为如下的形式：

$(10101.01)_2=1\times2^4+0\times2^3+1\times2^2+0\times2^1+1\times2^0+0\times2^{-1}+1\times2^{-2}$

小数点左边：从右向左，每一位对应的权值分别为2^0、2^1、2^2、2^3、2^4。

小数点右边：从左向右，每一位对应的权值分别为2^{-1}、2^{-2}。

不同的进制由于其进位的基数不同而权值也是不同的。

十、二、八、十六进制数之间的对应关系如表1.3所示。常用的四种进位计数制如表1.4所示。

表 1.3 十、二、八、十六进制数之间的对应关系

十进制数（D）	二进制数（B）	八进制数（O）	十六进制数（H）
0	0000	0	0
1	0001	1	1
2	0010	2	2
3	0011	3	3
4	0100	4	4
5	0101	5	5
6	0110	6	6
7	0111	7	7
8	1000	10	8
9	1001	11	9
10	1010	12	A
11	1011	13	B
12	1100	14	C
13	1101	15	D
14	1110	16	E
15	1111	17	F
16	10000	20	10

表 1.4 计算机中常用的四种数制

进制	十进制	二进制	八进制	十六进制
规则	逢十进一	逢二进一	逢八进一	逢十六进一
基数	10	2	8	16
基本符号	0，1，…，9	0，1	0，1，…，7	0，1，…，9，A，B，…，F
权（n 为整数）	10^n	2^n	8^n	16^n
表示形式	D 或省略	B	O	H

权的展开式：对任何一种用进位计数制表示的数据都可以写出按其权展开的多项式之和。任意 r 进制数 $N=a_{n-1}a_{n-2}\cdots a_1a_0.a_{-1}a_{-2}\cdots a_{-m}$ 可表示为：

$$N=a_{n-1}\times r^{n-1}+a_{n-2}\times r^{n-2}+\cdots+a_1\times r^1+a_0\times r^0+a_{-1}\times r^{-1}+\cdots+a_{-m}\times r^{-m}$$

其中：a_i 为数字符号；r^i 为位权；n、m 为整数。

例如：$(375.6)_8=3\times 8^2+7\times 8^1+5\times 8^0+6\times 8^{-1}$

$(396.71)_{10}=3\times 10^2+9\times 10^1+6\times 10^0+7\times 10^{-1}+1\times 10^{-2}$

$(1001)_2=1\times 2^4+0\times 2^3+1\times 2^2+0\times 2^1+1\times 2^0$

2. **各进制数之间的相互转换**

（1）任意 r 进制数转换成十进制数。

任意 r 进制数转换成十进制数的方法是：按权展开各项，按十进制运算法则相加求和。如将二进制数 $(10101.1)_2$ 转换成十进制数。

$$(10101.1)_2 = 1\times2^4+0\times2^3+1\times2^2+0\times2^1+1\times2^0+1\times2^{-1}$$
$$=16+4+1+0.5=(21.5)_{10}$$

（2）十进制数转换成任意 r 进制数。

十进制数转换成任意 r 进制数分为两部分——整数部分和小数部分分别转换，然后再将其连成一个整体。其中整数部分的转换方法是：除以基数（r），取其余数，反向排序；小数部分的转换方法是：乘以基数（r），取其整数，正向排序。

说明：在整数部分的转换时，每次除基取余时，直到商为0时为止；小数的转化过程中，每次乘基取整时，应该到小数部分为0时为止。但由于一个十进制小数不一定能完全准确地转换成二进制小数，如果小数部分永不为0，这时应根据精度要求转换到一定的位数为止。

【例1.1】将十进制数28.345转换成二进制数。即 $(28.345)_{10}=(\quad\quad)_2$。

步骤1：将整数部分28转换成二进制数。由于十进制整数转换成二进制数，其基数为2，所以采用“除2取余”法，即把十进制数28除以2，得到一个商和一个余数，再将所得到的商除以2，又得到一个商和一个余数，如此反复除下去直到商是0为止。将所得的余数反向排序，就得到十进整数28的二进制表示形式。其操作过程如下：

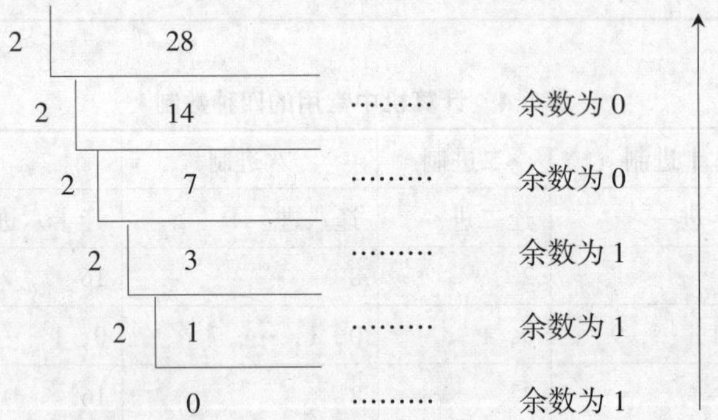

即 $(28)_{10}=(11100)_2$

步骤2：将十进制小数部分0.345转换成二进制数。由于十进制小数转换成二进制数，其基数为2，所以采用“乘2取整”法，即把十进制小数0.345乘以2，把乘积的整数部分取下来，剩下的小数部分继续乘以2，直到结果小数部分为0或二进制小数部分达到精度要求为止，最后把记录下来的各位整数部分正向排序，就得到十进小数0.345的二进制表示形式。其转换过程如下：

$$
\begin{array}{rll}
 & 0.345 & \\
\times & 2 & \\
\hline
 & 0.690 & \cdots\cdots\cdots \quad \text{整数为 } 0 \\
\times & 2 & \\
\hline
 & 1.38 & \cdots\cdots\cdots \quad \text{整数为 } 1 \\
\times & 2 & \\
\hline
 & 0.76 & \cdots\cdots\cdots \quad \text{整数为 } 0 \\
\times & 2 & \\
\hline
 & 1.52 & \cdots\cdots\cdots \quad \text{整数为 } 1 \\
\times & 2 & \\
\hline
 & 1.04 & \cdots\cdots\cdots \quad \text{整数为 } 1 \downarrow
\end{array}
$$

即 $(0.345)_{10} \approx (0.01011)_2$

综上可知 $(28.345)_{10} \approx (11100.01011)_2$

(3) 二进制数与八进制数、十六进制数之间的转换。

由于三位二进制数对应于一位八进制数，四位二进制数对应于一位十六进制数，所以它们之间的转换非常方便。

第一，二进制数转换成八进制数。将一个二进制数转换成八进制数的方法：从小数点开始分别向左和向右，每三位分成一组，不足三位的，整数部分在前面补零，小数部分在后面补零，然后将每三位二进制数用一位八进制数替换即可。

【例 1.2】将二进制数 1111010110.01101 转换成八进制数。

$(001\ 111\ 010\ 110.011\ 010)_2 = (1726.32)_8$

1　7　2　6　3　2

第二，八进制数转换成二进制数。将一个八进制数转换成二进制数的方法是将上面的方法反过来应用，即将八进制数的每一位数用三位二进制数替换即可。

【例 1.3】将八进制数 $(357.42)_8$ 转换成二进制数。

$(357.42)_8 = (011\ 101\ 111.100\ 010)_2 = (11101111.10001)_2$

第三，二进制数转换成十六进制数。将一个二进制数转换成十六进制数的方法：从小数点开始分别向左和向右，每四位分成一组，不足四位的，整数部分在前面补零，小数部分在后面补零，然后将每四位二进制数用一位十六进制数替换即可。

【例 1.4】将二进制数 1111010110.01101 转换成十六进制数。

$(0011\ 1101\ 0110.0110\ 1000)_2 = (3D6.68)_{16}$

3　D　6　6　8

第四，十六进制数转换成二进制数。将一个十六进制数转换成二进制数的方法：将十六进制数的每一位数用四位二进制数替换即可。

【例 1.5】将 $(5E3.A6)_{16}$ 转换成二进制数。

$(5E3.A6)_{16} = (0101\ 1110\ 0011.1010\ 0110)_2 = (10111100011.1010011)_2$

第五，八进制数转换成十六进制数。八进制数与十六进制数之间的相互转换，可以通过二进制作为桥梁进行。即八进制数先转换成二进制数，再将该二进制数转换成十六进制数，反之亦然。

1.4.2　信息在计算机中的表示与编码

计算机中的数据是指计算机能够识别并能处理的各种符号，分为数值数据和非数值数据。计算机信息处理，除了处理数值信息外，更多的是处理非数值信息。非数值信息是指字符、文字、图形等形式的数据，它不是表示数量大小，只代表一种符号，所以又称符号数据。

从键盘向计算机中输入的各种操作命令以及原始数据都是字符形式的。然而计算机只能存储二进制数，这就需要对符号数据进行编码，输入的各种字符由计算机自动转换成二进制编码存入计算机。所谓信息编码就是指采用少量的基本符号，选用一定的组合原则表示大量复杂多样信息的技术。信息编码有两大要素：基本符号的种类和符号的组合规则。

1. 西文字符编码

如前所述，计算机中的信息都是用二进制编码的，用以表示字符的二进制编码称为字符编码。例如，在键盘上按下字母“A”键，计算机真正接收的是“A”的二进制编码。键盘上每一个键都对应一个二进制编码。对字符的二进制编码有多种，最普遍使用的是美国信息交换标准码（American standard code for information interchange），简称 ASCII 码。它被国际标准化组织确认为国际标准交换码。有了统一的编码，就便于不同的计算机之间进行数据通信。

ASCII 码是共有 128 个字符的编码：各有 26 个大、小写英文字母的编码，10 个数字的编码，32 个通用控制符的编码和 34 个专用符号的编码。128 个不同的编码用 7 位二进制数就可以描述（$2^7=128$）。虽然 ASCII 是 7 位编码，但由于字节是计算机的基本处理单元，故一般仍以一字节来存放一个 ASCII 码字符。每个字节中多余出来的一位（最高位），在计算机内部一般保持为 0 或在编码传输中用作奇偶校验位，如图 1.4 所示。表 1.5 为西文字符的 ASCII 编码表。

b_7	b_6	b_5	b_4	b_3	b_2	b_1	b_0

置 0 或奇偶校验位　　编码位

图 1.4　字节中的 ASCII 码

表 1.5　西文字符的 ASCII 编码表

字符 $b_6b_5b_4$ / $b_3b_2b_1b_0$	000	001	010	011	100	101	110	111
0000	NUL	DLE	SP	0	@	P	`	p
0001	SOH	DCl	!	1	A	Q	a	q
0010	STX	DC2	"	2	B	R	b	r
0011	ETX	DC3	#	3	C	S	c	s

（续上表）

字符 $b_6b_5b_4$ / $b_3b_2b_1b_0$	000	001	010	011	100	101	110	111
0100	EOT	DC4	$	4	D	T	d	t
0101	ENQ	NAK	%	5	E	U	e	u
0110	ACK	SYN	&	6	F	V	f	v
0111	BEL	ETB	′	7	G	W	g	w
1000	BS	CAN	(	8	H	X	h	x
1001	HT	EM	)	9	I	Y	i	y
1010	LF	SUB	*	:	J	Z	j	z
1011	VT	ESC	+	;	K	[	k	{
1100	FF	FS	,	<	L	\	l	|
1101	CR	GS	-	=	M	]	m	}
1110	SO	RS	.	>	N	^	n	~
1111	SI	US	/	?	O	_	o	DEL

在键盘键入字母“A”，计算机接收“A”的 ASCII 码（十六进制“41”、二进制“01000001”、八进制“101”）后，很容易找到“A”的字形码，在显示器显示“A”的字形码，而存储的是“A”的 ASCII 码。

在英文输入方式下，存储输入的字符用一个字节，显示和打印时占一个字符的位置，即半个汉字位置，称半角字符。

在汉字输入方式下，输入的字符分半角字符和全角字符。默认输入的字符为半角字符（即 ASCII 字符）。存储全角字符占用两个字节，显示和打印时占一个汉字位置，每一种汉字系统都为使用者提供了输入半角字符和全角字符的功能。

字符编码有多种，除了 ASCII 码外，比较常用的还有一种扩展的 ASCII 码，该编码使用 8 位二进制位表示一个字符的编码，可表示 $2^8=256$ 个不同的字符。

2. 汉字编码

由于计算机只能识别二进制数，所以任何信息在计算机中都必须以二进制形式存放，汉字也不例外。但是汉字与西文字符相比，数量多且复杂，给计算机处理带来了困难。汉字编码技术首先要解决的是汉字输入、输出及计算机内部的编码问题。根据计算机在处理汉字过程中的不同操作要求，汉字编码一般分为输入码、国标码（交换码）、机内码和字形输出码等。

数值和字符可以通过键盘“所见即所得”输入，而汉字不能。汉字数量大，不能用一个字节的 ASCII 码来表示。因此，按照不同的目的和需要，产生了多种汉字编码系统与汉字输入法。

计算机处理汉字的过程是，首先将每个汉字变成可以直接从键盘输入的代码，即汉字的外码，然后再将输入码转换为汉字内码，之后才能对其处理和存储。汉字的输出过程则相反，即将机内码转换为汉字的字模码。

（1）汉字输入码。为将汉字输入计算机而编制的代码称为汉字输入码，也叫外码。目前汉字主要是经标准键盘输入计算机的，所以汉字输入码都是由键盘上的字符或数字组合而成。汉字输入码是按照某种规则把汉字的音、形、义有关的要素变成数字、字母或键位名称。目前流行的汉字输入码的编码方案有几十种方法，如以形为主的五笔字型码、以数字为主的电报码和区位码、以音为主的微软拼音输入法、智能 ABC 输入法、紫光拼音输入法等。

（2）国家标准汉字交换码（国标码）。国标码是我国标准信息交换汉字编码，又称交换码。标准号为“GB2312－80”的国标码（简称 GB 码）规定了信息交换用的汉字编码基本集，是用于计算机之间进行信息交换的统一编码。GB 码收集了汉字和图形符号共 7 445 个，其中汉字 6 763 个（根据汉字使用频率，将汉字按两级存放，一级汉字 3 755 个，按汉语拼音字母顺序排列；二级汉字 3 008 个，按部首顺序排列），图形符号 682 个。

每一个汉字的国标码用两个字节表示，第一个字节表示区码，第二个字节表示位码。有些汉字系统允许使用国标区位码输入汉字。

（3）汉字内码。汉字内码是为在计算机内部对汉字进行存储、处理和传输而编制的汉字代码，也叫内部码，简称内码。

当我们将一个汉字用汉字的外码（如拼音码、五笔字型码等）输入计算机后，就通过汉字系统转换为内码，然后才能在机器内流动、处理和存储。每一个汉字的外码可以有多种，但是内码只有一个。目前对应于国标码一个汉字的内码也用两个字节存储，并把每个字节的最高位置“1”作为汉字内码的标志，以免与单字节的 ASCII 码产生歧义。如果用十六进制来表示，就是把汉字国标码的每个字节上加一个 80H（即二进制数 10000000），所以汉字国标码与其内码有下列关系：汉字的内码＝汉字的国标码＋8080H。

例如，已知“中”字的国标码为“5650H”，根据上述公式得：

“中”字的内码＝“中”字的国标码 5650H＋8080H＝D6D0H

（4）汉字的输出码。显示和打印的汉字是汉字的字形，称为汉字的输出码、字形码或字模。每一个汉字是一个方块字。常见的汉字输出字体有位图字体（点阵字体）和矢量字体。位图字体是用二进制矩阵来表示一个汉字。例如，用 32×32 点阵表示一个汉字字形，表示一个汉字每行有 32 个点，一共有 32 行。如果每一个点用一位二进制数“0”或“1”表示暗或亮，则一个 32×32 点阵的汉字字形占用（32×32）/8＝128 个字节。一个汉字系统的所有汉字字形码组成汉字的字库。矢量字体是用数学曲线来描述的。字体中包含了符号边界上的关键点、连线信息等。矢量字体的特点是可以无限放大或缩小。

在输入汉字的过程中，实际上包括了将汉字的输入码转换为机内码的工作，只不过此项工作由汉字系统中的专门程序来完成。在需要输出一个汉字时，则首先要根据该汉字的机内码找出其字模信息在汉字库中的位置，然后取出该汉字的字模信息在屏幕上显示或在打印机上打印输出。汉字编码的流程如图 1.5 所示。该流程说明当一个汉字以某种汉字输入法送入计算机后，管理模块立刻将它转换成两个字节长的国标码。如果将国标码的每个字节的最高位置 1 作为汉字标志符，就构成了汉字机内码。当需要显示汉字时，根据汉字机内码向字模库检索出该汉字的字形信息后输出，再从输出设备上得到汉字。

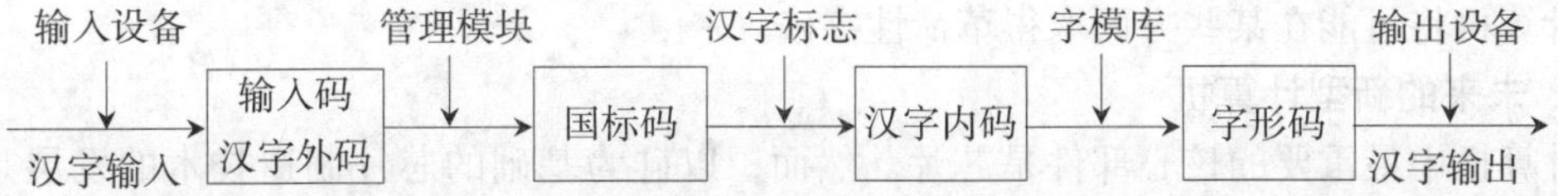

图 1.5 汉字编码流程

3. 多媒体信息的表示

图形、图像、声音和视频等多媒体信息要在计算机中处理和存储，一样需要经过数字化，以某种二进制编码形式来表示，不过其形式要复杂得多。

(1) 声音的表示：声音是一种连续变化的模拟量，可以通过模/数转换器对声音信号按固定的时间频率采样，再把每个样本转换成数字量，这样就可以把声音存储在计算机中并进行处理了。

(2) 图像的表示：图像表示成二进制的数字化过程是先将图像分割成像素，再将像素对应的信号转换成二进制编码信息。数字图像可以分为矢量图和位图两种形式。矢量图是以数学的方式来记录图像的，由软件制作而成。位图是以点或像素的方式来记录图像的，因此，图像是由许许多多小点组成的。

1.5 计算机的发展趋势

1. 电子计算机的发展方向

从类型上看，今天的电子计算机技术正在向巨型化、微型化、网络化和智能化这四个方向发展。

巨型化不是指计算机的体积大，而是指计算机具有运算速度高、存储容量大以及功能更完善的系统。巨型机的应用范围如今已日渐广泛，它在航空航天、军事工业、气象、电子和人工智能等几十个学科领域发挥着巨大的作用，特别是在复杂的大型科学计算领域，其他的机种难以与之抗衡。

微型化是指大规模和超大规模集成电路的飞速发展使得计算机的核心部件微处理器更新换代迅速，微型机的性能不断跃升。现今，除了办公桌上的台式微机外，还有便携式笔记本电脑、掌上电脑等。也许有一天，计算机植入人体也不再是梦想。

网络化是指网络技术的快速发展，众多的计算机相互连接，形成了一个规模庞大、功能多样的网络系统，实现了大量的信息通信和资源共享。网络成为人们生活中不可或缺的组成部分。

智能化是指要求计算机具有人的智能，能够进行图像识别、定理证明、研究学习、探索、联想、启发和理解人的语言等，它是新一代计算机要实现的目标。

用计算机来模仿人的智能，包括听觉、视觉和触觉以及自主学习和推理能力是当前计算机科学研究的一个重要方向。与此同时，计算机体系结构将会突破传统的冯·诺依曼提出的原理，实现高度的并行处理。为了解决软件发展方面出现的复杂程度高、研制周期长和正确性难以保证的“软件危机”而产生的软件工程也出现了新的突破。新一代计算机的发展将与人工智能、知识工程和专家系统等研究紧密相连，并为其发展提供新的基础。但是，目前几乎所有的计算机都被称为冯·诺依曼计算机，那么从现有的研究情况看，未来新型计算机将可能在某些方面取得革命性突破。

2. **未来的新型计算机**

计算机中最重要的核心部件是芯片。然而，以硅为基础的芯片制造技术的发展是有限的。由于存在磁场效应、热效应、量子效应以及制作上的困难，所以必须开拓新的制造技术。那么从现有的情况看，可能引发下一次的计算机技术革命的技术至少有光技术、生物技术、量子技术和纳米技术四种。下面介绍三种未来的新型计算机：

（1）光子计算机。光子计算机利用光子取代电子进行数据运算、传输和存储。与电子计算机相比，光子计算机具有超高速、强大并行处理能力、大存储量、非常强的抗干扰能力和与人脑相似的容错性等优点。目前光子计算机的许多关键技术，如光存储技术、光存储器和光电子集成电路的研发等都已取得重大突破。

（2）生物计算机。生物计算机在20世纪80年代中期开始研制，其最大的特点是采用了生物芯片。生物芯片由生物工程技术产生的蛋白分子构成。在这种芯片中，信息以波的形式传播，运算速度比当今最新一代计算机快10万倍，能量消耗仅相当于普通计算机的1/10，并且拥有巨大的存储能力。由于蛋白分子能够自我组合，再生新的微型电路，使得生物计算机具有生物体的一些特点，如能发挥生物本身的调节机能自动修复芯片发生的故障，还能模仿人脑的思考机制。

（3）量子计算机。这是一种基于量子力学原理的、采用深层次计算机模式的计算机。这种模式只由物质世界中一个原子的行为所决定，而不是像传统的二进制计算机那样将信息分为0和1，对应于晶体管的开和关来进行处理。在量子计算机中最小的信息单元是一个量子比特。它是以多种状态同时出现。这种数据结构对使用并行结构计算机来处理信息是非常有利的。量子计算机具有一些近乎神奇的性质：信息传输可以不需要时间，信息处理所需能量可以接近于零。与传统的电子计算机相比，量子计算机有解题速度快、存储量大、搜索功能强和安全性高等优势。

1.6　计算机病毒与防治

20世纪60年代，被称为计算机之父的数学家冯·诺依曼在其遗著《计算机与人脑》中，详细阐述了程序能够在内存中进行繁殖活动的理论。1981年11月，美国的费德·科恩研制出一种在运行过程中具有自身繁殖能力、能够探查程序的运行过程、破坏计算机软硬件系统资源从而使系统不能正常运行的破坏性程序，并在全美计算机安全会议上正式定义这种程序为计算机病毒，同时对计算机病毒的传染性进行了演示。

1.6.1　计算机病毒及特点

1. **计算机病毒**

计算机病毒的出现和发展是计算机软件技术发展的必然结果。计算机病毒具有自我复制功能，是使计算机不能正常工作的人为制造的程序。它通过各种途径传播到计算机系统中进行复制和破坏活动，严重的还将导致计算机系统瘫痪。

计算机病毒与生物病毒有许多类似的地方，计算机一旦染上了“病毒”就有可能无法正常工作。当带有病毒的文件从一台计算机传送到另一台计算机时，病毒会随同文件一起蔓延，传染给其他的计算机。计算机病毒和生物病毒最明显的区别是，如果计算机不小心染上了“病毒”，那一定是被“传染”的，计算机本身不会自动生成“病毒”。当计算机出现非正常的工作现象时，应首先考虑计算机可能染上了“病毒”。

2. 计算机病毒的特点

（1）破坏性。计算机病毒破坏计算机的系统资源，表现在使应用程序无法正常运行或计算机无法正常工作（瘫痪），存储在磁盘上的文件丢失或面目全非，抢占 CPU、内存和磁盘资源等。

（2）传染性。计算机病毒具有自我复制功能，能将自己的备份嵌入其他程序，从而使病毒“蔓延”。

（3）隐蔽性。计算机病毒程序一般非常小，潜伏在其他程序文件中，不易被发现。

（4）潜伏性与激发性。计算机病毒能长期潜伏在文件中，不会因为长时间不使用而自动消失。计算机病毒种类很多，有的进入计算机后立即发作，破坏计算机的软件资源或使计算机无法正常工作；有的并不一定立即发作，具有可激发性，在具备了一定的外部条件下发作。例如，由病毒设计者规定的发作日期、特定文件或特定命令等，一旦条件具备即可发作并带来灾难性的后果。

1.6.2 计算机病毒的分类与危害

1. 按病毒的寄生方式分类

（1）文件型病毒：一般有源码病毒、入侵病毒、外壳病毒和宏病毒等。这类病毒的主要特征是入侵的对象为各类文件。文件型病毒大多入侵和破坏可执行文件，也有一些破坏非执行文件（如数据文件、文档文件等）。

（2）操作系统型病毒（也称引导型病毒）：入侵对象为磁盘的引导区。在启动计算机引导系统的过程中，计算机病毒先被执行并驻留在内存中，从而控制计算机系统。在计算机工作期间，操作系统型病毒一直隐藏在内存中，并随时将病毒传染给磁盘或连接在网络上的其他计算机。

（3）复合型病毒：指同时具有文件型病毒和操作系统型病毒寄生方式的计算机病毒。这种病毒既感染磁盘的引导区，又感染可执行文件。

2. 按病毒的破坏性分类

（1）良性病毒：指不彻底破坏计算机系统和数据，但会大量占用 CPU 资源，增加系统开销，降低系统工作效率的一类计算机病毒。这种病毒多数是恶作剧者的产物。例如，通过修改磁盘的容量或“制造出”一些坏扇区使磁盘空间减少，或通过抢占 CPU 资源使计算机的运行速度降低等。

（2）恶性病毒：指破坏计算机系统或数据，造成计算机系统瘫痪的一类计算机病毒。例如，通过破坏磁盘上的文件分配表使磁盘上的文件丢失。

1.6.3 计算机病毒的来源与防治

1. 计算机病毒的来源

目前，计算机病毒的来源主要是计算机网络、软盘、U 盘和盗版光盘。在最近几年里，计算机病毒主要通过 Internet 传播。从 Internet 下载信息、文件或打开邮件时，很可能同时将病毒带到本地计算机上，并可能使系统立即处于瘫痪状态。如果软盘或 U 盘在没有加写保护的情况下，在一台有病毒的计算机上使用后，软盘和 U 盘也有可能染上病毒。如果制作光盘的计算机系统染有病毒，在制作中会自动将病毒写入光盘。只读光盘（CD - ROM）上的病毒是无法删除的。

“黑客”是危害计算机系统的另一源头。“黑客”指利用通信软件，通过网络非法进入他人计算机系统，截取或篡改数据，危害信息安全的电脑入侵者。

“黑客程序”可以像计算机病毒一样隐藏在计算机系统中，与“黑客”里应外合，使“黑客”攻击计算机系统变得更加容易。目前已经发现的“黑客程序”有 BO（Back Orifice）、Netbus、Netspy、Backdoor 等。

如果网络用户收到来历不明的 e-mail，不小心执行了附带的“黑客程序”，该用户的计算机系统的注册表信息就会被偷偷篡改，“黑客程序”也会悄悄地隐藏在系统中。当用户运行 Windows 时，“黑客程序”就会驻留在内存，一旦该计算机连入网络，外界的“黑客”就可以监控该计算机系统，从而对该计算机系统“为所欲为”。

2. 计算机病毒的防治

为了防止计算机系统被病毒攻击而无法正常启动，应准备系统启动盘。如果是品牌机，厂家会提供系统启动盘或恢复盘；如果是用户自己装配的，最好制作系统启动盘，以便在系统染上病毒无法正常启动时，用系统盘启动，然后再用杀毒软件杀毒。

如果使用外来的软盘或 U 盘，最好在使用前用查毒软件进行检查。另外，应购买正版光盘，不要随意从网络下载软件或接收来历不明的邮件。如果要下载软件或接收邮件，特别是可执行的文件，最好将其放置在非引导区磁盘的一个指定文件夹里，以便对它进行检测。

对特定日期发作的病毒，可以通过修改系统时间躲过病毒发作，但是最好的办法还是彻底清除。

如果计算机染上了病毒，文件被破坏了，最好立即关闭系统。如果继续使用，会使更多的文件遭受破坏。重新启动计算机系统后，要用杀毒软件查杀病毒。一般的杀毒软件都具有清除/删除病毒的功能。清除病毒是指把病毒从原有的文件中清除掉，恢复原有文件的内容；删除病毒是指把感染病毒的整个文件全删除掉。经过杀毒后，被破坏的文件有可能恢复成正常的文件。

目前，杀毒软件是防治计算机病毒的主要工具。较流行的杀毒软件产品有瑞星杀毒软件、趋势科技（PC - cillin）、金山毒霸、江民杀毒软件（KV）、诺顿（Norton AntiVirus）、KILL 安全胄甲、北信源 VRV、蓝点“软卫甲”防毒墙、FortiGate 病毒防火墙以及木马克星等。

“防火墙”是指具有病毒警戒功能的程序，能连续不断地监视计算机是否有病毒入侵，一旦发现病毒立即提示清除病毒。虽然采用这种方法会占用一些系统资源，使存取文件、网络下载或接收邮件等要花费更长的时间，但连接 Internet 时，启动“防火墙”对防范病毒入侵是非常有效的。

【本章小结】

1. 电子计算机按其所使用的电子元器件来区分，到目前为止分为四代：

第一代（1946—1957 年）：电子管计算机；

第二代（1958—1964 年）：晶体管计算机；

第三代（1965—1970 年）：集成电路计算机；

第四代（1971 年至今）：大规模和超大规模集成电路计算机。

2. 冯·诺依曼对计算机提出了三个重要的设计思想：

（1）计算机由五个基本部分组成：运算器、控制器、存储器、输入设备和输出设备。

（2）采用二进制形式表示计算机的指令和数据。

（3）将程序（由一系列指令组成）和数据存放在存储器中，并让计算机自动地执行程序，这就是“存储程序和程序控制”思想的基本含义。

3. 计算机系统包括硬件系统和软件系统两大部分。硬件系统包括运算器、控制器、存储器、输入设备和输出设备五个组成部分；软件系统包括系统软件和应用软件。

4. 计算机的特点主要有运算速度快、计算精度高、具有“记忆”能力和逻辑判断能力。

5. 目前通常将计算机分为微型计算机、工作站用计算机、小型计算机、中型计算机、大型计算机、巨型计算机和高性能计算机等。

6. 计算机的主要数据单位包括：位称为比特，记为 bit 或小写字母 b；字节称为拜特，记为 Byte 或大写字母 B；字记为 Word 或 W。计算机的主要性能指标包括字长，内存容量，运算速度，主频，磁盘容量等。

7. 数制是用一组固定的数字和一套统一的规则来表示数目的方法。按照进位方式计数的数制叫进位计数制。

8. 任意 r 进制数转换成十进制数的方法是：按权展开各项，按十进制运算法则相加求和。

9. 十进制数转换成任意 r 进制数分为两部分——整数部分和小数部分分别转换，然后再将其连成一个整体。其中整数部分的转换方法是：除以基数（r），取其余数，反向排序；小数部分的转换方法是：乘以基数（r），取其整数，正向排序。

10. ASCII 码是共有 128 个字符的编码：各有 26 个大、小写英文字母的编码，10 个数字的编码，32 个通用控制符的编码和 34 个专用符号的编码。

11. 汉字编码一般分为输入码、国标码（交换码）、机内码和字形输出码等。

12. 可能引发下一次的计算机技术革命的技术至少有光技术、生物技术、量子技术和纳米技术四种。

13. 未来的新型计算机可能有光子计算机、生物计算机和量子计算机。

14. 计算机病毒的特点：破坏性、传染性、隐蔽性、潜伏性与激发性。

15. 计算机病毒可分为文件型病毒、操作系统型病毒（也称引导型病毒）和复合型病毒。

【本章关键词】

计算机 计算机系统 微机 计算机分类 计算机主要指标 数制 信息编码 未来的新型计算机 计算机病毒

2　Windows XP 操作系统

本章学习要点：

- Windows XP 简介
- Windows XP 基本操作
- Windows XP 资源管理
- Windows XP 常用工具

Windows 操作系统拥有直观高效的面向对象的图形用户界面，操作简单、易学易用，用户界面统一、友好、美观，采用丰富的、与配置设备无关的图形操作，能进行多任务处理，配置有丰富的软件开发工具等，成为应用最为广泛的一种操作系统。

2.1　Windows XP 基本概念与基本操作

操作系统是人机对话的接口，用户必须是在操作系统之上才能使用计算机中的各种功能。

2.1.1　Windows 简介

通过第 1 章的学习我们知道，要使用计算机必须有操作系统软件。随着计算机硬件技术的发展，操作系统也在不断地更新换代。在微机中常使用的操作系统主要有：DOS、Unix、OS/2、Windows、Linux 等。

操作系统为计算机的使用者提供了人机交流的界面，这种界面一种是以 DOS 为代表的键盘命令方式，使用时必须通过键盘输入各种命令，使用难度较大；另一种是以 Windows 为代表的图形界面方式，使用时通过鼠标点击屏幕上代表各种操作的图标按钮来完成操作，这种方式显然方便易学，也正是图形界面方式的引入，使计算机走进了千家万户。

Windows 操作系统，是微软（Microsoft）公司于 1985 年推出的微机操作系统，经过 20 多年的发展，从最早期的 Windows 1.0 版，发展到今天的 Windows 7 版，前后更新了十多个版本。其中 Windows 95、Windows 98、Windows 2000、Windows XP 和 Windows 7 在推出后曾甚为流行，目前 Windows XP 和 Windows 7 是用户使用的主流操作系统。

Windows XP 是微软公司于 2001 年推出的，其中“Windows”的中文意思是“窗口”，通常称其为“视窗操作系统”，表示该系统是基于图形化界面；“XP”是“Experience”的缩写，中文意思是“体验”，表示这个新的视窗操作系统会带给用户全新的数字化体验。

Windows XP 有三个版本，Windows XP Professional（专业版）是为企业用户设计的；Windows XP Home Edition（家庭版）适于家庭用户和游戏玩家；Windows XP 64 - Bit Edition（服务器版）适用于特殊专业工作站用户。

Windows XP 是 Windows 2000 的后继版本，它继承了 Windows 98 和 Windows 2000 的各

种特点，又有新发展，其主要功能特点有：

（1）全新的图形化用户界面，更加直观、形象和智能化，色彩也更丰富。

（2）灵活实用的多用户管理，可以在不关闭程序、不退出系统的情况下进行用户切换。

（3）提供了增强的 Internet 集成功能和增强的多媒体功能，为更多的硬件提供即插即用支持，并将即插即用功能扩展到整个网络。

（4）进一步提高了计算机系统的运行速度、可靠性和易维护性。

（5）集成化的帮助与支持服务，由统一的服务中心提供远程协助、自动更新、联机帮助。

本章主要是介绍 Windows XP Professional 的基本功能和用法，简称 Windows 或 Windows XP。

2.1.2 Windows 桌面与基本操作

2.1.2.1 鼠标使用的基本知识

由于 Windows 是图形界面方式的系统，因此只有通过使用鼠标才能充分发挥其操作方便、直观和高效的特点。鼠标分为机械式和光电式，并有二键和三键之分。目前常用的是光电式三键鼠标，这种鼠标除了左右两个键外，中间还有滚轮。

1. 鼠标指针形状

当计算机处于不同的工作状态、鼠标处于不同的位置时，鼠标指针的形状将随之发生变化。也就是说，鼠标指针的形状代表着不同的含义，反映系统当前的功能状态，常见鼠标指针的含义如表 2.1 所示。

表 2.1 常见鼠标指针形状和含义

指针符号	指针含义	指针符号	指针含义
	标准选择指针	↔ ↕	水平垂直调整指针
	帮助指针，选择了帮助菜单或联机帮助	↗ ↘	对角线调整指针
	后台指针，系统正在进行某操作，要求用户等待		移动指针，表示此时可以移动对象
	沙漏（忙）指针，系统正“忙碌”，不能进行其他操作	I	文字选择指针，此时可以输入文本
	不可用指针，当前鼠标操作无效	+	精确定位指针，在应用程序中绘制新对象
	手写指针，此时可用手写输入		链接选择指针，表明指针所在位置是一个超链接

2. 鼠标的基本操作

（1）指向。指向也就是移动鼠标，是用手腕和手指带动鼠标在桌面或鼠标垫上做平面移动，使鼠标指针指向（移到）屏幕上某个对象的操作。

（2）单击。在鼠标指针指向某个对象后，用食指按下鼠标左键后快速松开的操作。该操作一般是用来选择对象。

(3) 双击。在鼠标指针指向某个对象后，用食指在左键上连续、快速地做两个单击的操作。该操作一般是用来打开应用程序或文件。

(4) 右击鼠标。用中指按下鼠标右键后快速松开的操作，也就是单击鼠标右键。该操作常用来打开快捷菜单。单击鼠标右键的操作也常称为“右击”。

(5) 拖动。按下鼠标左键，然后移动鼠标的操作。通常将鼠标指针指向某个对象后，用此操作把对象移到另一位置，然后松开鼠标左键，使该对象改变位置，此过程也称为“拖拽”。

此外，在一些应用程序中还有三击操作，通常情况下，单击、双击和三击都是指用鼠标左键进行的操作。

2.1.2.2 启动与关闭

1. **启动**

打开显示器和主机电源，计算机会自动进行检测和加载，然后显示启动画面。如果是单用户且没有设置密码，就直接进入 Windows XP 主界面，如图 2.1 所示。

图 2.1 Windows XP 主界面

如果是多用户，则首先进入多用户登录界面，如图 2.2 所示，此时需选择用户，若用户设置了密码，还需输入正确的密码（单用户若设置密码与此相同），才能进入如图 2.1 所示的主界面。

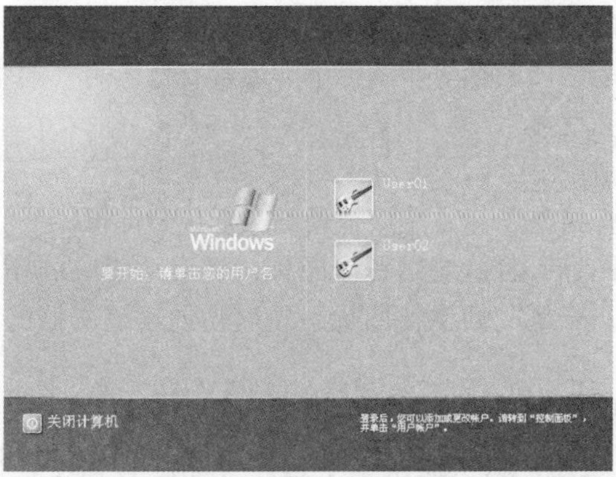

图 2.2 多用户登录界面

2. 关闭

单击【开始】→【关闭计算机】命令，弹出【关闭计算机】对话框，如图 2.3 所示。其中分别有【待机】、【关闭】和【重新启动】三个选择按钮。

图 2.3 【关闭计算机】对话框

(1) 待机。单击【待机】按钮后，计算机进入待机状态。此时屏幕没有任何显示，但系统并未退出，计算机只是处于低消耗状态，可随时恢复到待机前的工作状态。

(2) 重新启动。单击【重新启动】按钮，计算机将保存更改过的所有 Windows 设置，并将当前存储在内存中的全部信息写入硬盘，然后重新启动计算机。

(3) 关机。单击【关闭】按钮，Windows 系统会自动关闭所有运行程序，保存数据，清理临时文件，然后退出并自动关闭计算机主机电源。用户只要关闭外部设备电源即可。

注意：如果要退出 Windows 系统并关闭计算机，最好先关闭所有窗口后再关机。

2.1.2.3 桌面简介

图 2.1 所示的画面也称桌面，分别由桌面背景、图标、任务栏组成。

桌面是 Windows 的工作台，也称为工作桌面，它是 Windows 的主屏幕空间，是图标、窗口、对话框等工作项所在的屏幕背景，用户就是在这个桌面上进行各种操作的。桌面的显示方式，如背景图案、外观、桌面主题等可由用户自己定制。

1. 图标

图标是图形界面系统的一个重要元素，是 Windows 中各种项目具有可操作性的图形标志符号。图标因所标志的项目（对象）不同而分为不同的类型，如文件夹图标、应用程序图标、快捷方式图标和驱动器图标等。图标下方通常有标志名（通常称之为名称），若图标被选中时，其标志名高亮反显。

（1）图标的基本操作：

①移动图标：用鼠标指向图标，然后拖动到目标位置即可。

②打开图标：双击图标，若是应用程序图标，将启动相应的应用程序；若是文件夹图标，将打开文件夹窗口；若是文档文件图标，先启动创建该文档的应用程序，然后再打开该文档。

③图标更名：右击图标，从快捷菜单中选择【重命名】命令。

④删除图标：右击图标，从快捷菜单中选择【删除】命令，在出现的【确认文件删除】对话框中，选择【是】按钮。

⑤排列图标：当桌面的图标较多时，用户可以按照一定的规律对图标进行排列。方法是右击桌面空白处，从弹出的快捷菜单中选择【排列图标】，在出现的级联菜单中，可单击四个选项【名称】、【大小】、【类型】、【修改时间】中的一项来排列图标，如图 2.4 所示。

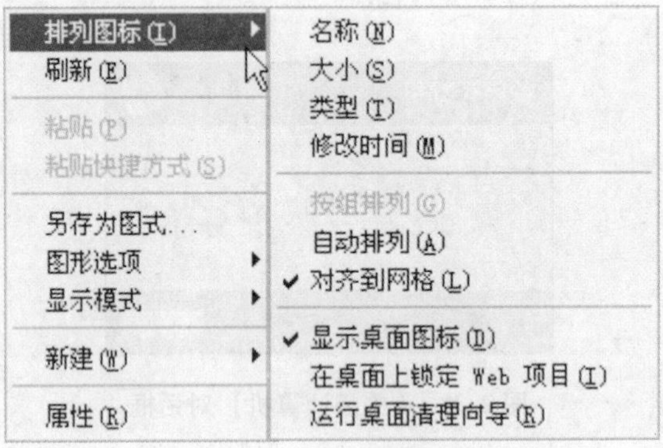

图 2.4　排列图标

（2）系统图标：

在 Windows 中，有四个系统配置的图标，它们分别是：

①我的文档。这是方便用户快速存取文件的特殊系统文件夹，计算机会分别为每个用户在特定位置安排一个名为“我的文档”的文件夹。该文件夹中又包含“图片收藏”、“我的音乐”等几个子文件夹，当用应用程序创建、打开、保存文件时，系统默认的位置是“我的文档”文件夹或其中相应的子文件夹。

②我的电脑。这是一个包含了计算机中所有资源的特殊文件夹。通过【我的电脑】窗口，如图 2.5 所示，用户可以访问和管理系统资源，其操作方法和作用与“资源管理器”类似。单击【我的电脑】窗口工具栏中的【文件夹】按钮，【我的电脑】立即变为【资源管理器】窗口，再单击该按钮，【资源管理器】窗口又变为【我的电脑】窗口。

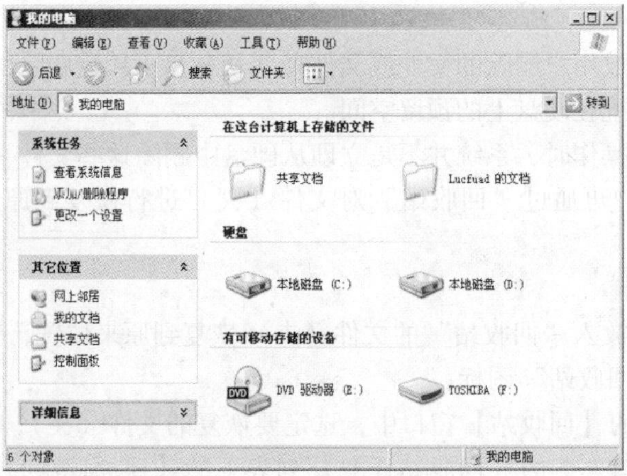

图 2.5 【我的电脑】窗口

③网上邻居。当用户的计算机处于一个网络工作组时，该文件夹包含了所有处在同一工作组且又正在运行的计算机中的共享资源，即可以访问这些计算机。

④Internet Explorer。也称 IE 浏览器，它是微软（Microsoft）公司开发且捆绑在 Windows 操作系统中，是上网浏览的最常用工具之一。

（3）快捷图标：

由用户自己在桌面为一些应用程序或文档创建的图标，它们只是相应程序或文档的路径指针，为用户提供了对这些应用程序或文档的快速访问捷径，但并不是把程序或文档直接放在桌面。因此，当删除快捷图标时，只是删除图标，而不会删除相应的程序或文档。

创建快捷图标方法：首先右击要建立快捷图标的程序或文档，从快捷菜单中选择【发送到】→【桌面快捷方式】命令，系统就会在桌面为该程序或文档建立一个快捷图标，双击该图标，则会立即运行相应程序或是打开相应文档。

例如：要在桌面为 Word 2007 建立快捷图标，首先单击【开始】按钮，在“开始”菜单中，选择【所有程序】→【Microsoft Office】，在出现的级联菜单中，右击【Microsoft Office Word 2007】，从弹出的快捷菜单中选择【发送到】→【桌面快捷方式】命令即可，如图 2.6 所示。或单击【开始】按钮，在“开始”菜单中，选择【所有程序】→【Microsoft Office】→【Microsoft Office Word 2007】，按住 Ctrl 键不放，将“Microsoft Office Word 2007”的图标拖到桌面。生成后的快捷图标如图 2.7 所示，所有快捷图标的左下角都有一个斜箭头标志。

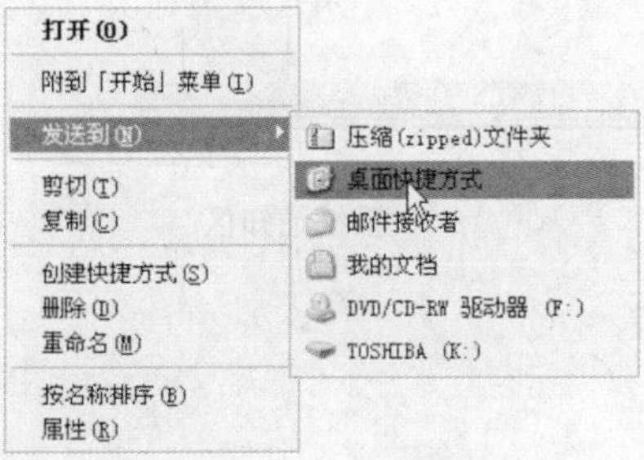

图 2.6 建立桌面快捷图标

图 2.7 快捷图标式样

2. 回收站

回收站是用于存放用户删除的文件或文件夹（从软盘、U盘删除的文件或文件夹除外）的特殊文件夹，是系统在硬盘上的预留空间。

当用户进行删除操作时，系统并不是立即从硬盘中删除这些文件（夹），而是将其放到“回收站”存放。用户可通过“回收站”对文件（夹）进行恢复到原来的位置或彻底删除操作。

（1）恢复文件：

把通过删除操作放入“回收站”的文件（夹）恢复到原来位置，其操作步骤为：

步骤1：双击“回收站”图标；

步骤2：在打开的【回收站】窗口中，选定要恢复的文件（夹）；

步骤3：单击窗口左侧的【回收站任务】列表下的【还原此项目】（若选择了多个文件，则为【还原选定的项目】），或右击所选定要恢复的文件（夹），从弹出的快捷菜单中选择【还原】命令；或单击菜单【文件】→【还原】命令。

（2）删除文件：

将“回收站”中的文件（夹）进行删除，才能从计算机中彻底删除该文件（夹），其操作步骤为：

步骤1：双击“回收站”图标；

步骤2：在打开的【回收站】窗口中，选定要删除的文件（夹）；

步骤3：右击所选定要删除的文件（夹），从弹出的快捷菜单中选择【删除】命令，在出现的【确认文件删除】对话框中，选择【是】按钮。

若要删除“回收站”中的所有内容，在“步骤1”后，直接单击【回收站任务】→【清空回收站】命令，在出现的【确认删除多个文件】对话框中，选择【是】按钮。

说明：已在“回收站”中删除的文件不能恢复。

3. 任务栏

由于Windows是多任务系统，它允许同时运行多个程序，每打开一个程序或文档窗口，就有一个带有该程序或文档图标及名称的按钮出现在任务栏上，用户通过在任务栏上单击按钮就可以选择正在运行的程序或窗口；当关闭窗口时，其在任务栏上相对应的按钮也将消失。

任务栏位于桌面最下部，它是一个蓝色条形区域，其结构如图2.8所示。

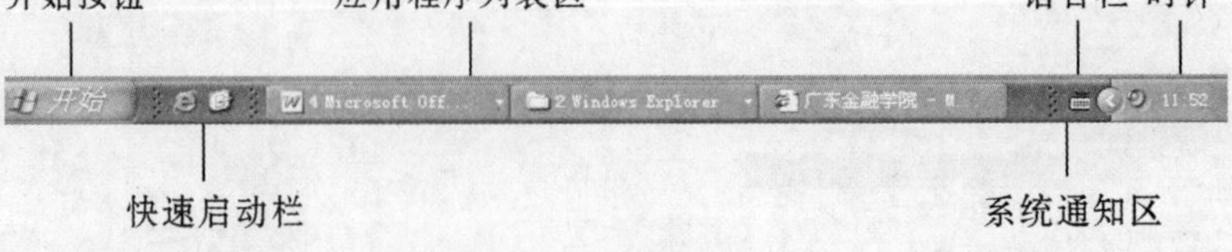

图2.8 任务栏

（1）任务栏的组成：

①【开始】按钮。位于任务栏最左端，单击该按钮可以打开“开始”菜单。

②快速启动栏。位于【开始】按钮右侧，包含 IE 浏览器和显示桌面按钮，只要单击其中的按钮就会执行相应的操作。用户可自己加入其他常用程序按钮，方法是将桌面的图标拖入该区域即可。

③应用程序列表区。所有打开的程序或文档都将在该区域以按钮的形式显示，但只能有一个程序或文档是在前台使用，其窗口一般称之为活动窗口，其他窗口被其覆盖。活动窗口在任务栏中所对应的按钮呈深蓝色，若想将其他程序切换到活动窗口，只需单击相应的按钮即可。

④语言栏。用于设置汉字输入方式或中英文输入状态的切换。

⑤系统通知区。显示开机状态下常驻内存的程序，如反病毒软件、音量控制器等。也可以显示系统发生某事件（如收到电子邮件或启动打印机）时所出现的通知图标。单击通知区中的图标，一般会打开相应的设置程序，可对其进行调整或设置。

⑥时钟。显示当前的时间（时和分），当鼠标指针指向时钟时，会显示当前的年、月、日。双击时钟，可对日期和时间进行设置。

（2）任务栏的属性设置：

用户可根据自己的要求，对任务栏进行个性化设置，方法是右击任务栏空白处，从快捷菜单中选择【属性】命令，弹出【任务栏和［开始］菜单属性】对话框，如图 2.9 所示。

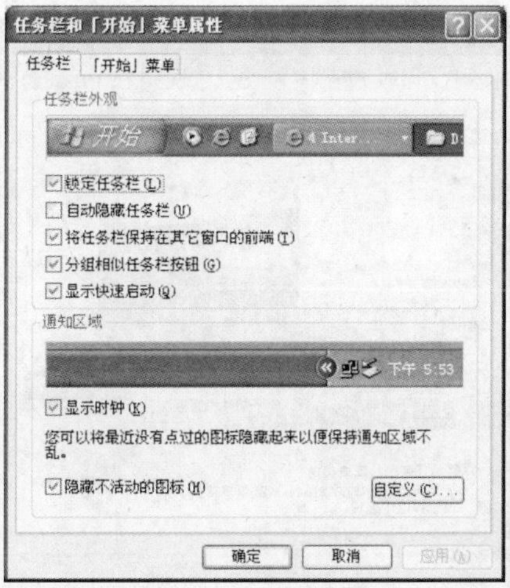

图 2.9 【任务栏和［开始］菜单属性】对话框【任务栏】选项卡

【任务栏】选项卡各选项的含义：

①锁定任务栏。选中该项将使任务栏锁定在桌面底部，取消选中可使任务栏改变位置和大小。也可以右击任务栏空白处，从快捷菜单中选择【锁定任务栏】命令。

②自动隐藏任务栏。选中该项可将任务栏隐藏而使屏幕显示整个桌面；需要使用任务栏时，只要将鼠标指针指向任务栏的位置，任务栏就会出现。

③将任务栏保持在其他窗口的前端。选中该项能确保在任何窗口最大化时，任务栏总是可见。

④分组相似任务栏按钮。选中该项后，当任务栏上按钮较多太拥挤，以至于按钮之间的宽度缩小超过一定宽度时，则同一或相似程序（文档）的按钮将会折叠为一个组合按钮。在组合按钮的图标旁有一个数字，代表该组合按钮包含了几个按钮，单击此按钮则展开该按钮组，用户通过单击相应按钮访问所需的程序（文档），如图 2.10 所示，包含了 4 个 Word 文档的组合按钮和 2 个文件夹类的组合按钮。右击组合按钮，从快捷菜单中选择【关闭组】命令，可以一次性关闭该组合按钮中的所有程序（文档）。

图 2.10 任务栏组合按钮

⑤显示快速启动。选中该项可使任务栏显示快速启动栏。也可以右击任务栏空白处，从快捷菜单中选择【工具栏】→【快速启动】命令。

⑥显示时钟。选中该项可在任务栏最右侧显示时钟。

当在图 2.9 所示的【任务栏和［开始］菜单属性】对话框中，选择【［开始］菜单】选项卡，则弹出如图 2.11 所示的对话框。

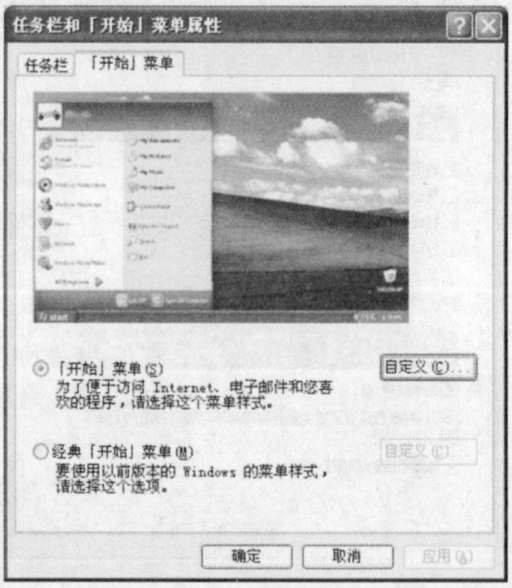

图 2.11 【任务栏和［开始］菜单属性】对话框【［开始］菜单】选项卡

【［开始］菜单】选项卡各选项的含义：

①［开始］菜单。选中该项将采用 Windows XP 的特色“开始”菜单。若单击【自定义】按钮，可以对“开始”菜单中采用“大图标”还是“小图标”、在常用程序区的程序数目、是否显示“Internet”和“电子邮件”进行设置。

②经典［开始］菜单。选中该项将采用和 Windows XP 以前版本保持一致的［开始］菜单形式。

(3) 任务管理器：

可以提供正在计算机中运行程序的相关信息。用户可以通过任务管理器快速查询正在运行程序的状态，或者终止不正常程序的运行、切换应用程序、运行新程序等。

右击任务栏，在弹出的快捷菜单中选择【任务管理器】命令，或同时按下 Ctrl + Alt + Del 键，打开【Windows 任务管理器】窗口，如图 2.12 所示。

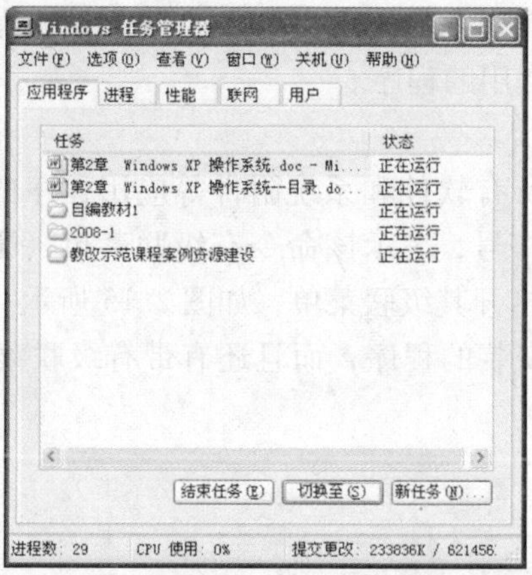

图 2.12 【Windows 任务管理器】对话框【应用程序】选项卡

在【应用程序】选项卡中，列出了正在运行的所有程序。从中选择一个程序，单击【结束任务】按钮，可以终止该程序的运行（一般用于不能正常运行的程序）；单击【切换至】按钮，可以将该程序切换为当前运行程序；单击【新任务】按钮，打开【创建新任务】对话框，可通过该框启动新程序。

2.1.2.4 “开始”菜单

单击【开始】按钮或按 Ctrl + Esc 键以及按 Windows 徽标键，都可以进入“开始”菜单，其菜单的结构如图 2.13 所示。图 2.14 所示的是传统风格的“经典［开始］菜单”。

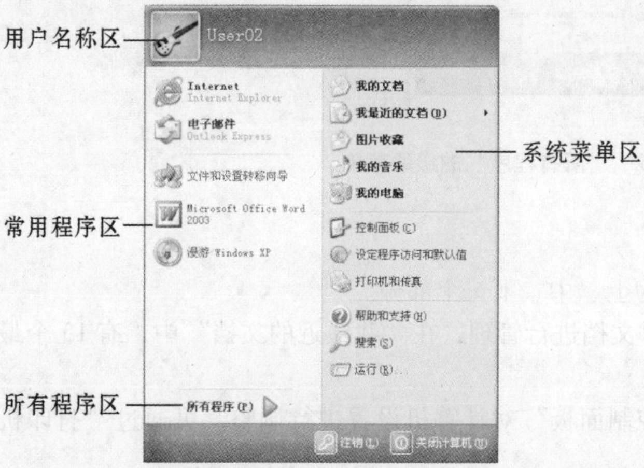

图 2.13 “开始”菜单

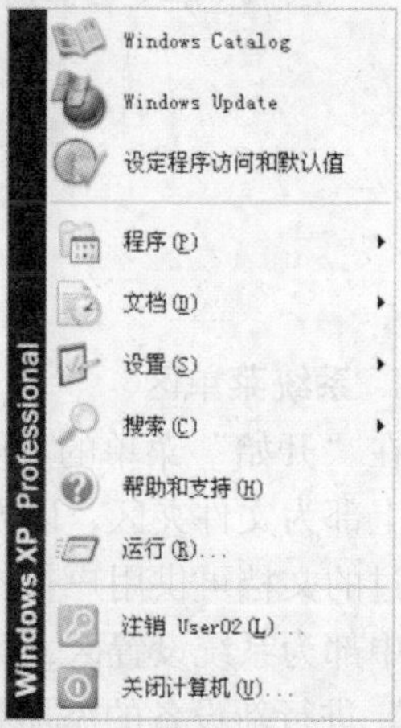

图 2.14 经典“开始”菜单

1. **用户名称区**

在“开始”菜单的顶端，显示当前用户的户名和图标。

2. **常用程序区**

在“开始”菜单的左侧，它分为上下两部分，上部为系统默认的 Internet 浏览器和电子邮件程序 Outlook 两项，下部区域是用户最近使用的几个应用程序的快捷方式，这些程序的排列方式会随其使用的频率而变化，使用次数多的程序会自动上移。通过常用程序区，用户可以很方便地打开自己最常用的程序。

3. **所有程序区**

它包含了系统已安装的所有软件和系统附件等应用程序的快捷图标，在“所有程序”命令的右侧，有一个“▶”符号，表示该命令有级联菜单（下一级菜单），当鼠标指针指向“所有程序”时，会自动打开其级联菜单，如图 2.15 所示。在命令列表中既有系统自带的应用程序，也有用户自己安装的程序，而且还有带有级联菜单的命令，单击所选命令即可执行相应程序。

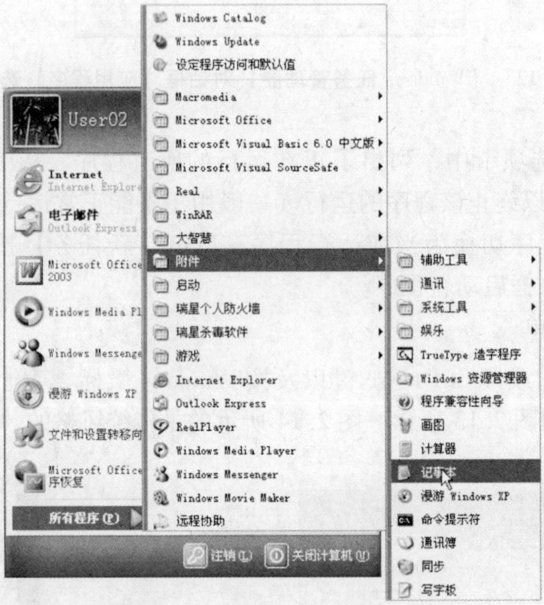

图 2.15 **“所有程序”的级联菜单**

4. **系统菜单区**

在“开始”菜单的右侧，它分为上、中、下三个部分。

上部为文件夹区，以方便用户对文档进行管理，在“我最近的文档”中，有 15 个最近使用过的文档可供用户查找调用。

中部为系统设置区，可通过“控制面板”对计算机设置进行调整，可通过“打印机和传真”进行新设备的添加和设置。

下部由“帮助和支持”、“搜索”和“运行”三项组成。单击“帮助和支持”项，可进入微软的“帮助和支持中心”窗口，通过各选择项，可对 Windows XP 的概念、操作等进行说明。

5. **【注销】按钮**

在“开始”菜单的最下部，单击该命令按钮，弹出【注销 Windows】对话框，如图 2.16 所示。

图 2.16 【注销 Windows】对话框

（1）切换用户。单击【切换用户】按钮，可以使计算机在当前用户所运行的程序和文件仍然打开的情况下，允许其他用户进行登录。此功能用于多个用户共享一台计算机的情况。

（2）注销。单击【注销】按钮，将注销当前用户，关闭所有运行程序，系统恢复到初始状态，此时又重新回到如图 2.2 所示的登录画面（单用户且未设置密码的用户也回到此画面）。

说明：当系统不能正常调用应用程序（打不开或打开后不能正常运行）时，可采用注销方法，使计算机能恢复正常运行。

2.1.3 窗口、菜单与对话框

2.1.3.1 窗口

窗口是 Windows 系统提供给用户用于程序操作的交互式平台，每执行一个程序或打开一个文档，系统都会打开一个相应的窗口。通过用户在窗口中的操作，计算机可以了解用户想做什么或不想做什么，用户可以同时打开多个窗口，但只有一个窗口是当前活动窗口。

1. **窗口组成**

尽管程序的功能各不相同，但各窗口的组成部分却差异不大，现用【我的电脑】窗口为例来介绍窗口的组成及各部分的作用，如图 2.17 所示。

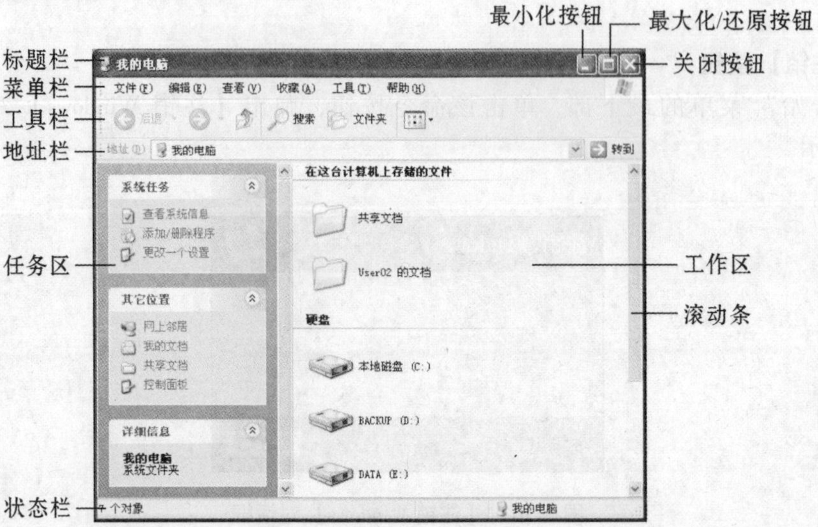

图 2.17 【我的电脑】窗口

（1）标题栏：位于窗口顶端的蓝色条，最左侧有一个称为控制菜单按钮的小图标和窗口名称，右侧是三个控制窗口大小和关闭窗口的标题栏按钮，它们分别是最小化、最大化/还原、关闭按钮。

（2）菜单栏：位于标题栏的下方，由多个菜单项组成，每个菜单项都是一个下拉式菜单，上有若干菜单命令。不同的窗口有不同的菜单项，但一般都会有【文件】、【编辑】和【帮助】菜单项。

（3）工具栏：位于菜单栏的下方，为用户提供一些常用命令的快捷图标按钮，单击这些按钮就会执行相应的命令，与通过菜单项来选择这些命令是等同的。一般应用程序窗口会有多个工具栏。

（4）地址栏：显示窗口所在的位置（路径），并存放了常用的路径地址，单击地址栏右端的按钮，用户可以在下拉式列表中选择地址而快速跳转至该地址。不是所有窗口都有地址栏。

（5）工作区：用于显示操作对象，方便用户进行操作。窗口不同，工作区内的对象也不同，图 2.17 所示是各种驱动器、文件夹图标，而在记事本窗口的工作区中，是用户输入的文字和符号。

（6）任务区（任务窗格）：根据在工作区所选对象不同，系统会自动将任务区分成几个区域提供相应的操作列表和信息。若单击任务区中的按钮，将折叠区域为一行，同时按钮变为按钮；单击按钮将展开区域。与地址栏类似，有的窗口没有任务区。

（7）状态栏：位于窗口最下方，常用于显示提示信息和工作状态。在图 2.17 所示的【我的电脑】窗口的状态栏中，显示为“7 个对象”，表示工作区中的对象数目。

（8）滚动条（水平/垂直）：单击滚动条两端的箭头或单击滑块与箭头之间的空白处，都可以移动窗口内容，区别是：前者使窗口内容按相应方向滚动一行，而后者使窗口内容按相应方向滚动一屏。当然也可以直接用鼠标拖动滑块来移动窗口内容。

2. 窗口的组织与操作

（1）打开/关闭窗口：

①打开窗口：打开窗口的方法一般有双击和单击两种方式。

双击：在桌面或窗口工作区中双击相应的图标。

单击：在任务栏中快速启动栏的图标上单击或选择“开始”菜单中的各命令项。

②关闭窗口：为了节省资源，窗口使用完后应该及时关闭，关闭窗口的方式有：双击窗口标题栏左端的【控制菜单】按钮（小图标）或单击窗口标题栏右端的【关闭】按钮，还可以同时按下 Alt + F4 键。

（2）最小化/最大化/还原窗口：

①【最小化】按钮。单击窗口标题栏右侧的【最小化】按钮可使窗口消失（未关闭），只是以标题按钮的形式缩放在任务栏上；若单击任务栏上该窗口的标题按钮，窗口又会恢复。

②【最大化】按钮。单击窗口标题栏右侧的【最大化】按钮可使窗口满屏显示，同时该按钮变为【还原】按钮。

③【还原】按钮。在窗口最大化时【还原】按钮出现，单击该按钮可使窗口的大小恢复到最大化之前的状态。

（3）缩放窗口：

在窗口非最大化时，可利用鼠标对窗口的大小进行缩放调整。将鼠标指针移到窗口的四个边上时，指针变为“↔”或“↕”形状，此时拖动鼠标，可分别调整窗口的高度或宽度；也可以将鼠标指针移到窗口的四个角上，当指针变为“⤢”或“⤡”形状时，拖动鼠标可同时调整窗口的高度和宽度。

（4）移动窗口：

将鼠标指针指向窗口的标题栏，拖动鼠标到合适的位置松开鼠标即可。

（5）切换窗口：

单击任务栏中需要进行操作的窗口标题按钮即可。若桌面能看到多个窗口，单击需要进行操作窗口的任何地方均可，此时该窗口会浮到所有窗口之上，成为当前活动窗口。

（6）排列窗口：

当打开多个窗口后，可对桌面上显示的窗口进行有规则排列，以方便查看和操作。排列方法是：右击任务栏的空白处，在弹出的快捷菜单中包含有“层叠窗口”、“横向平铺窗口”和“纵向平铺窗口”三种排列方式。

①层叠窗口。将桌面上的窗口层叠排列，如图 2. 18（a）所示。

②横向平铺窗口。将桌面上的窗口以横向同时显示，如图 2. 18（b）所示。

③纵向平铺窗口。将桌面上的窗口以纵向同时显示，如图 2. 18（c）所示。

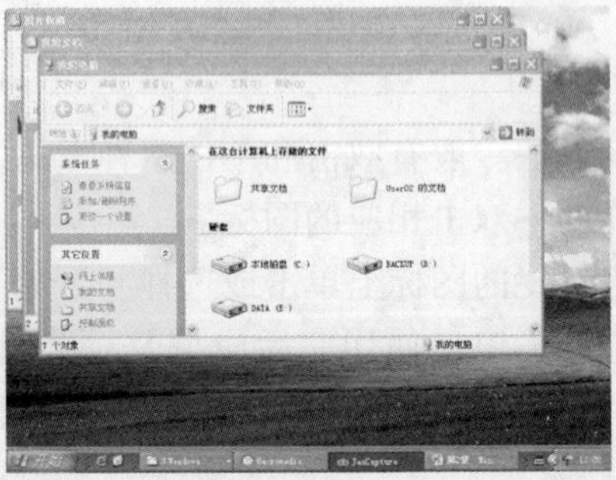

（a）层叠窗口

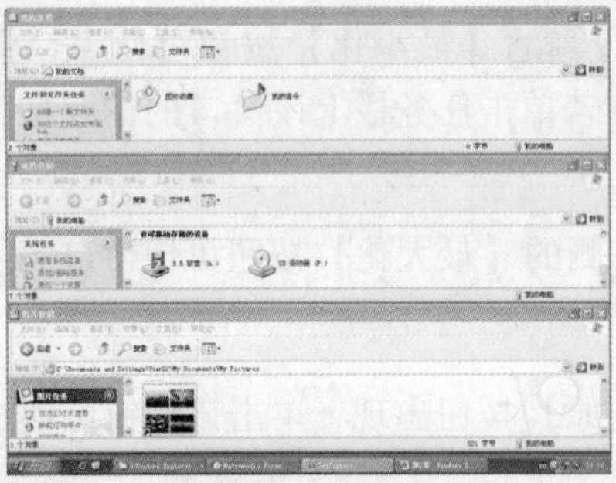

（b）横向平铺窗口

（c）纵向平铺窗口

图 2.18 窗口排列

2.1.3.2 菜单

系统将窗口的一系列命令分门别类地集合到一起就组成了菜单。常用的菜单主要有开始菜单、窗口菜单、快捷菜单。尽管它们各不相同，但组成和用法基本相同，因此我们以图 2.19 所示的“我的电脑”窗口菜单为例，对菜单的组成和操作作详细说明。

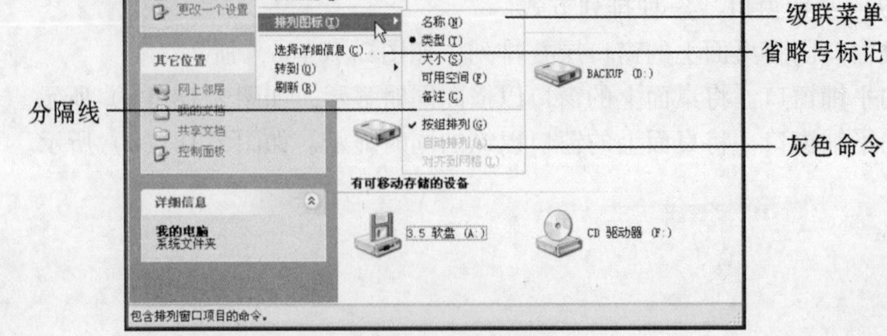

图 2.19 菜单的组成

1. **菜单组成**

（1）菜单名：菜单中的每一菜单项都有一个菜单名，表明该菜单项的命令类别。

（2）选中标记：有单选和复选标记。

①单选标记“●”。在左侧带有该标记的命令表示在一组相关的命令中已被选中并已发挥作用，如果在这组相关命令中选择其他命令，原先选中的命令将被取消选中。

②复选标记“✓”。在左侧带有该标记的命令表示已在起作用，但再次选择该命令时，复选标记将会消失，表明该命令的作用已失效。

（3）分隔线：是一条灰色的虚线，用来将菜单中的命令分组，同组的命令一般都较为近似。

（4）右箭头标记“▶”：在右侧带有该标记的命令表示还有下一级的菜单，当鼠标指针指向该命令时，会出现下一级的菜单（也称级联菜单）。

（5）省略号标记“...”：在右侧带有该标记的命令表示执行该命令时，系统会打开一个对话框，用户需在对话框中完成相应输入或选择。

（6）灰色命令：当菜单命令为灰色时，表示目前状态下该命令不能被执行。

（7）下拉箭头标记“»”：因有的菜单较长不利于操作，在显示时系统会将其中用户不常用的命令隐藏，这时在菜单的底部就会出现该标记。单击该标记，将会显示全部菜单。

2. **菜单操作**

用户通过执行菜单中的各菜单命令，就可完成想要完成的任务。菜单的使用非常简单，一般使用鼠标选择命令即可，也可以使用键盘操作。

（1）打开菜单操作。单击菜单名或同时按下 Alt 键和菜单名右侧带下划线的字母键，会出现下拉式菜单，如按下 Alt + V 键，就会出现如图 2.19 所示的“查看”菜单。

（2）执行菜单命令。在打开的菜单中，单击需要执行的命令或按下该命令右侧的字母键即可。此外还可以用移动光标键来选择要执行的命令后，再按 Enter 键。

3. **快捷菜单**

右击不同的对象，就会出现与这个对象相关的快捷菜单。如右击桌面空白处，会出现如图 2.4 所示的快捷菜单。

2.1.3.3 对话框

执行右侧带有省略号的菜单命令时，会弹出一个对话框，它是系统与用户交互的界面，通过它系统可以向用户进行提示或询问。而用户则通过对话框提供的选择及数据输入来回答提问。不同的命令，对话框的差异很大，但组成的基本元素还是相同的，下面以“我的电脑”窗口中的【工具】→【文件夹选项】命令的对话框（见图 2.20），以及 Word 2007 中的 Office 按钮→【打印】命令的对话框（见图 2.21）为例，来介绍对话框的各组成元素及作用。

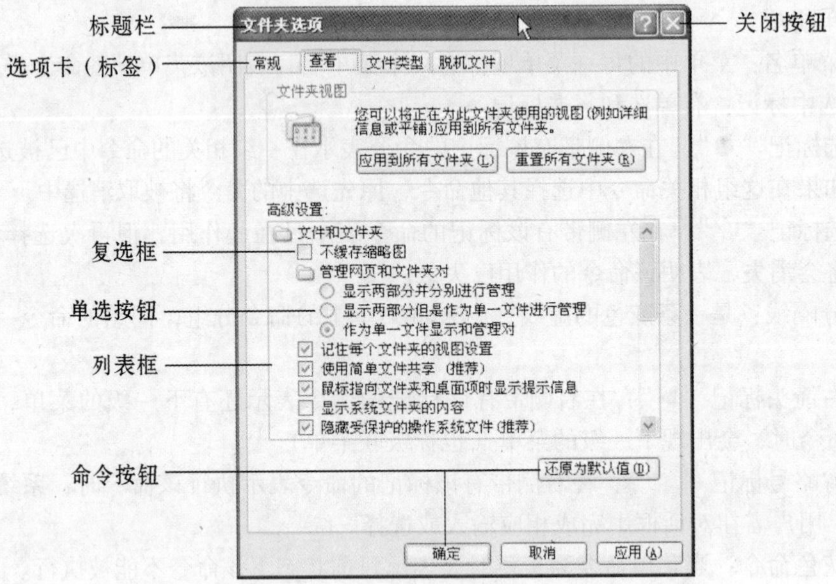

图 2.20 【文件夹选项】对话框

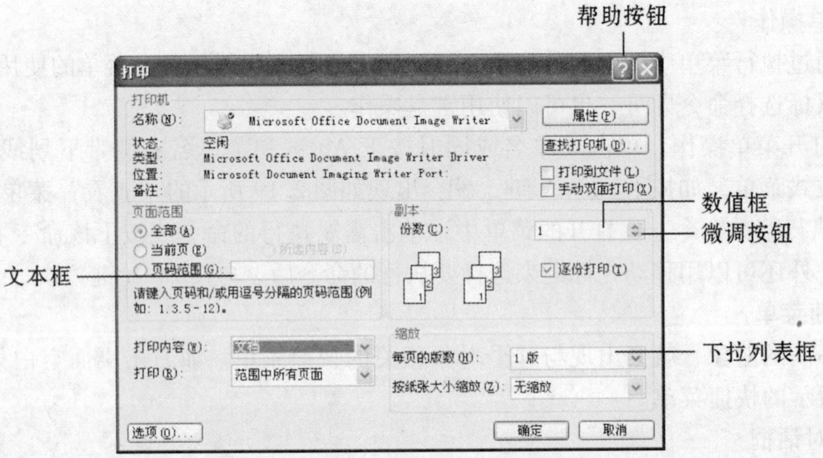

图 2.21 【打印】对话框

1. 标题栏

与窗口一样，对话框也有一个蓝色的标题栏，其左侧为对话框名称，右侧为【帮助】按钮和【关闭】按钮。用户可以通过鼠标拖动标题栏来改变对话框的位置，但不能改变其大小。单击【帮助】按钮，鼠标指针将变为“?”形状，此时单击对话框中某一项或命令按钮，系统将会对其作出文字解释。

2. 选项卡

当对话框的内容较多时，系统将对话框按类分为几个画面，每个画面都有一个名称，依次排列在一起并位于标题栏下，我们称之为选项卡或标签。单击其中一个选项卡，就会显示该选项卡的画面，图 2.20 所示的画面就是【文件夹选项】对话框中【查看】选项卡的内容。

3. **复选框**

复选框左侧有个小方框□，当选中该项时方框中间会打钩，变为☑。若此时再单击该框将取消选中，小方框又变为空框□。

4. **单选按钮**

单选按钮一般以两个或两个以上为一组，单选按钮左侧有个小圆圈○，当选中该项时圆圈中间会有一个黑点，变为⊙。只有选择其他单选按钮后，原选中的按钮才会取消选中，⊙又变为空圆圈○。

5. **列表框**

将选择内容集中列表于该框中，内容多时带有滚动条，供用户查阅选择，但不能修改。

6. **文本框**

文本框是个空白框，用户可以在此手工输入文字并对该框中内容进行修改或删除。有的文本框右侧带有向下的箭头按钮，外观与下拉列表框一样。单击箭头按钮可以将其中保存的最近输入的内容展示出来，供用户选择。

7. **下拉列表框**

下拉列表框是右侧有一个向下箭头按钮的列表框，单击该按钮，会弹出一个下拉式列表，用户可以从中选择所需的选项，但不能修改该选项内容，这也是与文本框的根本区别。

8. **数值框**

用于输入数值的框，一般都已有一个默认数值。该框右侧有个微调按钮，用户可以直接输入数值，也可通过单击微调按钮，系统会按一个固定的值来增加或减少框内的数值。

9. **命令按钮**

命令按钮是带有文字的圆角形按钮，单击命令按钮会执行一特定命令，最常见的是【确定】、【应用】和【取消】按钮。单击【确定】按钮，将保存用户在对话框中所作的修改并退出对话框；单击【应用】按钮，将保存用户在对话框中所作的修改，但不退出对话框；单击【取消】按钮，不保存用户在对话框中所作的修改并退出对话框。

2.1.4 中文输入法

Windows XP 中文版提供了多种中文输入法，如全拼输入法、智能 ABC 输入法、微软拼音输入法以及双拼输入法、郑码输入法和内码输入法等，同时还可以安装五笔输入法等其他多种中文输入法。

1. **输入法的选用**

(1) 选择输入方法：

①单击任务栏上如图 2.8 所示的语言栏，在弹出的输入法菜单中选择一种输入方法，选择后任务栏中将显示该输入法的指示图标。若单击该输入法指示图标，也将弹出输入法菜单。

②同时按下 Ctrl + Shift 键，可以从当前输入法按顺序切换到下一输入法，该方法总是在现有的所有中文输入法及英文输入法之间循环切换。

（2）设置默认输入方法：

如果希望开机后就自动进入指定的输入方法，可采用如下步骤进行设置：

步骤1：右击任务栏中的语言栏或输入法指示图标；

步骤2：在弹出的快捷菜单中，单击【设置】命令；

步骤3：在弹出的【文字服务和输入语言】对话框中，单击“默认输入语言”栏的下拉列表框，选择一个输入方法后，单击【确定】按钮即可。

（3）中英文输入状态的切换：

同时按下 Ctrl + Space（空格）键，可以在当前使用的中文输入和英文输入之间进行切换。每按一次 Ctrl + Space 键就会使中、英文输入状态转换一次。

2. 微软拼音输入法

微软拼音输入法是以整句的形式进行汉字拼音输入，用户只需连续输入汉语拼音，系统会自动选出与拼音最可能对应的汉字，不必逐字逐词进行同音字（词）的选择。但拼音中的字母“ü”没有相对应的英文字母，因此采用英文字母 V 来替代。本节介绍的是微软拼音输入法 2007 新体验输入风格的使用方法。

（1）状态条：

选择微软拼音输入法后，屏幕上将出现微软拼音输入法状态条，如图 2.22 所示。该状态条是集成在系统的语言栏中，状态条上的按钮是可以设定的，图 2.22 所示的是最为常用的按钮。

①【选择输入法】按钮：单击该按钮，弹出输入法选择菜单。

②【选择输入风格】按钮：单击该按钮，弹出输入风格选择菜单，如图 2.23 所示。

图 2.22 微软拼音输入法状态条

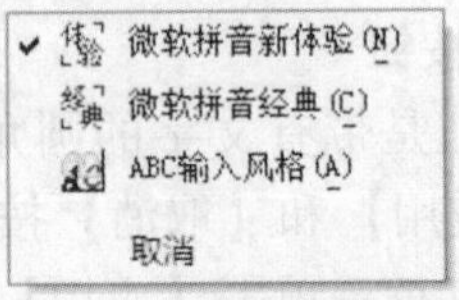

图 2.23 输入风格选择菜单

③中/英文切换按钮：单击该按钮或按 Shift 键，可以在中/英文输入之间切换。

注意：微软拼音输入法只能在英文小写输入状态下输入汉字。

④【中/英文标点切换】按钮：单击该按钮，可以切换中/英文标点符号的输入。

在中文标点状态下，顿号“、”用“\”键，左右书名号“《”、“》”分别用“Shift + ,”键和“Shift + .”键，人民币符号“￥”用“Shift + 5”键。

⑤【选择字符集】按钮：单击该按钮，可在弹出的菜单中选择简体中文字符集、繁体中文字符集和大字符集（简体中文字符集和繁体中文字符集的集合）。

⑥【软键盘开关】按钮：单击该按钮，弹出软键盘。

单击软键盘按钮，在屏幕右下角会弹出一个软键盘框，可用鼠标进行键盘输入。再单击该按钮，软键盘消失。单击状态条的功能菜单按钮，会弹出一个如图 2.24 所示的菜单，通过【软键盘】的子菜单，可对软键盘（如标准键盘、希腊字母、数学符号、数字序号等）进行选择。图 2.25 所示的是“数学符号”软键盘。

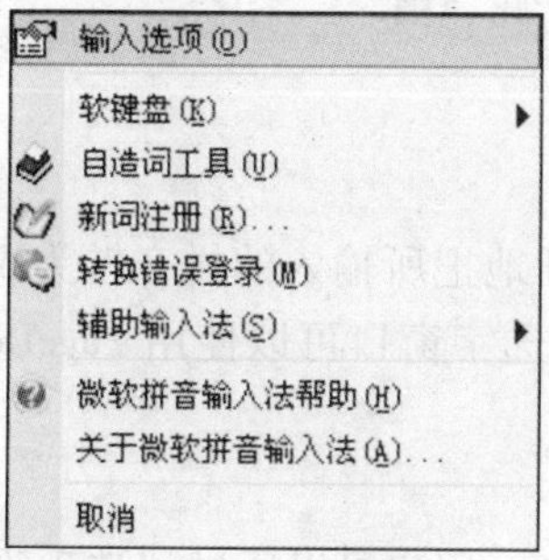

图 2.24 功能菜单

图 2.25 “数学符号”软键盘

⑦【输入板开关】按钮：单击该按钮，弹出【输入板 - 字典查询】对话框，如图 2.26 所示。此时默认的是一个使用部首笔画的汉字输入板，用鼠标指向汉字，还可以显示汉字的拼音，同时还能输入各种符号。单击左侧按钮，则进入手写输入板。

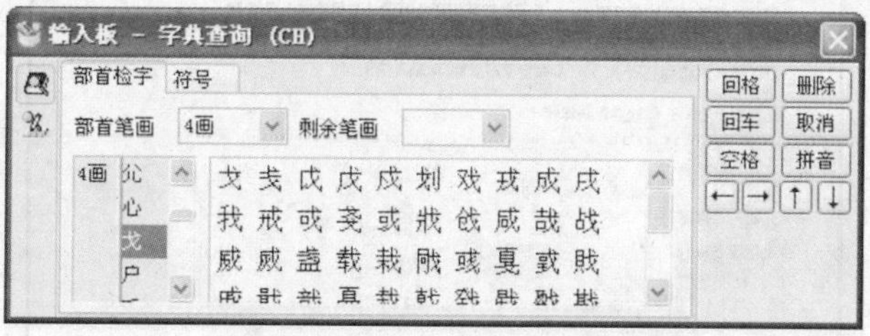

图 2.26 部首笔画汉字输入板

⑧【功能菜单】按钮：单击该按钮，弹出功能菜单，如图 2.24 所示。

⑨【帮助文件】按钮：单击该按钮，弹出帮助菜单。

⑩【选项】按钮：单击该按钮，弹出按钮选项菜单，用来设置状态栏上的按钮。

注意：一般情况下，输入法状态条是嵌在任务栏内，⑨、⑩两项是看不见的。右击【状态条】，在弹出的快捷菜单中选择【还原语言栏】命令，状态条会跳出任务栏，此时看到的才是图 2.22 所示内容。

如要把状态条放回到任务栏，右击状态条，在弹出的快捷菜单中选择【最小化】命令，或单击【状态条选项】按钮上方的【最小化】按钮即可。

（2）输入窗口：

使用微软拼音输入法时会出现三个窗口：拼音窗口、组字窗口和候选字窗口，如图 2.27 所示。拼音窗口和组字窗口实际上是在一条虚线之上，没有明显的框，组字窗口总是在拼音窗口之前。

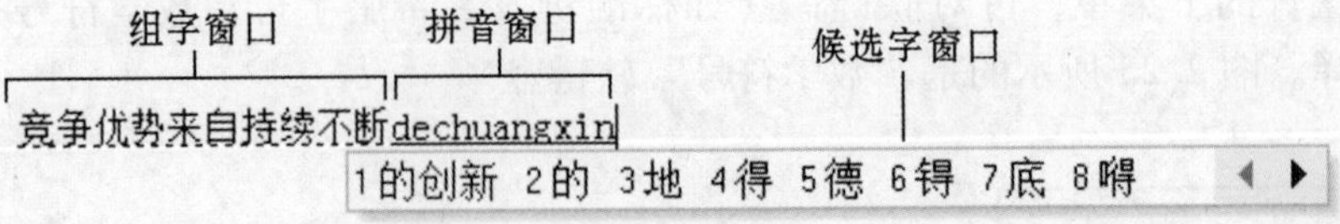

图 2.27 拼音、组字和候选字窗口

在输入时，用户可以连续输入拼音，系统会根据输入不断地把所输入的拼音转为汉字，用户也可以通过候选字窗口直接选字（词）到组字窗口，候选字窗口可以使用 PageDown、PageUp、+、-键进行翻页。

（3）选项设置：

为配合个人的输入风格和特点，系统提供了很多特殊功能，用户可以通过“选项设置”来定制一个有个性的输入方式。单击状态条上的【功能菜单】→【输入选项】命令，会弹出一个【Microsoft Office 微软拼音输入法 2007 输入选项】对话框【常规】选项卡的画面，如图 2.28 所示。

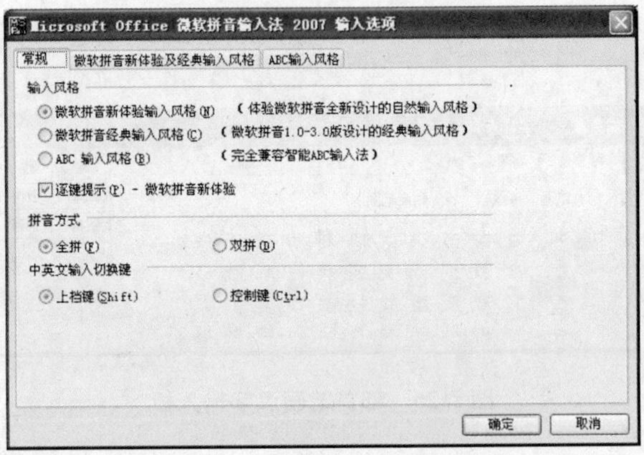

图 2.28 【常规】选项卡对话框

在【常规】选项卡可设置“输入风格”、“拼音方式”和“中英文输入切换键”，其中【逐键提示】表示选中该项后，将有候选字窗口随着每个拼音的输入而显示与之相应的字或词。

在【微软拼音新体验及经典输入风格】选项卡中，如图 2.29 所示，可以设置较多内容。

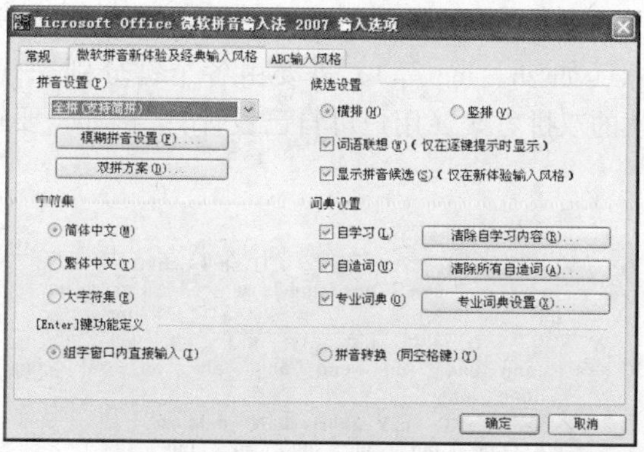

图 2.29 【微软拼音新体验及经典输入风格】选项卡对话框

在拼音设置的下拉列表框中，可以设置“全拼（支持简拼）”、“纯全拼”、“支持中/英文混合输入”；对于拼音不准的用户可作“模糊拼音设置”；选中【自学习】选项，在输入时，系统会自动首选用户常用的字和词。

（4）输入规则：

①当一个字与一个词组拼音相同时，需要用到隔音符号“'”，它是 Enter 键左侧'键。如“xi'an”（西安），而不能直接用“xian”（先）。此外，如遇系统不能完全正确识别的音，也需用分隔符，例如：“jin'e”（金额），而不能直接用拼音“jine”（急呢）。

②支持带音调、不带音调和两者的混合输入，用数字 1、2、3、4 代表拼音音调，5 代表轻声。例如：“da4dao4”（大道）、“da2dao4”（达到）、“da4dao1”（大刀）、“da3dao3”（打倒）。带音调输入时自动转换的准确率较高，但要带音调输入，必须取消“逐键提示”功能。

③使用全拼输入时，支持简拼和混合输入。如对于词组“中国人民解放军”的输入：简拼：“zhgrmjfj”；混合：“zhgrenmjfjun”（混合输入的识别正确率更高）。

④在中英文混合输入模式下，可不必切换中英文输入状态，而连续地输入英文单词和汉语拼音。系统会根据上下文来作相应的转换。显然这种输入模式不支持简拼输入。

⑤按下 Shift 键，可使中/英文输入进行切换。按下 CapsLock 键（大写灯亮时），输入的大写字母及大写字母之后的所有字母（不论大小写）都不会转为汉字，直到确认输入为止。

⑥按 Space 键可使在拼音窗口中输入的拼音转为汉字（候选字窗口中排在第一位的汉字或词组），若拼音窗口已没有拼音时，再按 Space 键则是确认输入，即确认组字窗口内的汉字，使其从组字窗口转为正式文本。而按 Enter 键为立即确认输入，若在图 2.29 设置【Enter 键功能定义】选项时，选择了【组字窗口内直接输入】选项，则在拼音窗口还有拼音字母时按 Enter 键，则这些字母将与组字窗口内的汉字一起转为正式文本。

⑦如果拼音输入错误，可移动光标至错误字母后按退格键 BackSpace 或将光标移至错误字母前按 Delete 键将其删除后进行修改；如果组字窗口中系统自动选取的汉字不是所希望的，可移动光标至该字前，再重新通过候选字窗口选字（词）；如果在组字窗口输入的拼音已转成汉字后又要修改其拼音，可移动光标至该字前按“`”键（键盘上第二排左端），在弹出的拼音窗口中进行修改。

⑧若选择双拼输入，输入一个汉字只需两键，第一键为声母，第二键为韵母。由于声母和韵母都有组合音标（如 zh、ing 等），需要由各个键分别来代替这些组合音标，如图 2.30 所示是系统默认的双拼方案（用户可自己设计）。例如，要输入汉字“中”（vs）、“量”（ld）。

图 2.30 双拼输入键盘对照

2.1.5 剪贴板

剪贴板是 Windows 应用程序之间进行信息共享与交换的重要媒介，它是一个临时的内存区域，通过剪贴板可以在不同的应用程序之间（如 Word、Excel）、相同的应用程序不同的文档之间、同一文档不同的位置上传送文本、图形、图像和声音等信息。传送信息的过程是先把要传送内容送入剪贴板，然后再通过剪贴板传送到指定位置。

使用剪贴板的操作有剪切、复制和粘贴。

1. **剪切**

将选定的内容（对象）送入剪贴板，同时清除原选定的内容（对象），该操作主要用于将信息从一处移到另一处。具体操作步骤是：

步骤 1：选定要剪切的内容，如一段文本、一张图片及桌面或活动窗口中的图标；

步骤 2：单击工具栏中的【剪切】按钮，或右击选中内容，在弹出的快捷菜单中单击【剪切】命令，或单击菜单栏【编辑】→【剪切】命令，或同时按下 Ctrl + X 键。

2. **复制**

将选定的内容（对象）送入剪贴板，同时保留原选定的内容（对象），该操作主要用于将信息从一处复制到另一处。具体操作步骤是：

步骤 1：选定要复制的内容；

步骤 2：单击工具栏中的【复制】按钮，或右击选中内容，在弹出的快捷菜单中单击【复制】命令，或单击菜单栏【编辑】→【复制】命令，或同时按下 Ctrl + C 键。

此外按 Print Screen 键，可以把整个屏幕的图像送入剪贴板，同时按下 Alt + Print Screen 键，可以把活动窗口的图像送入剪贴板。

3. **粘贴**

将剪贴板中内容传送到指定位置。对于通过“剪切”桌面或活动窗口中图标（文档）送入剪贴板的内容，在被传送到指定位置后就不再保留在剪贴板中，不能再进行粘贴操作；而其他操作送入剪贴板的内容，在被传送到指定位置后仍保留在剪贴板中，还可以继续进行粘贴操作。具体操作步骤是：

步骤 1：把光标移到指定位置；

步骤 2：单击工具栏中的【粘贴】按钮，或在光标处右击鼠标，在弹出的快捷菜单中单击【粘贴】命令，或单击菜单栏【编辑】→【粘贴】命令，或同时按下 Ctrl + V 键。

从以上操作我们可以看出，要把信息从一处复制到另一处，应先“复制”后“粘贴”，要把信息从一处移到另一处，应先“剪切”后“粘贴”。

2.2 Windows 资源管理器

资源管理器是 Windows 系统一个重要的应用程序，是系统对计算机软硬件资源进行管理的重要工具，通过它可以方便地显示和操作计算机中的文件及软硬件资源。

2.2.1 文件、文件夹

文件是按一定方式存储于外部存储介质（如磁盘、光盘等）上的一组相关数据的集合。它是最小的数据组织单位。文件中可以存放文木、图像以及数值、数据等信息。

文件夹又称为目录，用于存放文件及下一级文件夹（子文件夹），是为了便于管理和使用存储在外部介质上的多个文件，将它们分门别类地存放。

1. 文件（夹）的命名

为了区分各个不同内容的文件（夹），需要为每个文件（夹）取一个名字，称为文件（夹）名。文件（夹）名可长达 255 个字符。

文件（夹）名的组成：“主文件名 . 扩展名”，主文件名是区分不同的文件，扩展名是区分文件的不同类型。主文件名与扩展文件名之间用圆点符号“.”分隔，文件夹不使用扩展名。

文件（夹）名可由除/ \ ：* ?“ < > | ”之外的字母、数字和符号组成，在主文件名中可以使用空格和圆点符号，也可以使用汉字。

在同一文件夹下，不能有相同的文件名。表 2.2 给出了常用文件扩展名及其含义。

表 2.2　常用文件扩展名及其含义

扩展名	含义	扩展名	含义
. exe	应用程序	. sys	系统文件
. zip 或 . rar	压缩文件	. dll	应用程序扩展
. doc 或 . docx	Word 文档文件	. xls 或 . xlsx	Excel 文档文件
. wav	音频文件	. txt	纯文本文件
. bmp	位图文件	. jpg	图像文件
. avi 或 . mpg	视频文件	. tmp	临时文件
. c 或 . cpp	C 或 C + + 程序文件	. java	Java 程序文件

2. 文件名通配符

通配符也称替代符，是用来表示文件名的符号。通配符有星号“ * ”和问号“?”两种，主要用于文件夹和文件名的查找过程中。

(1) “＊”通配符也称多位通配符，用来表示从所在位置开始的任意字符串。例如，“＊. exe”表示所有扩展名为 . exe 的文件，“a＊. ＊”表示所有以字母“a（包括A)”开头的文件。

(2) “?”通配符也称个位通配符，用来表示所在位置上的一个任意字符。例如，“? . exe”表示所有主文件名只有一个字符的 . exe 文件，“a? . ＊”表示所有以字母“a（包括 A)”开头，且主文件名只有两个字符的文件。

3. **文件夹的树形结构及路径**

文件夹可以用来存放文件、快捷图标和子文件夹，若把桌面、我的文档、我的电脑、控制面板、硬盘和光盘驱动器等看作是特殊的文件夹，整个文件夹的管理就像是一棵右置的树，如图 2. 31 所示。主树干是桌面，次树干为我的文档、我的电脑、网上邻居、回收站等，支树干为各驱动器等，驱动器上的文件夹是更细的分支，文件夹中的文件就是树叶。

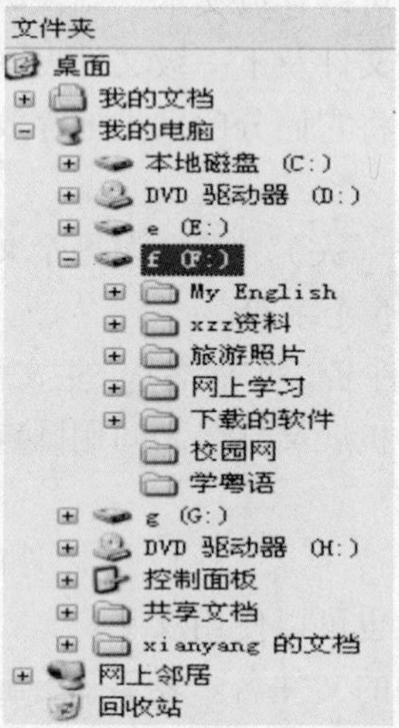

图 2. 31 文件夹的树形结构

不论是作为树叶的文件还是作为树枝的文件夹，我们都可以按照主树干、次树干、支树干的顺序找到它们，这就是所谓的“路径”。

对每个文件和文件夹，可以用它所在的驱动器号、各级文件夹名以及文件名描述其位置，这种位置的表示方法称为“路径”。

路径从左至右依次为：驱动器号（盘符)、各级文件夹名、文件名。各层次之间用左斜线“ \ ”来分隔，驱动器号右侧第一个左斜线“ \ ”称之为“根目录”。例如：“d: \ 大学计算机 \ test \ test1. docx”。

2. 2. 2 资源管理器简介

1. **启动资源管理器**

启动资源管理器的方法有以下四种：

（1）右击【开始】按钮，在弹出的快捷菜单中选择【资源管理器】命令。

（2）右击桌面“我的电脑”图标，在弹出的快捷菜单中选择【资源管理器】命令。

（3）单击【开始】→【所有程序】→【附件】→【资源管理器】命令。

（4）双击桌面“我的电脑”图标，在弹出的【我的电脑】窗口中，单击工具栏中的【文件夹】按钮。

2.【资源管理器】窗口

【资源管理器】窗口如图 2.32 所示。该窗口分为菜单栏、工具栏和左右窗格等。

（1）菜单栏：由于资源管理器有“文件夹”和“搜索”等不同的操作，因此，它的菜单项内的命令列表是动态变化的。

①“文件”菜单：主要有“新建”（文件夹、快捷方式等）和“关闭”命令，若选择了文件（夹），还会增加“打开”、“删除”、“压缩”、“重命名”、“属性”（查看及设置）等命令。

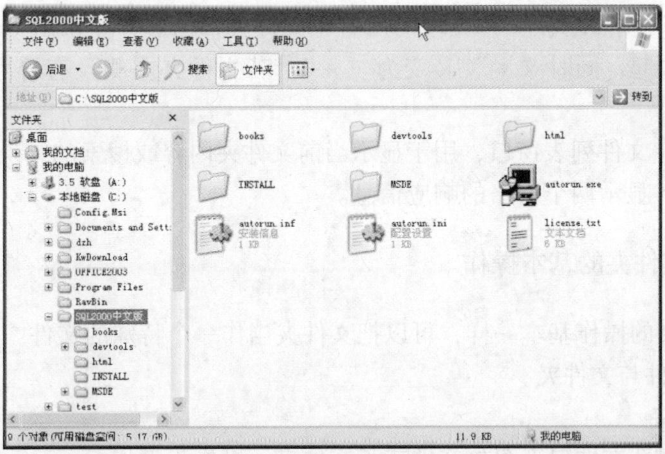

图 2.32　【资源管理器】窗口

②“编辑”菜单：主要有“撤消”[①]（已执行过的编辑命令）、“剪切”、“复制”、“粘贴”、“复制到文件夹”、“移动到文件夹”、“全部选定”和“反向选定”等命令。

③“查看”菜单：有显示/隐藏工具栏、地址栏和状态条命令；有“刷新”（重新显示窗口）、“排列图标”、改变显示方式（缩略图、平铺、图标、列表、详细信息）命令。

④“收藏”菜单：显示 IE 浏览器中收藏夹的内容或将地址栏的内容添加到收藏夹中。

⑤“工具”菜单：主要有“文件夹选项”命令。

⑥“帮助”菜单：进入 Windows XP 的“帮助与支持中心”。

（2）工具栏：位于菜单栏下，图 2.32 所示是标准按钮工具栏。

①【后退】按钮 后退 ▾：单击此按钮回到进入当前窗口之前的窗口，单击小箭头“▾”按钮，在弹出的下拉列表中可直接选择返回地址，当按钮为灰色时不能返回。

---

① “撤消”应为“撤销”，但为保留界面原貌，方便读者，本书中仍沿用“撤消”。

②【前进】按钮：“后退”操作的逆操作，只有进行过“后退”操作，该操作才能使用。

③【向上】按钮：单击此按钮返回上一级文件夹。

④【搜索】按钮：单击此按钮左窗格显示搜索内容，右窗格显示搜索结果。

⑤【文件夹】按钮：单击此按钮可以使左窗格在“文件夹树”和“任务窗格”（与图 2.5 所示的【我的电脑】窗口相同）之间切换，若使用了搜索命令，单击此按钮则是使左窗格返回文件夹树的显示。

⑥【查看】按钮：单击此按钮可选择右窗格内图标的显示方式。

（3）地址栏：显示当前文件的路径。

（4）左窗格：可以选择显示文件夹树、任务窗格或搜索等项目。当显示文件夹树时，可用鼠标选择文件夹。有的文件夹左侧有【加号】“+”或【减号】“-”。“+”表示该文件夹内有还未展示出来的子文件夹，单击“+”则会展开显示这些文件夹，同时“+”变为“-”；“-”则表示该文件夹内的所有子文件夹都已展开显示出来，单击“-”，该文件夹将会折叠收起，同时“-”又变为“+”。若文件夹左侧没有符号，表示该文件夹内没有子文件夹。

（5）右窗格：文件列表窗口，用于显示当前文件夹内容或搜索的结果。

（6）状态栏：显示两个窗格的响应信息。

2.2.3　文件与文件夹的基本操作

文件与文件夹的操作基本一样，可以把文件夹当作一个特殊的文件。

2.2.3.1　创建文件与文件夹

1. 创建文件夹

用户可以创建新文件夹来存放文件或子文件夹，操作步骤如下：

步骤 1：在要创建新文件夹的位置（如【我的电脑】窗口、【资源管理器】窗口或是桌面的空白处）右击鼠标；

步骤 2：在弹出的快捷菜单中，单击【新建】→【文件夹】命令，如图 2.33 所示；

步骤 3：输入名称，否则采用系统默认名称“新建文件夹”、“新建文件夹（2）”等。

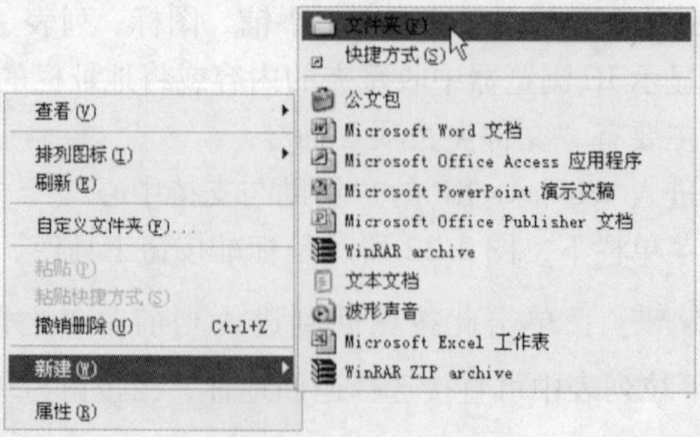

图 2.33　创建文件夹

2. **创建文件**

方法 1：通过启动相应的应用程序来创建文件。

方法 2：与创建文件夹方法相同，只是在上述"创建文件夹"的"步骤 2"时，通过图 2.33 所示的快捷菜单选择需要新建的文档（如文本文档、Microsoft Excel 工作表等）。

2.2.3.2 管理文件与文件夹

1. **打开**

方法 1：双击需要打开的文件（夹）图标。

方法 2：右击需要打开的文件（夹）图标，在弹出的快捷菜单中，单击【打开】命令。

方法 3：若需要打开的文件（夹）在窗口中（不是桌面），单击菜单栏【文件】→【打开】命令。

2. **选定文件与文件夹**

为管理文件或文件夹，需要对其进行操作，操作前要先选定文件（夹）。

（1）选定单个文件（夹）：单击需要选定的文件（夹）的任何部位（图标或名称）。

（2）选定全部文件（夹）：单击菜单栏【编辑】→【全部选定】命令或同时按下 Ctrl + A 键。

（3）选定一组相邻的文件（夹）：要选定一组多个相邻的文件（夹），将鼠标指针移到要选定范围的一角，然后拖动鼠标，此时会出现一个浅蓝色的矩形框，当该矩形框把所有要选定的内容都覆盖后松开鼠标左键，被该框覆盖的文件（夹）即被选定，如图 2.34（a）所示。

（4）选定一组连续的文件（夹）：所谓连续是指文件排列的顺序，文件（夹）图标是按先行后列排列。若要选定如图 2.34（b）所示的 5 个文件（夹），可先单击第一行第二个文件夹，然后按住 Shift 键不放，单击第二行最后一个文件即可。

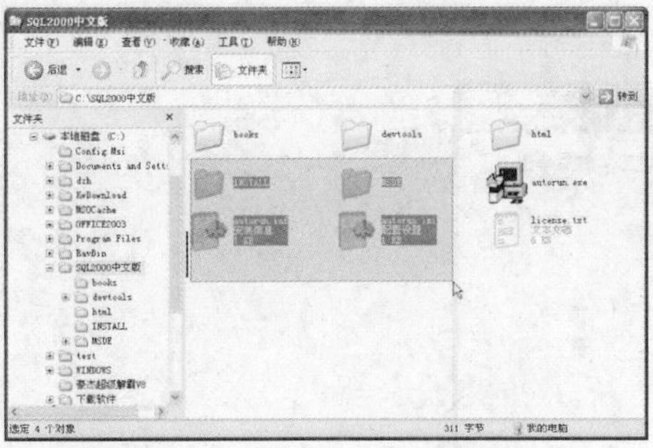

（a）用鼠标拖动选定

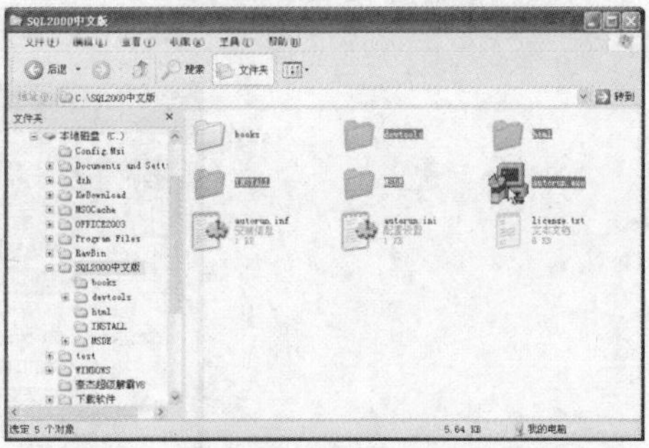

（b）用 Shift 键选定

图 2.34 选定文件（夹）

（5）选定一组不相邻的文件（夹）：按住 Ctrl 键不放，单击需要选定的文件（夹）即可；若此时再单击已选定的文件（夹），则是取消选定。

3. **重命名**

如果新建文件（夹）时没有及时输入名称或是需要对现有名称进行更改，需用此操作。

方法 1：选定要重新命名的文件（夹），单击该文件（夹）的名称或按 F2 键，这时名称变为反白显示，此时输入新名称即可。

方法2：右击要重新命名的文件（夹），在弹出的快捷菜单中选择【重命名】，这时名称变为反白显示，输入新名称即可。

注意： 文件的扩展名是有特殊含义的，不能随意改动，否则系统可能无法识别该文件。

4. **移动和复制**

移动是指将文件（夹）从当前目录移到另一目录中；复制是指将文件（夹）在另一目录中建一个副本，原位置上的源文件仍然存在。移动和复制文件（夹）可通过鼠标拖动、直接移动、复制或使用剪贴板等来进行。

（1）鼠标拖动。鼠标拖动一般是在【资源管理器】窗口中进行。当源文件的位置与目标位置在同一磁盘时（盘符相同），用鼠标直接拖动是进行移动，若要复制，需要同时按下Ctrl键；而源文件的位置与目标位置不在同一磁盘时，鼠标直接拖动是进行复制，若要移动，需要同时按下Shift键。其操作步骤为：

步骤1：在右窗格文件列表区选定文件（夹）；

步骤2：拖动所选定的内容至左窗格文件夹树上的目标位置，此时目标文件夹的名称变为反白显示；

步骤3：此时注意观察鼠标指针旁是否有加号“+”，若有则表示当松开鼠标后，是进行复制操作；若此时要进行的是移动操作，要按下Shift键不放（“+”会自动消失），再松开鼠标键。若鼠标指针旁没有加号“+”，表示当松开鼠标后，则是进行移动操作；若此时要进行的是复制操作，要按下Ctrl键不放（“+”会自动出现），再松开鼠标键。

（2）直接移动和复制文件（夹），操作步骤为：

步骤1：在窗口选定文件（夹）；

步骤2：单击【编辑】→【移动到文件夹】（或【复制到文件夹】）命令，弹出一个【移动项目】（或【复制项目】）对话框，如图2.35所示；

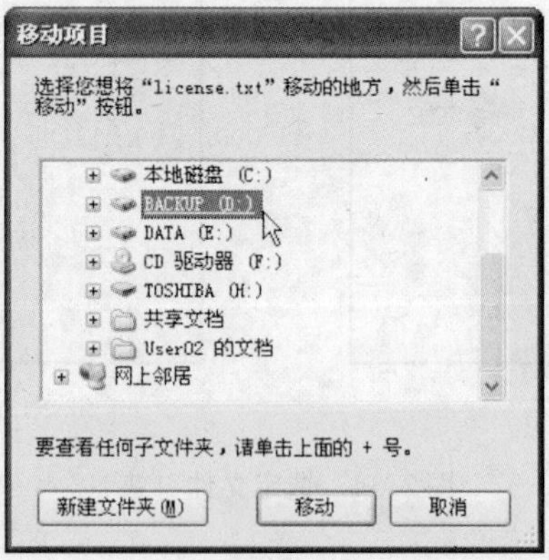

图2.35 【移动项目】对话框

步骤3：在对话框中选择目标文件夹，也可以在指定的位置新建一个文件夹；

步骤4：单击话框中【移动】按钮（若是【复制项目】对话框，则是【复制】按钮）。

（3）使用剪贴板。在任何窗口下都可使用剪贴板，操作步骤为：

步骤 1：在窗口选定文件（夹）；

步骤 2：单击【编辑】→【剪切】（或【复制】）命令，或右击选定的文件（夹），在弹出的快捷菜单中选择【剪切】（或【复制】）命令，或同时按下 Ctrl + X（或 Ctrl + C）键；

步骤 3：打开目标文件夹，单击【编辑】→【粘贴】命令，或右击窗口空白处，在弹出的快捷菜单中选择【粘贴】命令，或同时按下 Ctrl + V 键。

说明：【剪切】→【粘贴】是移动操作，【复制】→【粘贴】是复制操作。

（4）使用【发送到】命令复制文件（夹），操作步骤为：

步骤 1：右击选定的文件（夹），在弹出的快捷菜单中选择【发送到】命令；

步骤 2：在出现的级联菜单中可选择【我的文档】、【软盘】和【U 盘】等。

5. 删除文件（夹）

删除操作是将文件（夹）放入“回收站”，但删除的若是软盘、U 盘上的文件（夹），将是永久删除而不是放入“回收站”。

方法 1：选定要删除文件（夹），按 Delete 键。

方法 2：右击要删除文件（夹），在弹出的快捷菜单中选择【删除】命令。

方法 3：调整窗口大小，使桌面上的“回收站”能显示出来，用鼠标拖动要删除文件（夹）到“回收站”图标上，松开鼠标即可。

说明：在用方法 1 和方法 2 进行删除操作时，同时按下 Shfit 键，则是直接从硬盘中删除而不放入回收站。

2.2.3.3 文件和文件夹的显示方式

文件和文件夹在窗口中是以图标形式显示的，图标有多种显示方式，通过单击“查看”菜单或工具栏上的【查看】按钮，可以在弹出的菜单中进行如下六种设置：

1. 幻灯片

当文件夹的类型是“图片”或是“相册”时才会出现此选项。常用于在图片文件夹中观看图片，图片文件以缩略图的形式在窗口底部排为一行，可通过单击左右箭头滚动选择图片，如图 2.36 所示。

2. 缩略图

图片文件是以图片内容的小图来代替图标，内有图片文件的文件夹则将所包含的图片内容显示在文件夹的图标上，使用户能快速浏览内容，如图 2.37 所示。

图 2.36 文件（夹）的幻灯片显示方式

图 2.37 文件（夹）的缩略图显示方式

3. 平铺

平铺是系统默认的显示方式，采用大图标且名称显示在图标右侧。除显示名称外，还显示分类信息（如文件类型、大小等）。

4. 图标

图标采用的图标略小于大图标，名称显示于图标之下，不显示分类信息。

5. 列表

列表采用小图标按多列排列，名称采用全称显示于小图标右侧，如图 2.38 所示。

6. 详细信息

详细信息采用小图标按单列排列，显示名称、类型、大小和更改日期，如图 2.39 所示。

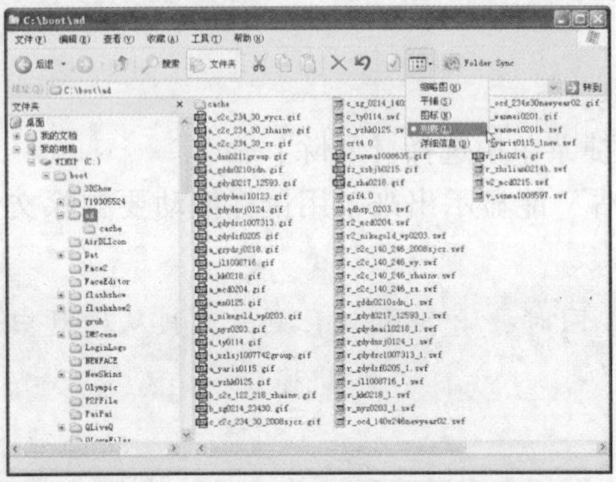

图 2.38 文件（夹）的列表显示方式

图 2.39 文件（夹）的详细信息显示方式

2.2.3.4 文件和文件夹属性

每个文件和文件夹都有属性，它是系统赋予的一些特性并包含着一些有用的信息。用户可以查看信息，也可以对一些特性进行修改。右击文件（夹），在弹出的快捷菜单中选择【属性】命令，则弹出“属性”对话框，如图 2.40 和图 2.41 所示。

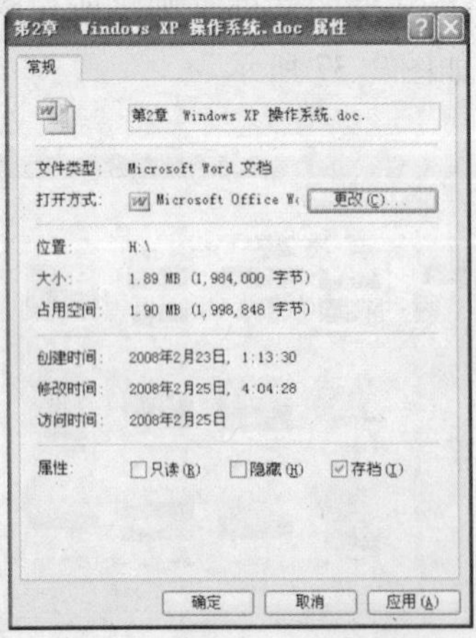

图 2.40 文件属性对话框

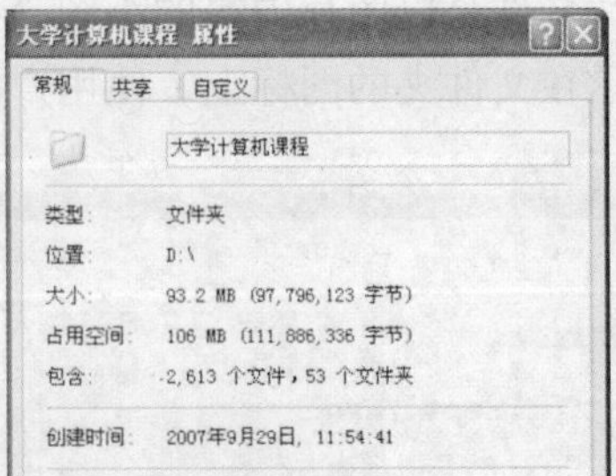

图 2.41 文件夹属性对话框

1. 显示的主要信息

由于文件类型不同，其属性对话框有可能也不一样（文件夹与文件也不相同），但一些主要信息还是一样的，主要有：

（1）是文件还是文件夹，若是文件还有文件类型、打开文件的应用程序名。

（2）所处的位置和大小。

（3）文件夹中所包含的文件和子文件夹的数目。

（4）创建时间，若是文件还有最后的修改日期。

2. 属性设置

（1）只读。若选中该项，表示不能更改。若设置文件夹为只读时，会弹出如图 2.42 所示的对话框，当选择【将更改应用于该文件夹、子文件夹和文件】选项后，该文件夹内的所有文件和文件夹都是只读的，即不能被修改。若文件夹取消只读选项，经【将更改应用于该文件夹、子文件夹和文件】确认后，该文件夹内的所有文件和文件夹都不会是只读。

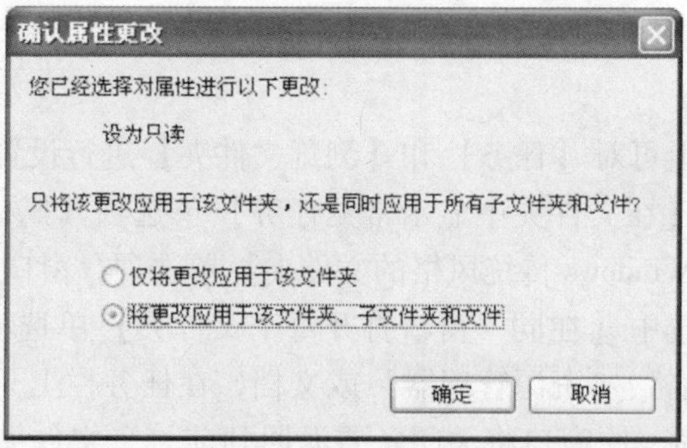

图 2.42 【确认属性更改】对话框

（2）隐藏。若选中该项，表示不再显示，此时若不知道名称就不能使用该文件（夹）（显示隐藏文件的方法在下节介绍）。

（3）存档。存档属性并不是直接提供给用户使用的，而是提供给备份软件使用，用户不必设置该属性。

2.2.3.5 文件夹选项

用户可以自己定义文件和文件夹的显示风格，方法是单击窗口菜单【工具】→【文件夹选项】命令，在弹出的【文件夹选项】对话框中进行设置，如图 2.43 所示。

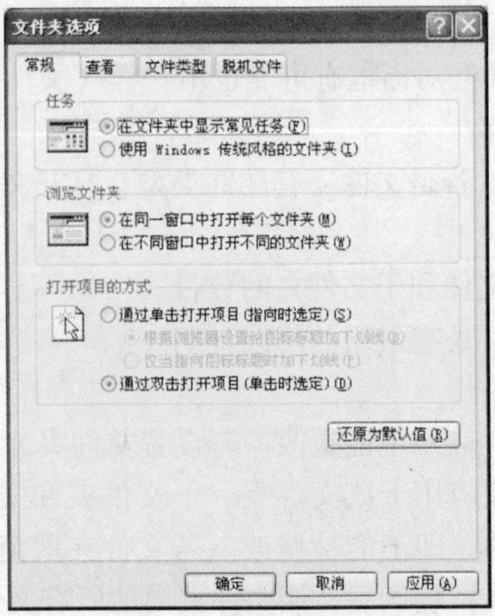

图 2.43　【文件夹选项】对话框

1.【常规】选项卡

在【常规】选项卡上可对【任务】和【浏览文件夹】进行设置。

(1) 任务。若选中【在文件夹中显示常见任务】单选项（默认），在窗口左侧会有任务窗格；若选中【使用 Windows 传统风格的文件夹】单选项，窗口左侧没有任务窗格。

(2) 浏览文件夹。选中【在同一窗口打开每个文件夹】单选项（默认），表示每打开一个窗口，如“我的电脑”、“资源管理器”或文档，在任务栏上只出现一个窗口，当打开窗口中的子文件夹窗口时，原窗口将关闭。要返回到前一个文件夹窗口，需单击工具栏上的【返回】按钮，或按 Backspace 键。选中【在不同窗口中打开不同的文件夹】单选项，每打开一个文件夹都会在任务栏新开一个窗口，可通过任务栏对窗口（文件夹）进行切换。

2.【查看】选项卡

【查看】选项卡如图 2.44 所示，【高级设置】栏主要有如下功能：

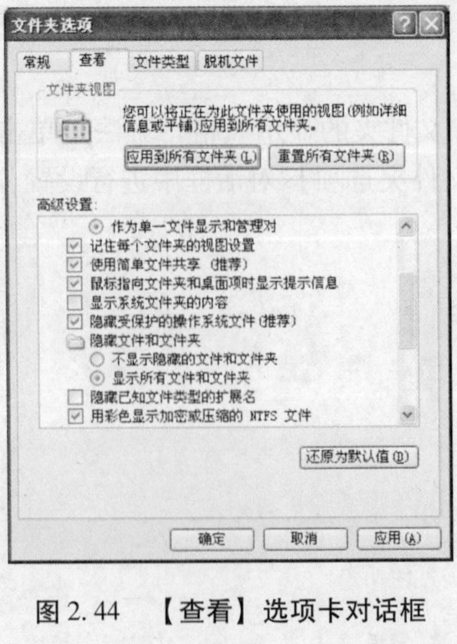

图 2.44　【查看】选项卡对话框

（1）隐藏文件和文件夹。有【不显示隐藏的文件和文件夹】与【显示所有文件和文件夹】两个单选项，选择前者将不显示属性设为隐藏的文件和文件夹，选择后者将显示包括属性设为隐藏的所有文件和文件夹。

（2）隐藏已知文件类型的扩展名。选中该项，所有已知文件类型的文件都不显示扩展名。

（3）在标题栏显示完整路径。选中该项，会在窗口的标题栏里显示所打开文件或文件夹的全路径。

（4）在地址栏中显示完整路径。选中该项，会在窗口的地址栏中显示所打开文件或文件夹的完整路径。

（5）在文件夹提示中显示文件大小信息。选中该项，当鼠标指针指向文件夹时，会显示文件夹内文件的大小以及文件和子文件夹的名称。

2.2.3.6 搜索

由于在计算机内存储了大量文件，有时会出现忘记文件所放的具体位置或记不起文件完整名称的情况，此时可使用搜索功能进行查找。

使用搜索功能查找文件或文件夹，有时需使用通配符“＊”和“?”，此外还可以通过设置文件大小、最后更改时间等限制性条件来提高搜索速度。

单击【开始】→【搜索】命令，或在【我的电脑】、【资源管理器】窗口单击 搜索 按钮，即可进入【搜索结果】对话框，如图 2.45 所示。其中左窗格是【搜索助理】，用来输入搜索条件，右窗格是用来显示搜索结果的。

在【搜索助理】窗格中，主要有“图片、音乐和视频”、“文档（文字处理、电子数据表等）”、“所有文件和文件夹”及“计算机或人”四个搜索类型供用户选择，因其操作大同小异，我们就以“所有文件和文件夹”为例来介绍搜索方法，操作步骤如下：

步骤 1：单击【搜索助理】中的【所有文件和文件夹】选项，弹出如图 2.46 所示对话框。

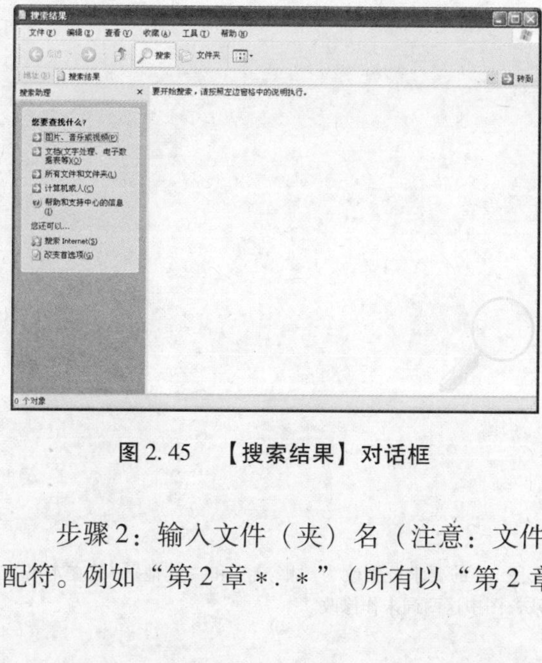

图 2.45 【搜索结果】对话框

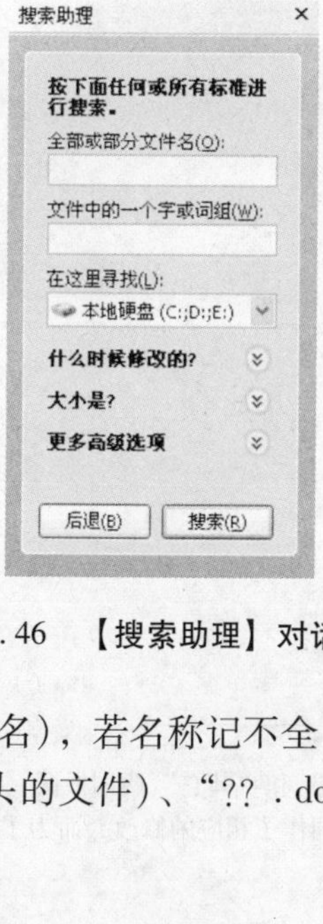

图 2.46 【搜索助理】对话框

步骤 2：输入文件（夹）名（注意：文件一定要有扩展名），若名称记不全，可使用通配符。例如“第 2 章＊.＊”（所有以“第 2 章”三个字开头的文件）、“??.docx”（所有主文件名为两个字符的 Word 2007 文档文件)。若完全不记得名称，可以输入文档文件中的字或词。

步骤 3：在【在这里寻找】栏设置搜索范围，即可以指定在某个盘或全部硬盘上搜索。

步骤 4：单击【搜索】按钮即开始搜索，搜索的结果将显示在右窗格中。若单击【后退】按钮，则返回到如图 2.46 所示的【搜索助理】窗格。

此外，为加快搜索速度和提高搜索精度，可附加一些限制性的条件。

单击【什么时候修改的?】选项，弹出如图 2.47（a）所示的窗格，可选择时间范围，其中“指定日期”下有“修改日期”、“创建日期”和“访问日期”三项可选。

单击【大小是?】选项，弹出如图 2.47（b）所示的窗格，可设置大小范围。

单击【更多高级选项】选项，弹出如图 2.47（c）所示的窗格，可设置多项内容。

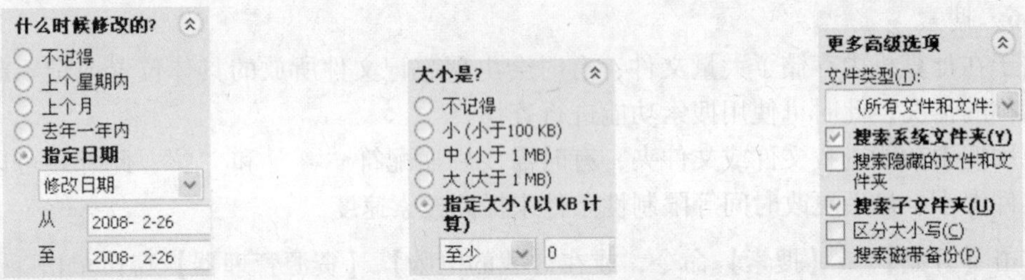

(a)【什么时候修改的?】窗格　　(b)【大小是?】窗格　　(c)【更多高级选项】窗格

图 2.47　限制性条件窗格

2.3　控制面板与设置

通过控制面板，可以管理账户及进行个性化的设置等操作。单击【开始】→【控制面板】命令，弹出【控制面板】窗口，如图 2.48 所示①。

① “帐户”和“其它”两词根据《现代汉语词典（第 5 版）》的要求分别改为“账户”和“其他”，故在本书文字表述中这两词作了相应的修改，而为了与真实界面保持一致，图中这两词未作修改。

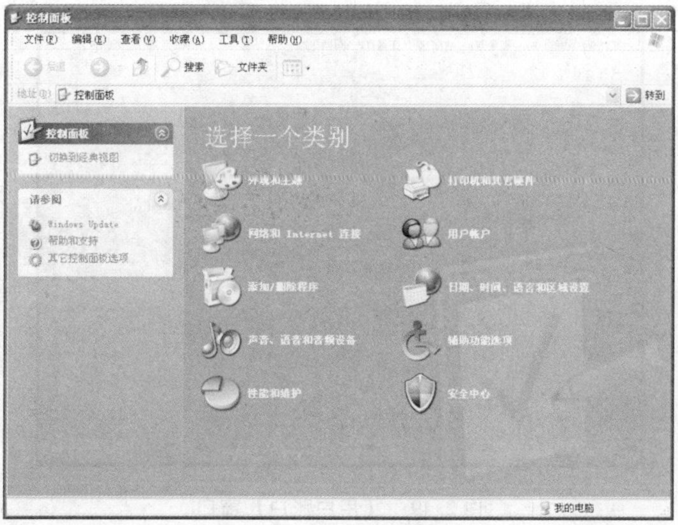

图 2.48 【控制面板】窗口

2.3.1 用户管理

Windows 是一个多用户系统，允许多个用户共用一台机，既要充分共享资源，又要将各用户所用的数据和程序相互区分开来，因此必须为每个使用者设立账户，使计算机能对使用者的行为进行管理，以便更好地保护用户的资料。

1. 账户类型

Windows XP 操作系统分为三种账户：计算机管理员账户、受限账户和来宾账户。

（1）计算机管理员账户。每台计算机至少有一个该账户。他拥有最高的管理权限，可任意装载/删除软件、修改/删除文件（夹）、创建、更改/删除受限账户以及开启/关闭来宾账户。

（2）受限账户。由计算机管理员账户创建，只能删除自己的文件或程序，安装软件方面要看计算机管理员账户所给的权限，不能更改计算机中的大部分设置，不能创建账户。

（3）来宾账户。它是一个特殊的受限账户，是为没有账户的人临时使用计算机而准备的。该账户不设密码，是由计算机管理员账户来设置启用，拥有最小的权限。

2. 创建新账户

操作步骤如下：

步骤 1：单击图 2.48 所示的选项，弹出【用户账户】窗口，如图 2.49 所示。

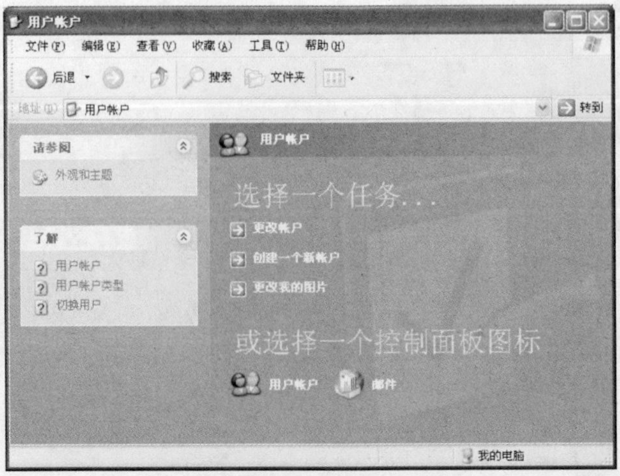

图 2.49 【用户账户】窗口

步骤 2：单击创建一个新帐户选项，弹出【为新账户起名】窗口，如图 2.50 所示。

步骤 3：在“为新账户起名”窗口内的文本框中，输入新的账户名称（本例中输入的是“USER03”）后，单击【下一步】按钮，弹出【挑选一个账户类型】窗口，如图 2.51 所示。

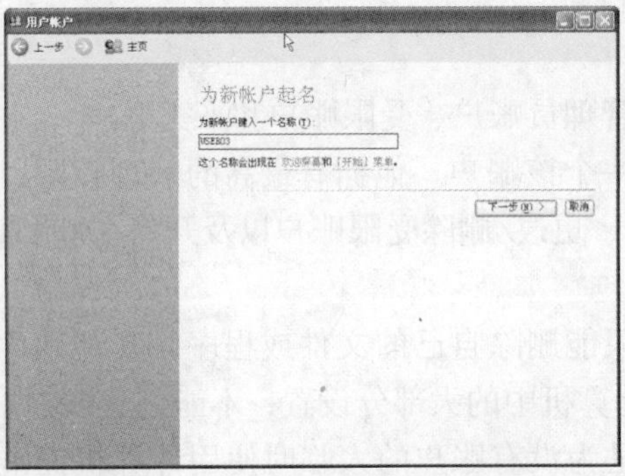

图 2.50 【为新账户起名】窗口

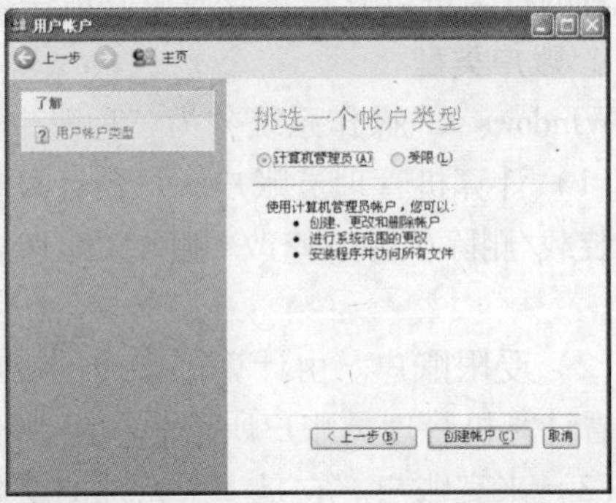

图 2.51 【挑选一个账户类型】窗口

步骤 4：在“挑选一个账户类型”窗口内的【计算机管理员】及【受限】两个单选按钮中选择一个后，单击【创建账户】按钮即完成创建，系统返回【用户账户】窗口。

3. **更改账户**

在图 2.49 所示的【用户账户】窗口中单击更改帐户选项，弹出【挑选一个要更改的账户】窗口，如图 2.52 所示。在该窗口中单击一个用户图标（如 USER03），弹出【您想更改 USER03 的账户的什么?】窗口，如图 2.53 所示。可以进行如下更改操作：

（1）更改名称。单击该选项，可根据提示输入新名称后按【更改名称】按钮即可。

图 2.52　【挑选一个要更改的账户】窗口

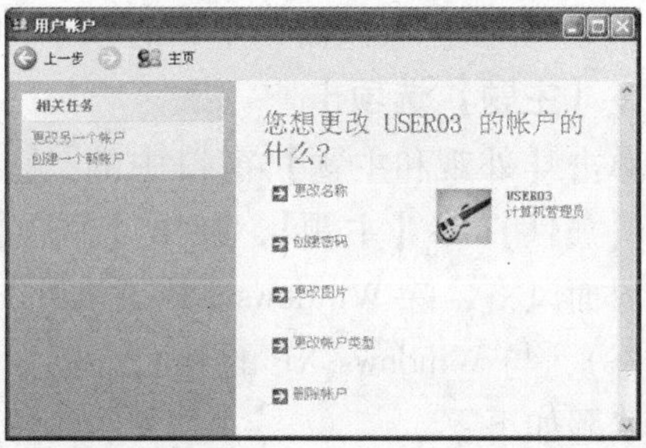

图 2.53　【您想更改 USER03 的账户的什么?】窗口

（2）创建/更改密码。对于新建或已删除密码的用户，该项显示为【创建密码】，单击该选项，可根据提示输入两次新密码后按【创建密码】按钮即可。但对于有密码用户，该项显示为“更改密码”，更改密码的操作与创建密码操作相同。

（3）删除密码。对于已有密码的用户有该选项。单击该选项，在弹出的提示窗口中单击【删除密码】按钮即可。

（4）更改图片。若想更换用户图标需用此操作。单击该选项，弹出【为 USER03 的账户挑选一个新图像】窗口，如图 2.54 所示。通过图片浏览窗口选择一个新图片后，单击【更改图片】按钮即可。

（5）更改账户类型。单击该选项，弹出类似图 2.51 所示的【挑选一个账户类型】窗口，不同的只是【创建账户】按钮变为【更改账户类型】按钮，单击【更改账户类型】按钮即可。

（6）删除账户。单击该选项，弹出【您想保留 USER03 的文件吗?】窗口，如图 2.55 所示。若单击【保留文件】按钮，表示该用户删除后，桌面上将有一个以该用户名称命名的文件夹（如 USER03），用以保存该用户在桌面及“我的文档”中的文件资料，若单击【删除文件】，则不保留该用户的任何资料。

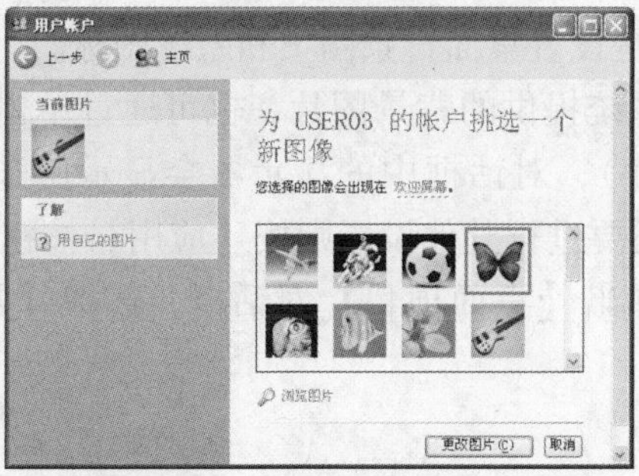

图 2.54　【为 USER03 的账户挑选一个新图像】窗口

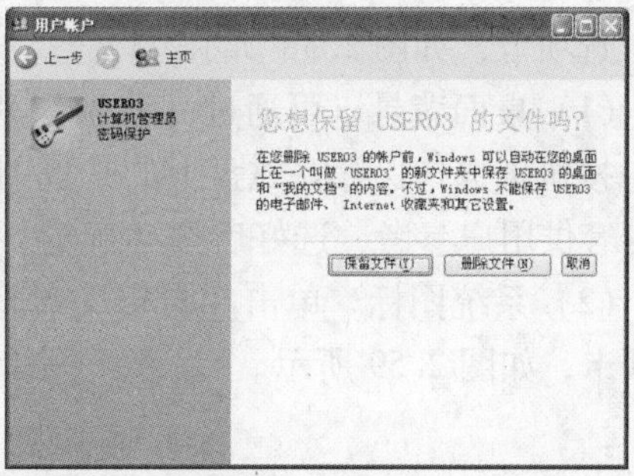

图 2.55　【您想保留 USER03 的文件吗?】窗口

2.3.2 外观和主题

用户可以根据自己的爱好对使用的计算机进行个性化的桌面及显示风格的设置，其方法是单击【控制面板】窗口（如图 2.48 所示）中选项，弹出【外观和主题】窗口，如图2.56所示。在该窗口中，有以下四方面的内容供用户选择设置。

1.【主题】选项卡

单击【外观和主题】窗口中的更改计算机的主题选项，或右击桌面空白处，在快捷菜单中单击【属性】→【主题】，弹出【主题】选项卡对话框，如图2.57所示。设置“主题”是设置界面风格，除Windows XP风格外，还有Windows经典风格（属95/98/2000操作系统的风格），与Windows XP的界面有较大差异。此外，还有其他具有特性的风格可选择，其操作步骤如下：

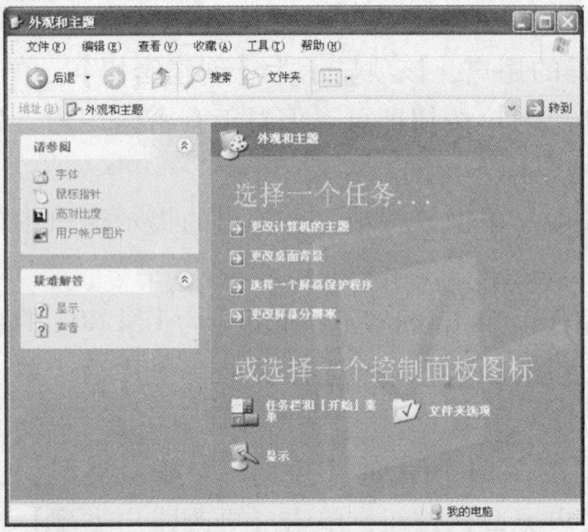

图2.56　【外观和主题】窗口

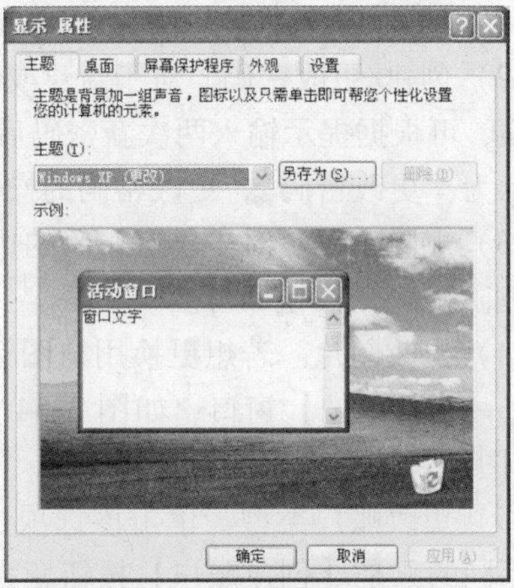

图2.57　【主题】选项卡对话框

步骤1：单击【主题】栏内的下拉列表框右侧 ⌄ 按钮；

步骤2：在弹出的下拉列表中选择一项内容后按【确定】按钮。

2.【桌面】选项卡

单击【外观和主题】窗口中的更改桌面背景选项，或在图2.57所示对话框中选择【桌面】选项卡，如图2.58所示。设置“桌面”主要是设置桌面背景图案和系统图标。

（1）桌面背景。可通过【背景】列表框选择系统提供的背景图片，也可通过单击【浏览】按钮来选择保存在磁盘上的其他图片（如照片），对话框中的显示器会显示所选的图片内容供用户参考，选好后按【确定】按钮（若还要进行其他设置则按【应用】按钮）。

（2）系统图标。单击【自定义桌面】按钮，弹出【桌面项目】对话框，选择【常规】选项卡，如图2.59所示。

图 2.58 【桌面】选项卡对话框

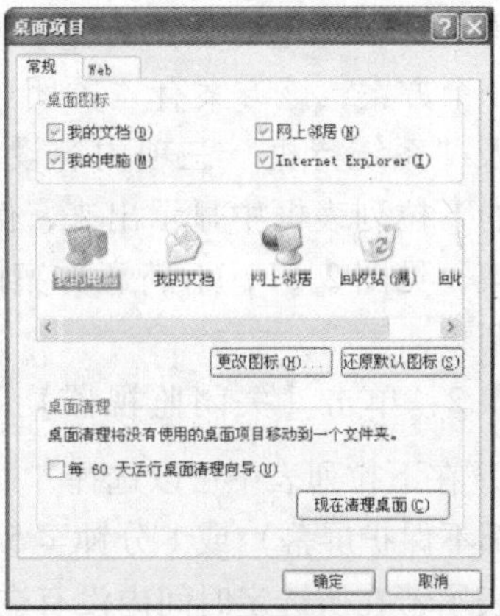

图 2.59 【桌面项目】选项卡对话框

桌面默认只有【回收站】一个图标，只有在此处【桌面图标】栏内选择了【我的文档】、【我的电脑】、【网上邻居】和【Internet Explorer】后，桌面才会有相应的图标。

3. 【屏幕保护程序】选项卡

单击【外观和主题】窗口中的 选择一个屏幕保护程序 选项，或在图 2.57 所示对话框中选择【屏幕保护程序】选项卡，如图 2.60 所示。屏幕保护程序的作用是当用户在短时间内暂不使用计算机时，屏蔽计算机屏幕以防止他人看到用户的资料。当用户需要使用计算机时，只需移动鼠标或按下键盘任意键即可恢复显示（若设置了屏幕保护程序密码，则需输入用户登录密码）。该选项卡内主要设置屏幕保护和电源。

图 2.60 【屏幕保护程序】选项卡对话框

（1）屏幕保护设置。这是为屏蔽屏幕选择一个动画图像，操作步骤为：

步骤 1：单击【屏幕保护程序】栏的下拉列表框右侧 按钮；

步骤 2：在弹出的下拉列表中选择一项内容，此时对话框中的显示器会演示所选程序的动画效果供用户参考；

步骤 3：若想对演示效果进行加工，单击【设置】按钮（不是所有的屏幕保护程序都可以进行设置），在弹出的对话框中可对演示内容的形态、动画频率进行设置，单击【预览】按钮可全屏显示其效果；

步骤 4：设置等待时间，完成后单击【确定】或【应用】按钮。

（2）电源设置。这是在开机状态下特定时间内没进行操作时，对显示器、硬盘状态以及电源按钮的使用和是否开启休眠等功能的设置。单击【监视器的电源】区中的【电源】按钮，弹出【电源选项 属性】对话框，该对话框下有多个选项卡，如图 2.61 所示。

①单击【电源使用方案】选项卡，可以对电源使用方案进行设置，操作步骤为：

步骤1：在【电源使用方案】栏的下拉列表框中选择一个方案，该方案有“关闭监视器”、“关闭硬盘”及“系统待机”三项内容设置，其设置会在这三项的下拉列表框中显示出来，例如“家用/办公桌”方案，见图2.61，不满意方案的设置还可进一步进行调整；

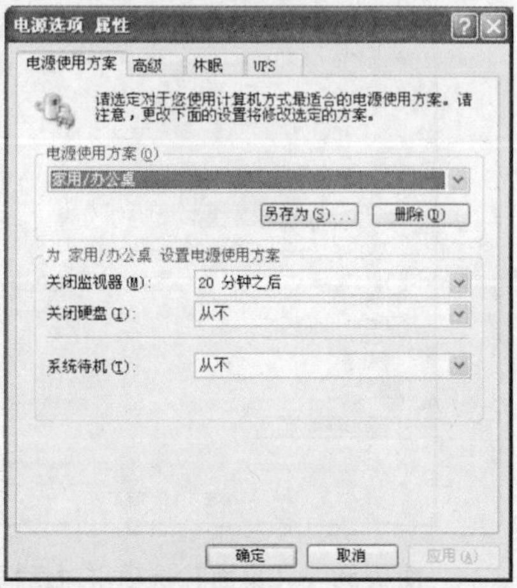

图2.61 【电源使用方案】选项卡对话框

步骤2：单击【关闭监视器】下拉列表框右侧按钮，在下拉列表中可以选择“从不”（表示任何情况下都不保护屏幕）或1分钟至5小时的多个时间选择（表示若在所选定时间内没有进行操作，则保护屏幕）；

步骤3：单击【关闭硬盘】下拉列表框右侧按钮，在下拉列表中可以选择“从不”（表示任何情况下都不关闭硬盘）或3分钟至5小时的多个时间选择（表示若在所选定时间内没有进行操作，则关闭硬盘）；

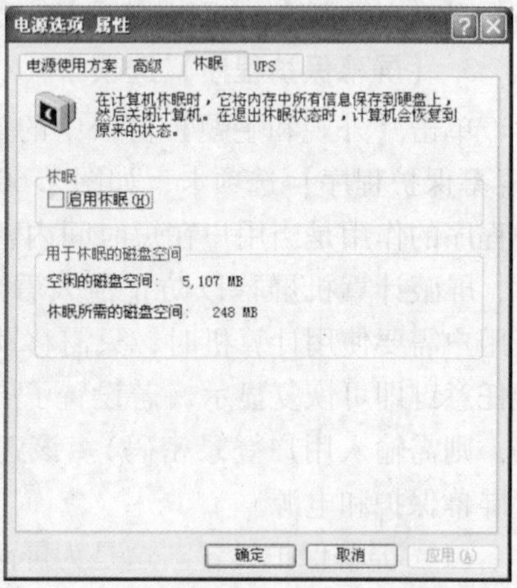

图2.62 【休眠】选项卡对话框

步骤4：单击【系统待机】下拉列表框右侧按钮，在下拉列表中可以选择“从不”（表示任何情况下系统都不进入待机状态）或1分钟至5小时的多个时间选择（表示若在所选定时间内没有进行操作，则进入待机状态）。

②单击【休眠】选项卡，弹出【休眠】选项卡对话框，如图2.62所示。如果希望能够让计算机进入休眠状态，选中【启用休眠】选项即可。

休眠与待机不同，待机是一个低消耗状态，而休眠则是完全关机。休眠时计算机会保存更改的所有Windows设置，并将当前存储在内存中的全部信息写入硬盘，然后关闭计算机。但与关机又不同，当唤醒（重启）后，桌面将还原到计算机休眠前的状态。

单击【开始】→【关闭计算机】，弹出如图2.63所示对话框，此时按下Shift键不放，“待机”即变成“休眠”，如图2.64所示。单击【休眠】按钮即可进入休眠状态。

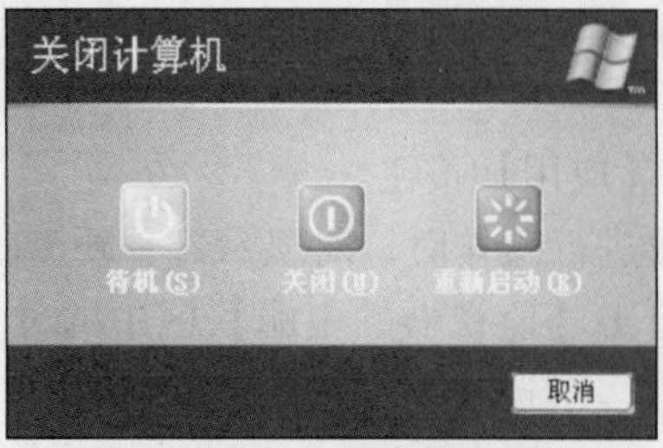

图2.63 【关闭计算机（待机）】对话框

图2.64 【关闭计算机（休眠）】对话框

4. 设置

单击“外观和主题”窗口中的

选项，或在图 2.57 所示对话框中选择【设置】选项卡，弹出【设置】选项卡对话框，如图 2.65 所示。其主要用于设置屏幕分辨率（目前多为 1 024×768 或 800×600）和颜色质量。

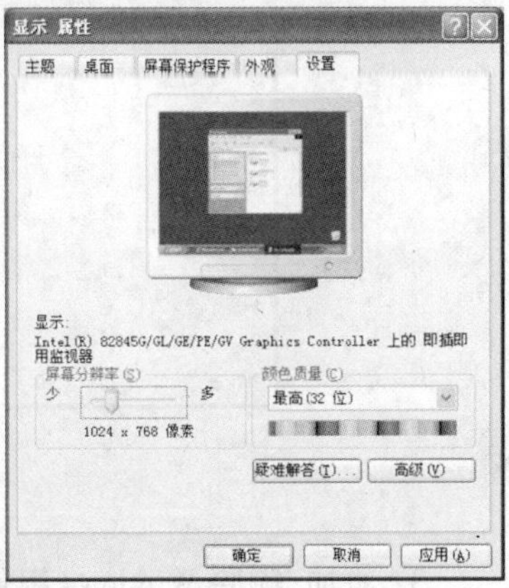

图 2.65 【设置】选项卡对话框

2.3.3 添加/删除程序

安装新软件一般都通过运行软件自带的安装程序来完成。若要删除已安装的软件，不能采用直接删除文件或文件夹的方式，而是应该执行该软件自带的卸载程序，或是通过“控制面板”提供的“添加/删除程序”来完成删除工作，该功能也可以安装程序。

单击【控制面板】窗口中的

选项，弹出【添加或删除程序】窗口，如图 2.66 所示。

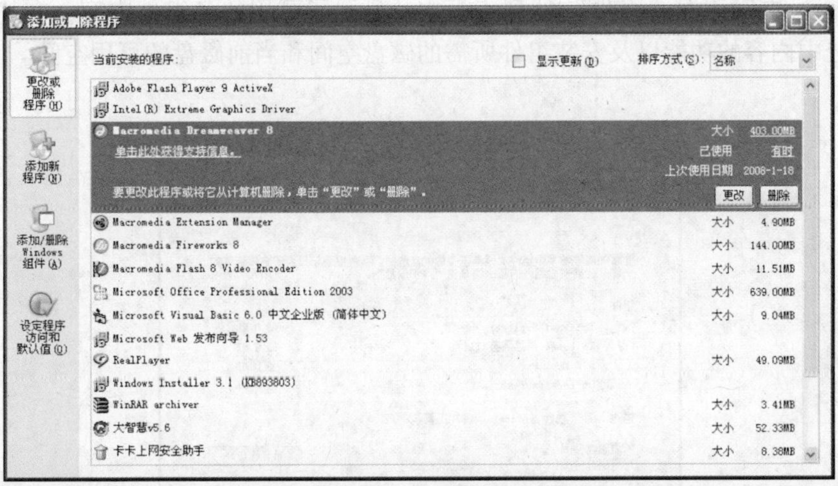

图 2.66 【添加或删除程序】窗口

1. 更改或删除程序

单击左侧的【更改或删除程序】按钮（默认），在“当前安装程序”列表框中选择要更新或删除的程序，用户会从高亮反白显示中看到名称、大小、使用频率和上次使用时间等信息，同时还会看到【更改】、【删除】两个按钮（若只有一个【更改/删除】或【删除】按钮，表示只能做删除操作）。单击【更改】按钮，系统会重新启动安装程序，然后对安装配置进行更改；单击【删除】按钮，将删除（卸载）该程序。

2. 添加新程序

单击左侧的【添加新程序】按钮，弹出【添加新程序】窗口，如图 2.67 所示。单击【CD 或软盘】按钮，可以通过安装向导从光盘或软盘中安装软件。单击【Windows Update】按钮，则可通过浏览器从 Windows Update 站点下载更新、补丁和驱动程序等。

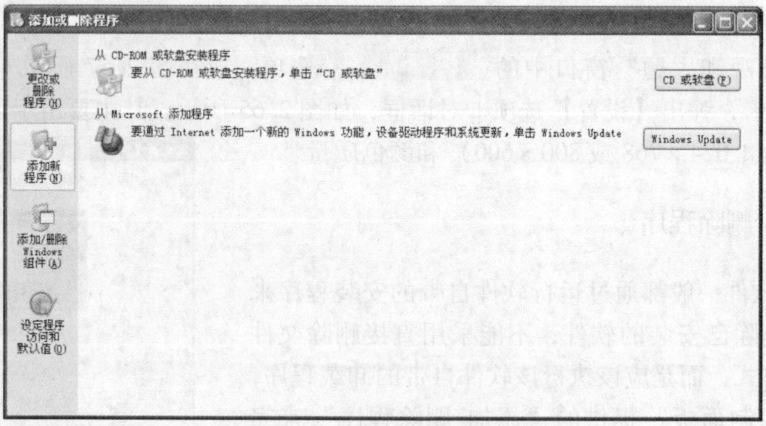

图 2.67 【添加新程序】窗口

3. 添加/删除 Windows 组件

单击左侧的【添加/删除 Windows 组件】按钮，弹出【Windows 组件向导】对话框，如图 2.68 所示。在对话框“组件”的列表框中，显示了可用的各组件内容。在“描述”框中，显示选中内容的功能以及安装组件所需的磁盘空间和当前磁盘的可用空间。

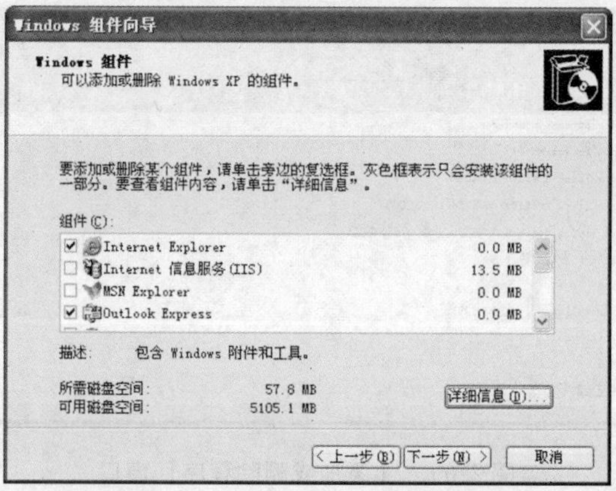

图 2.68 【Windows 组件向导】对话框

若选中组件后单击【下一步】按钮，则是进行添加操作，而取消组件的选中后单击【下一步】按钮，则是进行删除操作。

2.3.4 日期和时间设置

在图 2.48 所示的【控制面板】窗口中单击选项，弹出【日期、时间、语言和区域设置】窗口，如图 2.69 所示。

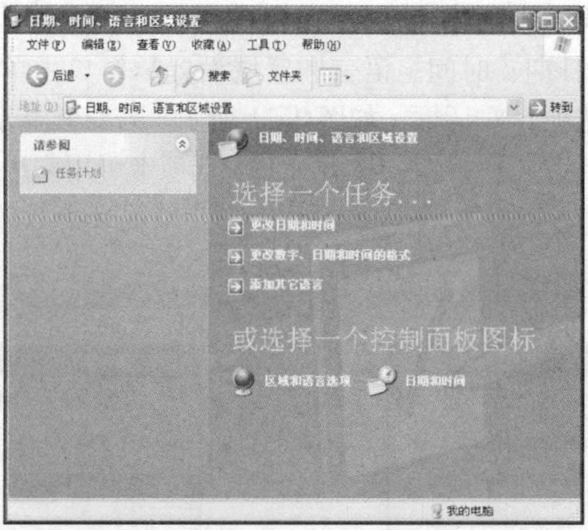

图 2.69 【日期、时间、语言和区域设置】窗口

1. 更改日期和时间

在图 2.69 所示的【日期、时间、语言和区域设置】窗口中单击 更改日期和时间 选项，或单击 日期和时间 选项，也可以直接双击任务栏右端的“时间”，弹出【日期和时间 属性】对话框，如图 2.70 所示。操作步骤为：

步骤 1：在年份数值框直接输入年份数据，也可用其右侧数字微调按钮选择数据；

步骤 2：在月份下拉列表框中选择月份；

步骤 3：在日期列表框中选择日期；

步骤 4：将光标移到时间数值框的“时”、“分”、“秒”处直接输入数据，也可用其右侧数字微调按钮选择数据；

步骤 5：若需要设置时区（默认北京时间），单击【时区】选项卡，选择时区，然后按【确定】按钮即可。

图 2.70 【日期和时间 属性】对话框

2. 更改数字、日期和时间的格式

在图 2. 69 所示的【日期、时间、语言和区域设置】窗口中单击 更改数字、日期和时间的格式 选项，弹出【区域和语言选项】对话框，如图 2. 71 所示。若对其显示的数字、时间、日期等的格式不满意，单击【自定义】按钮，接着有五个选项卡可用来进行设置。

(1)【数字】选项卡，如图 2. 72 所示。其中主要是定义小数的位数、是否使用千位分隔符、度量单位等。

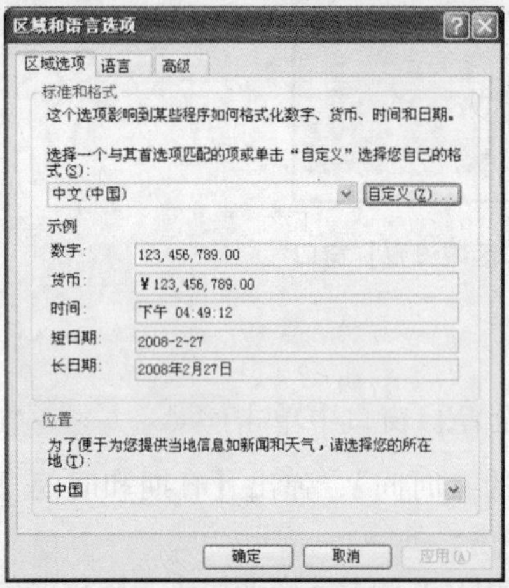

图 2. 71 【区域和语言选项】对话框

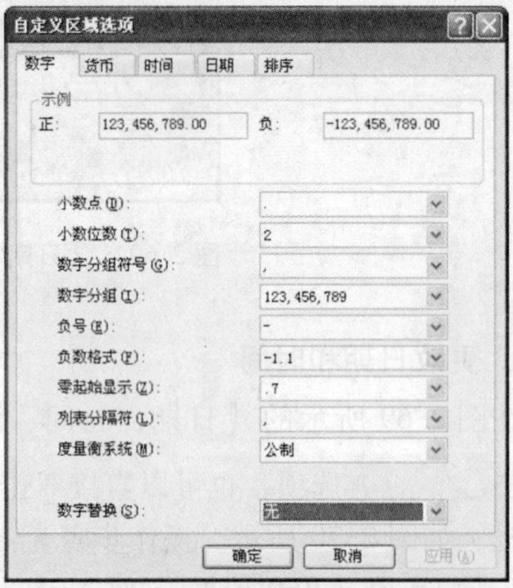

图 2. 72 【数字】选项卡对话框

(2)【货币】选项卡，其中主要是定义货币符号（如￥、$等）、货币的小数位等。

(3)【时间】选项卡，如图 2. 73 所示。其中主要是定义时间显示格式。设置规则为：h/H = 时（表示以 12/24 小时显示）、m = 分、s = 秒，tt = 上午/下午（或 AM/PM），tt 的显示内容是由“AM 符号”和“PM 符号”栏中的选择“上午/AM”或“下午/PM”来确定。

例如，系统时间是上午 07：48：08，在“AM 符号”和“PM 符号”栏中选择“上午”和“下午”，在“时间格式”栏的设置是：“tt h：mm：s”（上午 7：48：8）、“hh：mm：ss”（07：48：08）。

注意：图 2. 73 所示的系统时间是 16：59：09。

(4)【日期】选项卡，如图 2. 74 所示。日期所使用的分隔符号有“.”（默认）和“/”两种。在“短日期格式”下拉列表框内有四种格式供选择：yyyy - m - d（2008 - 2 - 27）、yy - m - d（08 - 2 - 27）、yyyy - mm - dd（2008 - 02 - 27），yy - mm - dd（08 - 02 - 27）。

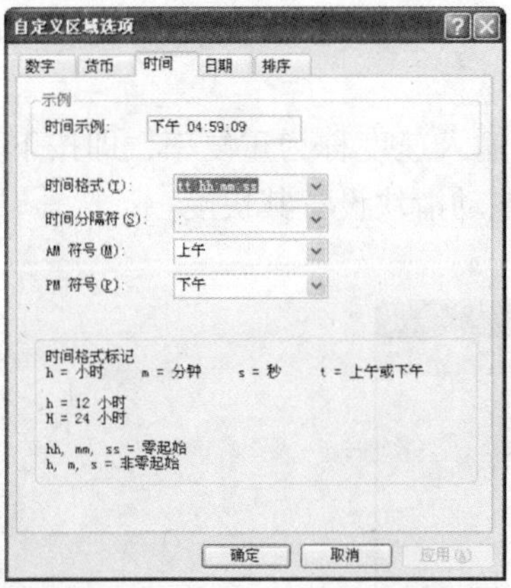

图 2.73 【时间】选项卡对话框

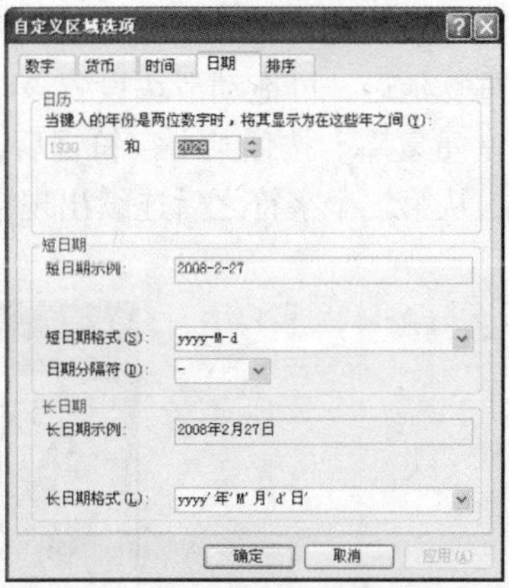

图 2.74 【日期】选项卡对话框

在“长日期格式”下拉列表框内也有四种格式供选择：yyyy'年'm'月'd'日'（2008 年 2 月27 日）、yyyy mm dd（2008 02 27）、dddd yyyy mm dd（星期三 2008 02 27）、dddd yyyy '年'm'月'd'日'（星期三 2008 年 2 月 27 日）。

当用鼠标指针指向任务栏右端的时钟时，会显示长日期。短日期可以在一些编辑软件中直接写入文档（如 Word）。

2.3.5 键盘和鼠标

在图 2.48 所示的【控制面板】窗口中单击“打印机和其它硬件”选项，弹出【打印机和其他硬件】窗口，如图 2.75 所示。

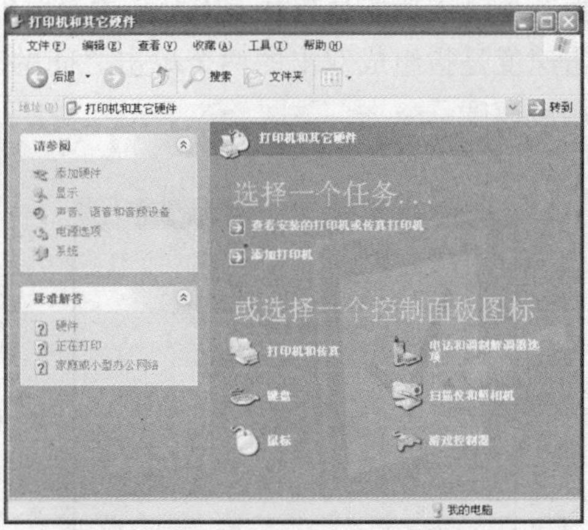

图 2.75 【打印机和其他硬件】窗口

1. 键盘

单击【打印机和其他硬件】窗口中“键盘”选项，弹出【键盘 属性】对话框，如图 2.76 所示。主要设置内容为：

（1）重复延迟。按住某一字符键不动，从第一个字符出现到第二个字符出现之间的时间称为重复延迟，可拖动滑块设置该时间的长短。

（2）重复率。按住某个字符键后，该字符的重复输入速度称为重复率，即按下一字符键不动，从第二个字符之后连续出现字符的速率，可拖动滑块设置其快慢。

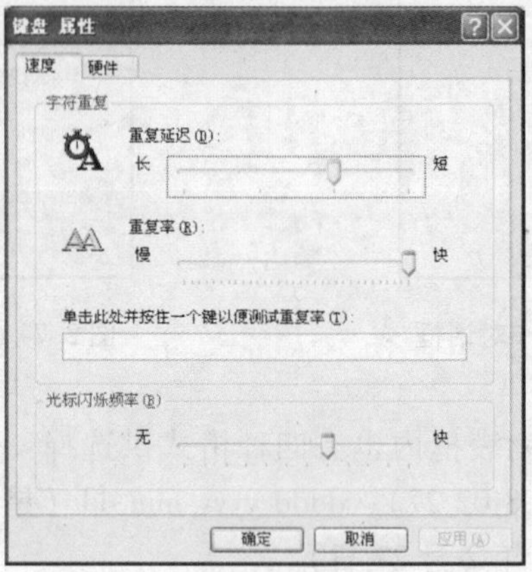

图 2. 76 【键盘 属性】对话框

2. 鼠标

单击图 2. 75 所示的【打印机和其他硬件】窗口中选项，弹出【鼠标 属性】对话框，如图 2. 77 所示。主要设置内容为：

（1）【鼠标键】选项卡，如图 2. 77 所示。

①切换主要和次要的按钮。选择该项，鼠标左右键功能切换，即右键作为单击、双击之用，左键单击是显示快捷菜单。该功能是为左手用鼠标或习惯用右击的人设计的。

②调整双击速度。双击速度是指组成双击的两个单击之间的时间间隔，若双击时经常不能产生应有结果时，应调慢速度。

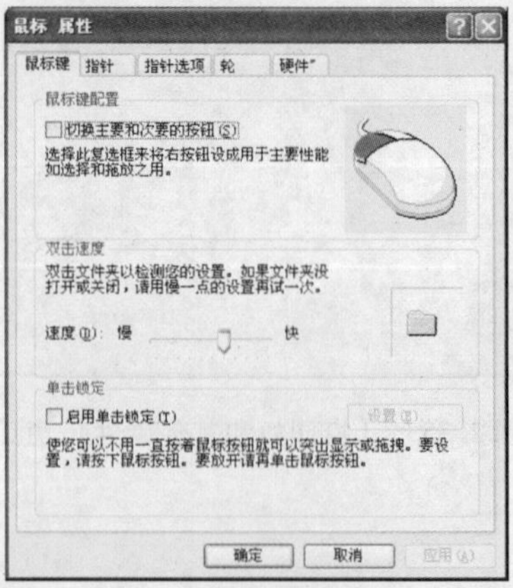

图 2. 77 【鼠标键】选项卡对话框

(2)【指针选项】选项卡，如图 2. 78 所示。

可以设置多项内容，主要是设置鼠标指针的移动速度。

(3)【轮】选项卡，如图 2. 79 所示。

设置鼠标轮每转动一个齿格，窗口滚动的行数（默认三行），也可选择一次一屏。

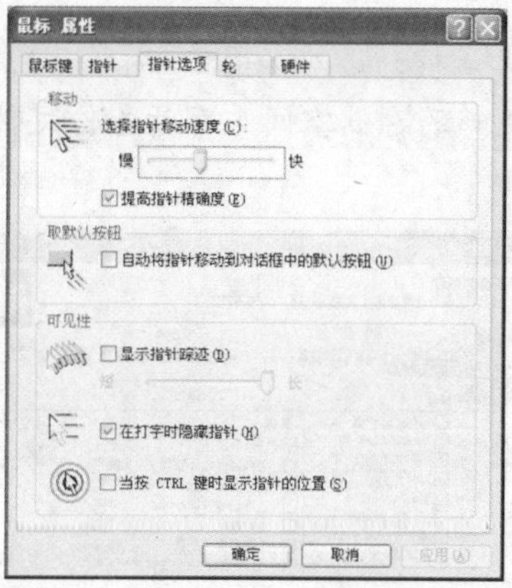

图 2. 78 【指针选项】选项卡对话框

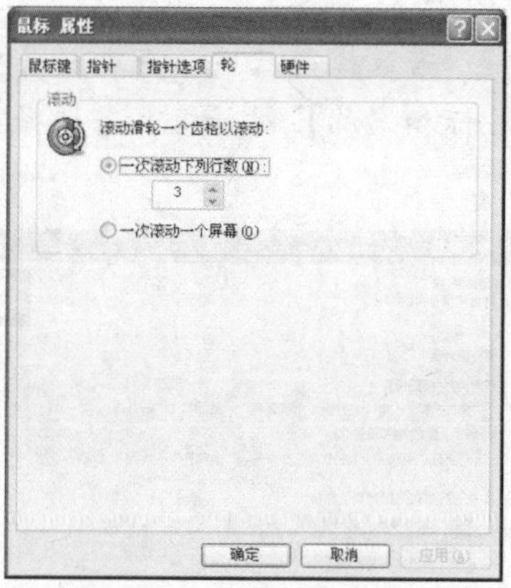

图 2. 79 【轮】选项卡对话框

2. 4 系统维护工具与其他附件

2. 4. 1 备份和还原

备份一般是把硬盘中的数据内容和系统设置保存到移动存储设备上（如移动硬盘、光盘、U 盘等)。在需要时可以将备份的数据恢复到原位置上。

1. **备份**

操作步骤为：

步骤 1：单击【开始】→【所有程序】→【附件】→【系统工具】→【备份】，弹出【备份或还原向导】对话框，如图 2. 80 所示。

步骤 2：单击【下一步】按钮，进入【备份或还原】对话框，如图 2. 81 所示。

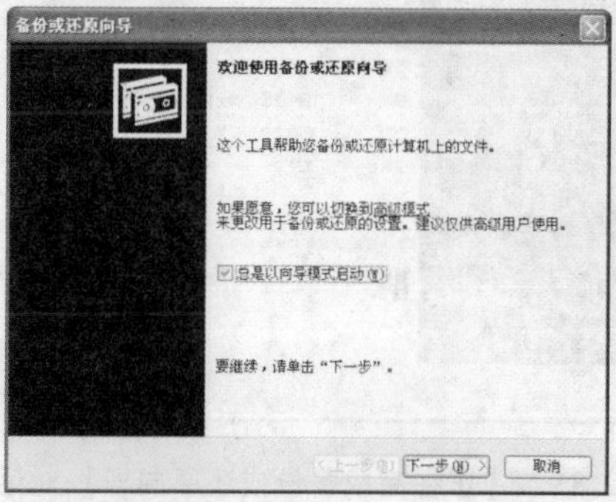

图 2. 80 【备份或还原向导】对话框

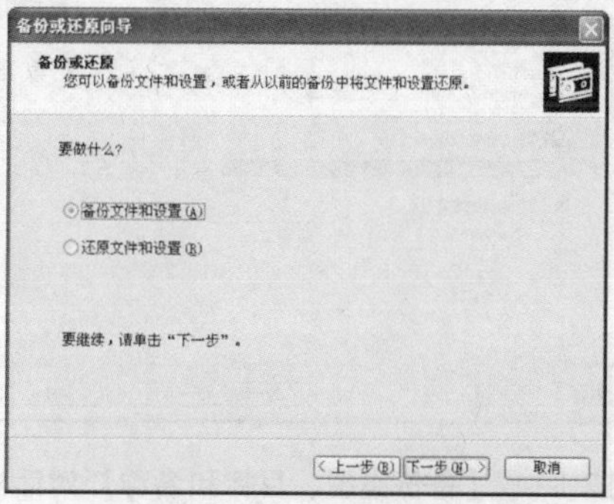

图 2. 81 【备份或还原】对话框

步骤3：选中【备份文件和设置】单选按钮，单击【下一步】按钮，进入【要备份的内容】对话框，如图2.82所示。

步骤4：在【要备份的内容】对话框中，有四个单选项可选择，选中其中一项，例如【让我选择要备份的内容】。单击【下一步】按钮，进入【要备份的项目】对话框，如图2.83所示。

注意：若选择前三项，将跳过【要备份的项目】对话框，进入如图2.84所示的【备份类型、目标和名称】对话框，若选择第三项，要准备足够的存储空间来存放备份文件。

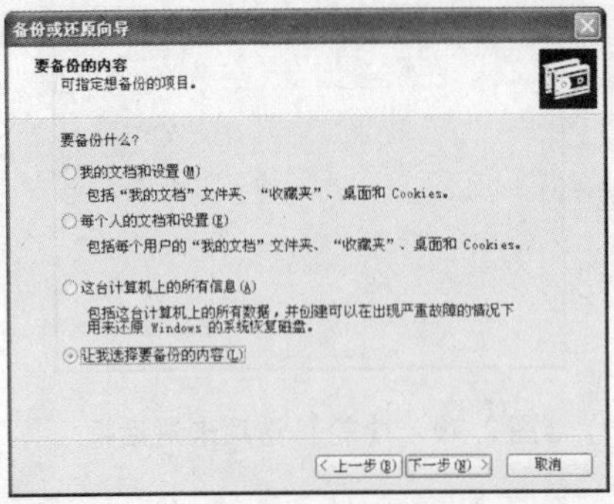

图2.82 【要备份的内容】对话框

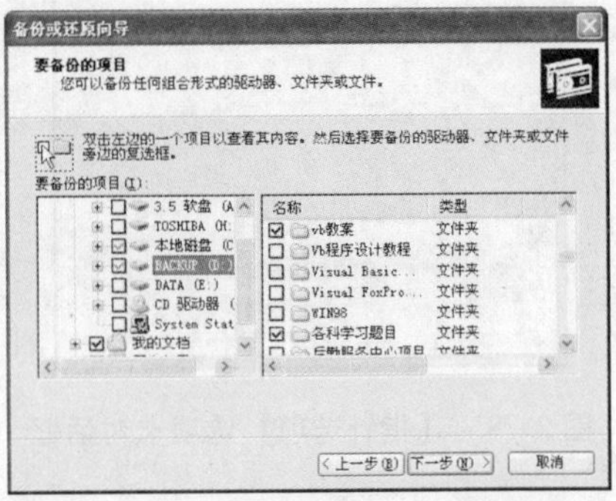

图2.83 【要备份的项目】对话框

步骤5：若在上一步选择【让我选择要备份的内容】项，此时要在图2.83所示的对话框中逐一选择要备份的文件或文件夹，例如选择"我的文档"、D盘下的"vb教案"和"各科学习题目"。单击【下一步】按钮，进入【备份类型、目标和名称】对话框，如图2.84所示。

步骤6：在图2.84所示的对话框中，指定目标位置和备份文件名称，例如指定到H盘(是个U盘)，文件名称为"Backup20080228"。单击【下一步】按钮，进入【正在完成备份或还原向导】对话框，如图2.85所示。

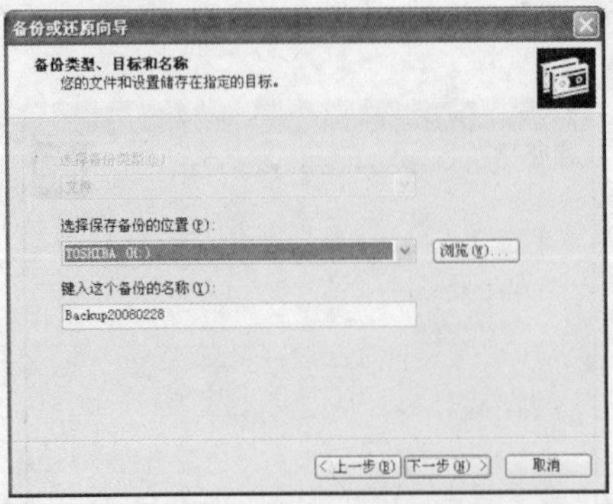

图2.84 【备份类型、目标和名称】对话框

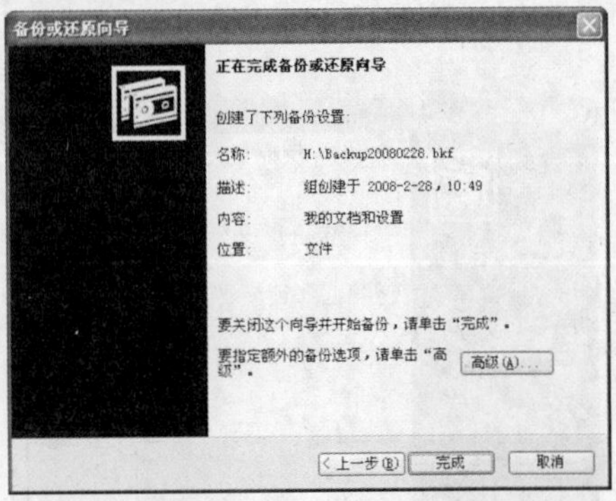

图2.85 【正在完成备份或还原向导】对话框

步骤7：检查目标位置以及备份内容和备份文件名称无误后，单击【完成】按钮。

2. 还原

操作步骤为：

步骤1：与备份相同。

步骤2：与备份相同。

步骤3：在图2.81所示对话框中，选择【还原文件和设置】单选按钮，单击【下一步】按钮，进入【还原项目】对话框，如图2.86所示。

步骤4：在图2.86所示的对话框中，选择要还原的项目，例如全部选中（可以只还原部分内容）。单击【下一步】按钮，进入【正在完成备份或还原向导】对话框，如图2.87所示。

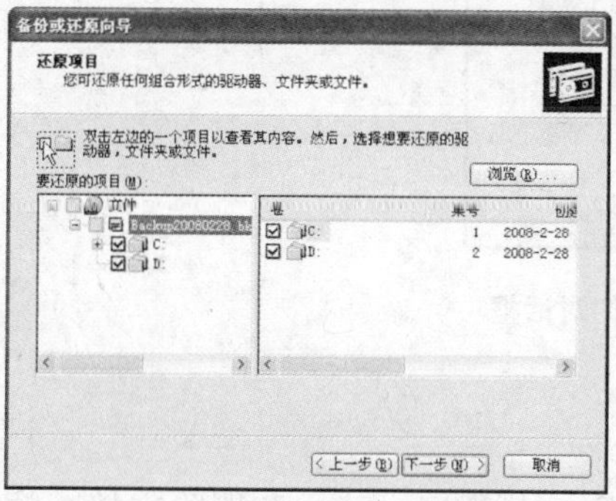

图2.86 【还原项目】对话框

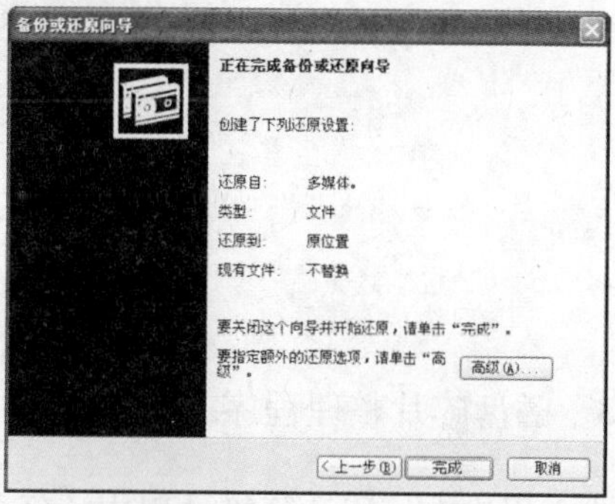

图2.87 【正在完成备份或还原向导】对话框

步骤5：单击【完成】按钮。

2.4.2 磁盘清理

“磁盘清理”程序可以用来清理磁盘中大量存在的中间文件和没有用的应用程序，以便释放磁盘的可用空间，以提高系统的处理速度和整体性能。因此用户应该定时进行磁盘清理工作。操作步骤为：

步骤1：单击【开始】→【所有程序】→【附件】→【系统工具】→【磁盘清理】，弹出【选择驱动器】对话框，如图2.88所示；

步骤2：在图2.88的对话框中选择要进行磁盘清理的驱动器，例如选C盘，单击【确定】按钮；

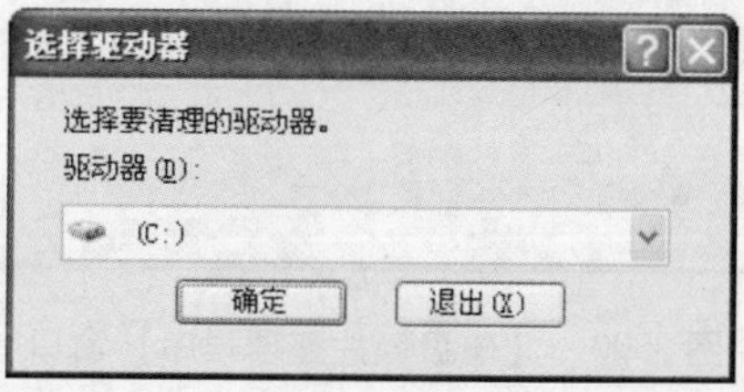

图2.88 【选择驱动器】对话框

步骤3：稍后会弹出【磁盘清理】对话框，如图2.89所示。在【磁盘清理】对话框中，列出了临时文件、已不用的文件等，有些需要用户选择后才删除。选择要删除的文件，单击【确定】按钮即可。

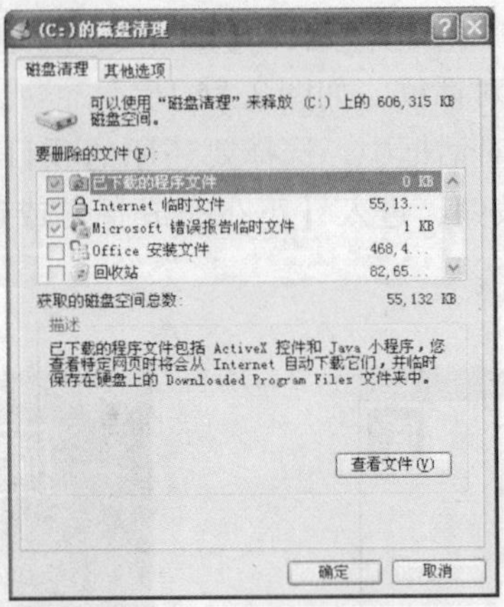

图2.89 【磁盘清理】对话框

2.4.3 磁盘碎片整理程序

由于用户在使用计算机过程中，经常需要安装和卸载程序、建立和删除文档。频繁的操作加上日积月累，在磁盘上会出现很多支离破碎的文件或文件夹。这种破碎的文件或文件夹不是存放在一个连续的区域上，而是被分割在磁盘的不同区域上，给系统的读写增加了负担，会导致计算机访问数据效率降低及系统的整体性能下降。因此，与磁盘清理一样，用户应定期进行磁盘碎片整理，操作步骤为：

步骤1：单击【开始】→【所有程序】→【附件】→【系统工具】→【磁盘碎片整理程序】，弹出【磁盘碎片整理程序】窗口，如图2.90所示。

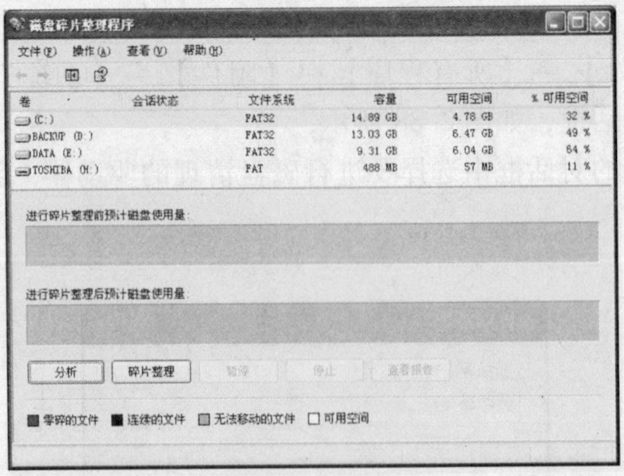

图2.90 【磁盘碎片整理程序】窗口

步骤2：在图2.90所示的窗口中，选择一个磁盘，例如C盘，单击【分析】按钮，系统开始对选中的 C 盘进行分析，分析结束弹出【已完成分析】对话框，如图 2.91 所示。

步骤 3：根据图 2.91 所示对话框显示的结果，来决定是否进行磁盘碎片整理。若不需要进行磁盘碎片整理则单击【关闭】按钮，需要进行则单击【碎片整理】按钮，这时开始进行磁盘碎片整理的操作，一般时间较长，需要等待。

步骤 4：整理完碎片后，会弹出【已完成碎片整理】对话框，如图 2.92 所示，单击【关闭】按钮。

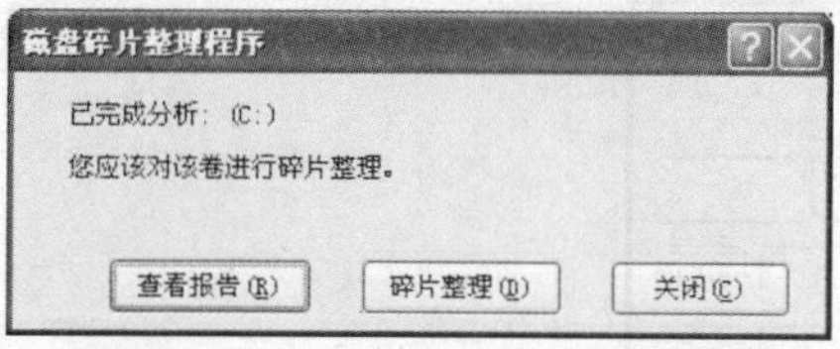

图 2.91 【已完成分析】对话框

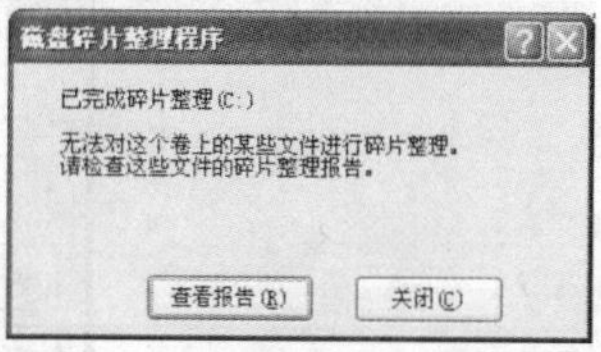

图 2.92 【已完成碎片整理】对话框

步骤 5：此时图 2.90 所示的【磁盘碎片整理程序】窗口已变样，显示出 C 盘整理前后文件分布情况和预计可使用量，如图 2.93 所示。若要对其他磁盘继续进行磁盘碎片整理，重复操作步骤 2 至步骤 4，否则关闭窗口。

图 2.93 C 盘磁盘碎片整理后【磁盘碎片整理程序】窗口

此外每个磁盘碎片整理完成后，单击【查看报告】按钮，可以看到较为详细的磁盘情况报告，包括未经整理（不是所有文件都能进行碎片整理）、最零碎文件的路径和名称以及这些文件所包含的碎片数量、磁盘的大小和可用空间大小、碎片文件和文件夹（目录）的数量，以及零碎的系统文件数。

注意：如果频繁使用最零碎的文件，可能会影响系统性能。

2.4.4 计算器的使用

Windows 附带的计算器，既可以进行简单计算，也可以进行科学计算和统计计算。打开计算器的方法为：单击【开始】→【所有程序】→【附件】→【计算器】命令，弹出标准型【计算器】（默认，若曾设置为科学型，则打开科学型【计算器】）窗口，如图 2.94 所示。

1. **标准型计算器**

（1）数字、符号的输入：既可以使用鼠标单击，也可以从键盘输入。

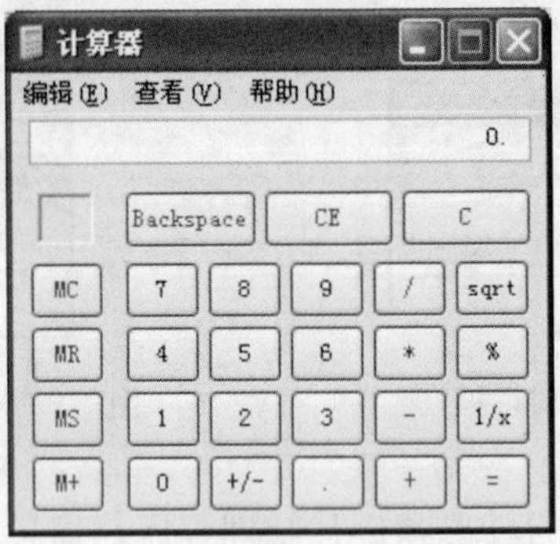

图 2.94　标准型【计算器】窗口

（2）功能键的使用：

①Backspace 键：删除当前显示数字的最后一位。等价于键盘的 Backspace 操作。

②sqrt 键：计算显示数字的平方根。

③CE 键：清除显示数字，而保留已输入未执行的操作。等价于键盘的 Delete 操作。

④C 键：清除当前的计算和显示。等价于键盘的 Esc 操作。

⑤MC 键：清除存储区中的所有数字。

⑥MR 键：恢复（在文本框显示）存储区中的数字，该数字仍保留在存储区内。

⑦MS 键：将显示数字保存在存储区内，将覆盖存储区中的原内容。

⑧M + 键：将显示的数值与存储区中已有的数值相加，但不显示这些数值的和。

（3）菜单：

①编辑：内有【复制】和【粘贴】两个命令。使用这两个命令，可以将计算结果传送到其他文档中，也可将其他文档中的数据直接粘贴到计算器文本框，免去了二次录入。

②查看：内有【标准型】、【科学型】和【数字分组】三项。【标准型】、【科学型】是设置使用计算器的类型，若选择【科学型】命令，标准型计算器就会变为科学型计算器（见图 2.95）。选择【数字分组】命令，将对所显示的数字进行千分位，即每组三个数字，每组之间用逗号“，”分隔。

③帮助：内有【帮助主题】，可帮助用户了解计算器的使用。

2. **科学型计算器**

在标准型计算器状态下，单击【查看】→【科学型】命令，弹出科学型【计算器】窗口，如图 2.95 所示。

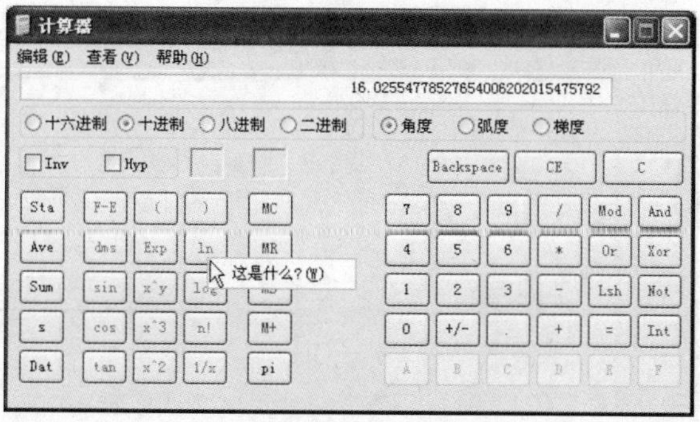

图 2.95　科学型【计算器】窗口

科学型计算器的使用与标准型基本一样，只是多了许多函数运算和各种进制的计算。为了使大家了解掌握各函数的使用，这里介绍一个了解各键用法的简单方法：

步骤 1：右击需要了解的功能键，弹出一个【这是什么?】的小窗口。例如右击【Ln】键，其结果见图 2.95。

步骤 2：单击图 2.95 所示的【这是什么?】小窗口，弹出对【Ln】键的使用解释，如图 2.96 所示。

计算自然对数（以 e 为底）。要计算 e 的 x 次方，
x 是当前显示的数值，请使用 Inv+ln。
等价的键盘操作为 N

图 2.96　【Ln】键功能解释

2.4.5　画图程序的使用

Windows 附带的“画图”是个简单实用的应用软件，它可满足大部分的需求，且能图文并茂。该软件处理的图像格式为位图格式，扩展名是 . bmp。

打开画图程序的方法：单击【开始】→【所有程序】→【附件】→【画图】命令，弹出画图程序窗口，如图 2.97 所示。

1. 工具箱

工具箱内的工具，须用鼠标单击选取后，移到画图区进行操作。

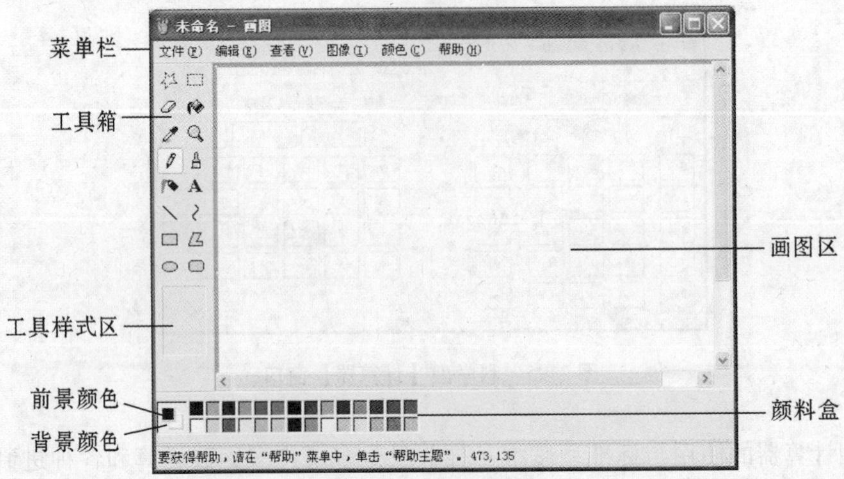

图 2.97　画图程序窗口

（1）是任意型选择工具。用法是按住鼠标左键拖曳，然后只要一松开鼠标，最后一个点和起点就会自动连接形成一个选择范围，范围内的部分即为选中。选择是为移动、复制、剪切等操作做准备。

（2）是矩形选择工具。用法是按住鼠标左键拖曳，矩形虚线包围的部分即为选中区域。

（3）是橡皮工具。选定后可以用左键或右键进行擦除，这两种擦除方法适用于不同的情况。左键擦除是把画面上的图像擦除，并用背景色填充擦除过的区域。右键擦除可以只擦除指定的颜色（擦除前先到颜料盒选定颜色）。

（4）是为封闭区域填充颜色。用法是先到颜料盒选定颜色，然后单击一个封闭区域。

（5）是取色器。用于提取单击点的颜色，以便画出与原图完全相同的颜色。

（6）是放大镜。在图像任意的地方单击，可以把该区域放大，再进行精细修改。在放大后，用放大镜单击画图区任何部位则是复原。

（7）是画笔。用来在画布上拖曳鼠标画自由形状线条（画线前先到颜料盒选定颜色）。在画图的时候，左键拖曳画出的是前景色，右键拖曳画出的是背景色。

（8）是刷子。它不像铅笔只有一种粗细，而是可以选择笔尖的大小和形状。选择“刷子”后，在工具样式区显示笔尖形状（四种）、线条粗细（三种）样式供选择，如图 2.98 所示。

（9）是喷枪。它画出的是一些烟雾状的细点，可以用来画云或烟等。选择“喷枪”后，在工具样式区显示三种喷雾样式供选择，如图 2.99 所示。

图 2.98　线条样式

图 2.99　喷雾样式

（10）是文字工具。在画面上拖曳出写字的范围，就可以输入文字了，而且还可以选择字体和字号。选择后，在工具样式区显示两种背景样式供选择，如图 2.100 所示。

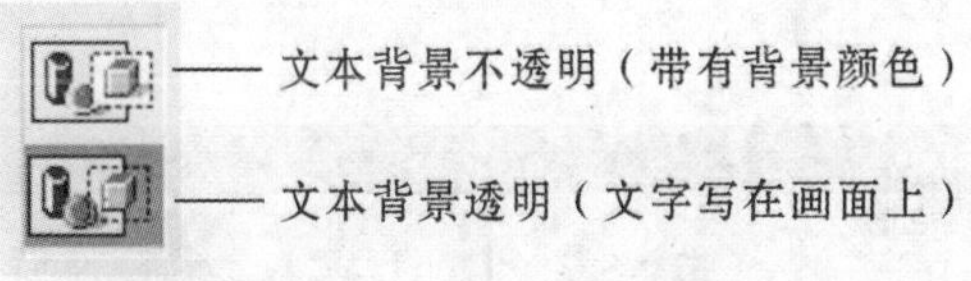

图 2.100　**文本背景式样**

（11）是直线工具。用鼠标拖曳可以画出直线，有五种不同粗细的线型可选择。

（12）是曲线工具。先拖曳画出一条线段，然后再在线段上拖曳，可以使线段从拖曳的起点向一个方向弯曲，然后再拖曳另一处，可以反向弯曲，两次弯曲后曲线就确定了。它也有五种不同粗细的线型可选择。

（13）是矩形工具。用鼠标拖曳可以画出矩形。选择“矩形工具”后，在工具样式区显示三种图案模式供选择，如图 2.101 所示。

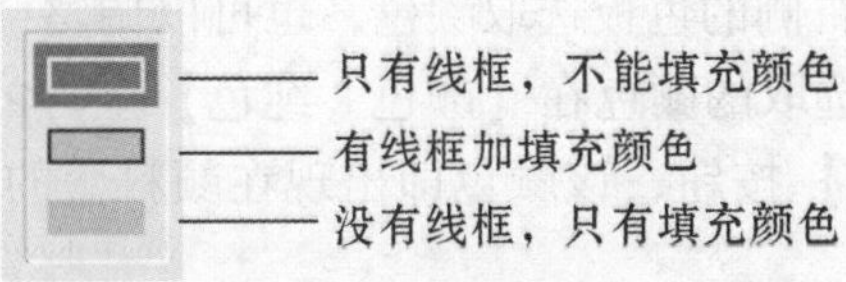

图 2.101　**图案模式**

（14）是多边形工具。用鼠标拖曳画出一条直线后，在想要新线段出现的每个位置单击一次，线段会自动相连，直到回到第一个点再单击，就形成了一个封闭的多边形。

（15）是椭圆工具。用鼠标拖曳画椭圆和圆。

（16）是圆角矩形工具。用鼠标拖曳画圆角矩形。

注意：多边形工具、椭圆工具和圆角矩形工具也都有图 2.101 所示的图案模式。

说明：以上四个画形状的工具所画的形状边宽与所选的直线工具所画线段的粗细相同。如要更改边宽，需单击工具箱中的直线或曲线工具，然后在工具样式区中选择所需的线条宽度。所有绘画和喷涂工具与画笔一样，左键拖曳采用前景色，右键拖曳采用背景色。

2. 颜料盒

颜料盒又称调色板，画图时采用的前景和背景颜色，均可以在颜料盒中设置。

（1）前景色。左（单）击颜料盒中的一款颜色，该颜色即为前景颜色，在前景颜色窗口显示。

（2）背景色。右击颜料盒中的一款颜色，该颜色即为背景颜色，在背景颜色窗口显示。

（3）自定义颜色。若颜料盒中没有希望的颜色，可以将某个不常用的颜色改为自己想要的颜色，操作步骤为：

步骤1：单击颜料盒中要更改的颜色；

步骤2：单击菜单栏【颜色】→【编辑颜色】命令；

步骤3：在弹出的对话框中单击【规定自定义颜色】按钮，弹出【编辑颜色】对话框，如图2.102所示。

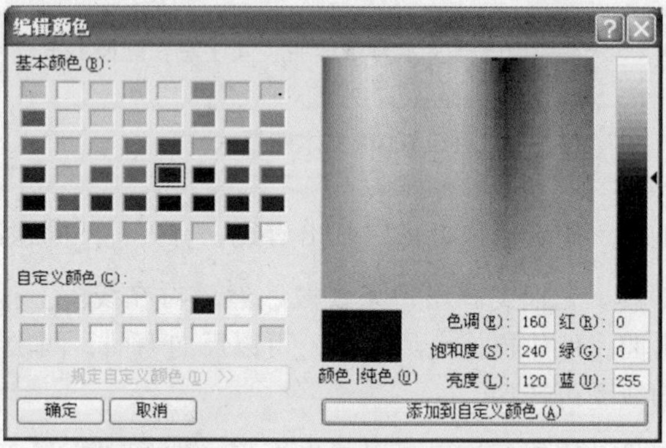

图2.102 【编辑颜色】对话框

步骤4：可用鼠标单击右侧的色板选取颜色，也可以调整“红/绿/蓝”或“色调/饱和度/亮度”值来选取颜色（选取的颜色在【颜色|纯色】上方的样式版中显示），选取好以后单击【添加到自定义颜色】按钮，该颜色即出现在颜料盒的指定位置上以及图2.102所示的【自定义颜色】区内。

3. 编辑操作

（1）移动图形。将所选取的图形在画图区内进行移位，操作步骤为：

步骤1：用选取工具选取需要移动的图形（有一虚线框包围图形）；

步骤2：将光标移至所选取的图形的虚线框内，鼠标指针变为“✥”形状；

步骤3：拖动鼠标到目标位置松开鼠标即可。

（2）复制图形。在指定位置上产生一个与选取的图形完全相同的图形，操作步骤为：

步骤1：用选取工具选取需要复制的图形；

步骤2：将光标移至所选取的图形的虚线框内，鼠标指针变为“✥”形状；

步骤3：按住Ctrl键不放，拖动鼠标到目标位置松开鼠标即可。

若想将图形复制到其他文档上，操作步骤为：

步骤1：用选取工具选取需要复制的图形，若是复制全部内容，单击菜单栏【编辑】→【全选】命令；

步骤2：右击所选内容，在快捷菜单中单击【复制】命令，或单击菜单栏【编辑】→【复制】命令；

步骤3：在另一文档的指定位置右击，在快捷菜单中单击【粘贴】命令，或单击菜单栏【编辑】→【粘贴】命令即可。

（3）删除图形。操作步骤为：

步骤1：用选取工具选取需要删除的图形；

步骤 2：按下 Delete 键即可，也可使用橡皮工具。

若是删除所有图形，单击菜单栏【图像】→【清除图像】命令。

(4) 缩放图形。缩放图形有三种方法：

方法 1：采用放大镜工具：单击放大镜，此时鼠标指针外有一矩形，用该矩形选取图形后单击即可。

方法 2：单击菜单【查看】→【缩放】→【大尺寸】命令。

方法 3：单击菜单【查看】→【缩放】→【自定义】命令，在弹出的【自定义缩放】对话框中有 100%/200%/400%/600%/800% 五项可以选择。

4. 保存作品

(1) 保存整幅作品。操作步骤为：

步骤 1：单击菜单【文件】→【保存】（或【另存为】）命令，弹出【保存为】对话框，如图 2.103 所示；

图 2.103 【保存为】对话框

步骤 2：在【保存在】下拉列表框中，指定目标位置，在【文件名】文本框中输入一个名称（默认名为：未命名），可以在【保存类型】下拉列表框中为要保存文件选一个类型，通常不选，默认为 24 位位图（扩展名为 .bmp）；

步骤 3：单击【保存】按钮。

(2) 将作品中的一部分保存。操作步骤为：

步骤 1：用选取工具选取需要保存的图形区域；

步骤 2：右击该区域，在快捷菜单中选择【复制到】命令，或单击菜单【编辑】→【复制到】命令，弹出【复制到】对话框（类似于图 2.103 所示【保存为】对话框，只是标题栏的【保存为】改为【复制到】）；

步骤 3：在【保存在】下拉列表框中，指定目标位置，在【文件名】文本框中输入一个名称；

步骤 4：单击【保存】按钮，这样就生成了一个只有局部图形的文件。

5. 修改作品

对于未完成或完成得不好的作品，以及照片、下载的图片等都可以进行编辑、修改，操作步骤为：

步骤1：单击【开始】→【所有程序】→【附件】→【画图】命令，弹出图2.97所示的【画图程序】窗口；

步骤2：单击菜单【文件】→【打开】命令，弹出【打开】对话框（与图2.103所示的对话框类似，不同在于【保存为】改为【打开】、【保存在】改为【查找范围】）；

步骤3：在【查找范围】下拉列表框中，指定要打开文件的目标位置，在文件列表窗口选择要打开的文件；

步骤4：单击【打开】按钮，指定文件即被加载到画图程序的画图区中；

步骤5：进行各种添加或修改操作，然后保存。

【本章小结】

1. 在“Windows XP 基本概念与基本操作”一节中，简要介绍了 Windows XP 操作系统的特点；详细介绍了桌面和图标的概念以及相关的基本操作（包括系统图标、快捷图标、回收站、任务栏的使用以及图标的打开、更名、删除、移动和排列等操作），窗口、菜单和对话框的结构和使用方法，微软拼音输入法。

2. 在“Windows 资源管理器”一节中，对文件和文件系统进行了描述；对文件和文件夹的命名、文件夹的树形结构及路径、文件名通配符的使用方法、资源管理器的组成结构及相关使用、文件及文件夹的相关操作（包括创建、打开、删除、移动和复制、重命名、排列和显示方式、属性设置及搜索等）进行了详细介绍。

3. 在“控制面板与设置”一节中，对控制面板中的账户管理（包括创建、更改和删除账户）、外观和主题（包括桌面背景与图标的设置和更改、屏幕保护程序的设置、显示器分辨率及刷新率的设置等）、添加/删除程序（包括添加组件）、日期和时间设置及键盘和鼠标设置等进行了详细介绍。

4. 在“系统维护工具与其他附件”一节中，以一个简单例子的形式介绍了系统的备份与还原操作、磁盘清理与碎片整理的相关知识与操作。最后介绍了较为实用的计算器和画图两个应用程序的使用方法。

通过本章各小节的学习，可使初学者对 Windows XP 操作系统有一个较为全面的认识，并能较快地熟悉和掌握 Windows XP 的基本操作方法，为今后管理和使用计算机打下良好的基础。

【本章关键词】

Windows XP　图标　窗口　文件　文件夹　资源管理　中文输入　系统维护

3　文字处理 Word 2007

本章学习要点：

- Word 2007 概述
- 文档基本操作
- Word 2007 的视图
- 文档的编辑与排版
- 表格与对象处理
- Word 2007 高级功能
- 页面排版和打印文档

微软 Office 套件应用程序之一的 Word 是一套非常优秀的文字处理软件。其中 Word 2007 中文版增加了许多功能，如改进工作界面、增强文件安全、缩小文件尺寸等。本章通过对 Word 2007 中文版中的工作界面特点、文档编辑与格式设置、版面设置、表格和图形处理、Word 2007 新增功能和高级功能等内容的介绍，帮助用户更好地了解和掌握 Word 2007 中文版的操作。

3.1　Word 2007 概述

微软的文字处理软件 Word 2007 主要用于日常的文字处理工作，如书写和编辑信函、公文、简报、报告、文稿和论文、个人简历、商业合同、Web 页等，具有处理各种图、文、表格混排的复杂文件，实现类似杂志或报纸的排版效果等功能。

3.1.1　Word 2007 的功能与特点

Word 具有所见即所得、图文混排、拼写与语法检查、自动更正、不同语言间的翻译功能、强大的中文版式功能、简捷方便的表格制作和数据处理功能及内置模板等特点。Word 2007 与以前版本相比，它的界面发生了很大的变化，功能上也有了进一步的提高。下面先介绍 Word 2007 中发生的新变化。

1. 全新的界面

在 Office 2007 出现之前，几乎所有的 Windows 应用程序都采用了菜单和工具栏的方式调用软件提供的各种功能，而在 Office 2007 中，几乎彻底取消了下拉菜单和工具栏，取而代之的是全新的功能区（Ribbon），即横跨 Word 顶部的区域，如图 3.1 所示。功能区中包含选项卡，每个选项卡包含若干组，每个组中包含若干按钮。

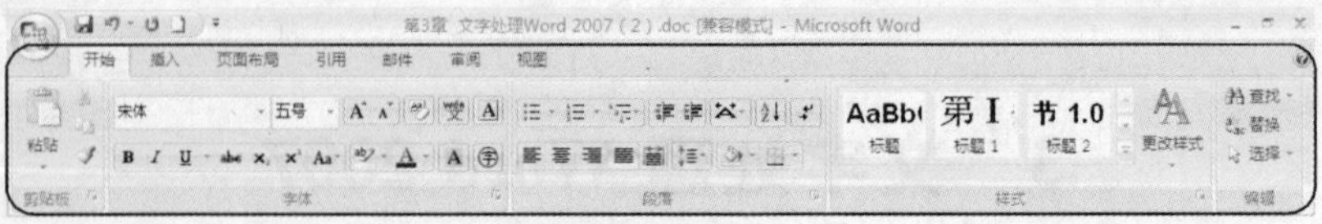

图 3.1 功能区

功能区将原来 Word 2003 超过上千项的下拉菜单命令，以按钮的形式重新组织在【开始】、【插入】、【页面布局】、【引用】、【邮件】、【审阅】、【视图】等选项卡中。用户单击某个选项卡，即可看到组中排列的按钮。每个按钮都是图形化的，可以让用户一眼就分辨出它的功能。而且所有的命令都是以面向对象的思想进行设计的，把命令分组进行组织。如图 3.1 所示，在【开始】选项卡中，将相关命令分为了【剪贴板】组、【字体】组、【段落】组、【样式】组和【编辑】组等。

2. 新增的浮动工具栏

字体、字号等工具是 Word 中最常用的工具。为了加强人机交互，Word 2007 为用户提供了更加实用的浮动工具栏，如图 3.2 所示。用户只要选定文本，在屏幕上就会出现浮动工具栏，可以让用户以最快的速度、最短的鼠标移动距离来设置字体、字号。

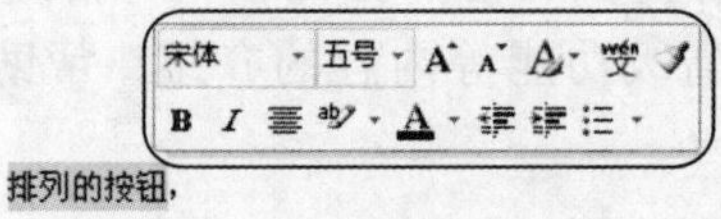

图 3.2 浮动工具栏

3. 新增了实时预览功能

为了让用户在第一时间看到文稿的样子，Word 2007 为用户提供了实时预览功能。不论是设置字体、字号，还是使用各种样式，或者为图片、表格设置各种格式，只要在功能区指向需要选择的格式，文档中的对象就会实时显示为这种格式，这样用户就可以非常直观地看到实际效果。

4. 全新的文件格式

在 Word 2007 中，使用了全新的 Office XML 格式来保存文档。XML 这种通用数据格式能够通过应用程序、平台或 Internet 浏览器来直接读取。新的文件格式改善了文件和数据管理、数据恢复及行业系统的互操作性，任何支持 XML 的应用程序都可以访问和处理采用新文件格式的数据。此外，存储为 XML 的信息实质上是纯文本，这样，数据可以无障碍地通过企业防火墙，安全性问题大大减少。

新文件格式有很多优点，对于普通用户来说，主要体现在以下三个方面：

（1）可靠性。Office XML 格式设计比以前版本的二进制格式更为可靠。新的文件格式以分段的形式将每个部件分别存储在文件包中，即使文件中一个组件被破坏，文件的其余组件仍可以在应用程序中打开，增强了数据恢复能力。另外，Office 应用程序可以在打开文档时检测到这些故障，并通过恢复原文档的数据结构来尝试修复文档。

（2）高效性。Office XML 格式使用 ZIP 压缩技术存储文档，大大减小文件体积，相同内容的新格式文档比以往的二进制文档体积最多可减小 75%。这是结合使用 XML 和 ZIP 技术存储文件的优点之一。

（3）安全性。Office XML 格式具有开放性，因此文件更加透明，也更加安全。用户可以放心地共享文档，因为用户可以轻松地识别和删除个人身份信息和商业敏感信息，如用户名、备注和文件路径。默认情况下，Word 2007 文件格式不执行嵌入代码，因此，用户收到附加了 Word 2007 文档的电子邮件，完全可以放心地打开它。

在 Word 2007 中，用户文档被分为两种格式，一种是 *.docx，在这种格式的文档中，用户不能保存可执行代码，如宏、ActiveX 等，因此即使是宏病毒也无法破坏它，打开这类文件是非常安全的。另一种是 *.docm，如果需要使用宏或 ActiveX 代码，则必须使用这种格式保存文档。与之相对应，Word 2007 模板也分为两类：*.dotx 和 *.dotm。

5. 全新的 SmartArt 图形系统

借助全新的 SmartArt 图形和图表功能，用户将可以在短时间内创建具有很强视觉冲击效果的文档。Word 2007 为用户提供了七类一百多种预置效果的 SmartArt 图形，用户既可以直接使用这些图形创建专业水准的插图，也可以对其进行修改，满足自己的需要。

6. 全新的公式编辑器

在 Word 2007 中，提供了全新的公式编辑器，其优点如下：

（1）使用更加简单。新版本的公式编辑器作为功能区中的一个按钮形式出现，用户如需要编辑公式时，只需点击一下公式按钮即可。公式编辑变得方便、快捷。

（2）提供公式模板给用户使用。对于常用公式，用户可以直接在公式编辑器提供的内置公式中选择。对于用户经常使用而公式编辑器中没有提供的公式，用户只需制作一次，然后保存在系统库中作为内置公式供用户随时调用。

（3）公式样式变化多样。根据需要，公式可以显示为专业样式，也可以显示线性样式，为用户提供了更多的选择。

3.1.2 启动 Word 2007

启动 Word 2007 的方法和启动其他 Windows 应用程序一样，主要有以下五种。

1. 在 Windows 的“开始”菜单中启动 Word 2007

在 Windows 桌面上单击【开始】按钮，选择【所有程序】项后，将光标移至【Microsoft Office 2007】程序组下的【Microsoft Office Word 2007】上，然后单击鼠标或按 Enter 键。

2. 利用桌面的快捷方式启动 Word 2007

如果 Windows 桌面上已经建立一个 Word 2007 快捷方式，双击其快捷方式图标或选择图标后按 Enter 键即可启动 Word 2007。这是启动 Word 2007 的最简单、最常用的方法。

3. 在【我的电脑】或【资源管理器】中启动 Word 2007

在【我的电脑】或【资源管理器】中的 Word 2007 安装文件夹中双击 Microsoft Word 2007 应用程序图标。

说明：Word 2007 的路径通常为“C:\Program Files\Microsoft Office\Office12\Winword.exe”。

4. **在【开始】菜单中的【运行】命令中启动** Word 2007

在 Windows 桌面上单击【开始】→【运行】，在弹出的【运行】对话框中的【打开】文本框中输入“WinWord”命令或输入 Word 2007 所在的路径（或通过【浏览】按钮找到），按 Enter 键或单击【确定】按钮即可，如图 3.3 所示。

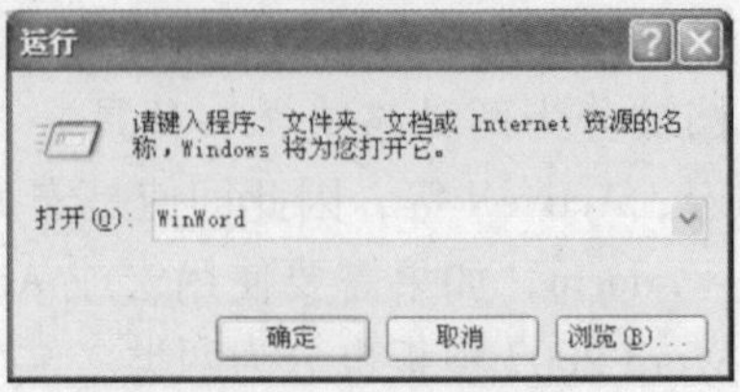

图 3.3 通过【运行】对话框启动 Word 2007

5. **打开** Word **文档时启动** Word 2007

双击打开某一个 Word 文档，也可以启动 Word 2007 并显示文档内容在其窗口中。

3.1.3 退出 Word 2007

当退出 Word 2007 时，将关闭所有的文档。如果某些打开的文档修改后没有保存，系统将弹出类似图 3.4 所示的提示对话框，询问用户在退出之前是否保存这些文档的修改。若不想保存对当前文档的修改，则单击【否】按钮，即刻退出 Word 2007；若用户此时不想退出 Word 2007，则单击【取消】按钮，将重新返回文档的编辑状态；若保存，则单击【是】按钮。

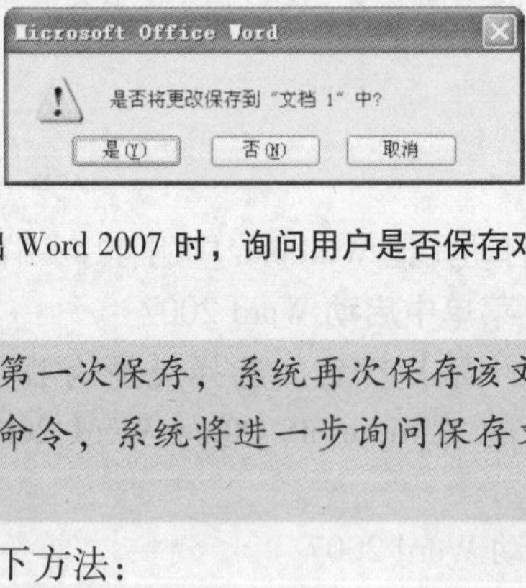

图 3.4 退出 Word 2007 时，询问用户是否保存对文档的修改

说明： 如果当前文档不是第一次保存，系统再次保存该文档后即退出 Word 2007；如果当前文档之前从未执行过保存命令，系统将进一步询问保存文档的有关信息（详见“文档保存”部分）。

退出 Word 2007 通常有如下方法：

方法 1：单击 Word 2007 窗口右上角的【关闭】按钮 ×。

方法 2：单击【Office 按钮】，在下拉菜单中选择【退出 Word】命令。

说明： 如果在该下拉菜单中选择【关闭】命令，则只是关闭当前文档窗口，而非退出 Word 2007 应用程序。

方法 3：按下快捷键 Alt + F4。

方法 4：双击【Office 按钮】。

3.1.4　Word 2007 的工作界面

Word 2007 的工作界面主要有标题栏、功能区、标尺、工作区、滚动条和状态栏等部分，如图 3.5 所示。在操作过程中还可能出现快捷菜单等元素。选用的视图不同，显示的屏幕元素也不同。用户自己也可以控制某些屏幕元素的显示或隐藏。

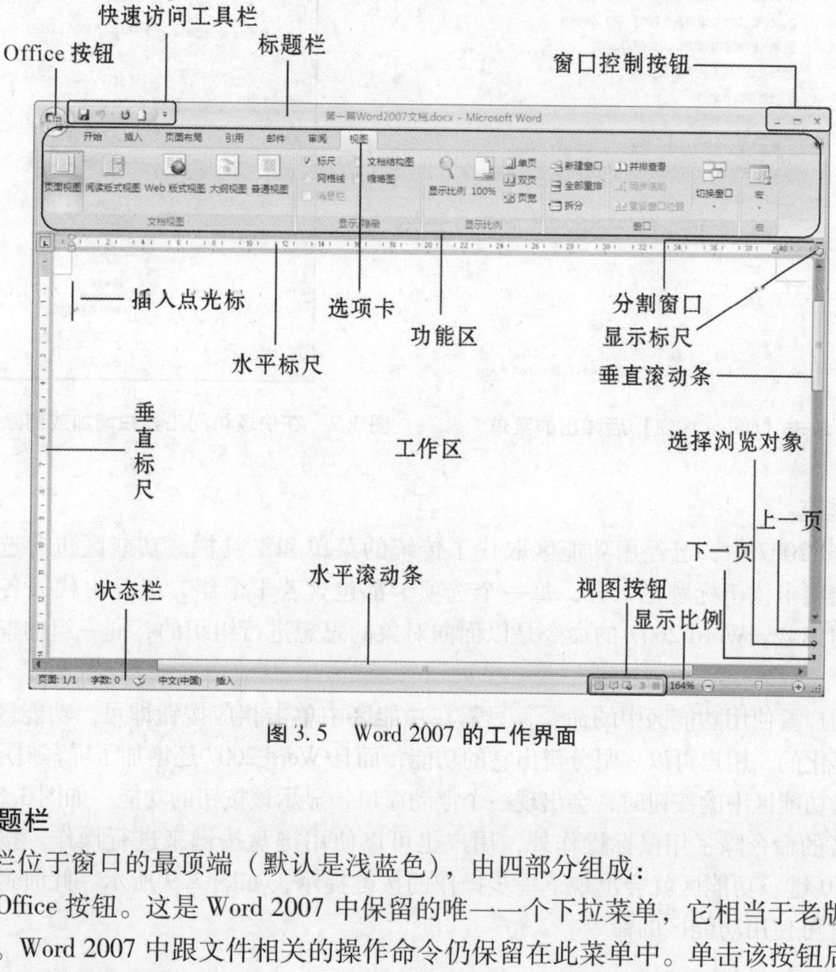

图 3.5　Word 2007 的工作界面

1. 标题栏

标题栏位于窗口的最顶端（默认是浅蓝色），由四部分组成：

（1）Office 按钮。这是 Word 2007 中保留的唯一一个下拉菜单，它相当于老版本的【文件】菜单。Word 2007 中跟文件相关的操作命令仍保留在此菜单中。单击该按钮后将弹出如图 3.6 所示的下拉菜单。

（2）快速访问工具栏 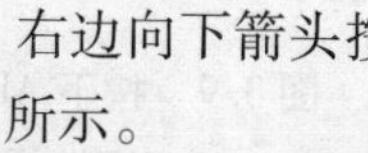。用户可以在【快速访问工具栏】上放置一些最常用的命令按钮。例如【新建文件】、【保存】、【撤消】、【重复】等按钮。该工具栏中的命令按钮不会动态变换。用户可以增加、删除【快速访问工具栏】中的命令按钮。其方法是：单击【快速访问工具栏】右边向下箭头按钮，在弹出的下拉菜单中选中或者取消相应命令的复选框即可，如图 3.7 所示。

说明： 如果选择【在功能区下方显示】选项，这时快速访问工具栏就会出现在功能区的下方，而不是上方。

（3）标题部分 第一篇Word2007文档.docx - Microsoft Word。它显示了当前编辑的文档名称。

（4）窗口控制按钮 。它包含了【最小化】按钮、【最大化/还原】按钮和【关闭】按钮。按 Alt + 空格键会打开控制菜单，通过该菜单也可以进行移动、最小化、最大化窗口和关闭程序等操作。

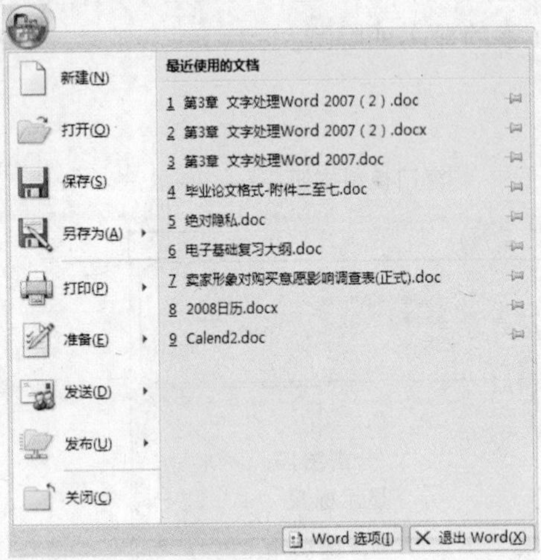

图 3.6　单击【Office 按钮】后弹出的菜单

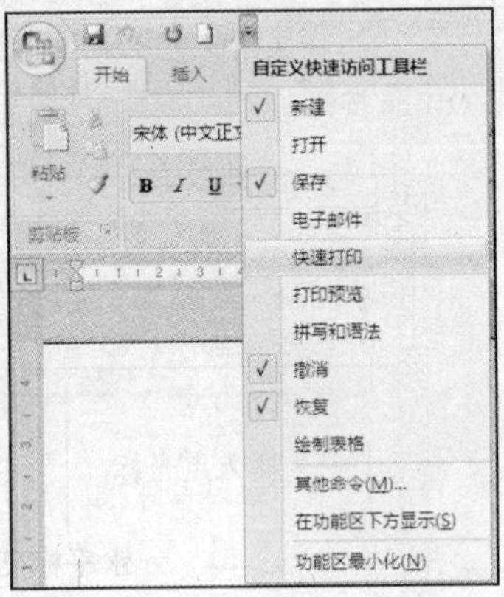

图 3.7　在快速访问工具栏增加或删除命令按钮

2. 功能区

在 Word 2007 中，已经用功能区取代了传统的菜单和工具栏。功能区包含选项卡、组和按钮。选项卡位于标题栏下方，每一个选项卡都包含若干个组，组是由代表各种命令的按钮组成的集合。Word 2007 的命令是以面向对象的思想进行组织的，同一组的按钮其功能是相近的。

如果用户要使用功能区中的命令，只需在功能区中单击相应按钮即可。功能区中每个按钮都是图形化的，用户可以一眼分辨出它的功能，而且 Word 2007 还增加了屏幕提示功能，即将鼠标指向功能区中的按钮时，会出现一个浮动窗口，显示该按钮的功能，如图 3.8 所示。

功能区的命令除了用鼠标操作外，用户也可以使用键盘按键来进行操作。按下键盘的 Alt 键或 F10 键，功能区就会出现下一步操作的按键提示，如图 3.9 所示。此时遵循一系列按键顺序就可使用功能区的命令。

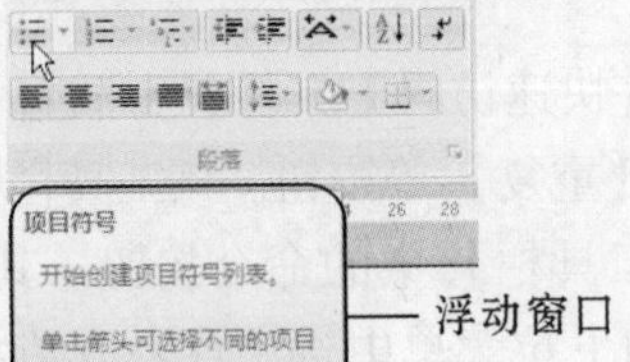

图 3.8　在浮动窗口显示按钮的功能

图 3.9　按下 Alt 键或 F10 键后功能区出现的下一步按键提示

默认情况下，Word 2007 工作窗口只显示【开始】、【插入】、【页面布局】、【引用】、【邮件】、【审阅】和【视图】这七个选项卡。但 Word 2007 会根据用户当前操作对象自动显示一个动态选项卡，该选项卡中的所有命令都和当前用户操作对象相关。例如，当用户选择了文档中的一个剪贴画时，在功能区中就会自动产生一个粉色高亮显示的【图片工具】动态选项卡，如图 3. 10 所示。只要选择该动态选项卡，就可显示出跟图片处理相关的按钮。

功能区中的组和按钮并不是必须显示的。如果用户在浏览、操作文档过程中需要增大显示文档的空间，可以只显示选项卡，而不显示组和按钮，其方法是：单击【快速访问工具栏】右边向下箭头按钮，在弹出的下拉菜单中选择【最小化功能区】命令，这时功能区中只显示选项卡名字，隐藏了组和按钮，如图 3. 11 所示。如想恢复组和按钮的显示，只需在下拉菜单中撤消对它的选择即可。用户也可以通过 Ctrl + F1 快捷键实现功能区的最小化操作或还原功能区的正常显示。

图 3. 10　粉色高亮显示的动态选项卡

图 3. 11　最小化功能区

在 Word 2007 中为了方便用户进行一些高级设置，在选项卡的某些组的右下角有一个对话框启动器按钮，单击该按钮可弹出相应的对话框。如在【页面布局】选项卡【页面设置】组的右下角的对话框启动器按钮，单击它可打开【页面设置】对话框，用户可以在其中进行更多、更详细的页面设置操作，如图 3. 12 所示。

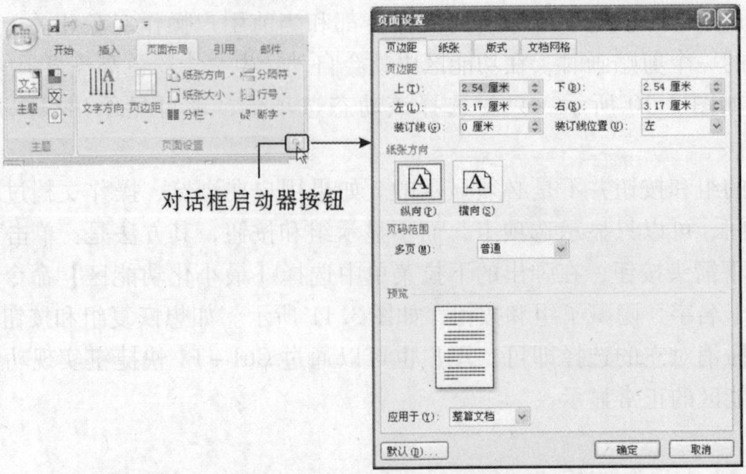

图 3.12　对话框启动器按钮和打开的相应对话框

3. 标尺

在 Word 2007 中，默认情况下标尺是隐藏的。用户可以通过单击窗口右边框上角的【显示标尺】按钮来显示标尺。标尺包括水平标尺和垂直标尺，其中水平标尺在【页面视图】、【Web 版式视图】和【普通视图】下都可以看到，而垂直标尺只有在【页面视图】下才能看到。可以通过水平标尺查看文档的宽度、查看和设置段落缩进的位置、查看和设置文档的左右边距、查看和设置制表符的位置；可以通过垂直标尺设置文档上下边距，如图 3.13 所示。

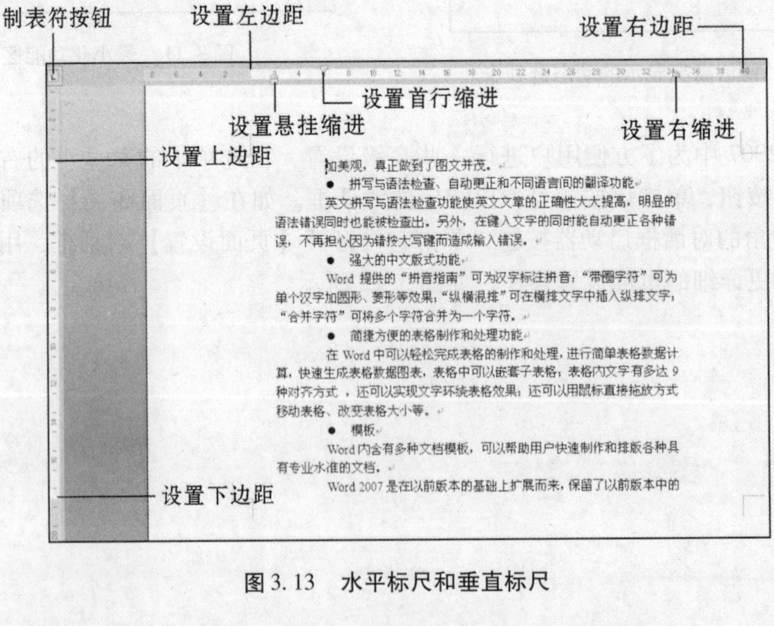

图 3.13　水平标尺和垂直标尺

4. 工作区

Word 2007 窗口中间最大的白色区域就是工作区，即文档编辑区。在工作区，用户可以输入文字，插入图形、图片，设置和编辑格式等操作。在工作区，无论何时，都会有插入点光标（一条竖线）不停闪烁，它指示下一个输入文字的位置。用户可以通过单击鼠标或用键盘上的光标键来定位文字插入点。在工作区有另外一个很重要的符号是段落标记“↵”，它用来表示一个段落的结束，同时还包含了该段落所使用的格式信息。

5. 滚动条

Word 2007 提供了水平和垂直两种滚动条，使用滚动条可以快速移动文档。在滚动条的两端分别有一个向上（向左）、向下（向右）的箭头按钮，在它们之间有一个矩形块，称为滚动块。单击向上（向左）、向下（向右）按钮，屏幕可以向相应方向滚动一行（或一列）。单击滚动块上部（左部）或下部（右部）的空白区域时，屏幕将分别向上（左）或向下（右）滚动一屏（相当于使用键盘上的 PageUp 键、PageDown 键）。以上操作当屏幕滚动时，插入点光标位置不变。而当单击垂直滚动条的【上一页】或【下一页】按钮时，屏幕跳到前一页或下一页，同时插入点光标也移动到该页面的第一个字符前面。

6. 状态栏

在 Word 2007 窗口底部有如图 3. 14 所示的状态栏，其包括以下部分：

图 3. 14　Word 2007 状态栏

●【页面信息】区。该区显示了当前页数和文档总页数。单击该区会弹出【查找和替换】对话框并显示【定位】选项卡。

●【文档字数统计】区。该区显示了当前文档的文字总字数。每个汉字、标点符号、英语单词、连续的字母或数字序列都被统计为一个字。单击该区会弹出【字数统计】对话框。

●【拼写检查】区。该区包含【拼写检查】按钮和【语言】按钮。单击【拼写检查】按钮会对文档进行拼写检查操作；单击【语言】按钮打开【语言】对话框，在【语言】对话框可以选择拼写检查的语言，如中文（中国）或英语（美国）。

●【编辑模式】区。该区显示了当前编辑模式，插入或改写。默认是插入模式，可以单击该区或者按 Insert 键将编辑模式在插入模式和改写模式之间切换。

说明：如果设置为改写模式，插入点之后的字符会被新输入的字符所覆盖。

●【视图模式】区。Word 2007 提供了五种视图模式，包括页面视图、阅读版式视图、Web 版式视图、大纲视图和普通视图。默认视图模式是页面视图。如果用户希望改变视图模式，只需在相应视图按钮上单击即可。

●【视图大小工具栏】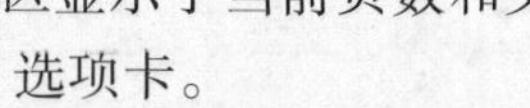

。其中“164%”是视图显示比例。其后是比例调节按钮，拖动中间的滑块或者单击左右两边的【－】或【＋】按钮可调节视图显示比例。如果用户使用的鼠标具有中间滚轮并支持滚动操作，也可以按住 Ctrl 键同时滚动鼠标中间滚轮来放大或缩小视图大小，具有同样的效果。

3.1.5 Word 2007 的帮助功能

在 Word 2007 中，取消了“Office 助手”功能。如果用户需要得到系统的帮助，可以按 F1 键或单击功能区选项卡区域右侧的【帮助】按钮，即可打开 Word 2007 的帮助系统，如图 3.15 所示。

图 3.15　【Word 帮助】窗口

1. 帮助窗口的操作

Word 2007 的帮助文档来自 Office Online 网站，因此其帮助窗口就相当于一个浏览器窗口，主要由标题栏、工具栏、搜索栏、内容显示区域和状态栏组成，用户可通过工具栏中的按钮对窗口进行操作。

说明： 如果用户计算机没有接入 Internet 网络，可以选择使用本地计算机的帮助文档，即随 Word 2007 安装到本地硬盘上的帮助文档，其方法是：单击帮助窗口状态栏右边的【连接状态】按钮，在弹出的菜单中选择【仅显示来自此计算机的内容】选项即可，同时该按钮标题改为“脱机”。

2. 获取帮助

默认情况下，帮助的内容以超链接列表的形式显示在开始界面中，用户点击相应的列表项即可打开链接浏览具体的帮助内容。用户也可以单击【显示目录】按钮，然后在左侧窗格显示的帮助目录中选择帮助项，在右侧窗格中即可显示帮助内容。用户也可以在搜索文本框中输入关键字，然后按 Enter 键或【搜索】按钮，即可在 Word 2007 帮助文档中进行搜索，并把搜索结果提供给用户，用户单击相应的搜索结果选项即可看到具体的帮助内容。

说明：帮助目录窗格中的形状表示一个目录，形状表示一个具体的帮助内容。

3.2　Word 2007 文档基本操作

3.2.1　新建文档

用户每次启动 Word 2007 时，系统会自动创建一个名为【文档1】的空白文档，用户可以在此文档中输入文本。

如果用户想建立一个新文档，可使用以下方法。

1. 新建空白文档

有以下三种方法：

方法1：单击【Office 按钮】后从弹出的下拉菜单中选择【新建】命令，打开如图3.16 所示的【新建文档】对话框，在该对话框选择【空白文档和最近使用的文档】→【空白文档】→【创建】命令，或选择【空白文档和最近使用的文档】后在中间栏双击【空白文档】选项，这时就会在 Word 窗口中创建一个新的空白文档。

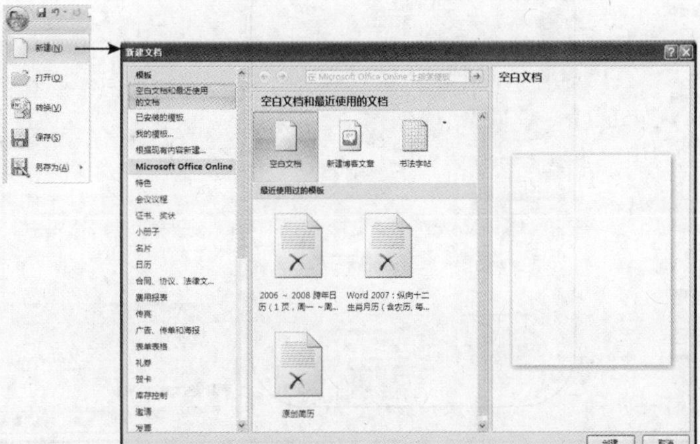

图 3.16　【新建文档】对话框

方法2：使用快捷键 Ctrl + N 新建一个空白文档，也可以依次按下键盘上的 Alt、F、N 和 Enter 键创建新的空白文档。

方法3：在【我的电脑】或【资源管理器】中打开目标文件夹，然后在空白处右击，在右键快捷菜单中选择【新建】→【Microsoft Office Word 文档】，即可直接在目标文件夹中创建一个新的空白文档。

说明：该方法虽然创建了一个 Word 2007 空白文档，但如果要编辑该文档，还需打开该文档。

2. 新建带有格式和内容的新文档

方法 1：根据 Word 2007 提供的模板来新建。

为了解决用户的不同需求，Word 2007 为用户准备了多种类型的模板。Word 2007 中的模板是指扩展名为 . dotx 或 . dotm 的文件（其中，扩展名为 . dotx 的模板不包含可执行代码，扩展名为 . dotm 的模板包含可执行代码）。一个模板文件针对用户的需要，预设了这一类文档的共同信息，即这类文档中的共同文字、图形、表格和共同的样式，甚至还包括预设页面版式、打印方式等。有了模板，用户在创建这一类文档时就不需要从零开始，只需打开一个模板，然后填写用户自己的文字、图片或其他内容即可。

如图 3. 17 所示，【新建文档】对话框从左到右分成三栏。最左边列出了模板类型。Word 2007 把模板分成两大类：一类是【已安装的模板】，即随 Word 2007 套件程序安装到本地机器硬盘的模板；另一类是【Microsoft Office Online】模板，即在线模板。在左边栏选择【已安装的模板】选项后，会在中间一栏列出已安装到本地机器硬盘的模板，见图 3. 17。而如果在左边栏选择【Microsoft Office Online】下面的某一模板类型，则需要先到 Office 官方网站下载后才能在中间栏显示该类模板的具体样式。在中间栏选择某一模板后，最右边一栏则会预览显示该模板的内容。

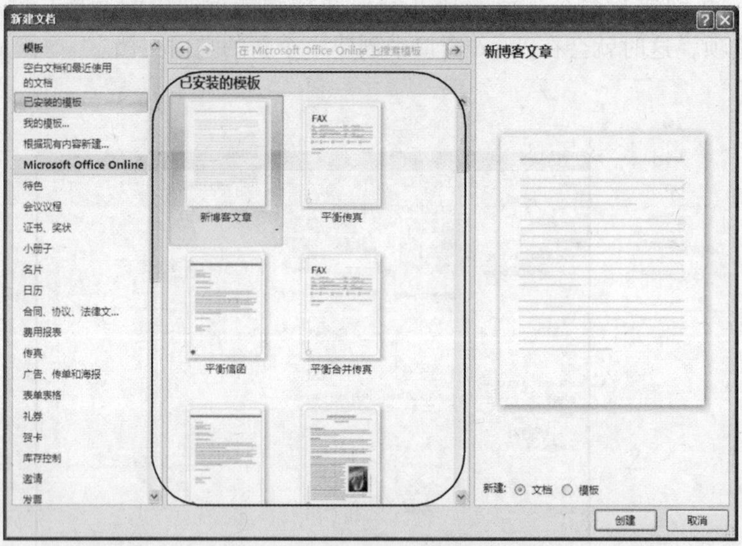

图 3. 17 【已安装的模板】列表

对于已安装的模板来说，选好要使用的模板后，单击【创建】按钮，就会以这个模板为基础创建出一个新文档。而对于在线模板，则需要单击【下载】按钮从网站下载该模板，下载完成后创建新文档。在线模板一旦下载后，就存储在本地机器上，以后就可以像已安装的模板一样来使用。

方法 2：根据现有文档来新建。

用户也可以在现有文档的基础上新建文档，方法是：在如图 3. 16 所示的【新建文档】对话框中选择【根据现有文档新建】选项打开如图 3. 18 所示的【根据现有文档新建】对话框，在该对话框选择一个文档作为新建文档的模板后按【新建】按钮即可。

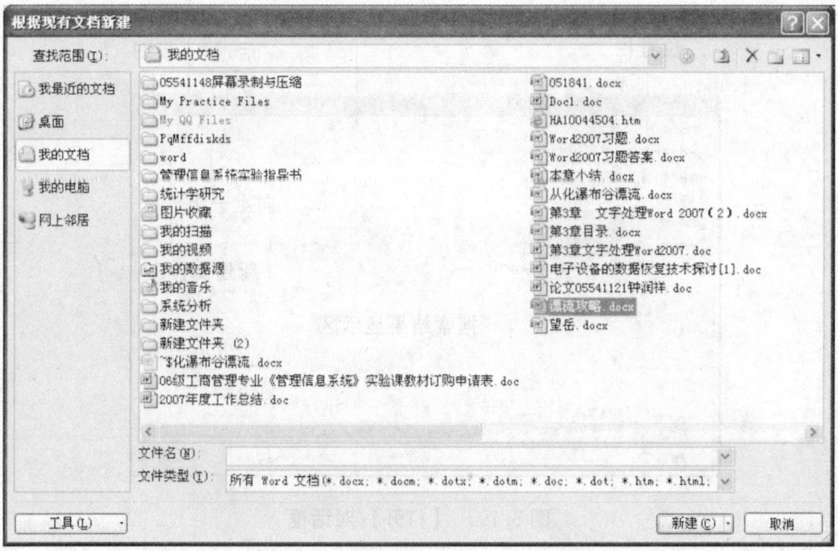

图 3.18 【根据现有文档新建】对话框

3.2.2 打开文档

作为最新版本的文字处理软件，Word 2007 能够打开的文档格式很多。除了 Word 2007 以前所有版本的 Word 格式文档（扩展名为 .doc）和 Word 2007 自身支持的新的 Word 格式文档（扩展名为 .docx 或 .docm）外，还能打开诸如纯文本文件（扩展名为 .txt）、富文本格式文档（扩展名为 .rtf）、Windows Write 编写的文档（扩展名为 .wri）、网页文件、XML 文件等。

打开 Word 文档的方法主要有以下三种：

方法 1：快速打开近期使用过的文档。

单击【Office 按钮】，在弹出的下拉菜单的右侧列出了最近使用过的文档，从中单击某个文档，或键入该文档名左端的下划线数字（数字编号最大为 9），即可打开该文档。但如果这里列出的文档已改了名字或移动了位置，则不能再用这种方法打开。

方法 2：启动 Word 2007 并打开 Word 文档。

在【我的电脑】或【资源管理器】中打开 Word 文档所在文件夹，双击 Word 文档图标，即可启动 Word 2007 并打开该文档。

方法 3：通过【打开】对话框打开文档。

在已经启动的 Word 2007 窗口中，用下面任一方法都可以打开如图 3.19 所示的【打开】对话框。

（1）单击【Office 按钮】，然后选择【打开】命令。

（2）按键盘上的 Ctrl + O 键或者 Ctrl + F12 快捷键。

（3）在键盘上依次按下 Alt、F、O 键。

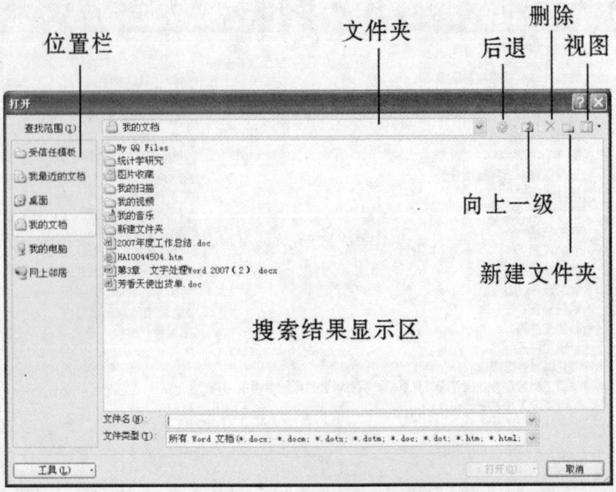

图 3.19　【打开】对话框

说明：在图 3.19 中单击【后退】按钮返回到上一次使用的文件夹，单击【向上一级】按钮则返回上一层文件夹，单击【删除】按钮则删除在文件名列表中选中的文件，单击【新建文件夹】按钮则在当前文件夹上新建一个子文件夹，单击【视图】按钮则打开一个下拉菜单，用户可从中选择改变文件名列表中项目的显示方式。

在【打开】对话框中，除了能打开所有 Word 格式文档（扩展名为 . docx、. docm、. dotx、. dotm、. doc、. htm 等），还可以打开其他格式的文档，只要在【打开】对话框中的【文件类型】下拉列表中选择相应的文件类型，然后在搜索结果显示区双击要打开的文档图标或选中要打开的文档后，单击【打开】按钮即可。

如果想在打开文档之前了解文档的大致内容，可以单击【打开】对话框右上角【视图】按钮右侧的下拉箭头按钮，然后在弹出的下拉菜单中选择【预览】，如图 3.20 所示，这样会在【打开】对话框右侧开辟一个预览窗格；选中文档时，预览窗格会显示此文档的内容。

在【打开】对话框的搜索结果显示区选中一个或多个文档后，【打开】按钮成为可用状态，此时如果直接单击该按钮就可打开文档了，而如果单击该按钮右侧的下拉框，则弹出如图 3.21 所示的菜单。通过该菜单，用户在打开文档时有了更多的选择。如不想破坏原文档内容或格式时可以以【只读】或【副本】的方式打开。

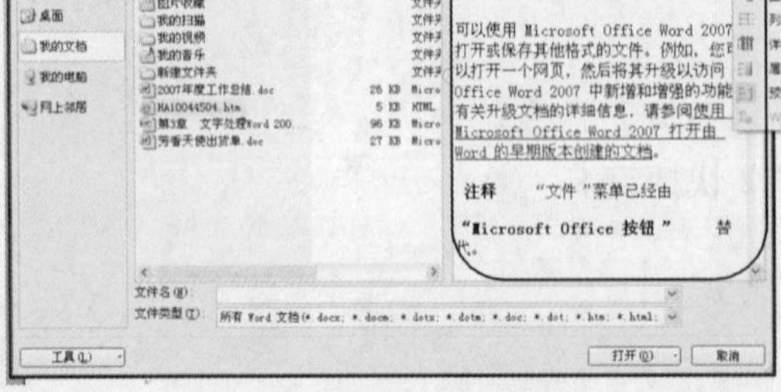

图 3.20　预览文档

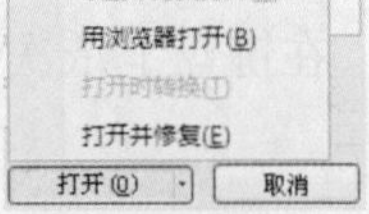

图 3.21　【打开】按钮的下拉菜单

3.2.3 保存文档

不论是新建一个文档，还是对某个文档进行修改，在工作完成后都需要通过保存操作将该文档进行永久性保存。Word 2007 能够保存多种格式的文档，同时还可以针对不同的文档有不同的保存方式。

1. 新建文档的保存

有三种保存新建文档的方法：

（1）单击【快速访问工具栏】中的【保存】按钮 。

（2）单击【Office 按钮】 后在弹出的菜单中选择【保存】命令。

（3）按 Ctrl + S 或 Shift + F12 键。

不论是采用上述哪种方法来保存一个新建文档，都将打开如图 3.22 所示的【另存为】对话框。在这个对话框中需要指定文档的保存位置和文档名。默认情况下，系统以“.docx”作为文档的扩展名。

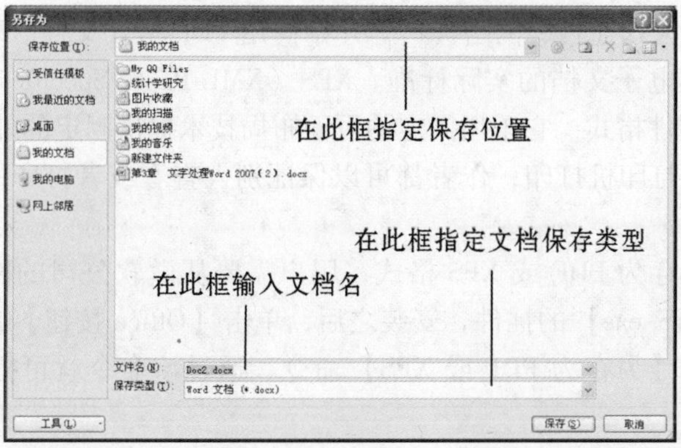

图 3.22 【另存为】对话框

2. 保存已存在的文档

如果用户根据上面的方法保存已存在的文档，Word 2007 只会在后台对文档进行覆盖保存，即覆盖原来的文档内容，没有对话框提示，但会在状态栏中出现“Word 正在保存……”的提示。一旦保存完成该提示就会消失。

但有时用户希望保留一份文档修改前的副本，此时，用户可以单击【Office 按钮】后在弹出的下拉菜单中选择【另存为】命令，在【另存为】对话框（见图 3.22）里进行文档的保存。要注意的是，如果不希望覆盖修改前的文档，必须修改文档名或保存位置。

3. 自动保存文档

为了避免意外断电或死机这类情况的发生而减少不必要的损失，Word 2007 提供了在指定时间间隔自动保存文档的功能。其操作步骤如下：

步骤 1：单击【Office 按钮】 ，在下拉菜单右下角选择【Word 选项】命令，打开【Word 选项】对话框。

步骤 2：在对话框左侧选择【保存】选项，然后在右侧选中【保存自动恢复信息时间间隔】，并设置自动保存的时间间隔。默认为 10 分钟，用户可以根据情况调整自动保存间隔。

步骤 3：单击【确定】按钮。

4. 保存为其他格式文档

在图 3.22 所示的【另存为】对话框中，可以在【保存类型】列表框中指定文档的保存格式。除了 Word 2007 最新的几种格式外，用户还会经常将文档保存为下面几种格式：

（1）保存为 Word 97 - 2003 兼容格式。如果用户希望该文档能用 Word 2003、Word XP、Word 2000、Word 97 等老版本程序打开，文档需要保存为该格式。此时，用户只需在【保存类型】列表框选择【Word 97 - 2003 文档（*.doc)】，保存位置和文档名设置同其他保存操作一样，该文档扩展名为 .doc。

（2）保存为 PDF 或者 XPS 格式。PDF（Portable Document Format，便携式文档格式）是 Adobe 公司制定的一种文档格式，它能够正确保存源文件的字体、格式、颜色和图片，使文件的交流可以轻易跨越应用程序和系统平台的限制。由于 PDF 文件可以不依赖操作系统的语言和字体以及显示设备，就能逼真地将文件原貌展现给阅读者，因此越来越多的电子图书、产品说明、公司通告、网络资料等开始使用 PDF 格式文件。PDF 已成为世界上安全可靠地分发和交换电子文档的实际标准。XPS（XML Paper Specification，XML 文件规格书）也是一种电子文件格式，它采用固定的页面布局技术提供固定的外观。使用 XPS 技术，不论是屏幕查看还是打印机打印，作者都可以保证别人查看或者打印的就是他想提供给别人的文档。

如果想将文档保存为 PDF 或 XPS 格式，用户需要从微软公司的网站上下载一个名为【Save As PDF and XPS. exe】的插件，安装之后，单击【Office 按钮】后弹出的下拉菜单将增加一个菜单项，即【另存为 PDF 或 XPS】命令。通过该命令就可把文档保存为 PDF 或 XPS 文档。

5. 将文档加密保存

为了确保文档内容的安全，避免敏感信息泄漏，只允许授权的审阅者查看或修改用户文档的内容，用户可以使用密码来保护整个文档。

（1）设置打开权限密码。

对文档设置了“打开权限密码”后，用户如想打开该文档，必须拥有正确的密码来验证用户的合法身份，否则将被视为非法用户，该文档将拒绝被打开。

设置打开权限密码的操作步骤如下：

步骤 1：打开如图 3.22 所示的【另存为】对话框。

步骤 2：单击该对话框左下角的【工具】按钮，将弹出如图 3.23 所示的菜单。

步骤 3：在弹出菜单中选择【常规选项】命令，打开如图 3.24 所示的【常规选项】对话框。

步骤 4：在【常规选项】对话框中设置【打开文件时的密码】。

步骤 5：单击【确定】按钮后，根据提示再输入一遍密码。

步骤 6：在【另存为】对话框中，设置保存文件的路径和文件名后单击【确定】按钮。

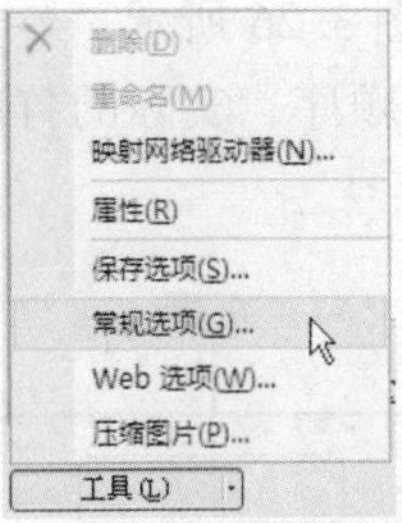

图 3.23 【另存为】对话框的工具选项

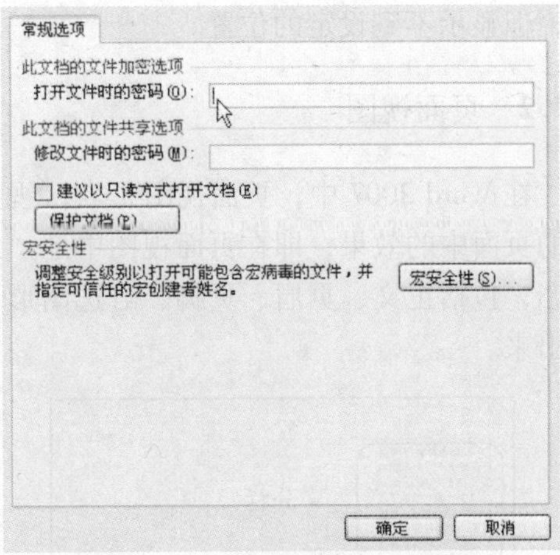

图 3.24 【常规选项】对话框

（2）设置修改权限密码。

在图 3.24 所示的【常规选项】对话框中，除了设置上面的【打开文件时的密码】外，还可以设置【修改文件时的密码】。修改权限密码与打开权限密码的功能不同，一个用于修改文件，一个用于访问文件。这两个密码可以同时设置，而且这两个密码既可以相同也可以不同。

（3）建议以只读方式打开文档。

如果用户希望文档内容不被其他用户修改，可以启用【建议只读】功能。以只读方式打开的文档，所有的修改都不能保存到原始文档中。在图 3.24 所示的【常规选项】对话框中，选中【建议以只读方式打开文档】复选框。这样设置后，当再次打开该文档时，将出现一个提示对话框，询问用户是否以只读方式打开文档以确保原文档不被修改。

3.3 Word 2007 的视图

视图是针对不同用户需要按不同的方式加工文档的环境。Word 2007 共为用户提供了五种文档视图：普通视图、页面视图、大纲视图、Web 版式视图和阅读版式视图。

在【视图】选项卡【文档视图】组单击相应的视图按钮，或者在状态栏右侧单击文档视图按钮，可分别进入相应视图。切换视图不改变插入点位置，即在不同视图中，插入点在同一个字符位置。

3.3.1 普通视图

在普通视图模式下，不显示复杂的格式化内容（如页眉、页脚、自选图形、分栏等），如图 3.25 所示。普通视图能够快速响应用户的输入、输出，易于选择文本，易于跨越分页符和分节符编辑文本。但也存在明显的缺点，即无法看到文档排版的真实情况。在多栏编排时，文本内容不是以并排多栏显示，而是成上下连续栏位显示；文档中如果使用了文本框和图片，在普通视图模式下，文本框和图片的内容无法显示，图文框中的内容虽然能显示，但显示不到设定的位置。

3.3.2 页面视图

在 Word 2007 中，页面视图是默认视图。在页面视图中，用户可以看到对象在实际打印的页面中的效果，即在页面视图中是“所见即所得”，如图 3.26 所示。各文档页的完整形态，包括正文、页眉、页脚、自选图形、分栏等都按先后顺序、实际的打印格式精确显示出来。

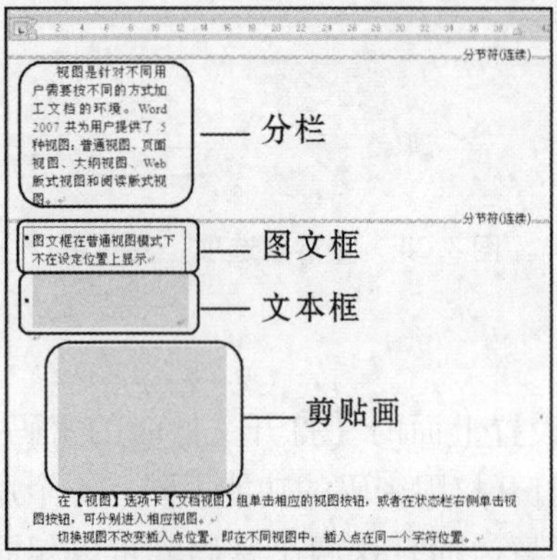

图 3.25 普通视图模式下的文档显示

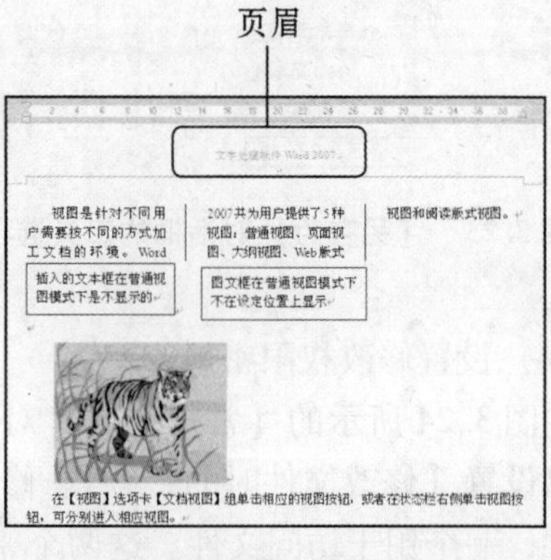

图 3.26 页面视图模式下的文档显示

3.3.3 Web 版式视图

有时候，用 Word 建立的文档并不打印，而只是以 Web 页的形式提供联机阅读，如图 3.27 所示。Web 版式视图中的各项功能，能够很好地帮助用户编写 Web 文档。

Web 版式视图比普通视图优越之处在于它显示所有文本、文本框、图片和图形对象；它比页面视图优越之处在于它不显示与 Web 页无关的信息，如不显示文档分页，亦不显示页眉、页脚，但可以看到背景和为适应窗口而换行的文本，而且图形的位置与所在浏览器中的位置一致。

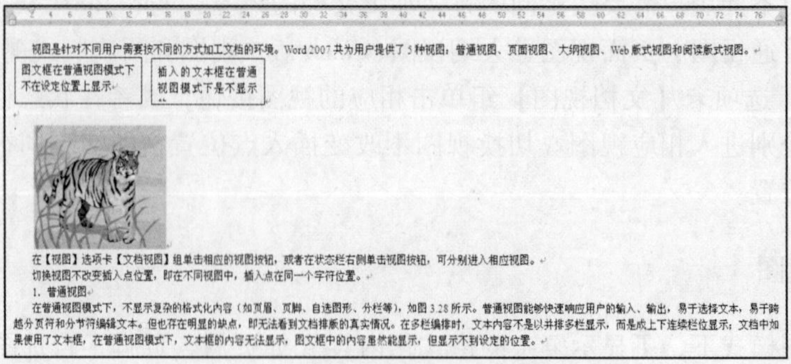

图 3.27 Web 版式视图模式下的文档显示

3.3.4 阅读版式视图

在阅读版式视图模式下，Word 将不显示选项卡、按钮组、状态栏、滚动条等，而在整个屏幕显示文档的内容，如图 3. 28 所示。这种视图是为用户浏览文档而准备的功能，通常不允许用户再对文档进行编辑，除非用户单击【视图选项】按钮，在弹出的下拉菜单中选择【允许键入】命令。

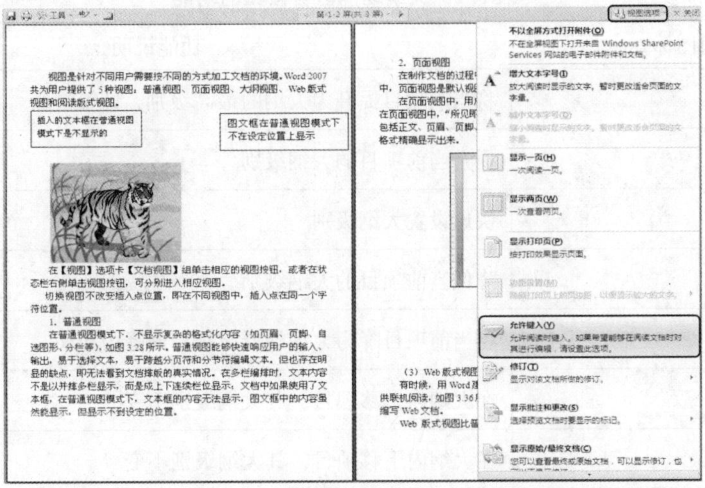

图 3. 28　阅读版式视图模式下的文档显示

3. 3. 5　大纲视图

如果要编辑很长的文档，使用大纲视图是最合适的操作模式。大纲是文档的组织结构，只有对文档中不同层次的内容用正文样式和不同层次的标题样式后，大纲视图的功能才能充分显露出来。

在大纲视图中，可以查看文档的结构，可以通过拖动标题来移动、复制和重新组织文本。此外，还可以通过折叠文档来查看主要标题，或者展开文档查看所有标题和正文的内容，如图 3. 29 所示。

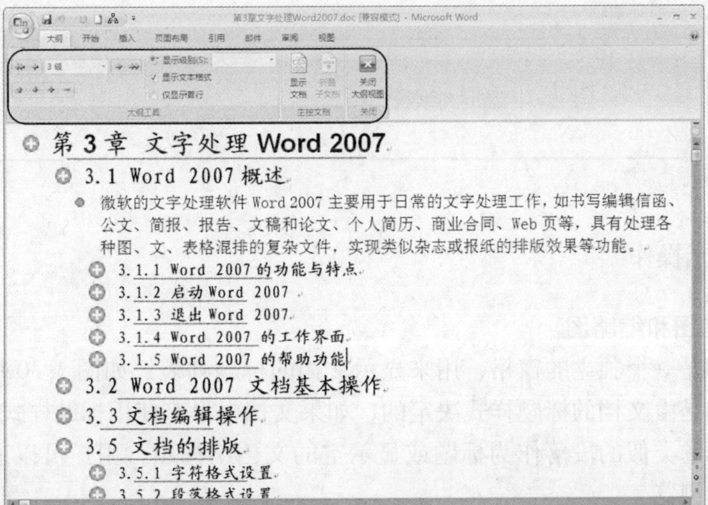

图 3. 29　大纲视图

当用户进入大纲视图时，会在选项卡添加一个【大纲】选项卡，见图 3. 29。大纲功能区按钮标志及功能如表 3. 1 所示。

表 3. 1　大纲功能区各按钮的功能

按钮图标	功能说明
	将当前项目提升为大纲的最高级别，即第一级
	提升当前项目的大纲级别
正文文本	快速设置大纲级别
	降低当前项目的大纲级别
	将当前项目降为大纲最低级别，即降为正文
	在大纲内上移项目，其大纲级别不变
	在大纲内下移项目，其大纲级别不变
	显示标题下方的低层次标题和正文文本
	隐藏标题下方的正文文本，只显示低层次标题（可逐层连续折叠）
显示级别(S):	设置显示级别
☑ 显示文本格式	设置是否显示文本的格式
仅显示首行	设置是否只显示每段的首行
	在大纲视图和主控文档视图间切换
	退出大纲视图模式

3. 3. 6　其他显示操作

1. 文档结构图和缩略图

文档结构图是一个独立的窗格，用来显示文档的标题列表，如图 3. 30 所示。文档结构图中显示的结构是由文档的标题样式决定的，如果文档中没有使用标题样式，Word 2007 自动将文档中与标题类似的段落作为标题或显示空的文档结构图。用户可以通过文档结构图对整个文档进行浏览。

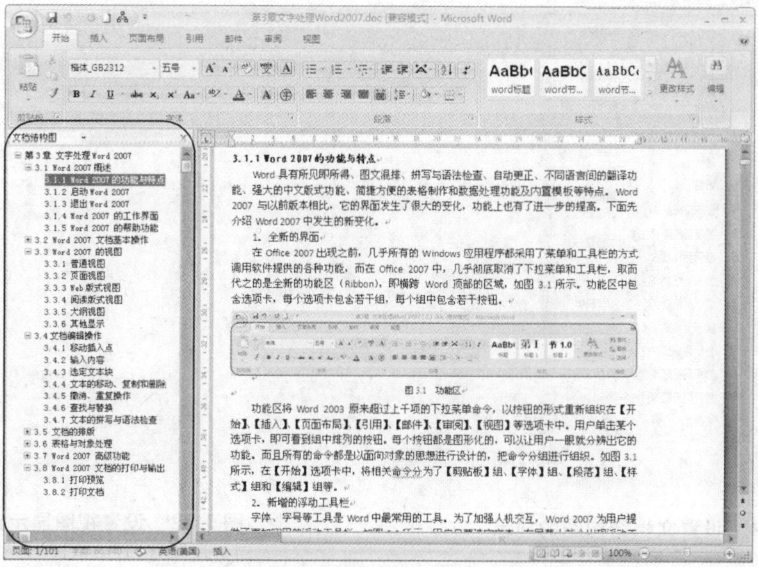

图 3.30 文档结构图

打开文档结构图的方法是：在【视图】选项卡【显示/隐藏】组中选中【文档结构图】复选框。

说明： 文档结构图不能在阅读版式视图中使用。

在文档结构图中单击标题前的【展开】按钮 ，会展开该标题；单击标题前的【折叠】按钮 ，会折叠该标题。用户也可在某个标题上右击，打开如图 3.31 所示的快捷菜单，通过该菜单用户可以展开、折叠选定标题或设置文档结构图中显示的标题级别。

在【文档结构图】窗格上方选择【缩略图】或在【视图】选项卡【显示/隐藏】组中选中【缩略图】复选框，则该窗格由显示文档结构图改为显示页面缩略图。

说明： 缩略图只能在页面视图、大纲视图和普通视图中使用。

2. 标尺和网格线

在【视图】选项卡【显示/隐藏】组中选中【标尺】复选框可以将标尺显示出来，选择【网格线】复选框则可以在页面中显示网格线。

3. 设置显示比例

除了可以在状态栏右边的【视图大小工具栏】中调整视图显示比例外，用户还可以通过【视图】选项卡【显示比例】组中各按钮进行设置，如图 3.32 所示。

图 3.31 设置文档结构图的显示

图 3.32 设置视图显示比例

4. 窗口操作

(1) 新建窗口和重排窗口。在如图 3.33 所示的【视图】选项卡【窗口】组中单击【新建窗口】按钮可以另开一个 Word 2007 窗口显示当前文档的内容；单击【全部重排】按钮可以将多个 Word 2007 文档窗口垂直排列。

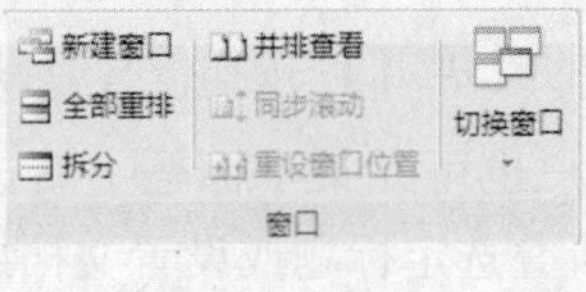

图 3.33 【视图】选项卡【窗口】组

(2) 拆分窗口。单击【拆分】按钮或按住垂直滚动条上方的【拆分窗口】按钮，然后在编辑区拖动，可以将当前窗口分成上下两个窗格用以显示文档的不同部分。

说明：拆分窗口后，【拆分】按钮的标题改为"取消拆分"，单击【取消拆分】按钮或将窗格之间的分隔线拖离编辑区即可恢复单窗口显示。

(3) 同步比较文档。如要比较两个 Word 文档，可以分别打开文档后，单击【并排查看】按钮同时查看两个文档；如需同步滚动两个文档，还需使【同步滚动】按钮呈按下状态，单击【重设窗口位置】按钮可以使正在进行比较的两个文档平分屏幕。

(4) 切换窗口。单击【切换窗口】按钮，从弹出的下拉列表中选择要查看的 Word 窗口。

3.4 文档编辑操作

Word 作为文字处理软件，编辑文字是它的最基本功能。在 Word 2007 中，文字的输入、修改、复制、移动、查找与替换等操作都比较容易。

3.4.1　移动插入点

编辑文档的第一步就是向文档中输入文本内容。在文档编辑区中有一条闪烁的短竖线，称为插入点。插入点位置指示着将要插入的文字或图形的位置以及各种编辑修改命令将生效的位置。在输入文本时，首先须将插入点定位到输入的位置。移动插入点有如下四种方法。

1. 使用鼠标移动插入点

将鼠标指针移至文档编辑区中，当其变成“I”形状后，在需要编辑的位置单击鼠标左键即可将插入点移动至此。如果该区域是尚未有任何文本的空白区域，则需要双击鼠标将插入点移动至此，此功能又称为“即点即输”功能。

2. 使用键盘光标键移动插入点

除了使用鼠标移动插入点外，也可以使用键盘上的光标键或控制键与光标键组合来完成插入点的移动操作。相应的内容如表 3.2 所示。

表 3.2　控制键移动插入点的功能

按键	功能说明
↑ ↓ ← →	移动插入点到上一行/下一行、左一个字符/右一个字符
Home/End	移动插入点到行首/行尾
PageUp/PageDown	移动插入点到上一屏/下一屏
Ctrl + PageUp/Ctrl + PageDown	移动插入点到上一页窗口顶部/下一页窗口顶部
Ctrl + Home/Ctrl + End	移动插入点到文档开始处/文档结尾处
Ctrl + ←/Ctrl + →	将插入点左移一个单词（词组）/右移一个单词（词组）
Ctrl + ↑/Ctrl + ↓	将插入点上移一个段落/下移一个段落

3. 利用定位对话框快速定位插入点

可以通过【查找和替换】对话框的【定位】选项卡快速移动到文档的某一页、某一节或某一特殊部分（如脚注等），如图 3.34 所示。

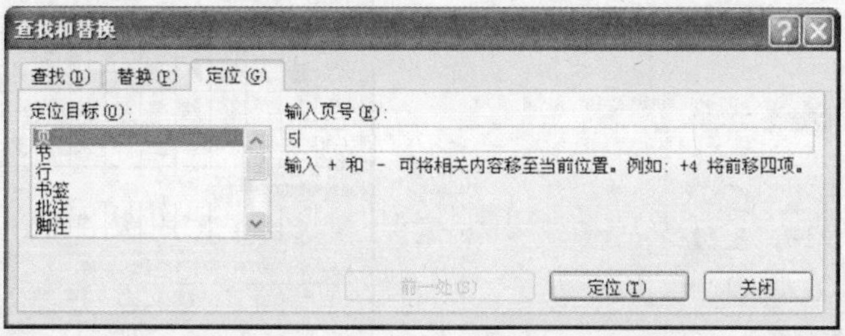

图 3.34　【定位】选项卡对话框

4. 返回上次编辑位置

按下 Shift + F5 键，就可以将插入点移动到执行最后一个动作的位置。Word 能记住最近三次编辑的位置，只要一直按住 Shift + F5 键，插入点就会在最近三次修改的位置跳动。所以利用 Shift + F5 键可以帮助用户快速地回到想要的位置。

3.4.2 输入内容

用户在新创建的空白文档编辑区输入文本，就像在一张空白纸上写字一样。随着输入的进行，插入点光标从左向右自行移动。

1. 输入字母和汉字

在英文输入状态下，直接按下键盘上的字母键即可输入相应字母。默认情况下是输入小写字母。如果按下了 Caps Lock 键，则输入大写字母。当输入汉字时，必须首先切换到中文输入法状态下。按 Ctrl + 空格键，可在中/英文输入法状态之间切换；按 Ctrl + Shift 键可以在不同输入法之间循环切换，也可以直接用鼠标单击 Windows 任务栏右侧的输入法图标，在出现的输入法菜单中选择某一种输入法。

输入字符时，插入点自动右移，当到达右边界时，自动换行。按 Enter 键，则产生一个段落结束标记。两个段落标记之间的内容被视为一个自然段。如果段落标记没有显示出来，可以在【开始】选项卡【段落】组中单击【显示/隐藏编辑标记】按钮。如果设置了始终显示特定的标记（例如段落标记或空格），单击【显示/隐藏编辑标记】按钮则不会隐藏该标记。可以在【Word 选项】对话框【显示】选项的【始终在屏幕上显示这些格式标记】下方设置始终在屏幕上显示的标记。

当输入有错时，按 Delete 键可删除插入点后面的字符，按 Backspace 键可删除插入点前面的字符。

2. 输入符号

可以从键盘输入部分符号。对于不能从键盘输入的符号，可按下面方法来进行：选择【插入】选项卡，在【符号】组中单击【插入符号】按钮 Ω 符号，打开如图 3.35 所示的下拉列表，单击要输入的符号，符号就会输入到插入点处；选择【其他符号】命令，弹出如图 3.36 所示的【符号】对话框，双击所需的符号或选择所需符号后单击【插入】按钮即可输入。

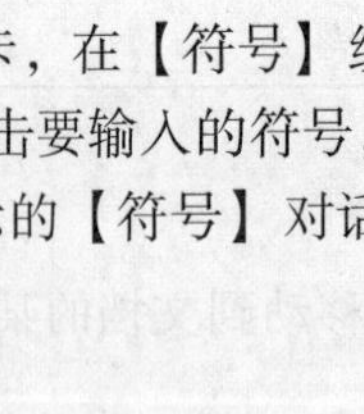

图 3.35 输入符号

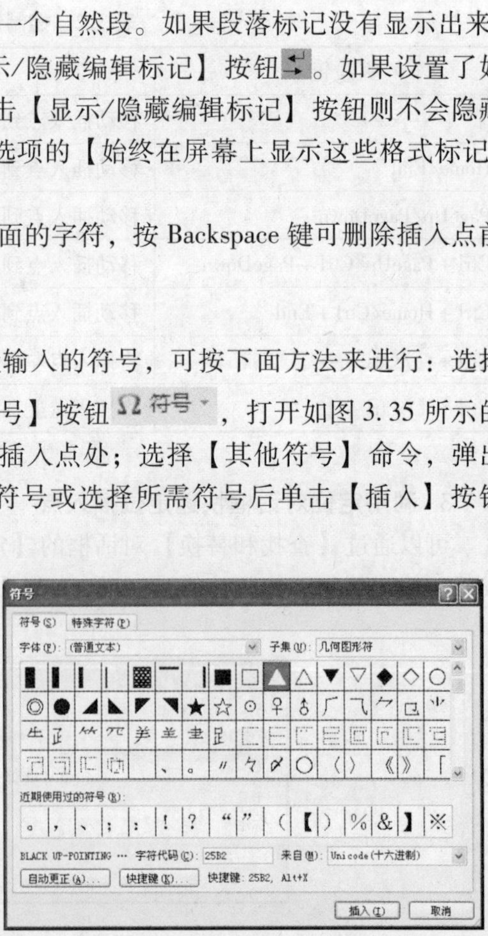

图 3.36 【符号】对话框

对于特殊符号，可在【特殊符号】组单击【符号】按钮 

，在弹出的如图 3.37 所示的列表中选择所需的特殊符号。如需选择更多特殊符号，则在列表中选择【更多】命令，将弹出如图 3.38 所示【插入特殊符号】对话框，从中选择所需符号即可。

图 3.37　输入特殊符号

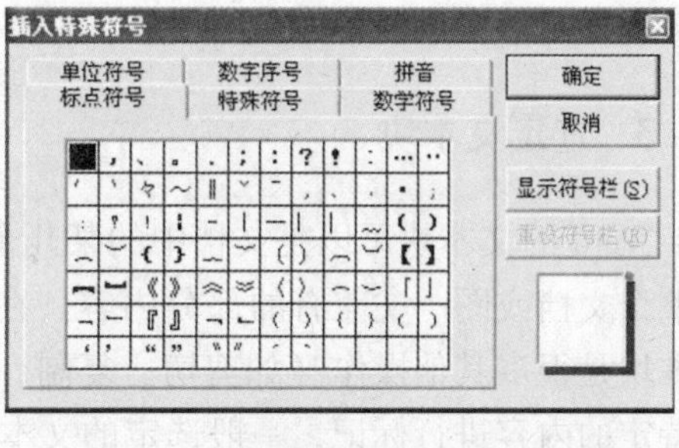

图 3.38　【插入特殊符号】对话框

3. 输入时自动更正

往文档中输入内容时，可用简单符号代替文字，而利用 Word 2007 的自动更正功能可将简单符号自动更换为相应的文本。除了可以使用系统提供的自动更正词条外，用户也可以建立新的自动更正词条。其步骤如下：

步骤 1：单击【Office 按钮】，在弹出的下拉菜单中选择【Word 选项】命令，打开【Word 选项】对话框。

步骤 2：在该对话框左边选择【校对】，然后在右边的【自动更正选项】区单击【自动更正选项】按钮，打开【自动更正】对话框，如图 3.39 所示。

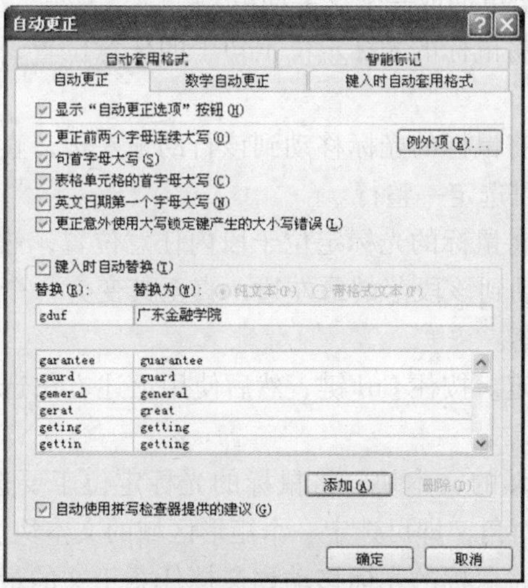

图 3.39　【自动更正】对话框

步骤 3：选择【自动更正】选项卡，在【替换】框和【替换为】框输入自动更正的词条，如“gduf”和“广东金融学院”。

步骤4：单击【添加】按钮，即可完成自定义自动更正词条的建立。

说明：如不希望使用自动更正功能，需在图3.39所示对话框【自动更正】选项卡中取消【键入时自动替换】复选框的选中。

通过这种方法，我们还可以提高输入速度。例如，在文档中输入字母“gduf”后，系统自动将其替换成“广东金融学院”。

3.4.3 选定文本块

Word的文本块可以是文档中的某几个字符、某一行、某几行或某几段的内容，也可能是整个文档或图、文兼有的部分内容。在编辑或排版文档之前，首先要选定文本块。选择文本块是很多其他操作（如剪切、复制、移动、格式化等）的前提。所谓选定文本块就是对特定的内容进行标记，一般选定的文本块会加以高亮底纹显示。

Word提供了多种选定文本块的方法，可以用鼠标，也可以用键盘。下面分别加以介绍。

1. 使用鼠标选定文本块

用鼠标选定文本块的方法很多，常用有以下十种：

（1）在文本上拖动进行任意选定。将鼠标的光标定位于要选定的文本之前，然后按下鼠标左键，拖动到要选定文本的末端，然后松开鼠标左键。

（2）使用Shift键和鼠标来进行连续选定。将鼠标的光标定位于要选定的文本之前，然后按下Shift键，把鼠标光标移动到要选定的文本末尾，再单击鼠标，Word将选定两个光标之间的所有文本。

（3）选定一个单词或一个词组。将鼠标的光标定位于单词或词组的任意位置，然后双击鼠标，即可选定一个英语单词或一个汉字词组。

（4）选定一个句子。将鼠标的光标定位于句子的任意位置，按住Ctrl键，然后单击鼠标，即可选定一个句子。

（5）选定一行文本。将鼠标的光标移动到该行的最左边，直至其变为一个向右上方的箭头，然后单击鼠标，即可选定一整行。

（6）选定一段文本。将鼠标的光标定位于段内任意位置，然后三击鼠标，即可选定一个段落。将鼠标的光标移动到该段落的最左边，直至其变为一个向右上方的箭头，然后双击鼠标，也可选定一个段落。

（7）多个文本块的选定。按住Ctrl键，然后使用上述方法选定文本块，可以选定多个不连续区域的文本块。

（8）选定一块矩形区域的文本块。将鼠标的光标定位于要选定文本的一角，按住Alt键并拖动鼠标到文本块的对角，即可选定一个矩形区域的文本块。

（9）选定整个文档。将鼠标的光标移动到文档任意正文的最左边，直至鼠标光标变成一个指向右上方的箭头，然后三击鼠标，即可选定整个文档。

（10）取消选定。在任意位置单击即可取消选定。

2. 用键盘选定文本块

利用键盘上的功能键和光标控制键的组合，也可快速选定文本块。虽然通过键盘来选定文本不是很常用，但是有必要知道一些常用的文本操作快捷键，如表 3.3 所示。

表 3.3 常用选定文本操作快捷键

快捷键	文本选定操作
Shift + →	选择插入点右边一个字符
Shift + ←	选择插入点左边一个字符
Shift + ↑	选择插入点的上一行文本
Shift + ↓	选择插入点的下一行文本
Ctrl + Shift + →	选择插入点右边一个单词或词组
Ctrl + Shift + ←	选择插入点左边一个单词或词组
Shift + End	选择插入点到行尾的文本
Shift + Home	选择插入点到行首的文本
Ctrl + Shift + ↑	选择插入点到段首的文本
Ctrl + Shift + ↓	选择插入点到段尾的文本
Ctrl + A	选定整个文档

3. **选择格式相似的文本**

如果要将文档中具有相似格式的文本选定，可以在【开始】选项卡【编辑】组中选择【选择】→【选择格式相似的文本】命令即可将文档中所有跟选定文本或插入点的格式相似的文本选定。

说明：在【选择】级联菜单中选择【全选】命令可以选择全部文本；选择【选择对象】命令后指针更改为选择形状以便于在文档中选择和移动对象。

3.4.4 文本的移动、复制和删除

1. **移动和复制文本**

移动文本指将文本移动到新位置，原位置不再保留该文本。复制文本指将文本复制到另外的位置，原位置上仍保留该文本。移动和复制文本常用下面两种方法：

方法 1：使用鼠标。如果是近距离移动或复制文本，可以通过拖动鼠标完成。其操作步骤为：

步骤 1：选定要移动或复制的文本，然后将鼠标移到选择区内，此时鼠标指针变为指向左上方的箭头。

步骤 2：按住鼠标左键，拖动文本到新位置，放开鼠标，则完成文本移动操作。如果按住键盘上的 Ctrl 键再拖动文本，则完成文本的复制操作。

方法 2：使用剪贴板。如果是跨屏幕或跨页移动或复制文本，用鼠标操作不太方便，此时可通过剪贴板来操作。

剪贴板是临时用来存放复制和剪切内容的内存区域。Windows 剪贴板简称剪贴板，只能保留一份数据，每当新的数据传入，旧的便会被覆盖，因而只能进行单个内容的移动和

复制。Word 2007 的剪贴板与 Windows 剪贴板功能相同，但它可以存放最多达 24 个不同的复制或剪切内容。通过 Word 剪贴板，用户可以选择性地粘贴文本或图片。

在复制或移动文本之前，首先要选定需要复制或移动的文本内容，然后执行下面的操作：

（1）如果要移动文本，应单击【开始】选项卡【剪贴板】组中的【剪切】命令，或在选定的文本上右击，然后在打开的快捷菜单中选择【剪切】命令，如图 3.40 所示，或按 Ctrl + X 键，则将选定文本存放到剪贴板中，同时将选定文本从原处删除；如果要复制文本，应单击【剪贴板】组中的【复制】命令，或在选定的文本上右击，然后在打开的快捷菜单中选择【复制】命令，或按 Ctrl + C 键，则将选定文本存放到剪贴板中，同时选定文本留在原处不变。

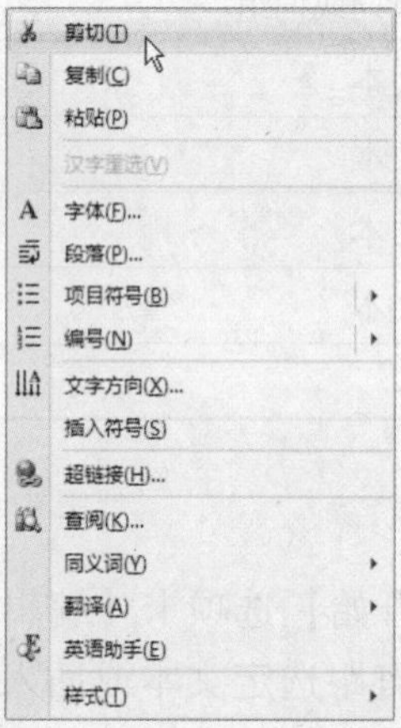

图 3.40　右键快捷菜单

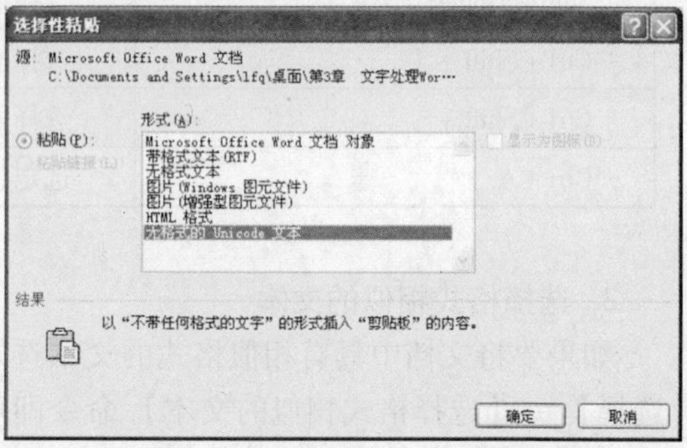

图 3.41　【选择性粘贴】对话框

（2）移动插入点到新位置，单击【剪贴板】组中的【粘贴】命令，或在新位置右击，然后在打开的快捷菜单中选择【粘贴】命令，或按 Ctrl + V 键，则实现文本的移动或复制。

在默认情况下，使用复制和粘贴功能时，会保存文本的原有格式，如字体、字号等。有时候，用户只需要数据，而并不需要格式，此时可以使用选择性粘贴。方法：单击【剪贴板】组中的【粘贴】按钮下方的下拉三角箭头，从弹出的下拉菜单中选择【选择性粘贴】命令，或按 Ctrl + Alt + V 键，都会出现如图 3.41 所示的对话框。用户可在【形式】列表框中选择要粘贴内容的格式。一般建议选择【无格式文本】选项或【无格式的 Unicode 文本】选项以粘贴纯文本格式。

2. 删除文本

删除文本的方法非常简单。对于少量字符，可用 Backspace 键删除插入点前面的字符，用 Delete 键删除插入点后面的字符。如果要删除大量文本，先选定要删除的文本，然后按 Delete 键或 Backspace 键即可。

3.4.5　撤消、重复操作

编辑文档、设置格式或输入文本等操作，Word 会自动记录所执行的操作，在执行了错误的操作后，可以通过【撤消】按钮将错误操作撤消；也可以通过【重复】按钮对之前的操作进行重复。

1. **撤消操作**

当出现错误或想撤消上次操作时，单击【快速访问工具栏】上的【撤消】按钮，或按 Ctrl + Z 键，或按 Alt + Backspace 键，即可撤消最近一步的操作。如果想撤消之前的多步操作，只需重复单击【撤消】按钮或撤消快捷键，或者单击【快速访问工具栏】上【撤消】按钮右边的下拉三角箭头，在打开的最近操作列表中选择要撤消到某一指定操作。

2. **重复操作**

有时撤消操作本身是误操作，此时如果想恢复原来的操作，就需要使用重复操作功能。单击【快速访问工具栏】上的【重复】按钮，或按 Ctrl + Y 键，即可重复最近一步的操作。

3.4.6 查找与替换

使用 Word 的查找与替换功能，不但可以替换文字，而且还可以查找、替换带有格式的文字、分页符、段落标记和其他项目。也可以使用通配符和代码来扩展搜索。

1. **查找文本**

查找文本，可以查找各种字符出现的位置，包括中文和西文字符，也可以是标点符号或常用符号，查找到所要查找的内容，就可以在文档中进行修改，其操作步骤如下：

步骤 1：在【开始】选项卡【编辑】组中单击【查找】按钮，弹出【查找和替换】对话框，如图 3.42 所示。如果是在一部分文档中进行查找，必须先选定这部分内容，然后再打开此对话框。

步骤 2：在【查找内容】文本框中，输入要查找的文本，最多为 255 个字符。如果在查找中有更多的要求，可以单击该对话框中的【更多】按钮，这时的对话框将显示更多选项，如图 3.43 所示，在其中可以设置搜索选项和查找内容的格式。

图 3.42 【查找和替换】对话框

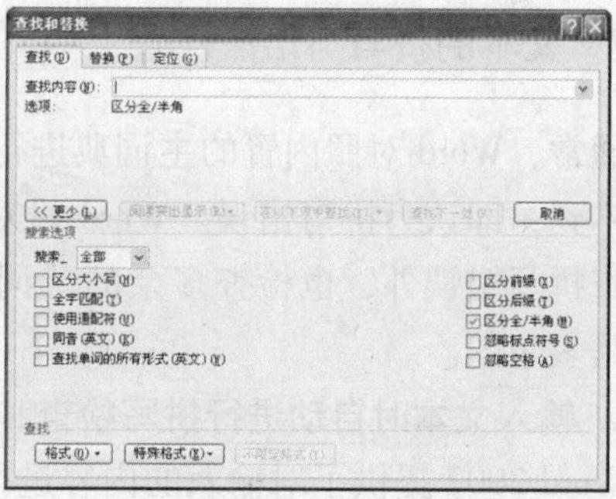

图 3.43 更多要求的【查找和替换】对话框

步骤 3：单击【查找下一处】按钮，即开始在文档中查找指定的内容，并将找到的内容选定。

步骤 4：查找完成，可以单击【关闭】（或者【取消】）按钮或按 Esc 键，即关闭【查找和替换】对话框，返回到原来的文档中。

2. **替换文本**

【查找】命令可以让人们找到某个特定文本的位置，而【替换】命令可以在【查找】

命令的基础上对某些文本进行替换。其操作步骤如下：

步骤1：在【开始】选项卡的【编辑】组中单击【替换】按钮，在图3.42或图3.43所示的【查找和替换】对话框中将显示其中的【替换】选项卡，如图3.44所示。

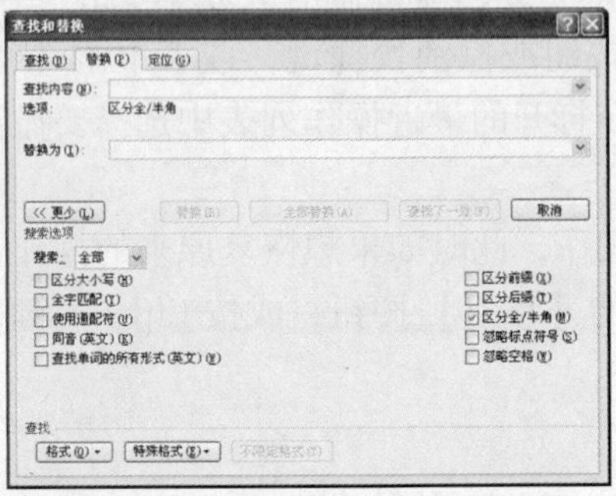

图3.44 【替换】选项卡对话框

步骤2：在【查找内容】文本框中输入要查找的内容，在【替换为】文本框中输入要替换的内容。

步骤3：如果要替换带有格式的文本，则需在图3.44所示对话框中对【查找内容】和【替换内容】分别进行格式设置。

步骤4：如果这时单击【查找下一处】按钮，则它的功能就与【查找】命令相同；如果单击【替换】按钮，则Word将把所找到的内容替换为新的内容；如果单击【全部替换】按钮，Word会查找整个文档或用户所设定的区域，并全部替换。替换完成后，Word会出现提示消息框，告知用户总共替换了多少处。

步骤5：退出消息框后，单击【关闭】或【取消】按钮即可返回文档中。

3.4.7 文本的拼写与语法检查

通常，Word对照内置的主词典进行拼写检查。如果发现当前文档中某个词汇在该词典中找不到，即认为拼写错误。Word只对选择语种的文本进行拼写检查，进行拼写检查时，除检查拼写错误外，也检查多余的单词。例如，在英文中有连续的“the the”，第二个the显示是多余的。

1. 输入文本时自动进行拼写检查和语法检查

Word 2007提供了对输入的内容进行自动拼写检查和自动语法检查的功能。当文档中无意输入了错误的或者不可识别的单词时，Word 2007会在该单词下用红色波浪线进行标记；如果出现了语法错误，则在出现错误的部分用绿色波浪线标记。用鼠标在带有波浪线标记的文本上右击，就会弹出一个类似于如图3.45所示的快捷菜单。

在该快捷菜单中用分隔线将其分为四个部分：

第一部分是修改建议，如图3.45中提醒正确的应该是SmartArt、Smarter、Smartcard、Smartest中的一个，单击某个单词，就会用该单词替换掉原来的单词。

第二部分是对错误单词进行忽略。Word只根据其内置的词典进行检查，因而有些单词它并不认识，就会把它当作错误单词提醒用户。如果用户确认自己的录入是正确的，或者用户就是要输入一个错误的单词，则可以选择【忽略】命令，这个单词下面的波浪线也会取消。如果选择【全部忽略】命令，则会忽略文档中所有该单词的拼写错误。如果选择【添加到词典】命令，会将该单词添加到字典中，Word 以后便不将该单词作为拼写错误。

第三部分有四个命令。单击【自动更正】命令会弹出一个可供更正的单词列表，选中即可将其更正过来。单击【语言】命令可以设置语法和拼写检查时使用的语言。单击【拼写检查】命令，会打开一个对话框，对该错误提出合理的修改建议，如图 3.46 所示，用户可以根据需要进行选择。单击【查阅】命令，会在 Word 窗口右侧打开一个【信息检索】窗口（该窗口中的操作可参考“翻译、同义词库和英文助手”部分）。

图 3.45 校正拼写检查

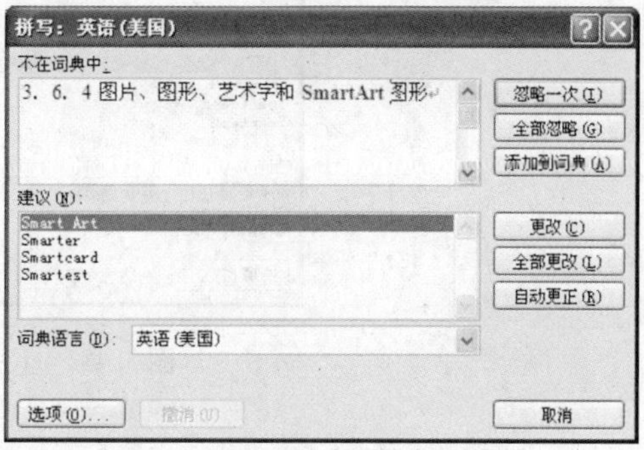

图 3.46 【拼写检查】对话框

2. 设置拼写和语法检查选项

自动拼写和语法检查功能是可以关闭的。单击【Office 按钮】，在弹出的下拉菜单中选择【Word 选项】命令，在【Word 选项】对话框窗口左侧单击【校对】，在窗口右侧即可看到相应的选项，如图 3.47 所示，在其中进行相应的设置即可。

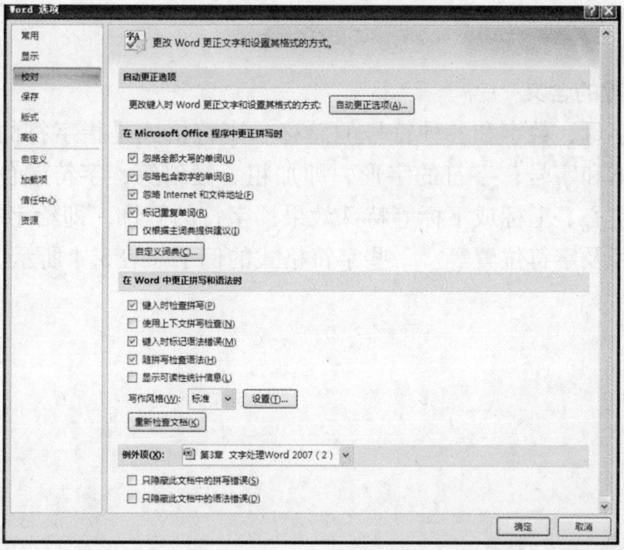

图 3.47 【Word 选项】对话框

3. **对已存在的文档进行拼写和语法检查**

默认情况下，随着文档的录入，会自动把拼写错误和语法错误标记出来。如果对现有的文档进行拼写检查和语法检查，首先打开要检查的文档，然后选择【审阅】选项卡，在【校对】组中单击【拼写和语法】按钮，或者直接按 F7 键，Word 就会启动拼写和语法检查。当遇到拼写或语法错误时，Word 将打开如图 3.48 所示的【拼写和语法】对话框，用户可根据自己的要求进行相应的操作。

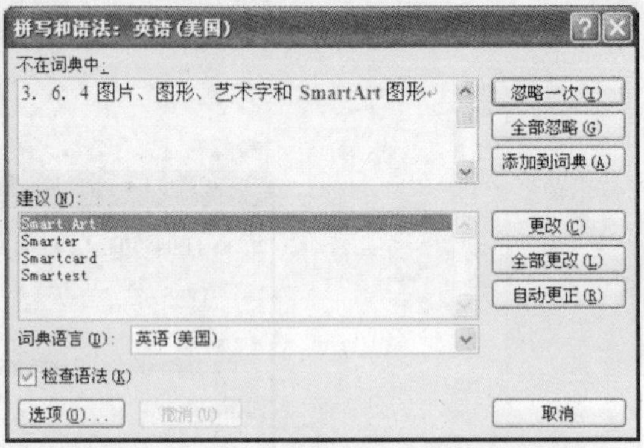

图 3.48 【拼写和语法】对话框

3.5 文档的排版

文档的排版是将 Word 2007 中输入的文档内容进行处理，使制作的文档更加漂亮、美观，其主要内容包括字符格式化、段落格式化和页面格式化。字符格式化是设置字符的外观，段落格式化是设置段落的外观，页面格式化是设置纸张、页边距等格式。本节仅介绍字符和段落格式化，关于页面格式化参阅本章 3.8 节。

3.5.1 设置字符格式

1. **字符格式设置的含义**

字符是汉字、字母、数字和各种符号的总称。字符格式是指字符的外观显示方式，主要包括：字符的字体和字号；字符的字形，即加粗、倾斜等；字符颜色、下划线、着重号等；字符的阴影、空心、上标或下标等特殊效果；字符的修饰，即给字符加边框、加底纹、字符缩放、字符间距及字符位置等。一些字符格式的例子如表 3.4 所示。

表 3.4 字符格式示例

字符格式名称	说明	示例
四号黑体	先设置中文字体，然后再设置英文字体。字号有两种表示方法：一种是中文数字表示，称为“几”号字；另一种是用阿拉伯数字来表示，称为“磅”或“点”。	**四号黑体**
12 磅 Calibri 字体		12 磅 Calibri 字体（汉字仍为宋体）
加粗	可以同时设置加粗和斜体	**加粗**
斜体		*斜体*
红色字符	设置字符的颜色	红色字符（红色）
加波浪线	除了设置下划线样式外，还可设置下划线的颜色	加波浪线
着重号	突出文字重点	着重号
删除线	一条线横穿文字，用于审核文档	~~删除线~~
双删除线	两条线横穿文字，用于审核文档	~~双删除线~~
上标或下标	可以在字符效果中设置，也可以通过提升或降低字符位置达到上标或下标的效果	^{上}标$_{\text{下}}$标
阴影	特殊字符效果	阴影
空心	特殊字符效果	空心
阳文	特殊字符效果	阳文
阴文	特殊字符效果	阴文
隐藏	用于注释，可以不显示、打印	（示例文字隐藏，不显示）
小型大写字母	针对英文字符而言	Pentium 4（正常）、PENTIUM 4（小型大写字母）、PENTIUM 4（全部大写字母）
字符缩放	调整字符的宽高比例	正常字符、缩放 200% 的字符、缩放 50% 的字符
字符间距	字符与字符之间的距离	正常间距、加 宽 3 磅、紧缩 1 磅
字符边框	修饰文字的效果	字符边框
字符底纹		字符底纹

在新建空白文档中输入内容时，默认是五号字，汉字为宋体，英文字符为 Calibri 字体。用户若要改变将输入的字符的格式，只需重新设定字符、字号即可；若要改变文档中已有文本的字符格式，必须先选定文本，再进行字体、字号等的设置。

2. 设置字符格式的方法

方法 1：使用【开始】选项卡中的【字体】组按钮设置字符格式。

图 3.49 所示的【字体】组中的按钮可以对字符进行字体、字号、加粗、倾斜、下划线、删除线、上标、下标、字体颜色、字符边框及字符底纹设置。各按钮的功能说明如下：

字体框：字体就是指字符的形体。Word 2007 提供了宋体、隶书、黑体等中文字体，也提供了 Calibri、Times New Roman 等英文字体。【字体】框中显示的字体名是用户正在使用的字体，如果选定文本包含两种以上字体，该框将呈现空白。单击【字体】下拉列表按钮，会弹出字体列表，从中可以选择需要的字体，如图 3.50 所示，其中主题字体和最近使用的字体会排列在列表的上方。

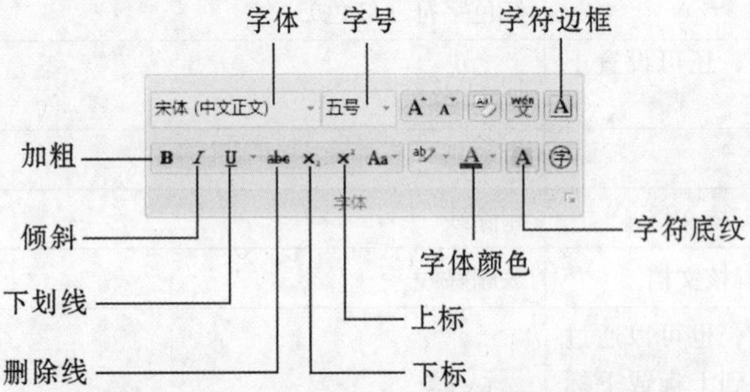

图 3.49 【字体】组用于设置字符格式的按钮

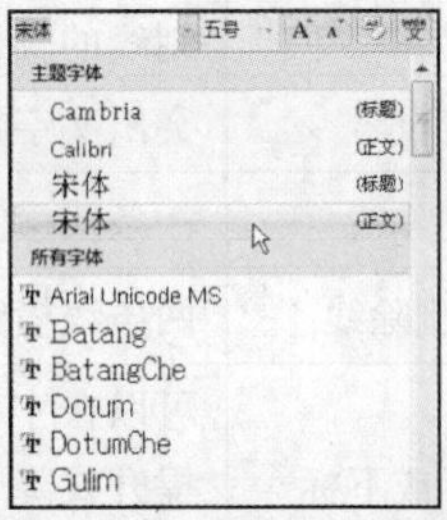

图 3.50 【字体】下拉列表

字号框：用于设置字号。字号是指字符的大小。在 Word 中，字号有两种表示方法：一种是中文数字表示，称为“几”号字，如四号字、五号字，此时数字越小，实际的字符越大；另一种是用阿拉伯数字来表示，称为“磅”或“点”，如 12 点、16 磅等，此时数字越小，字符也就越小。

【B】和【I】按钮：用于设置字形。其中【B】按钮表示加粗，其快捷键为 Ctrl + B；【I】按钮表示倾斜，其快捷键为 Ctrl + I。它们都是开关按钮，单击一次启动设置，再次单击则取消设置。

【U】按钮：用于设置下划线，其快捷键为 Ctrl + U。单击该按钮右边的下拉箭头按钮，可以打开下拉列表选择下划线类型及下划线颜色。

【abc】按钮：用于设置删除线。

【X_2】和【X^2】按钮：分别用于设置下标和上标，其中【X_2】按钮用于设置下标，其快捷键是 Ctrl + =；【X^2】按钮用于设置上标，其快捷键是 Ctrl + Shift + =。除了将选定的字符直接设置为上、下标外，用户还可以用提升字符位置的方法自定义上、下标。

【】按钮：用于设置字体颜色。单击该按钮，可将选定字符颜色设置为该按钮下面的颜色；如果设置为其他颜色，可单击该按钮右侧的下拉箭头按钮，打开如图 3.51 所示的颜色列表，从中选择合适的颜色。如果颜色列表没有所需的颜色，可以单击【其他颜色】按钮，打开图 3.52 所示的【颜色】对话框，从中可以选择更多的颜色，或者在该对话框的【自定义】选项卡中自定义颜色，如图 3.53 所示。

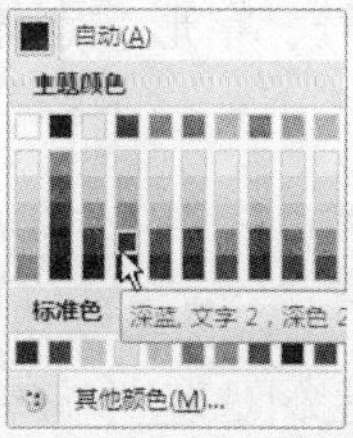

图 3.51 选择字符颜色

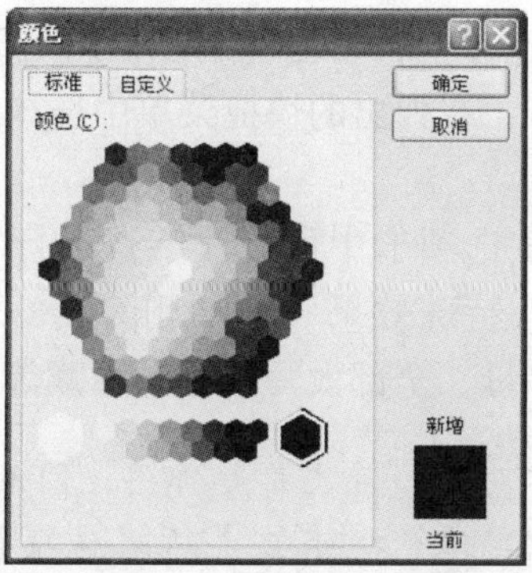

图 3.52 【颜色】对话框

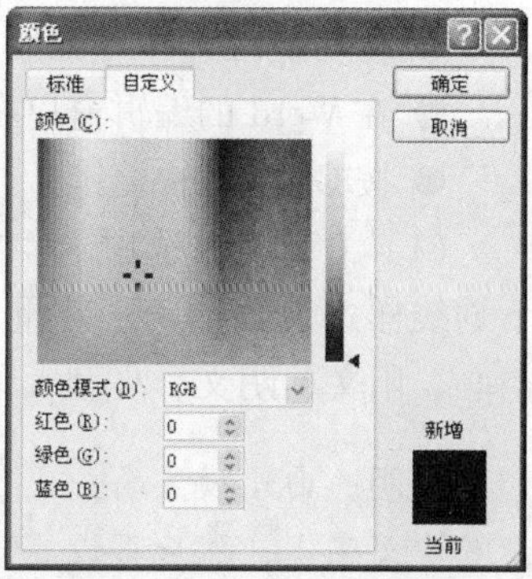

图 3.53 自定义颜色

【A】按钮：用于设置字符边框。

【A】按钮：用于设置字符底纹。

说明：【字体】组中的【ab】按钮用于设置突出显示字符。突出显示并不改变字符的颜色，而只是改变选定字符的背景颜色，使文字看上去像用荧光笔作了标记一样，以区别普通文本。【A˄】按钮用于增大字号，其快捷键是 Ctrl + Shift + >；【A˅】按钮用于减小字号，其快捷键是 Ctrl + Shift + <。

方法 2：通过浮动工具栏设置字符格式。

在 Word 2007 中，用鼠标选中文本后，会弹出一个半透明的浮动工具栏，把鼠标移动到它上面，就可以显示出完整的屏幕提示，如图 3.54 所示。通过浮动工具栏可以对字符进行字体、字号、加粗、倾斜、字体颜色、突出显示等设置。（该工具栏按钮功能参见【字体】组按钮功能说明。）

方法 3：通过【字体】对话框设置字体格式。

在如图 3.55 所示的【字体】对话框中可以进行更细致、更复杂的字符格式设置。在 Word 2007 中，打开该对话框的方法有三种：

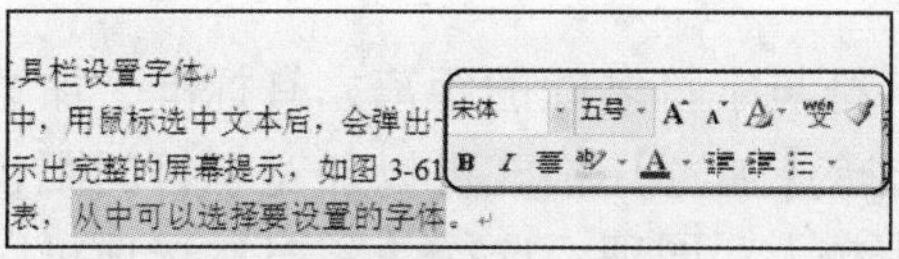

图 3.54 浮动工具栏

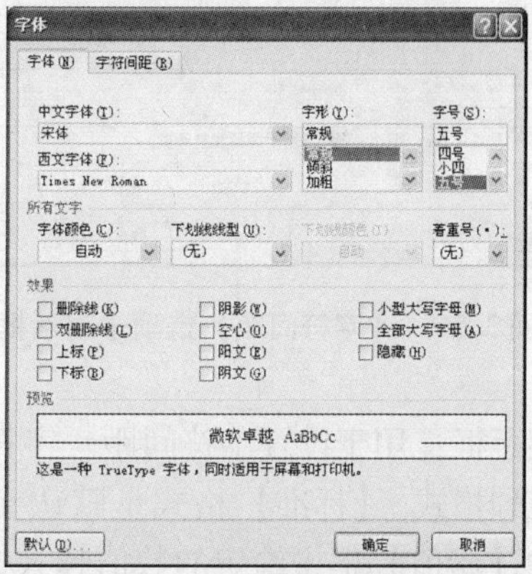

图 3.55 【字体】对话框【字体】选项卡

● 在功能区选择【开始】选项卡，单击【字体】组右下角的对话框启动器按钮。
● 在 Word 的编辑窗口右击，在弹出的快捷菜单中选择【字体】命令。
● 按 Ctrl + D 快捷键。

（1）【字体】选项卡。在该选项卡中可以对字符进行字体、字号、字形、字体颜色、下划线样式及其颜色、着重号、特殊效果（包括删除线、双删除线、上标、下标、阴影、空心、阳文、阴文、小型大写字母、全部大写字母、隐藏等）的设置。

说明：由于设置的中文字体对中、英文都起作用，因此独立设置中、英文字体时要先设置中文字体，然后再设置英文字体。也可在【Word 选项】对话框左侧选择【高级】，然后在右侧【编辑选项】下方取消【中文字体也应用于西文】复选框选中，使得中文字体只对中文字符起作用。

（2）【字符间距】选项卡。在该选项卡中可以设置字符缩放比例、字符之间的距离和字符的位置等，如图 3.56 所示。其中【缩放】框用于设置字符的“胖瘦”。大于 100% 的比例会使字符变“胖”，小于 100% 的比例会使字符变“瘦”。

说明：另外一种设置方法是，在【开始】选项卡【段落】组中单击【中文版式】按钮，弹出如图 3.57 所示的下拉菜单，把鼠标指向【字符缩放】后即可在其级联菜单中设置字符缩放的比例。

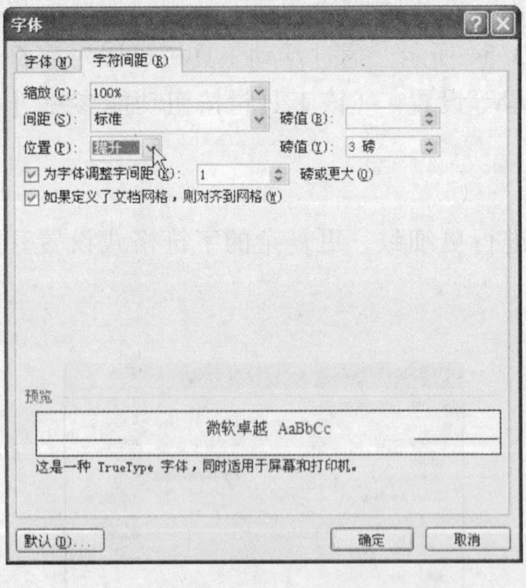

图 3.56 【字符间距】选项卡对话框

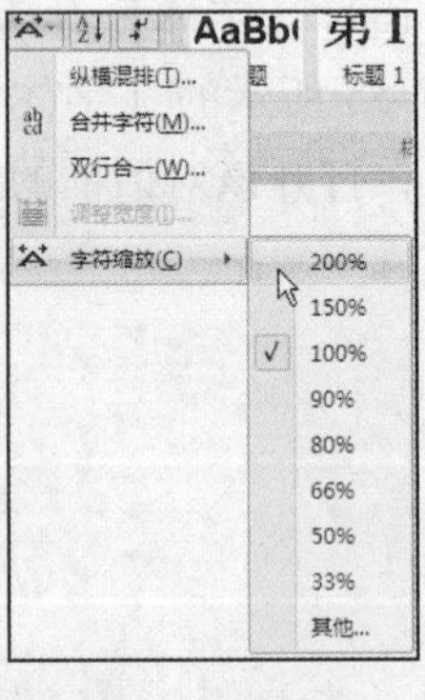

图 3.57 设置字符缩放

间距框：用于设置字符间距。字符间距是指字符与字符之间的距离，有标准、加宽和紧缩三种格式。【标准】格式是默认字符间距；选择【加宽】格式可以加宽字符间距，在其后的【磅值】框中给定的数值越大，则字符间距越大；同理，选择【紧缩】选项可以缩小字符间距，给定的磅值越大，则字符间距越小。

位置框：用于设置字符的垂直位置，有标准、提升和降低三种格式。【标准】格式是默认字符位置；若要制作出“X^2”的上标效果，可以对字符“2”选择【提升】格式，并在【磅值】框中给定提升高度；同理，通过【降低】格式可制作出“H_2O”的下标效果。

3. 复制字符格式

使用格式刷功能可以把选定文本的字符格式复制给其他文本，从而快速对字符格式化。其具体操作方法是：选定要取其格式的文本或将插入点置于该文本的任意位置，在【开始】选项卡【剪贴板】组中单击【格式刷】按钮，此时指针呈刷子形状，用鼠标选取要应用格式的文本即可快速应用已设置好的格式；双击【格式刷】按钮则可以一直应用格式刷功能，直到按 Esc 键或再次单击【格式刷】按钮取消。

说明：使用格式刷功能同样可以复制段落格式，其操作类似于复制字符格式。

4. 清除字符格式

在【开始】选项卡【字体】组中单击【清除格式】按钮可以将选定文本的所有格式清除，只留下纯文本内容。

3.5.2　设置段落格式

1. 段落及段落格式设置的含义

在 Word 2007 中，段落由段落标记“↵”标志。键入和编辑文本时，每按一次 Enter 键就插入一个段落标记。段落标记中保存着当前段落的全部格式化信息，如段落对齐、缩进、行距、段落间距等。

删除一个段落标记后，该段落的内容即成为其后段落的组成部分，并按其后段落的方式进行格式化。被删除的段落标记可用【撤消】命令恢复，从而也恢复了相应的段落格式。

将段落标记显示在屏幕上，有助于防止误删段落标记而导致段落格式化信息的丢失。

段落的格式设置主要包括段落的缩进、行间距、段间距、对齐方式以及对段落的修饰等。要设置一个段落的格式，先选择该段落，或将插入点置丁该段落中任何位置。如果需设置多个段落的格式，则必须先选择这些段落。

2. 设置段落缩进

段落缩进是指将段落中的首行或其他行向两端缩进一段距离，使文档看上去更加清晰美观。在 Word 中，可以设置左缩进、右缩进、首行缩进和悬挂缩进。

左缩进：段落的所有行左侧均向右缩进一定的距离。

右缩进：段落的所有行右侧均向左缩进一定的距离。

首行缩进：段落的第一行向右缩进一定的距离。中文文档一般都采用首行缩进两个汉字。

悬挂缩进：除段落的第一行外，其余行均向右缩进一定的距离。这种缩进格式一般用于参考条目、词汇表项目等。

段落各种缩进的例子如图 3.58 所示。

（1）更改度量单位。

度量单位是段落排版的设置单位。Word 提供了许多度量单位，如厘米、毫米、英寸、磅、字符等。Word 默认设置的度量单位是厘米，用户也可根据需要选择其他的度量单位。标尺上的刻度和对话框中的排版度量单位随用户选择的度量单位而改变。

改变度量单位的操作方法如下：单击【Office 按钮】，在弹出的下拉菜单中选择【Word 选项】命令，打开【Word 选项】对话框。在对话框左侧选择【高级】选项，在对话框右侧【显示】栏下面的【度量单位】项进行设置。如果要以字符为度量单位，则选中【以字符宽度为度量单位】复选框。

（2）设置段落缩进。

方法 1：通过【段落】对话框设置。

单击【开始】选项卡【段落】组中右下角的对话框启动器按钮，或者在段落任意位置上右击，从弹出的快捷菜单中选择【段落】命令，打开【段落】对话框。在【段落】对话框中的【缩进和间距】选项卡中的【缩进】区单击【左侧】或【右侧】的微调按钮或直接输入调整数量及单位，设置左右缩进的大小；单击【特殊格式】下拉列表设置【首行缩进】或【悬挂缩进】，并在后面设置缩进量，如图 3.59 所示。

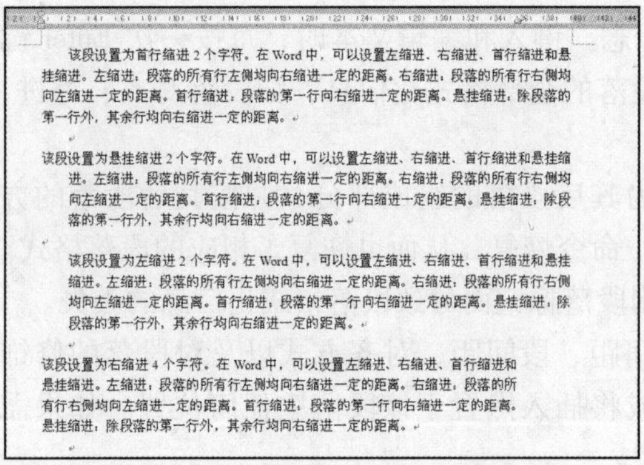

图 3.58　各种缩进方式的效果

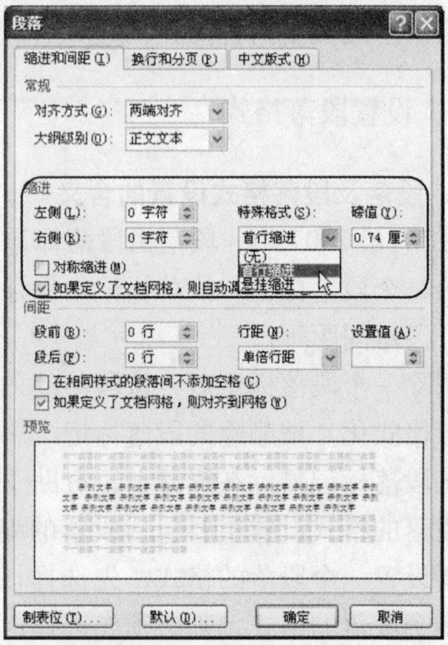

图 3.59　【段落】对话框

方法 2：用标尺设置缩进。

把鼠标指向页面与功能区的中间，稍过一会儿会显示页面上方的标尺，如图 3.60 所示。也可以单击垂直滚动条上方的【标尺】按钮，或者选择功能区的【视图】选项卡，选中【显示/隐藏】组中的【标尺】复选框显示标尺。然后通过拖动标尺上面各缩进标记来设置段落缩进格式及缩进量。

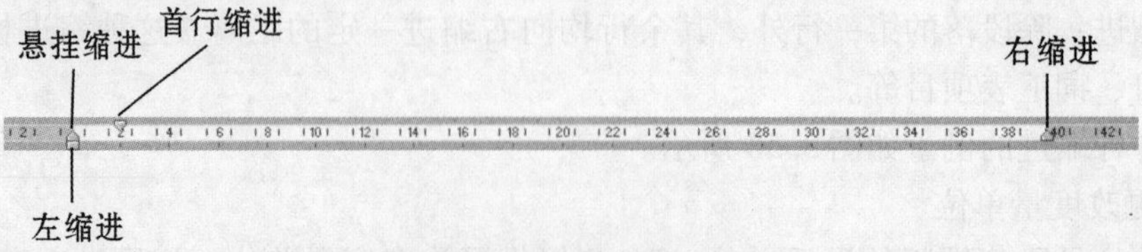

图 3.60　标尺及其上面的缩进标记

当首行缩进标记位于左缩进标记的右边时，段落缩进格式为首行缩进；当首行缩进标记在左缩进标记的左侧时，段落缩进格式为悬挂缩进。

方法3：特殊缩进设置。

在每段的最前面按空格键或 Tab 键，把首行缩进标记向右移，也可以达到设置首行缩进的目的。

如果只是增加或减少左缩进的缩进量，既可以在【段落】对话框中进行设置，也可以通过单击【开始】选项卡【段落】组中的【减少缩进量】按钮减少缩进量，或单击【增加缩进量】按钮增加缩进量。

如果只调整段落的左、右缩进，可以单击【页面布局】选项卡，然后在【段落】组中通过【缩进】按钮微调缩进量，如图 3.61 所示。

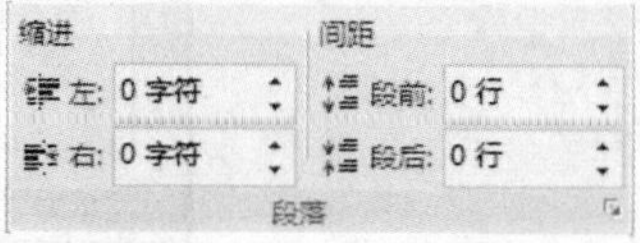

图 3.61 【页面布局】选项卡中的【段落】组

3. 设置行间距和段间距

（1）行间距。行间距是指一个段落内行与行之间的距离。默认情况下，Word 自动设置段落内的行间距为 1 个行高的距离（即单倍行距）。当行中出现有图形或字体发生变化时，Word 即自动调节行高。

人工调节段落内的行间距的方法有两种：

方法1：在【开始】选项卡【段落】组中单击【行距】按钮，会打开一个如图3.62 所示下拉菜单，从中可以快速设置段落的行距。菜单中的数字表示行距的倍数，如【1.0】表示单倍行距，【1.5】表示 1.5 倍行距。

方法2：选定段落后，打开【段落】对话框，在【缩进和间距】选项卡中取消【如果定义了文档网格，则对齐到网格】选项，然后单击【行距】下拉列表，从中选择适当的值，如图3.63 所示。其中，行间距有以下四种类型：

● 单倍行距、1.5 倍行距、2 倍行距。行间距为该行最大字体高度的 1 倍、1.5 倍或 2 倍，另外加上一点额外的间距。额外间距值取决于所用的字体。单倍行距比按 Enter 键换行生成的空间稍窄。

● 最小值。在对应的【设置值】框中设置最小行间距值。当出现在该行中的文字或图形超出该距离后，Word 自动扩充其值。

● 固定值。以【设置值】框中指定的值为固定行间距，Word 不进行调节。这种情况下，选定段落中所有行的间距相等。

● 多倍行距。以【设置值】框中设定的值（以行为单位，可为小数）为行间距。

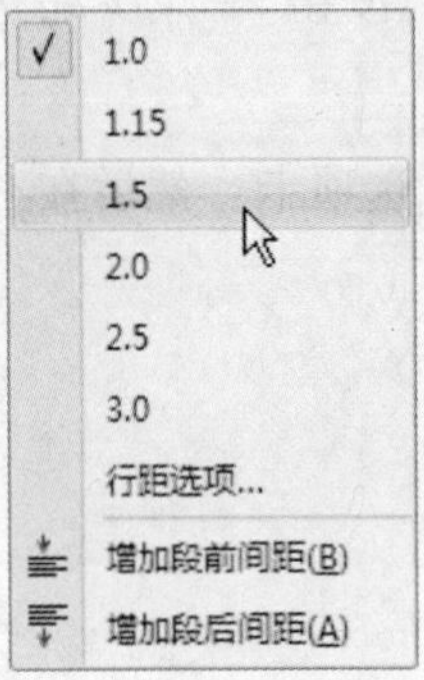

图 3.62　【行距】下拉菜单

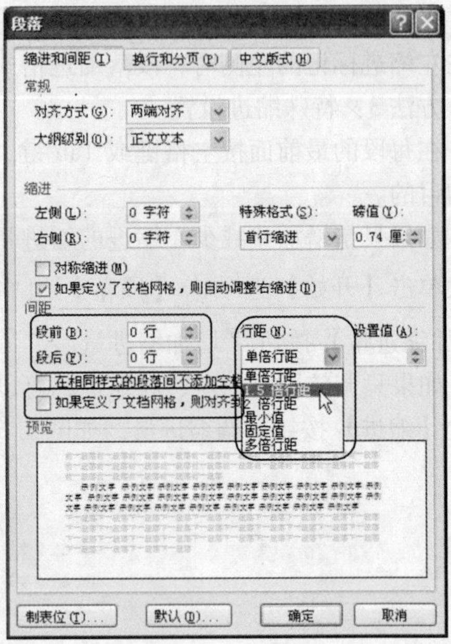

图 3.63　设置行距

（2）段间距。段间距是指相邻两个段落之间的距离。段间距包括段前间距和段后间距两部分。段前间距是指本段与上一段之间的距离，段后间距是指本段与下一段之间的距离。两个段落之间的实际距离等于前一段落的段后间距加上后一段落的段前间距。

设置段间距有两种方法：

方法 1：打开【段落】对话框，在【缩进和间距】选项卡【间距】区中通过【段前】微调按钮可以调整段前间距，通过【段后】微调按钮可以调整段后间距。

方法 2：在功能区选择【页面布局】选项卡，在该选项卡的【段落】组中通过【段前】或【段后】微调按钮来调整段落间距，如图 3.61 所示。

4. 设置对齐方式

对齐方式在 Word 排版过程中起到了非常重要的作用。通过设置对齐方式，可以使文档看上去更加整齐。在 Word 中，文本对齐的方式有五种：左对齐、居中对齐、右对齐、两端对齐和分散对齐。在【开始】选项卡【段落】组分别用五个按钮来标明它们的功能，如图 3.64 所示。

左对齐：段落所有行均向左对齐，右边可以不对齐。

居中对齐：使所选段落的文本居中排列。一般用于设置文档标题等。

右对齐：将所选文本右边对齐，左边可以不对齐，一般用于设置文档落款等。

两端对齐：将所选段落（除末行外）的每行沿左、右两边对齐，Word 会自动调整字符间的距离。

分散对齐：通过调整字符间距使所选段落各行等宽（包括最后一行）。

另外一种设置对齐方式的方法是：打开【段落】对话框，然后从该对话框中的【缩进和间距】选项卡【常规】区中【对齐方式】下拉列表中选择来完成，如图 3.65 所示。

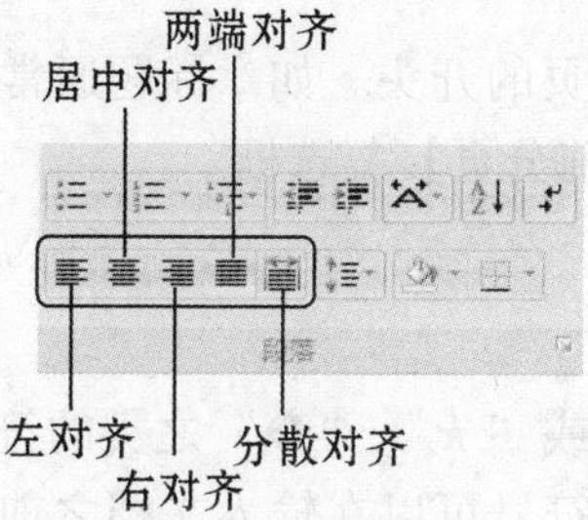

图 3.64 对齐按钮

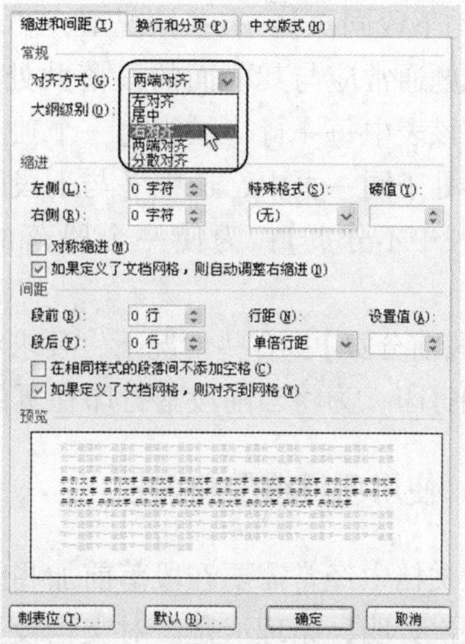

图 3.65 设置对齐方式

5. 控制段落分页

在默认情况下，Word 2007 会根据页面的大小自动控制段落的分页，但有时会出现在正式排版中不被允许的分页错误，如某段的最后一行出现在下一页的页首或段落标题与下一段正文被分割为两页等。用户可以通过手工添加空行，也可以在【段落】对话框【换行和分页】选项卡中的【分页】区选择相应选项以控制段落的正常分页，如图 3.66 所示。

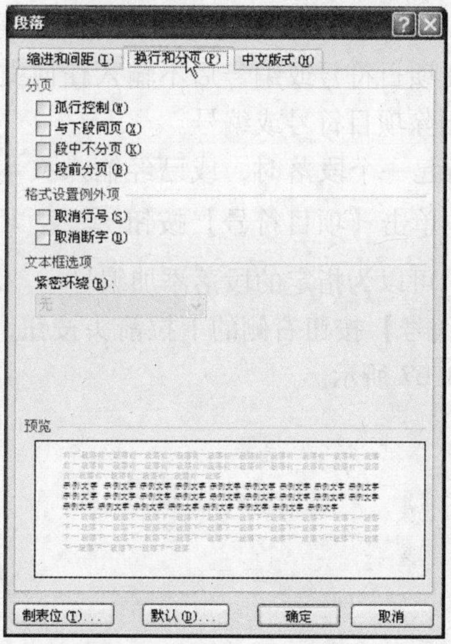

图 3.66 【段落】对话框【换行和分页】选项卡

【孤行控制】：如果某段落的第一行留在了上一页，或其最后一行进入了下一页，这样的行即所谓的孤行。为防止出现孤行，选中【孤行控制】复选框，此后，在可能发生孤行的情况下，Word 自动调整分页，将整个段落推至下一页。

【与下段同页】：有些情况下，要求当前段落与下一段落共处于同一页中。如文章每小节的标题通常应与其下面的段落共处于一页之中，为了使一个表完整地出现在一页之中，也需使该表中每一行（被视为一个独立的段落）共处于同一页之中。为使当前段落与下一段落共处于同一页中，选中【与下段同页】复选框。

【段中不分页】：为使一个段落的所有行共处于同一页中，选中【段中不分页】复选框。

【段前分页】：有些情况下，要求将当前段落打印在页的开头。如章标题通常应在新页的顶端打印。为将当前段落打印在页的开头，选中【段前分页】复选框。

3.5.3 使用项目符号和编号

在文档中经常需要在段落前加些诸如“1.”、“2.”或“★”、“●”之类的符号以使文档的层次分明，条理清楚。对文档设置自动编号和项目符号可以在输入文档之前进行，也可以在输入文档完成后进行。并且在设定完成后，还可以任意对自动编号和项目符号进行修改。

1. 添加项目符号或编号

添加项目符号或编号可以采取以下两种方法：

方法1：自动添加。在新起一个段落后并且在输入文本前，先输入“*”+空格键或Tab键，然后输入文字，Word自动将“*”变成黑色圆点“●”作为段落的项目符号。同理，要想在输入文本时自动添加项目编号，应在输入文本前，首先输入“1.”、“A.”、“（一）”等表示序号的数字符号，再按空格键或Tab键，然后输入文字，Word自动为段落添加编号。输入文字按下Enter键后，下一段继续保持项目符号或编号。如果最后不再需要使用项目符号或编号，可以在项目符号或编号后不输入任何文字而是按下Enter键或Backspace键或Ctrl+Z键，可以删除项目符号或编号。

方法2：手动添加。在新起一个段落时，或已经输入文本，则选中这些段落，然后在【开始】选项卡【段落】组中单击【项目符号】按钮，可以为指定的段落添加项目符号；单击【编号】按钮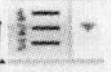，可以为指定的段落添加编号。

单击【项目符号】或【编号】按钮右侧的下拉箭头按钮，可以打开更多的项目符号或编号让用户进行选择，如图3.67所示。

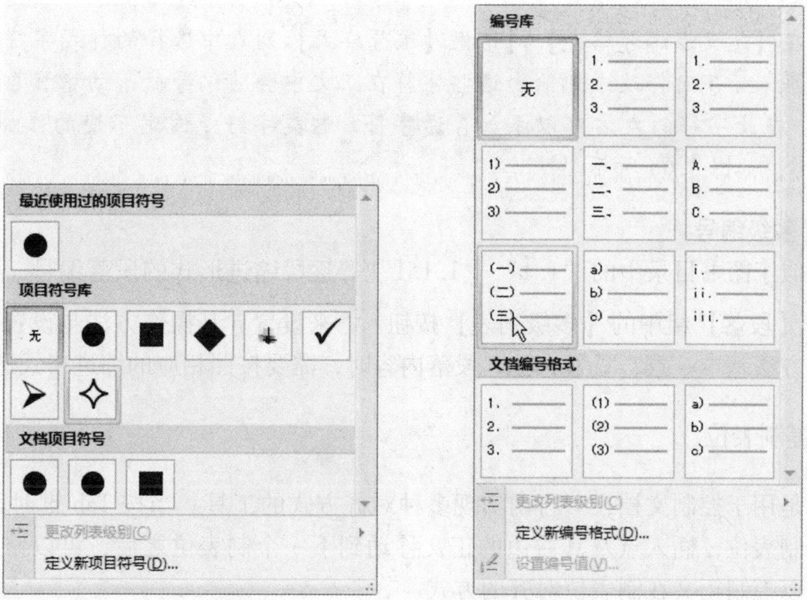

图 3. 67　更多项目符号或编号选择

2. 自定义项目符号或编号

系统提供的项目符号和编号只能满足一些基本的应用场合。用户也可以根据自己的需求来定义所需要的项目符号和编号设置。

在图 3. 67 所示的下拉列表中选择【定义新项目符号】命令，打开【定义新项目符号】对话框；选择【定义新编号格式】命令，打开【定义新编号格式】对话框，如图 3. 68 所示，在其中可以自定义项目符号和编号。

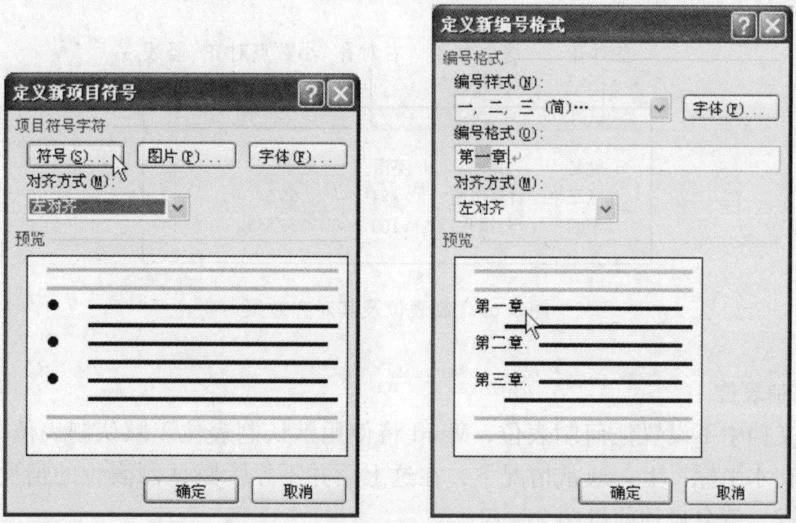

图 3. 68　自定义项目符号和编号

说明：在【定义新编号格式】对话框【编号样式】列表中选择的样式字符会在【编号格式】呈灰底表示不可修改或删除，这些字符在正文中会随编号段落的增加自动增加，如字符“一”；在此字符的左右可以添加普通字符，这类字符是固定不变的，如字符“第”和字符“章”，如图3.68所示。

3. 设置多级编号

对于类似于图书目录中的“1.1”、“1.1.1”等逐段缩进形式的段落编号，可单击【开始】选项卡【段落】组中的【多级列表】按钮来设置。其操作方法与设置单级项目符号和编号的方法基本一致，只是在输入段落内容时，需要按照相应的缩进格式进行输入。

3.5.4 设置制表位

制表位是用于控制文档在一行内实现多种对齐方式的工具。当按 Tab 键时，Word 在文档插入一个制表位，插入点及其右边的正文移动到下一个制表位之后，可以修改制表位的位置，还可以控制正文在制表位对齐的方式。

1. 制表位的类型

制表位有五种类型，每种对齐正文的方式不同，图3.69说明了五种制表位对齐的效果。

(1) 左对齐：正文的左边在制表位对齐，Word 的缺省制表位是左对齐的。

(2) 右对齐：正文的右边在制表位对齐。

(3) 居中对齐：正文在制表位居中对齐。

(4) 小数点对齐：小数点在制表位对齐，一般用于对齐数字栏。

(5) 竖线：竖线制表位不执行制表位位置功能，它用于在文本的相应位置生成一条垂直实线。

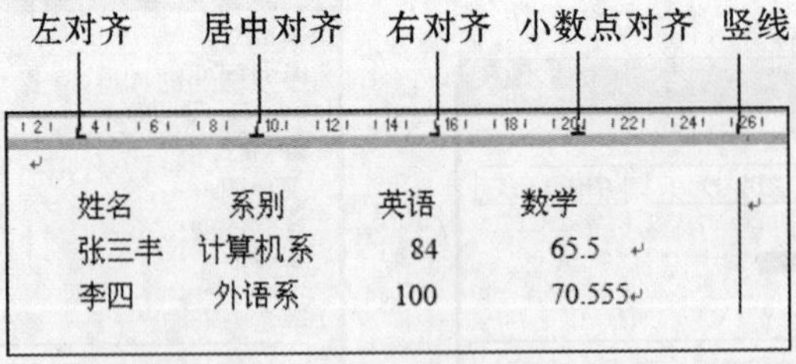

图3.69 制表位及其对齐效果

2. 添加制表位

如果在文档中不设置任何制表位，Word 将使用默认制表位。默认制表位为两个字符。制表位显示在水平标尺上，通常情况下，在这上面并不显示默认制表位的情况，用户只要按一下 Tab 键，就会自动前进两个字符。

如果默认制表位不合需要，可以定制制表位。操作步骤是：

步骤1：打开水平标尺。

步骤2：用鼠标单击标尺左端的制表符，直到显示想要的制表位类型符号。

步骤3：将鼠标指针放在标尺上制表位位置后单击，就会添加一个制表位，如图3.69所示。对于位置不合适的制表位，用户可以用鼠标左右拖动制表位符号进行调整。对于多余的制表位，用户可以将其拖离标尺即可。

3 设置制表位的前导符

前导符是指在制表位上的文字与前一个制表位之间的空白位置上添加的符号。设置制表位的前导符操作步骤如下：

步骤1：双击水平标尺上的制表位符号，或者在【段落】对话框中的【缩进与间距】选项卡中单击【制表位】按钮，均可打开【制表位】对话框，如图3.70所示。

步骤2：在【制表位位置】列表中选中需要设置前导符的制表位。

步骤3：在【前导符】区中设置适当的前导符。如果需要，可在【对齐方式】区更改制表位类型。

步骤4：单击【设置】按钮。

步骤5：将需要前导符的制表位都设置了前导符后，单击【确定】按钮退出【制表位】对话框。

不同前导符的效果如图3.71所示。

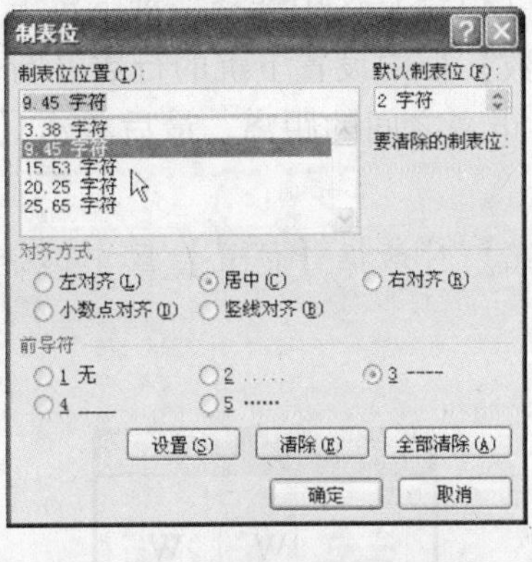

图3.70 【制表位】对话框

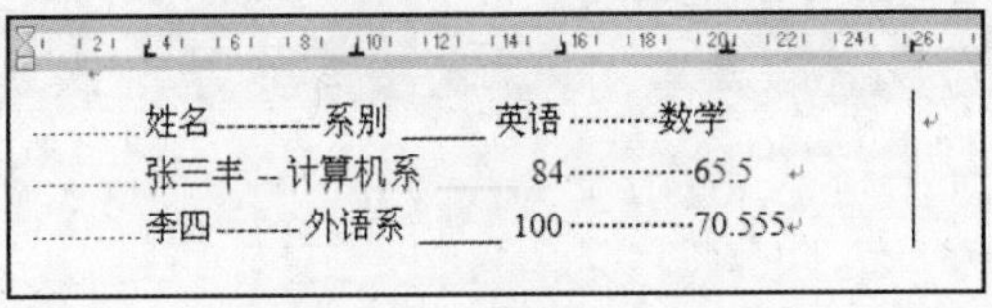

图3.71 不同前导符效果

说明：在【制表位】对话框【制表位位置】框输入位置后单击【设置】按钮，可以在该位置添加制表位；在【制表位】列表中选择一个选项后单击【清除】按钮，可以删除该制表位；单击【全部清除】按钮，可以删除全部制表位。

3.5.5 首字下沉

首字下沉是指段落的第一个字母或第一个汉字变为大号字，这样可以突出段落，吸引读者的注意。在报纸和书刊上经常看到采用这种格式，其效果如图3.72所示。

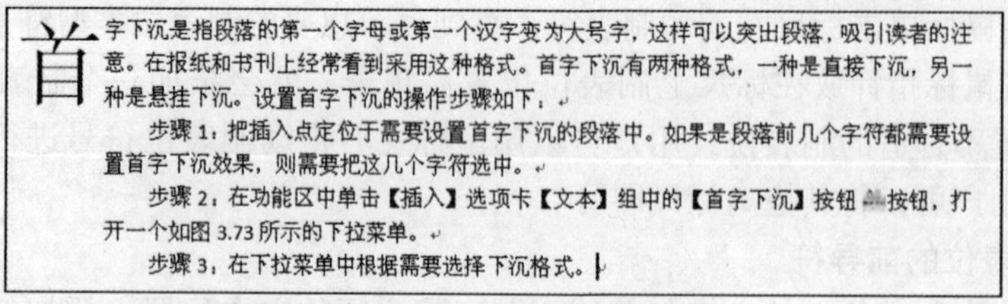
首字下沉是指段落的第一个字母或第一个汉字变为大号字，这样可以突出段落，吸引读者的注意。在报纸和书刊上经常看到采用这种格式。首字下沉有两种格式，一种是直接下沉，另一种是悬挂下沉。设置首字下沉的操作步骤如下：↵

步骤 1：把插入点定位于需要设置首字下沉的段落中。如果是段落前几个字符都需要设置首字下沉效果，则需要把这几个字符选中。↵

步骤 2：在功能区中单击【插入】选项卡【文本】组中的【首字下沉】按钮按钮，打开一个如图 3.73 所示的下拉菜单。↵

步骤 3：在下拉菜单中根据需要选择下沉格式。

图 3.72 首字下沉效果

设置首字下沉的操作步骤如下：

步骤 1：把插入点定位于需要设置首字下沉的段落中。如果段落前几个字符都需要设置首字下沉效果，则需要把这几个字符选中。

步骤 2：在功能区中单击【插入】选项卡【文本】组中的【首字下沉】按钮，打开一个如图 3.73 所示的下拉菜单。

步骤 3：在下拉菜单中根据需要选择下沉格式。首字下沉有两种格式：一种是直接下沉，另一种是悬挂下沉，效果如图 3.72 所示。

按上述步骤设置的首字下沉，使用的是 Word 的默认方式，即下沉三行，字体与正文一致。如果要设置更多的样式，可以在【首字下沉】下拉菜单中选择【首字下沉选项】命令，打开如图 3.74 所示的【首字下沉】对话框，在【位置】区中选择一种下沉方式，在【字体】下拉列表设置下沉首字的字体，在【下沉行数】框中设置下沉的行数（行数越大则字号越大），在【距正文】框中设置下沉的文字与正文之间的距离，最后单击【确定】按钮即可。

说明： 如果要取消首字下沉，可以在【首字下沉】对话框【位置】区中选择【无】即可。

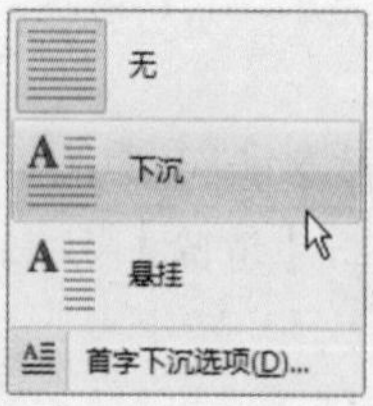

图 3.73 使用首字下沉

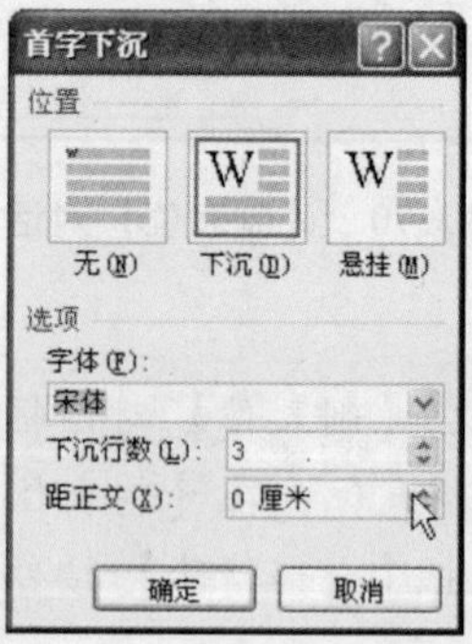

图 3.74 【首字下沉】对话框

3.5.6 边框和底纹

可以为字符、段落、表格等内容添加边框和底纹（即背景），以使内容更醒目、突出。

1. 添加边框

方法 1：选定要添加边框的内容后，单击【段落】组的【框线】按钮右侧的下拉箭头按钮，打开如图 3.75 所示下拉菜单，从中选择【外侧框线】或【所有框线】命令，即可使选定的内容带上边框。

方法 2：在图 3.75 所示的下拉菜单中选择【边框和底纹】命令，打开【边框和底纹】对话框后选择【边框】选项卡，如图 3.76 所示，可以在其中设置更加美观的边框。首先在【设置】区中选择一种边框样式，如方框、阴影、三维等；然后在【样式】下拉列表中选择一种线条样式；在【颜色】面板中选择边框的颜色；在【宽度】下拉列表中选择框线的宽度；在【应用于】列表中选择应用对象，其中【文字】选项表示边框仅应用于选定字符，【段落】选项表示将选定文字所在段落作为整体加上边框；最后单击【确定】按钮加以确认。

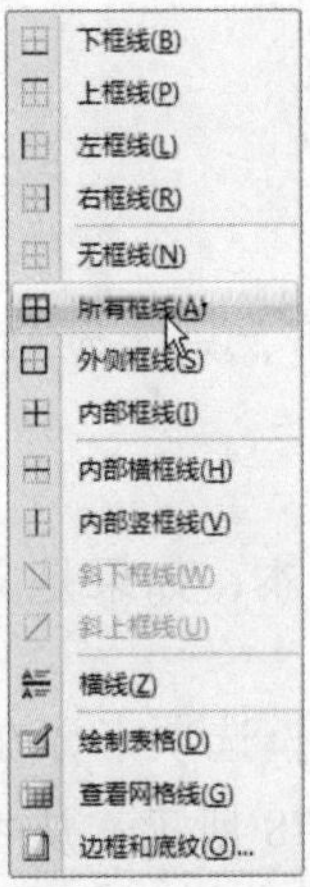

图 3.75　设置边框

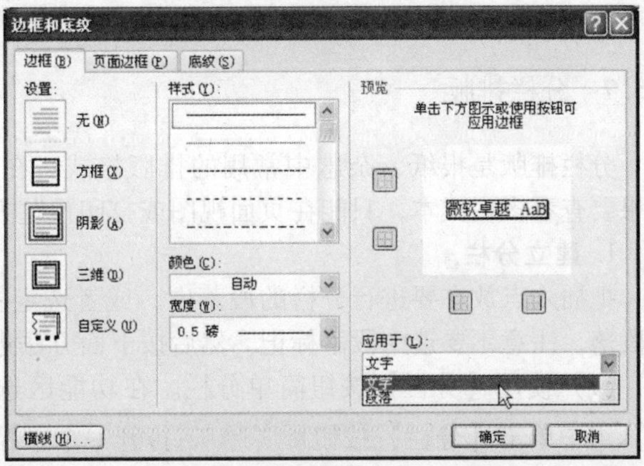

图 3.76　【边框和底纹】对话框

说明：设置字符边框还有另外一种方法，即选定字符后，在【开始】选项卡中单击【字体】组的【字符边框】按钮。

2. 添加底纹

给选定内容添加底纹的方法：在图 3.76 所示的【边框和底纹】对话框选择【底纹】选项卡后，在【填充】下拉列表中选择一种底纹颜色，在【样式】下拉列表中选择一种附加在底纹上的图案样式，在【颜色】下拉列表中选择一种附加在底纹上的图案颜色，在【应用于】框中选择应用对象；进行这些操作时，窗口右侧会显示预览效果，如图 3.77 所示。设置完毕后单击【确定】按钮加以确认。

说明：【开始】选项卡【字体】组中的【字符底纹】按钮可为选定字符添加默认的灰色底纹；单击【段落】组中的【底纹】按钮右边的下拉箭头按钮可为选定的字符或表中单元格添加其他颜色底纹。

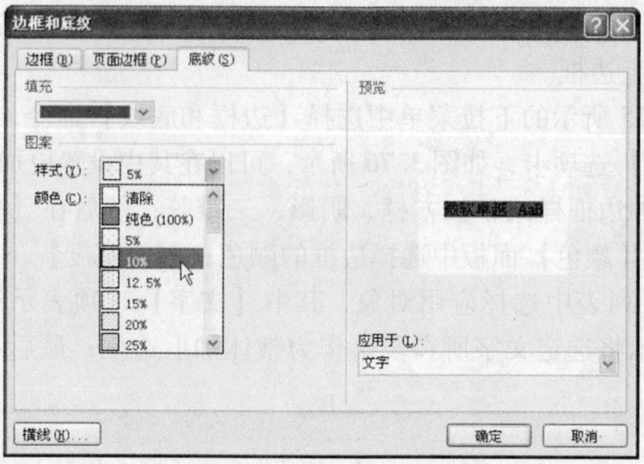

图 3.77 **通过【边框和底纹】对话框设置字符底纹**

3.5.7 分栏排版

分栏排版是报纸、杂志中常用的排版格式。在普通视图方式下，只能显示单栏文本；如果要查看多栏文本，只能在页面视图或打印预览方式下。

1. **建立分栏**

把插入点放在要进行分栏的段落中，或者选定要进行分栏的文本，如果是文档最后一个段落，注意不要选中段落标记。然后按下面方法进行分栏操作：

(1) 使用【分栏】按钮简单分栏。在功能区选择【页面布局】选项卡，在【页面设置】组中单击【分栏】按钮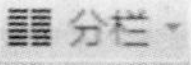，打开一个下拉菜单，如图 3.78 所示，从中选择相应的栏数即可。其中，【一栏】表示不对文档进行分栏，或取消原来的分栏；【两栏】表示以页面中线为基准，分为左右两栏；【三栏】表示在页面中平均分为左、中、右三栏；【偏左】表示分成两栏，右面的分栏比左面的分栏要宽一些；【偏右】表示分成两栏，左面的分栏比右面的分栏要宽一些。

(2) 使用【分栏】对话框精确分栏。在如图 3.78 所示的下拉菜单中选择【更多分栏】命令，打开如图 3.79 所示的【分栏】对话框。在【预设】区域中选择需要的分栏格式，也可以在【列数】框选择或输入所需的栏数。如果要使各分栏不等宽，取消【栏宽相等】复选框的选中状态，即可在【宽度】和【间距】框设置各栏的宽度和间距。如果要在栏与栏之间加上分隔线，选定【分隔线】复选框。在【应用于】列表中选择分栏格式的范围。

图 3.78 **简单分栏**

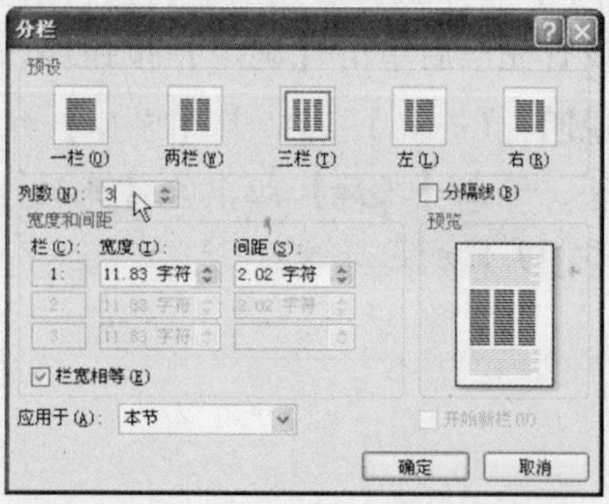

图 3.79 **【分栏】对话框**

2. 将文档分节

“节”指的是文档中具有相同格式的若干段。通过分节，可以把文档变成几个部分，然后针对每个不同的节设置不同的格式，如页面设置、页码的格式和位置、页眉和页脚等。节是文档格式化的最大单位。

新文档建立之初并未分节，节是在文档格式化过程中逐渐产生的。节用分节符标示。分节符就是在节的结尾处插入一个标记，表示文档的前面与后面是不同的节。Word 将节的所有格式化信息都储存于分节符中。当对文字进行分栏排版后，Word 自动在分栏文字前后插入分节符（分栏符）。

在普通视图中，分节符是两条横向平行的圆点虚线。插入不同类型的分节符时，虚线上分别标有【分节符（连续)】、【分节符（下一页)】、【分节符（偶数页)】、【分节符(奇数页)】等字样。

(1) 插入分节符。插入分节符即实现了分节。改变节格式（例如页边距、页的栏数等）时，Word 自动在当前段落的前面加上分节符。

用户可根据自己的需要，在文档中任意位置插入分节符，这样的分节符称为人工分节符。插入人工分节符的具体操作方法如下：

先将插入点置于新节预期的开始位置，然后选择【页面布局】选项卡，在【页面设置】组中单击【分隔符】按钮 分隔符，打开一个如图 3.80 所示的下拉菜单，根据需要从中选择一种分节符即可。分节符共有四种类型，具体功能为：

【下一页】：插入一个分节符并分页，新节从下一页开始。

【连续】：插入一个分节符，但不分页，新节从同一页开始。

【偶数页】：插入一个分节符并分页，新节从下一个偶数页开始。

【奇数页】：插入一个分节符并分页，新节从下一个奇数页开始。

(2) 改变分节符类型。对于已经插入的分节符，其类型是确定的。如果发现插入的分节符是错误的，可以对分节符的类型进行修改。修改分节符的方法有两种：

方法 1：删除原分节符，重新插入正确的分节符。这是最简单、最实用的一种方法。但在文档前后节的格式不同时，如果删除分节符，会发生一些意想不到的错误，甚至造成文档的混乱，此时，就需要使用第二种方法。

方法 2：首先把插入点置于要修改的分节符前面的节中，然后打开如图 3.81 所示的【页面设置】对话框的【版式】选项卡，在【节的起始位置】下拉框中的【接续本页】、【新建栏】、【新建页】、【偶数页】、【奇数页】五个选项中选择一项来修改节的类型。

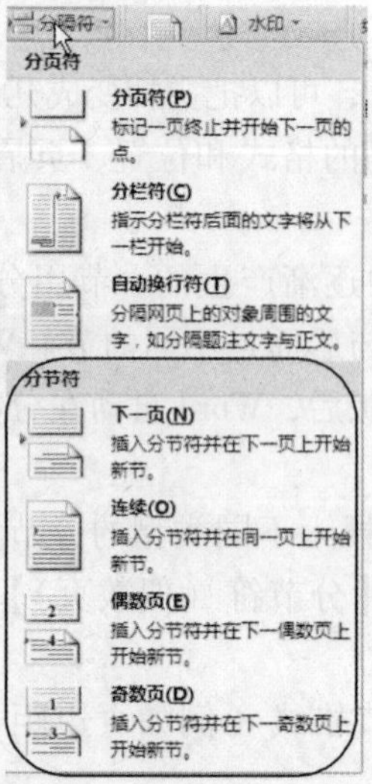

图 3.80 插入分节符

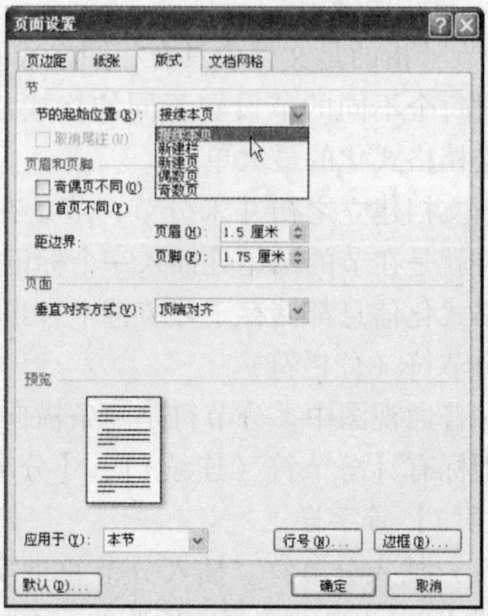

图 3.81 修改分节符的类型

各分节符类型的含义如下：

【接续本页】：表示不进行分页，紧接着前一节排版文本，也就是连续的分节符。

【新建栏】：表示在下一栏的顶端开始打印节中的文本。

【新建页】：表示在分节符位置进行分页，并且在下一页顶端开始新节。

【偶数页】：表示在下一个偶数页开始新节，一般用于在偶数页开始的章节。

【奇数页】：表示在下一个奇数页开始新节，一般用于在奇数页开始的章节。

(3) 删除分节符。如果要删除分节符，需要先把分节符显示出来。单击普通视图按钮切换到普通视图，或者在【开始】选项卡【段落】组中单击【显示/隐藏编辑标记】按钮 ，均可显示分节符的标记。

选中分节符后，按 Delete 键就可以删除指定分节符了。如果无法选中分节符，可以把插入点定位在分节符前面，然后按 Delete 键，同样可以像删除普通字符一样把分节符删掉。在删除分节符的同时，也删除该分节符前面文本的分节格式。该文本将变成下一节的一部分，并采用下一节的格式。所以无论是更改或者是删除分节符，都应该按从后往前的顺序来进行。

3. 其他分隔符

分节符是分隔符的一种。分隔符还包括分页符、分栏符和自动换行符等。默认情况下，Word 根据文档中页面大小、页边距设置、字号、行间距和其他格式化因素在适当的位置自动分页，当用户增删或修改文本时，Word 会根据需要自动调整分页。这种由程序在后台插入到文档中的分页符叫做软分页符或浮动分页符。除软分页外，用户可根据自己的需要强行分页，人工插入分页符。每当插入人工分页符后，Word 即自动调整后面的软分页符的位置。

(1) 插入分页符。将插入点置于拟插入分页符的位置，然后按下面的方法之一插入分页符。

方法 1：按快捷键 Ctrl + Enter。

方法2：在【页面布局】选项卡【页面设置】组中单击【分隔符】按钮，在弹出的下拉菜单中选择【分页符】。

方法3：在【插入】选项卡【页】组中单击【分页】按钮。

与文本编辑一样，对分页符也可以进行选定、移动、复制和删除等操作。

说明：除了可以人工插入分页符控制分页，还可以利用【段落】对话框中的【换行和分页】选项卡控制段落对分页的影响。

（2）插入换行符。默认情况下，当输入文本满一行时，Word 自动换行到下一行继续。换行符能够结束当前行的输入并使文本在图片、表格或其他项目之下继续。单击【分隔符】按钮，在下拉菜单中选择【自动换行符】，其快捷键是 Shift + Enter。

（3）插入分栏符。分栏符是在分栏排版中使用的。如果分栏后各栏长短不一致，可以在适当的地方插入分栏符，强制让各栏的长短一致。单击【分隔符】按钮，在下拉菜单中选择【分栏符】即可。

3.5.8 应用样式

样式是指已设置好的一系列字符或段落格式。通过样式功能，用户可以简化字符或段落的格式排版，如通过样式可以对文档的多处文字或段落设置同样的格式，提高排版效率。

1. **应用样式**

首先选择需要应用样式的文本，然后在【开始】选项卡【样式】组中【快速样式】区单击所需的样式即可，如图 3.82 所示。默认情况下，【快速样式】区只能显示三个内置样式，单击该区右边的按钮可以向上滚动样式，单击按钮可以向下滚动样式，单击按钮可以打开如图 3.83 所示的样式列表，但该样式列表并未包含所有的样式。单击【样式】组右下角的对话框启动器按钮，打开如图 3.84 所示的【样式】窗口，其中显示的是该模板中的样式。

图 3.82 快速样式

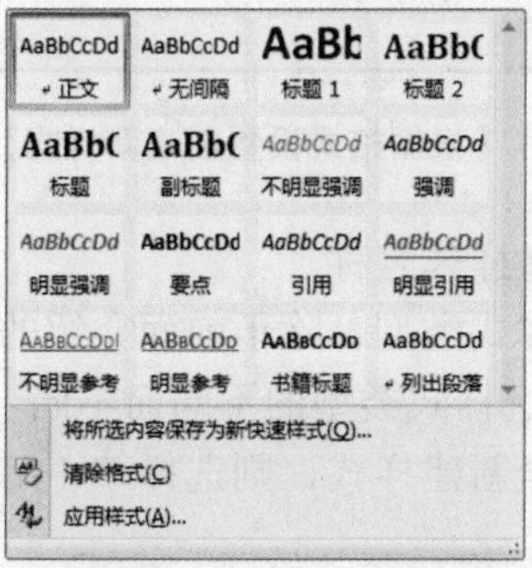

图 3.83 样式列表

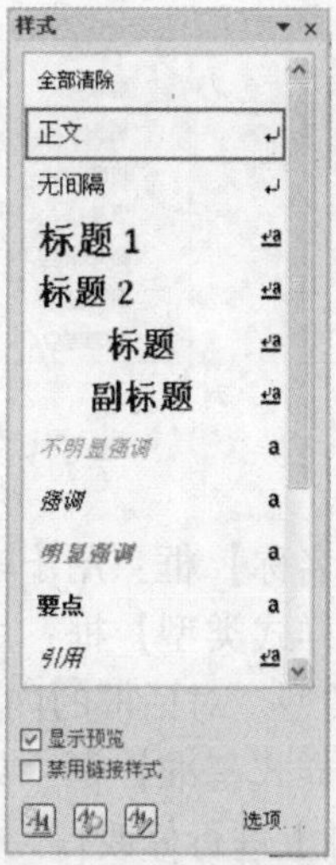

图 3.84 【样式】窗口

对于普通文档来说，样式分为字符样式、段落样式、链接段落和字符三种样式，如图3.84所示。所谓字符样式，就是只对选定的字符起作用而不对整个段落起作用的样式，在样式名称后有“a”标志的就是字符样式；段落样式以“↵”为标志，它对整个段落起作用，应用该类样式时，无需选定字符，只需将插入点置于该段落中即可使整个段落使用这种样式；链接段落和字符样式比较特殊，如果在段落中选中字符，则它只对选定的字符起作用，否则对整个段落起作用，它的标志是“↵a”。

2. **更改样式集合**

在Word 2007中，集成了多种默认样式集合。在【开始】选项卡【样式】组中单击【更改样式】按钮，在弹出的下拉菜单指向【样式集】命令，即可从其级联菜单中看到Word 2007内置了“Word 2003”、“Word 2007”、“传统”、“典雅”等多种样式集。即使同一种样式，在不同样式集中的具体文字格式也不尽相同，因此用户可以使用不同的样式集设置出不同风格的文档。

3. **新建样式**

尽管Word 2007提供了许多样式，但如果内置样式不能满足用户的需求，这时可以创建新的样式，其方法是：在如图3.84所示的【样式】窗口中单击新建样式按钮，打开如图3.85所示的【根据格式设置创建新样式】对话框，在该对话框中即可创建用户自己的样式。

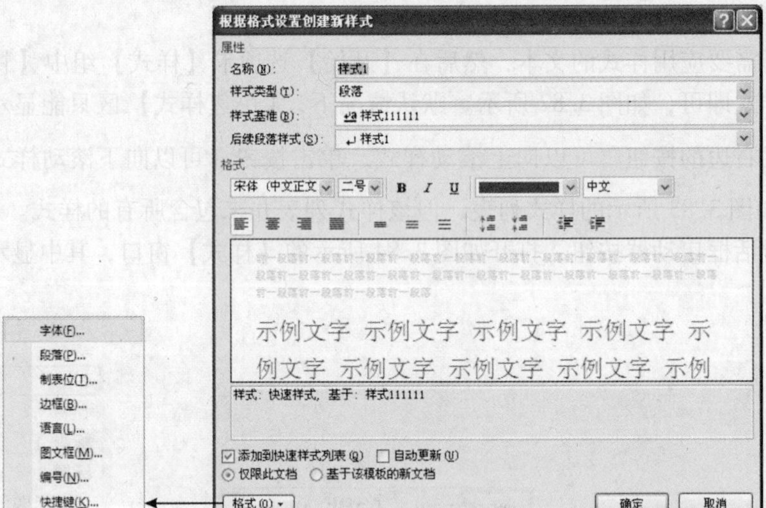

图3.85 【根据格式设置创建新样式】对话框

【名称】框：用于输入自定义样式名称。

【样式类型】框：用于选择样式类型，除了前面介绍的三种类型外，还包括表格类型和列表类型。对话框的内容会随所选样式类型的不同而不同。

【样式基准】框：如果是完全新建样式，则选择“（无样式）”，否则选择某一样式后在此基础上进行修改得到新样式。

【后续段落样式】框：用于设置后续段落的样式。

【格式】区：用于设置常用的字符和段落格式，如字体、字号、对齐方式、行间距等。

【预览】区：可在预览区查看所选的格式设置效果，并且在该区下面列出了所设置的格式。

【添加到快速样式列表】选项：将所创建的样式添加到快速样式列表中。

【自动更新】选项：当更改样式后，自动对文档中应用了此样式的地方进行更新。

【仅限此文档】选项：所创建的样式仅限于当前文档中使用。

【基于该模板的新文档】选项：所创建的样式能在使用同一模板的新文档中使用。

【格式】按钮：用于设置具体的格式，除字体、段落格式外，还可设置制表位、边框和底纹等。

另外一种更简单的方法是：选择已设置好格式的文本或段落，在图 3.83 所示的菜单中选择【将所选内容保存为新快速样式】命令，在打开的【根据格式设置创建新样式】对话框中的【名称】框输入样式名称后按【确定】按钮即可。

3.6　表格与对象处理

3.6.1　创建表格与编辑表格

表格是字处理软件的主要功能之一。Word 表格由水平行和垂直列组成。行列交叉形成的矩形称作单元格，可以在单元格中输入文字、数字和图形等。

1. 新建表格

在制作表格时，通常是先创建一个空白表格，然后再向表格填入内容。Word 也提供了将文字置换成表格的功能。

(1) 新建空白表格。新建一张空白表格的方法有以下四种：

方法 1：通过功能区快速新建表格。在功能区选择【插入】选项卡，单击【表格】组中【表格】按钮，弹出一个下拉菜单。该下拉菜单的上方是一个由 8 行 10 列方格组成的虚拟表格，用户只要将鼠标在虚拟表格中移动，虚拟表格会以不同的颜色显示，同时会在页面中模拟出此表格的样式，如图 3.86 所示。用户根据需要在虚拟表格中单击就可以选定表格的行列值，即在页面中创建了一个空白表格。

方法 2：通过【插入表格】对话框新建表格。在【插入】选项卡【表格】组中单击【表格】按钮，在弹出的下拉菜单中单击【插入表格】命令，打开【插入表格】对话框，如图 3.87 所示。在【列数】和【行数】框设置或输入表格的列和行的数目。最大行数为 32 767，最大列数为 63。单击【确定】按钮即可创建出一张指定行和列的空白表格。

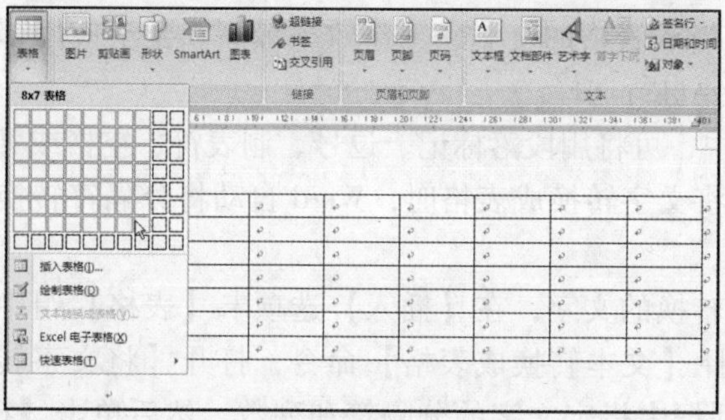

图 3.86　新建空白表格

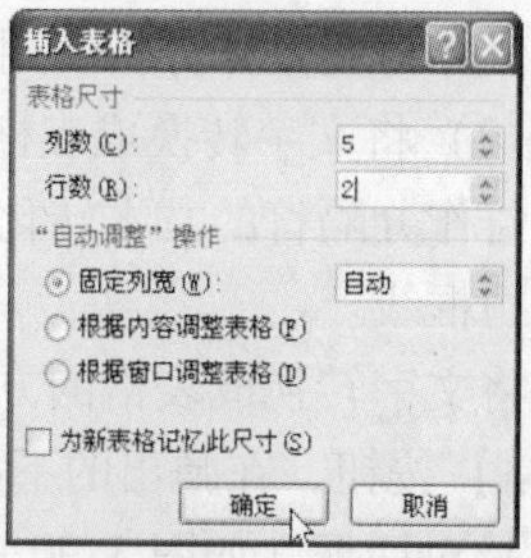

图 3.87　【插入表格】对话框

方法 3：手绘表格。在【插入】选项卡【表格】组中单击【表格】按钮，在弹出的下拉菜单中单击【绘制表格】命令，鼠标会变成笔的形状，在页面上表格的起始位置按住鼠标左键并拖动，会在页面用笔画出一个虚线框，如图 3.88 所示，松开鼠标即可得到一个表格的外框。绘制外框后，在中间可以根据需要绘制出横纵的表线。

方法 4：使用快速表格功能，即使用内置表格。在【插入】选项卡【表格】组中单击【表格】按钮，在弹出的下拉菜单中用鼠标指向【快速表格】，弹出二级下拉菜单，从中选择需要的表格类型，如图 3.89 所示。用户也可将文档现有的表格保存成快速表格供以后使用。方法：选定表格后，从如图 3.89 所示的二级下拉菜单中选择【将所选内容保存到快速表格库】命令，然后在弹出的对话框中进行保存操作。以后在需要的时候可像内置的快速表格一样用来创建新表格。

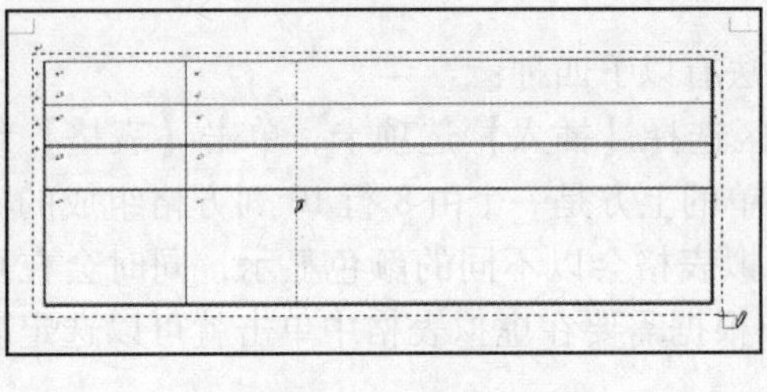

图 3.88 绘制表格

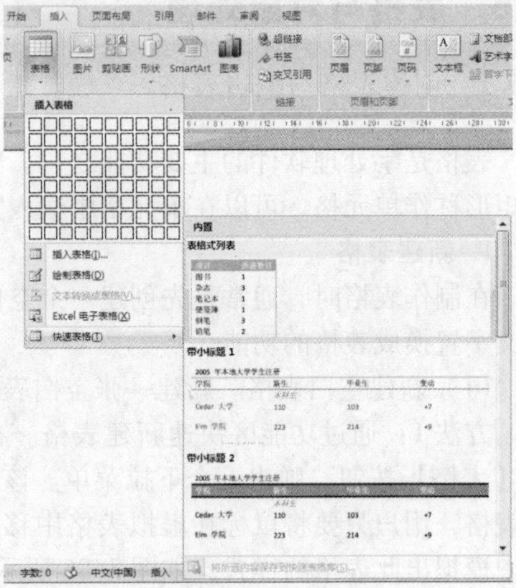

图 3.89 使用快速表格功能插入表格

上述四种方法中，第一种方法最简单快捷，但只能插入 8 行 10 列以内的表格，超过 8 行或 10 列的表格不能用这种方法创建。第二种方法最为精确，可以在 Word 允许的范围内插入任意行列数的表格。第三种方法最为直接，用户可以用这种方法绘制各种复杂的表格。第四种方法能重复使用以前的表格，相当于表格的复制，工作效率最高。至于使用哪种方法，具体情况具体分析，用户可根据需要自行选择。

（2）将文字转换成表格。在 Word 中，可将用段落标记、逗号、制表符、空格或其他特定字符作分隔符的文本转化为表格。在将文字转换成表格时，Word 自动将分隔符转换成表格列边框线。

将文字转换成表格的方法：选定要转换的文字，在【插入】选项卡【表格】组中单击【表格】按钮，在弹出的下拉菜单中选择【文本转换成表格】命令，打开【将文字转换成表格】对话框，如图 3.90 所示，在对话框中指定文字的分隔符和列数，然后单击【确定】按钮即可。

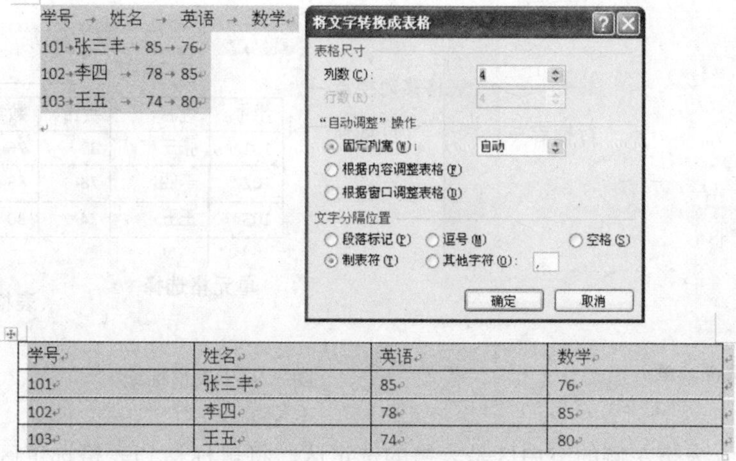

图 3.90 文字转换为表格

2. 往表格中输入内容

表格建好后，可向表格输入内容。单元格是一个小的文本编辑区，其中文本的键入和编辑操作与 Word 正文编辑区的操作基本相同。在单元格中单击鼠标，可将插入点定位在单元格中；按 Tab 键可使插入点移到右侧的单元格；按 Shift + Tab 键可使插入点移到左侧单元格，并选定其中的文本；也可以使用键盘的方向键移动插入点。

3. 编辑表格

对生成的表格可以进行增删行和列、调整行高列宽以及合并、拆分单元格等操作。

(1) 选定表格操作对象。对表格操作同样遵循“先选择，后操作”的原则，即对表格操作前，应先选定要操作的单元格、行、列或整个表格。

对于喜欢菜单的用户，Word 提供了菜单选择的方法。当把插入点置于表格中时，功能区会出现【表格工具/设计】选项卡和【表格工具/布局】选项卡。选择【表格工具/布局】选项卡，在【表】组中单击【选择】按钮，会弹出一个如图 3.91 所示的下拉菜单，从中可以根据需要选择插入点所在单元格或行、列，甚至整个表格。

通过鼠标可以更快捷地进行选定操作，方法如下：

● 选择单元格：将鼠标移到单元格的左侧边框线上，这时鼠标指针变成实心黑箭头 ⬈，如图 3.92 所示，此时单击即可选择单元格，拖动鼠标即可选定更多单元格（当选定一个单元格后，按住 Shift 键继续按右或下方向键，也可选定更多单元格）。

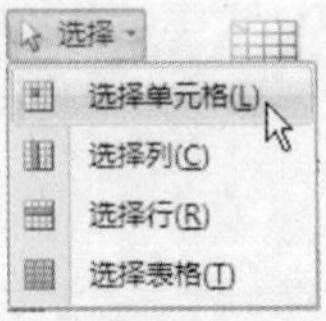

图 3.91　表格选择菜单

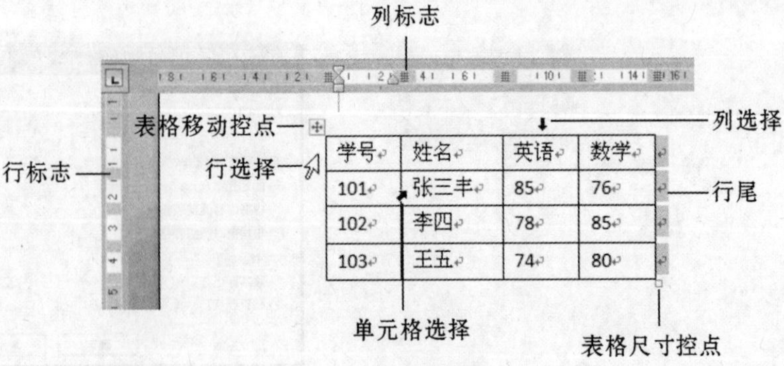

图 3.92　表格标记

● 选择行：表格左侧的空白区是表格的选定区。将鼠标移到表格选定区，鼠标指针变成右向箭头，如图 3.92 所示，此时单击即可选择光标所在行；在选定区拖动鼠标，拖过的行被选中。

● 选择列：在表格每列的顶部有一个列选择条。将鼠标移到选择条上，鼠标指针变成黑色的向下箭头，如图 3.92 所示，此时单击可选择光标所在的列；沿选择条拖动鼠标可选择多列。

● 选择整个表格：将鼠标移到已存在的表格中，表格的左上角会出现表格移动控点标记，如图 3.92 所示，单击该标记，即可选定整个表格。此外，当选定表格中所有单元格后，也相当于选定了整个表格。

(2) 增删行、列和单元格。

● 增加行和列。

可以在选定行的上方或下方插入与选定行数相同的新行。方法是在【表格工具/布局】选项卡【行和列】组中单击【在下方插入】按钮或【在上方插入】按钮，【行和列】组中各按钮如图 3.93 所示。

同理，可以在选定列的左侧或右侧插入与选定列数相同的列，方法是在【表格工具/布局】选项卡【行和列】组中单击【在左侧插入】按钮或【在右侧插入】按钮。

说明：也可使用【表格工具/设计】选项卡【绘图边框】组中的【绘制表格】按钮，通过在表格中画线来增加行和列，【绘图边框】组中各按钮如图 3.94 所示。

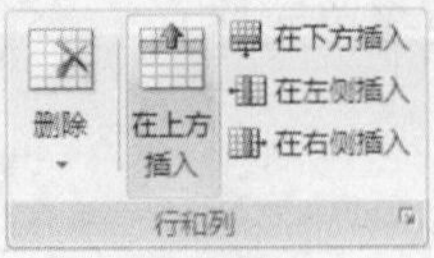

图 3.93　【行和列】组中各按钮

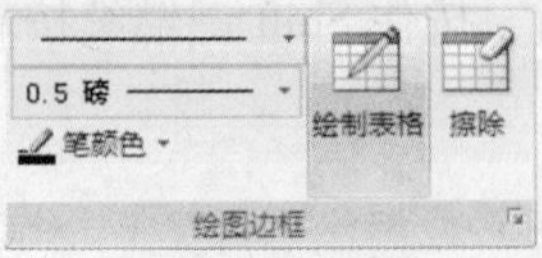

图 3.94　【绘图边框】组中各按钮

另外，在表格上右击，弹出如图 3.95 所示的快捷菜单，从【插入】的二级菜单中也可以选择插入行或列。

如果要在下方快速增加一行，可将插入点定位在行尾标记前，然后按 Enter 键即可。将插入点定位在最后一行的最后一个单元格的段落标记前，然后按 Enter 键或 Tab 键可在表格的最下面增加行。

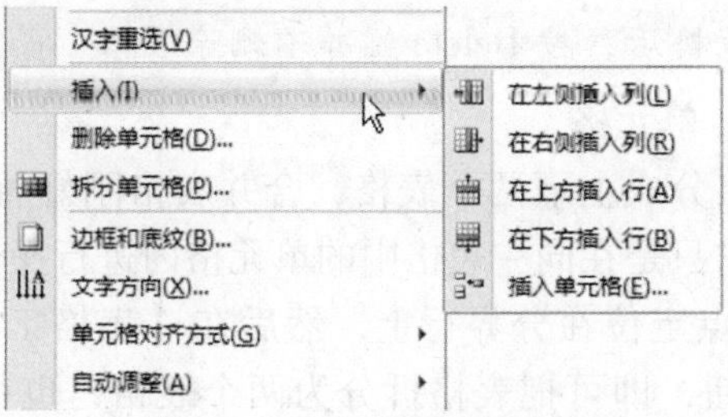

图 3.95　表格右键快捷菜单

● 增加单元格。

可以在表格中插入一个或多个单元格。首先选定若干单元格，插入的单元格将占据选定单元格的位置，原选定单元格向下或向右移动。

插入单元格的方法：在【表格工具/布局】选项卡【行和列】组中单击右下角的对话框启动器按钮，弹出如图 3.96 所示的对话框，在该对话框中选择原选定单元格的移动方向。另外，通过该对话框中的【整行插入】和【整列插入】选项也可插入一行或一列。

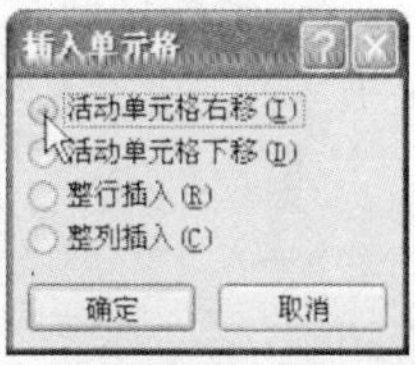

图 3.96　【插入单元格】对话框

说明：也可使用【表格工具/设计】选项卡【绘图边框】组中的【绘制表格】按钮，通过在表格中画线来增加单元格。

● 删除行、列和单元格。

在【表格工具/布局】选项卡【行和列】组中单击【删除】按钮，弹出如图 3.97 所示的下拉菜单，该下拉菜单有【删除单元格】、【删除列】、【删除行】、【删除表格】四个删除命令，其中后三个命令可直接删除已选择的行、列和整个表格，而第一个命令将打开如图 3.98 所示的【删除单元格】对话框，通过该对话框可以设置右侧单元格左移、下方单元格上移，或删除整行、整列。

另外一种删除已选定行、列或单元格的方法是在选定表格内容上右击，在弹出的快捷菜单中选择删除命令。选定表格的内容不同，快捷菜单的删除命令会有所不同。

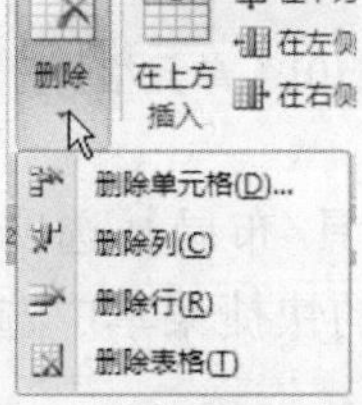

图 3.97　【删除】下拉菜单

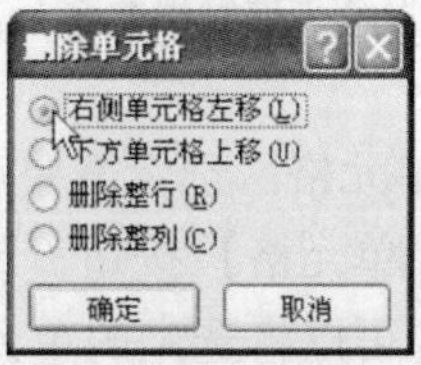

图 3.98　【删除单元格】对话框

● 删除整个表格。

在图 3. 97 所示的下拉菜单中选择【删除表格】命令即可删除整个表格。或者单击表格移动控点选定整个表格后，按 Backspace 键或 Ctrl + X 快捷键，也可删除整个表格。

说明： 如果选定整个表格后，按 Delete 键并不删除表格，而只是删除表格中的内容。

（3）拆分和合并表格、单元格。

拆分表格是将一个表格分成上下两个表格，合并表格刚好相反。拆分和合并单元格与拆分、合并表格类似，但它只是在同一表格中的单元格内进行操作。

● 拆分表格。将插入点定位在分界行上，然后在【表格工具/布局】选项卡【合并】组中单击【拆分表格】按钮，即可把表格拆分为两个表格，也可以按快捷键 Ctrl + Shift + Enter 来拆分表格。拆分后的表格如图 3. 99 所示。

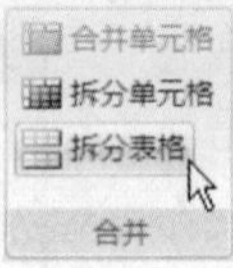

学号	姓名	英语	数学
101	张三丰	85	76

102	李四	78	85
103	王五	74	80

图 3. 99　【合并】组及拆分后的表格

● 合并表格。如果要合并上下两个表格，只要将表格之间的空行删除即可。

● 拆分单元格。首先选定要拆分的单元格，然后在【表格工具/布局】选项卡【合并】组中单击【拆分单元格】按钮，或者在单元格上右击，在弹出的快捷菜单中选择【拆分单元格】命令，打开【拆分单元格】对话框，如图 3. 100 所示，在该对话框设置要把选定单元格拆分为几行几列，最后单击【确定】即可。如果选定的是一个以上的单元格，该对话框中的【拆分前合并单元格】复选框处于可设置状态，如果选中，表示将选定的几个单元格先合并为一个单元格，然后再进行拆分操作。拆分单元格的效果如图 3. 101 所示。

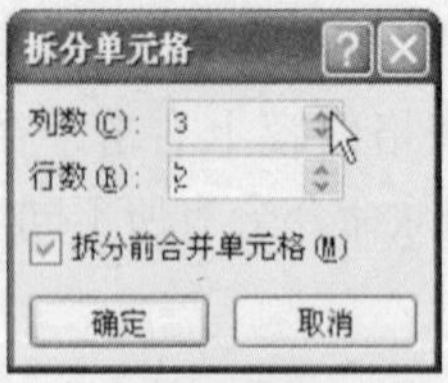

图 3. 100　【拆分单元格】对话框

<table>
<tr><td>学号</td><td colspan="3">姓名</td><td>英语</td><td>数学</td></tr>
<tr><td>101</td><td colspan="3">张三丰</td><td>85</td><td>76</td></tr>
<tr><td>102</td><td colspan="3">李四</td><td>78</td><td>85</td></tr>
<tr><td>103</td><td colspan="3">王五</td><td>74</td><td>80</td></tr>
<tr><td rowspan="2"></td><td></td><td></td><td></td><td rowspan="2"></td><td rowspan="2"></td></tr>
<tr><td></td><td></td><td></td></tr>
</table>

图 3. 101　单元格拆分效果

● 合并单元格。选定需要合并的单元格后，在【表格工具/布局】选项卡【合并】组中单击【合并单元格】按钮，或者在单元格上右击，在弹出的快捷菜单中选择【合并单元格】命令，都可以将选定的单元格合并为一个单元格。

另外，在【表格工具/设计】选项卡【绘图边框】组单击【擦除】按钮，鼠标指针会呈橡皮状态，此时单击需要合并的单元格之间的框线，即可擦除该框线，也即实现了单元格的合并。

（4）绘制斜线表头。

在 Word 2007 中，制作常见的斜线表头非常简单。具体操作方法是：

将插入点置于表格中，然后在【表格工具/布局】选项卡【表】组中单击【绘制斜线表头】按钮，弹出【插入斜线表头】对话框，如图 3.102 所示。在该对话框中，单击【表头样式】下拉列表，选择合适的样式。Word 2007 提供了五种斜线表头样式，如图 3.103 所示，然后在【字体大小】框中设置表头文字的大小。接下来在右面的标题文本框输入用于斜线表头的文字。

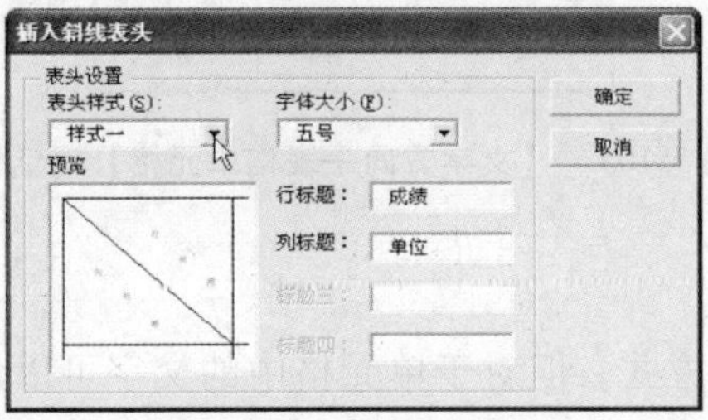

图 3.102 【插入斜线表头】对话框

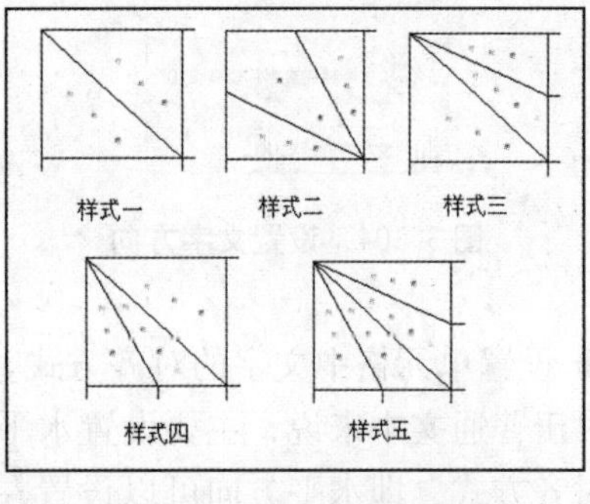

图 3.103 斜线表头的样式

3.6.2 格式化表格

格式化表格包括设置表格文字格式、调整表格列宽和行高、设置文字至表格线的距离、设置表格框线和底纹、设置表格的对齐方式和环绕方式等。

（1）设置表格文字格式。表格中的文本排版操作与普通文档中的文本排版操作基本相同，包括字符、段落、制表位的格式等。下面介绍一些与普通文本排版操作不太相同的地方。

● 设置表格中的文字方向。

在表格中的文字可以设置五种文字方向。在表格中设置文字方向的方法如下：

选定要设置文字方向的表格或单元格，如果只修改一个单元格，只要将插入点置于其中即可。单击【页面布局】选项卡，在【页面设置】组中单击【文字方向】按钮，在弹出的下拉菜单中有六个选项，其中五个是文字方向选项，分别是【水平】、【垂直】、【将所有文字旋转 90°】、【将所有文字旋转 270°】和【将中文字符旋转 270°】，如图 3.104 所示，用户可根据需要进行选择。

用户也可在选定的单元格上右击，在弹出的快捷菜单中选择【文字方向】命令，打开【文字方向—表格单元格】对话框，如图 3.105 所示，从中也可以选择合适的文字方向。

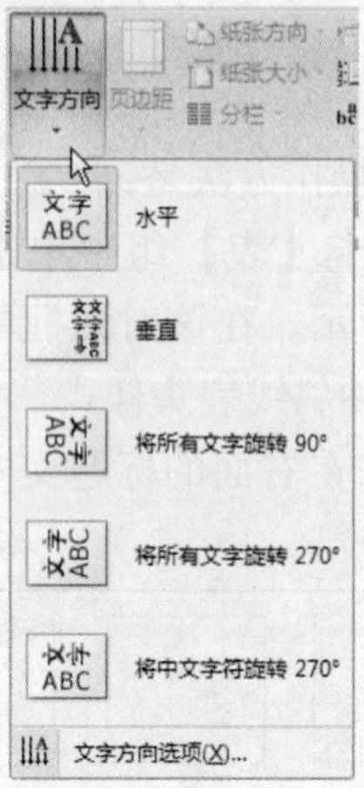

图 3.104 **设置文字方向**

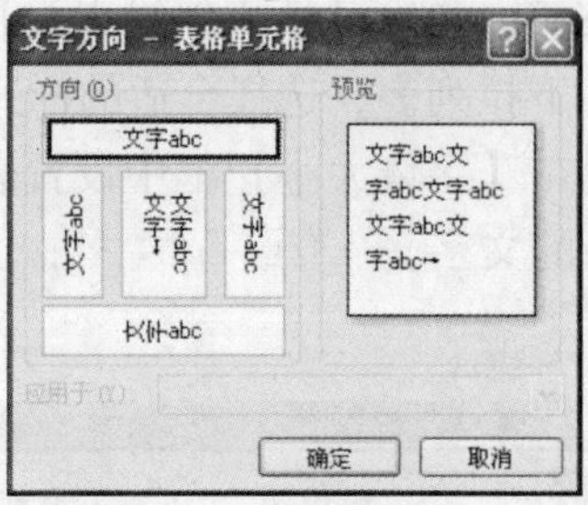

图 3.105 **【文字方向—表格单元格】对话框**

● 设置单元格中文字的对齐方式。

对于普通文本来说，主要设置水平方向的对齐方式。但对于单元格中的文字可以设置九种对齐方式，即水平方向可以设置左对齐、居中对齐和右对齐三种方式，垂直方向可以设置顶部对齐、中部对齐和底部对齐三种方式。

设置单元格对齐方式的方法如下：选定需要设置文字对齐方式的单元格，单击【表格工具/布局】选项卡，在【对齐方式】组中可以看到九种对齐方式，用户根据需要进行选择即可，如图 3.106 所示。用户也可在右键快捷菜单中指向【单元格对齐方式】，即可从其二级菜单中选择对齐方式，如图 3.107 所示。

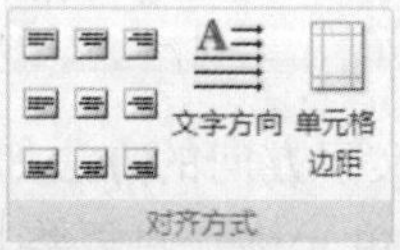

图 3.106 **【对齐方式】组**

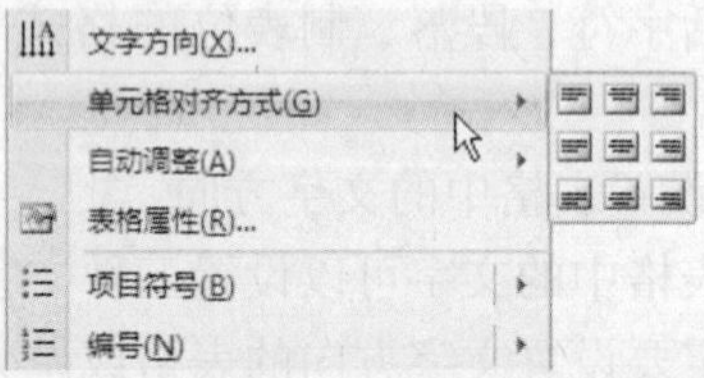

图 3.107 **右键快捷菜单中的对齐按钮**

（2）调整表格列宽和行高。Word 提供了许多方法用于调整表格的列宽和行高。

方法 1：使用表格尺寸控点。利用表格右下角的尺寸控点可以随意地改变表格的行高和列宽。方法是：将鼠标停留在表格中，直到表格的右下角出现表格尺寸控点，如图 3.92 所示。然后将指针移到表格尺寸控点上，这时，鼠标指针变成双向箭头“⤡”，向里或向外拖动鼠标即可调整表格尺寸。

方法 2：使用鼠标。将鼠标指针移到表格列边框线上或水平标尺的列标志上，这时，鼠标指针变成水平方向的双向箭头“⇹”或“↔”，向左或向右拖动鼠标，可改变列宽。同理，将鼠标移到表格行边框线上或垂直标尺的行标志上，鼠标指针变成垂直方向的双向箭头“÷”或“↕”，向上或向下拖动鼠标，可改变行高。

说明： 如果要在水平标尺上显示列宽的数值，可将鼠标移到标尺的列标志上，同时按住鼠标左键和 Alt 键，水平标尺上即显示列宽的数值。同理，可在垂直标尺上显示行高值。

方法 3：使用【自动调整】命令。可根据需要让 Word 自动调整表格的行高和列宽。默认情况下，Word 根据表格中文字的数量自动调整表格列宽。如果发现没有打开此功能，可按下面方法操作：选定表格，在【表格工具/布局】选项卡【单元格大小】组中单击【自动调整】按钮，在菜单中选择【根据内容自动调整表格】，如图 3. 108 所示。

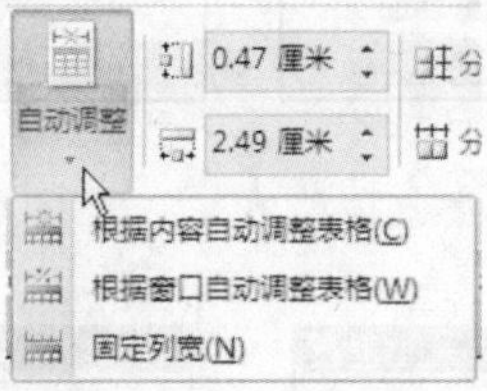

图 3. 108 【自动调整】菜单

如果选择【根据窗口自动调整表格】，也会看到单元格大小能够自动调节，但它以页宽作参照进行调整。如果选择【固定列宽】，那么列宽是固定的，不管输入什么内容，都不会自动调节列宽，但文字太长无法在一行显示时，会自动调整行高。

方法 4：精确设置列宽和行高。用前面的方法调整列宽与行高非常方便，但并不很精确。如果要精确地设置表格列宽和行高，可在【表格属性】对话框或在【单元格大小】组中进行精确设置。

单击【表格工具/布局】选项卡，在【表】组中单击【属性】按钮，或者在【单元格大小】组中单击右下角的对话框启动器按钮，或者在右键快捷菜单中选择【表格属性】命令，都将打开【表格属性】对话框，如图 3. 109 所示。该对话框中的【表格】、【行】、【列】、【单元格】选项卡分别用于设置表格的宽度、行高、列宽和单元格的宽度。

表格宽度、列宽和单元格宽度有两种表示方法：一种是相对于页宽或整个表宽的百分比表示，另一种是用厘米作单位。

行高有两种格式：一种是固定行高，不论行中内容能不能完整显示，都始终保持此高度；另一种是最小行高，如果该行中文字达不到指定的高度，也保持此高度，而一旦行中内容高度超过此设置，就会自动增加行高。

在【表格工具/布局】选项卡【单元格大小】组中通过表格【行高度】框和表格【列宽度】框进行设置，如图 3. 110 所示。【单元格大小】组中另两个按钮的功能分别是：单击【分布行】按钮可平均表格各行的高度；单击【分布列】按钮则平均表格各列的宽度。

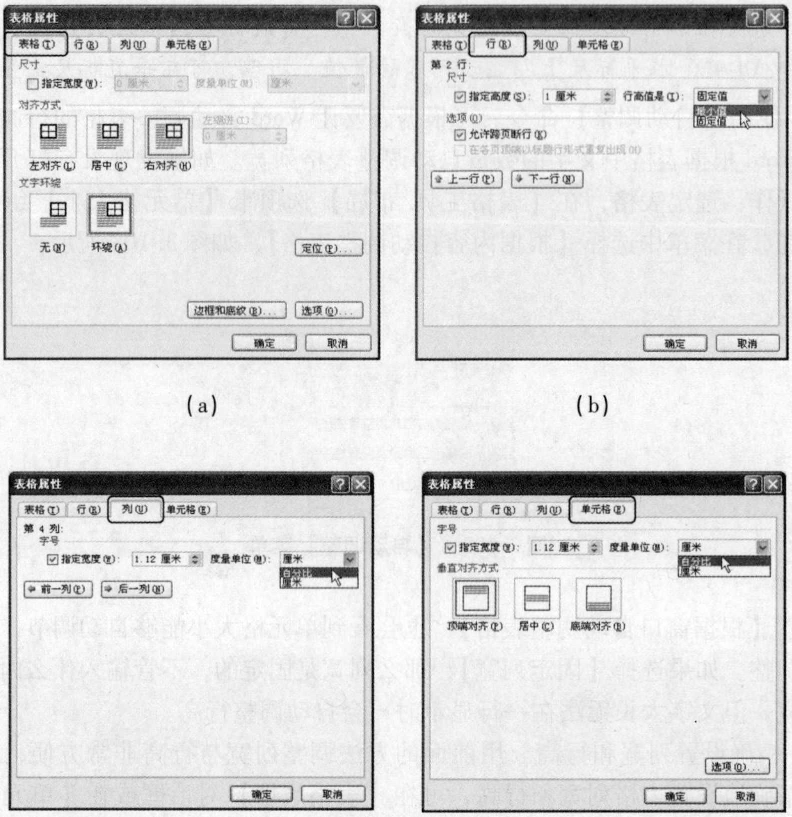

(a) (b)

(c) (d)

图 3.109 【表格属性】对话框

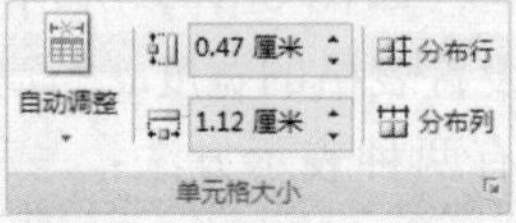

图 3.110 【单元格大小】组

（3）设置文字至表格线的距离。表格中文字与表格框线之间一般都会存在一定的距离，而这个距离是可以调整的。调整的方法如下：

把插入点置于表格的任意单元格中，单击【表格工具/布局】选项卡，在【对齐方式】组中单击【单元格边距】按钮，弹出【表格选项】对话框，如图 3. 111 所示。在【表格选项】对话框中，在【上】、【下】、【左】、【右】四个微调框中可以分别调整单元格内文字到上、下、左、右表格框线的距离。

用这种方法调整的是整个表格中文字与表格框线的距离。如果要单独调整某个单元格内文字与框线的距离，则按下面方法进行：

选定需要调整的单元格，打开如图 3. 109（d）所示的【表格属性】对话框【单元格】选项卡，单击【选项】按钮，打开【单元格选项】对话框，如图 3. 112 所示。取消选中【与整张表格相同】复选框后，就可以分别调整指定单元格内文字与上、下、左、右框线之间的距离了。

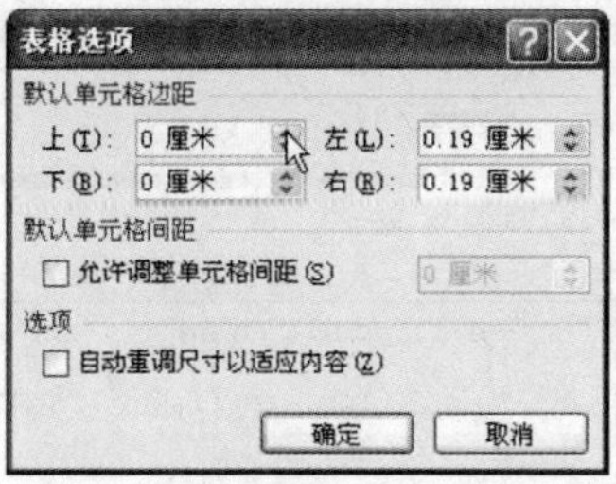

图 3.111 调整单元格边距

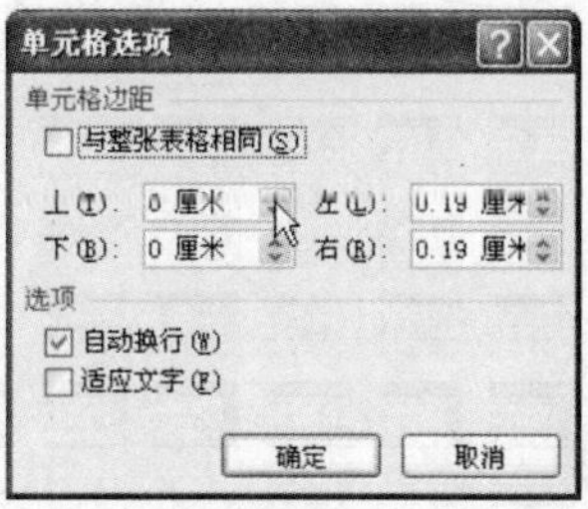

图 3.112 【单元格选项】对话框

(4) 设置表格的边框和底纹。

● 自动套用格式。在 Word 2007 中，对于表格的格式功能有了进一步的增强，它不仅提供了 101 种表格格式，同时还允许用户自定义表格格式，而且这项功能使用起来又非常简单，用户在 Word 2007 中，能够非常方便地套用表格格式，制作出非常美观的表格。

套用表格格式的方法如下：

把插入点置于表格中，或者选中表格，单击【表格工具/设计】选项卡。

【表格工具/设计】选项卡有三个组，如图 3.113 所示。

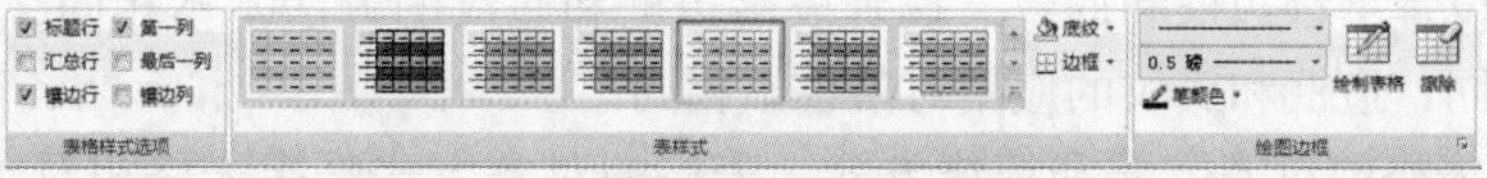

图 3.113 【表格工具/设计】选项卡

左侧为【表格样式选项】组。对于不应用样式的普通表格来说，这些选项没有什么作用，但如果用户选择了某种样式，这些选项就会起到突出指定行或列的作用。如【标题行】选项能将标题行（一般是表格的第一行）以不同的样式（如不同的颜色、不同的字体）进行显示。

中间为【表样式】组。在套用表格格式时，只需要使用【表格样式选项】和【表样式】两个组的功能。【表样式】右侧有一个组合按钮，上方的按钮可以向上卷动表样式，中间的按钮可以向下卷动表样式，当卷动时，中间的表格样式会逐行显示给用户。单击最下方的按钮，直接打开表样式列表，如图 3.114 所示。用户在这里可以非常直观地对表样式进行对比，并挑选合适的样式。

如果 Word 2007 提供的上百种表格样式都不能满足用户的需求，用户可以在图 3.114 所示的下拉菜单中选择【新建表格样式】命令，在弹出的如图 3.115 所示的【根据格式设置创建新样式】对话框里自定义表格样式，参考样式部分。

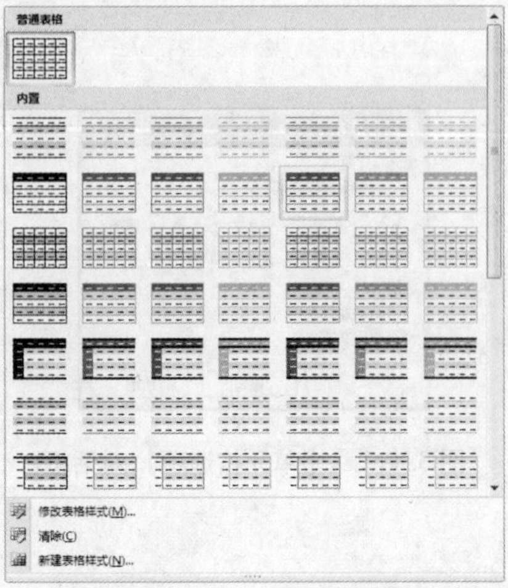

图 3.114 表样式列表

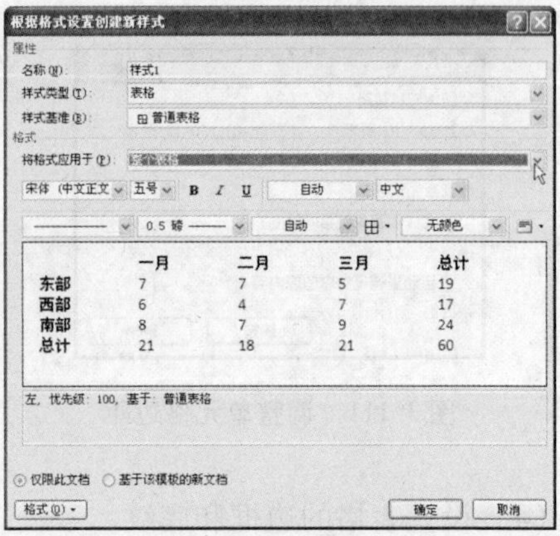

图 3.115 创建新样式

● 设置表格的边框和底纹。可以根据需要为表格设计边框和底纹。【开始】选项卡【段落】组中有一个【框线】按钮，单击右面的三角箭头打开下拉菜单，从中可以快速设置简单的边框。但更多是通过【边框和底纹】对话框来进行设置。打开【边框和底纹】对话框的方法很多，前面都已经有所介绍，这里不再重复。其实设置表格边框和底纹的操作方法与设置字符边框和底纹、设置段落边框和底纹的方法基本相同，不同之处只是选定的对象不同，边框和底纹的应用对象也不相同。

(5) 设置表格的对齐方式和环绕方式。表格的对齐方式是指表格相对于页面的位置。新建表格不论其宽度是多少，都会按默认的方式靠在页面的左边，实际上表格有三种对齐方式：左对齐、居中对齐和右对齐。表格对齐方式与段落对齐方式类似，因此在选定整个表格后，也可以在【开始】选项卡【段落】组中单击左对齐按钮、居中对齐按钮、右对齐按钮分别实现表格在页面或分栏中的左对齐、居中对齐或右对齐。或者打开【表格属性】对话框【表格】选项卡，在其中的【对齐方式】区设置表格的对齐方式，如图 3.109 所示。

表格的环绕方式是指表格与周围文字的关系，即当表格较小、达不到页面宽度的情况下，在表格的左、右安排文字，以节省版面的做法。在【表格属性】对话框【表格】选项卡进行表格的环绕方式设置，如图 3.109 所示。单击【定位】按钮打开【表格定位】对话框后可以精确设置表格与文字的环绕关系，如图 3.116 所示。

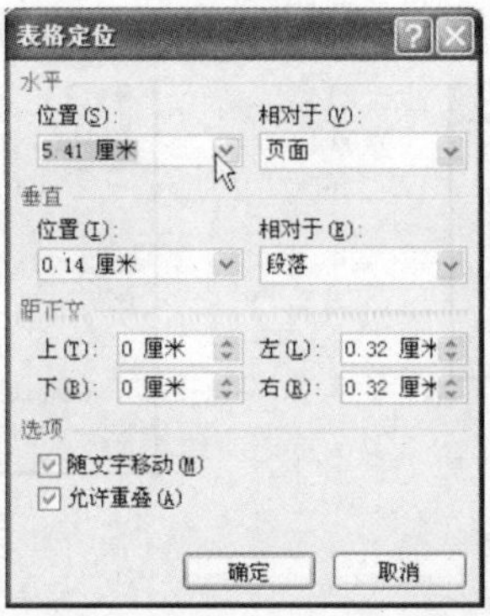

图 3.116 【表格定位】对话框

默认情况下，表格是无文字环绕的。如果将制作好的表格移动到正文文字中，Word 会自动将表格切换成文字环绕。如果是先制作了文字环绕的表格，再录入环绕文字的话，必须注意录入文字的位置，不然容易出错。

3.6.3 表格的简单数据处理

Word 为表格提供了计算和排序功能。

1. 表格的计算

Word 2007 可以对表格内数据进行基本统计运算，如加、减、乘、除、求平均数、求百分比、求最大值和最小值等。在计算公式中用 A，B，C，…代表表格的列；用 1，2，3，…代表表格的行。例如，B3 表示第 2 列第 3 行所在单元格的数据。【LEFT】表示此单元格左侧的所有单元格，【ABOVE】表示此单元格上方所有单元格，【BELOW】和【RIGHT】分别表示下方和右侧，不过用得比较少。

将插入点移到准备显示计算结果的单元格中，在【表格工具/布局】选项卡【数据】组中单击【公式】按钮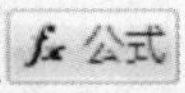，打开【公式】对话框，如图 3.117 所示。在【粘贴函数】列表框中选择计算函数，在【公式】框显示公式并可对公式进行编辑，在【编号格式】列表框中选择结果显示的格式。

如果要将公式复制到其他单元格，可先复制本单元格中的内容，到目标单元格执行粘贴操作，此时新粘贴过来的域并不能正确显示出计算结果，还需选中目标单元格后按 F9 键更新域。实际上，表中数据发生变化，都需要通过按 F9 键更新域。

2. 表格的排序

可以按照升序或降序规则重新排列表格数据。要进行排序，首先要选定表格，然后在【开始】选项卡【段落】组中或者在【表格工具/布局】选项卡【数据】组中单击【排序】按钮，打开【排序】对话框，如图 3.118 所示。在【主要关键字】列表框中选择要进行排序的依据列，如选择标题为【学号】的列，即按学号进行排序；在【类型】列表框中选择排序所依据的类型；在【升序】和【降序】中选择排序顺序。如果需要，还可设置次要关键字及第三关键字。

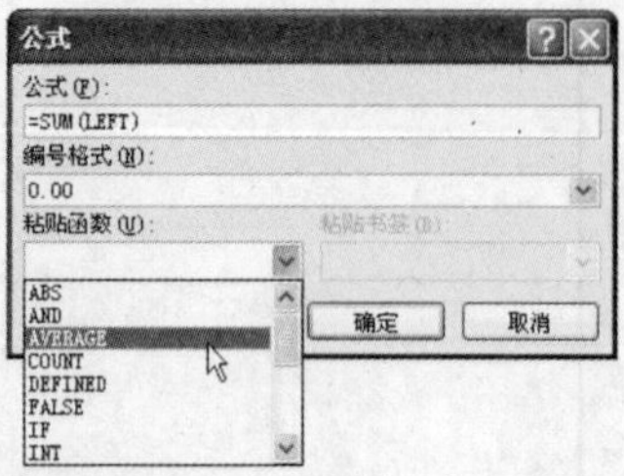

图 3.117 【公式】对话框

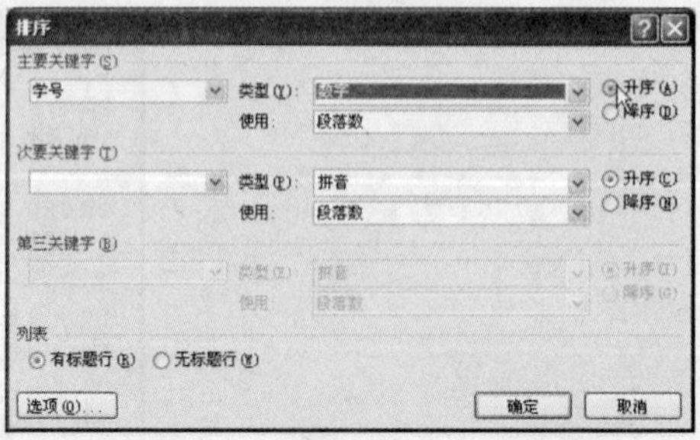

图 3.118 【排序】对话框

3.6.4 图片、图形、艺术字和 SmartArt 图形

Word 文档中不仅可以包含文字，还可以插入图形，形成图文并茂的文档。Word 文档中的图形包括：图片文件、剪辑库中的剪贴画、自绘图形、具有图形效果的艺术字、SmartArt 图形等，这些图形可以插入到 Word 文档中并对其进行编辑。

1. 插入图片和剪贴画

要在文档中插入一张新的图片，可以选择功能区的【插入】选项卡，在【插图】组中单击【图片】按钮，打开【插入图片】对话框，如图 3.119 所示。Word 2007 支持多达 23 种图片文件格式，其中常用的图片格式为 BMP、PNG、JPEG、GIF、TIFF、WMF、EPS 等。在【插入图片】对话框可一次选择多个图片文件插入到 Word 文档中。用户也可以在【我的电脑】打开图片所在的文件夹，然后选定图片文件，将其拖到 Word 文档中。

图 3.119 【插入图片】对话框

要在文档中插入剪贴画，可以在【插入】选项卡【插图】组中单击【剪贴画】按钮，在 Word 窗口右侧打开【剪贴画】窗格，如图 3.120 所示。用户可以在【搜索文字】输入栏内输入文字进行搜索，搜索结果将出现在下面的列表中，单击需要的剪贴画，在弹出的菜单中选择【插入】命令，即可把该剪贴画插入文档中。

用户也可以选择【剪贴画】窗格下面的【管理剪辑】命令，打开【地标 - Microsoft 剪辑管理器】对话框窗口，如图 3.121 所示。在左边打开具体的分类，在右边鼠标指向剪贴画时会在其右侧出现一个下拉按钮，单击该按钮并从弹出的菜单中选择【复制】命令，将其复制到剪贴板中，然后回到文档中，通过【粘贴】的方法即可把该剪贴画插入文档。如果已经连接到 Internet，用户还可以选择【Office 网上剪辑】命令连接到网站选择剪贴画插入。

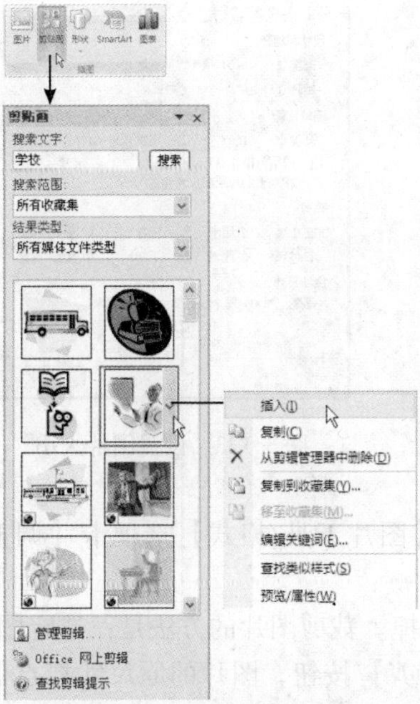

图 3.120 【剪贴画】窗格

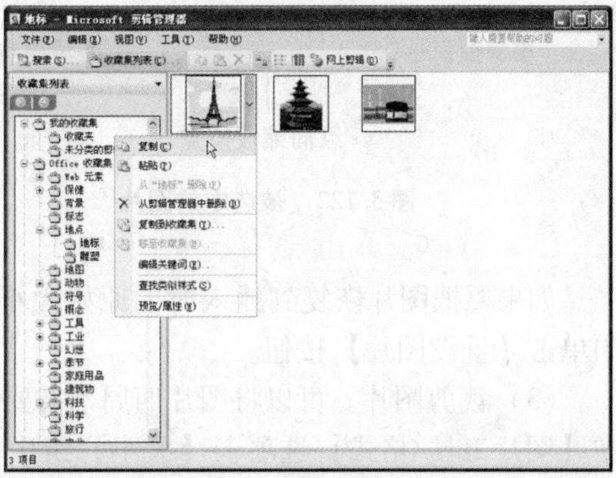

图 3.121 【地标 - Microsoft 剪辑管理器】对话框

2. 设置图片格式

(1) 选定图片。对文档中的图片操作之前，应首先选定图片。在图片的任意位置单击，则图片被选中。图片选中后，图片四周出现 8 个尺寸控点和 1 个旋转控点，如图 3.122 所示。尺寸控点用于调整图片的大小，旋转控点用于旋转图片。如果要取消选定，在图片外单击即可。

图片的复制、删除操作与文本的复制、删除操作方法相同，不再介绍。

(2) 移动和缩放图片。使用鼠标可以快速地移动图片和调整图片大小。选定图片后，如果要移动图片，按住鼠标将图片拖到新位置即可。

如果要调整图片大小，将鼠标指针移到尺寸控点上，这时鼠标指针变成双向箭头，向里或向外拖动鼠标则可改变图片大小。拖动横向缩放控点或纵向缩放控点只改变图片的宽度或高度，图片会发生变形。

如果要精确调整图片大小，可在【图片工具/格式】选项卡【大小】组中通过【形状高度】微调框 10.99 厘米 和【形状宽度】微调框 14.65 厘米 调整图片的高度或宽度。用户也可以在【图片工具/格式】选项卡【大小】组中单击右下角的对话框启动器按钮或在右键快捷菜单中选择【大小】命令打开【大小】对话框进行更详细的设置，如图 3.123 所示。

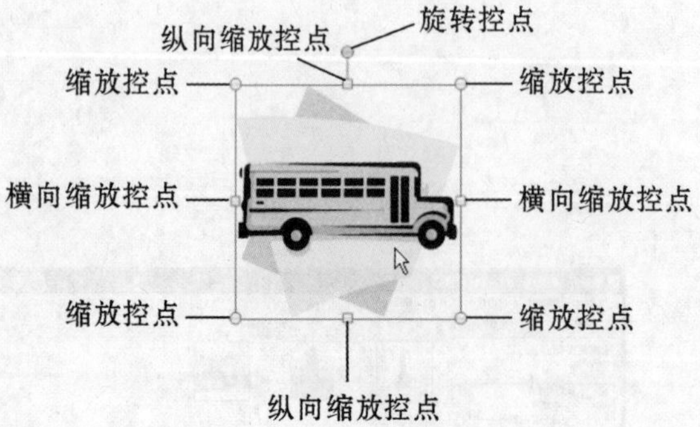

图 3.122 被选中的图片

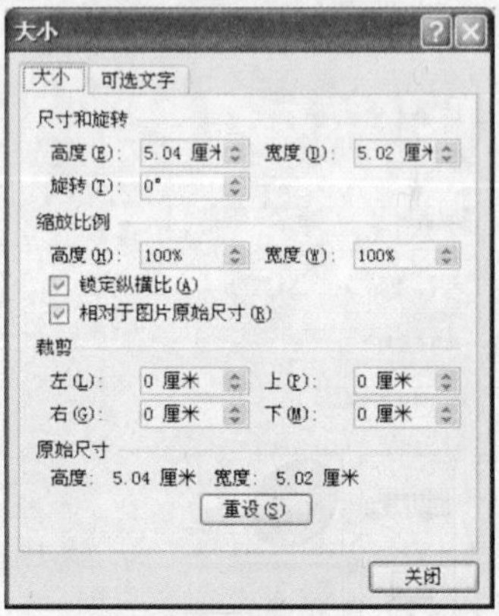

图 3.123 设置图片大小

如果要把图片恢复到插入时的原始大小，可在【图片工具/格式】选项卡【调整】组中单击【重设图片】按钮。

（3）裁剪图片。可以将图片四周不需要的部分裁掉。裁剪图片的方法是：选定图片后，在【图片工具/格式】选项卡【大小】组中单击【裁剪】按钮，图片的原尺寸控点位置会出现黑直角或黑短线标志，如图 3.124 所示。当把鼠标指向这些标志时，鼠标指针变成裁剪标志，此时按下鼠标并拖动即可完成对图片的裁剪。

用户也可在【大小】对话框【裁剪】区域中进行精确裁剪，如图 3.123 所示。

（4）旋转图片。把鼠标指向图 3.122 所示的旋转控点时，鼠标指针呈现 状，按下鼠标左键并绕图片旋转到合适位置后松开鼠标即可。这种方法比较方便，但精度不高。下面的方法能够精确旋转图片：

在【图片工具/格式】选项卡【排列】组中单击【旋转】按钮 ，在下拉菜单中选择【向右旋转 90°】或【向左旋转 90°】命令，如图 3.125 所示，即可将图片右旋或左旋 90°。重复几次即可完成 90°的倍数旋转。如果旋转的角度不是 90°的倍数，则可单击【其他旋转选项】命令打开【大小】对话框，如图 3.123 所示，在此对话框的【旋转】微调框中设置旋转的任意角度。

图 3.124 裁剪图片

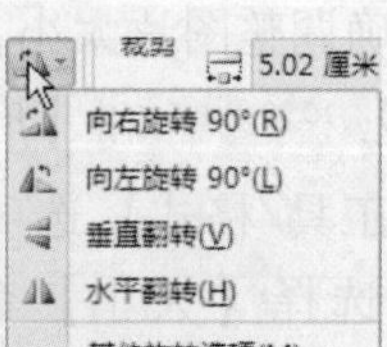

图 3.125 旋转按钮的菜单

（5）镜像图片。所谓镜像，是指图片中原来在左面的被翻转到右面，或者原来在上面的被翻转到下面，就如同照镜子产生的效果一样。有两种方法可以实现图片的镜像：

方法 1：选中图片后，把鼠标移到任意一个缩放控点处，鼠标指针变成双向箭头，按下鼠标左键进行拖动，向左或向右拖动鼠标并越过图片中线，即可看到图片的水平镜像；如果向上或向下拖动并越过图片中线，就可以得到图片的垂直镜像。

方法 2：在图 3.125 所示的下拉菜单中选择【垂直翻转】命令可制作出图片的垂直镜像；选择【水平翻转】命令即可制作出图片的水平镜像。

（6）设置图片的亮度和对比度。所谓亮度，是指一幅图像中明暗程度的平衡，它决定了明暗色调的强度。亮度越大，图片看起来越显得“发白”；亮度越小，图片看起来越显得“发暗”。对比度是指一幅图像中不同颜色之间的差异，对比度越大，两种颜色之间的差异越大。

在【图片工具/格式】选项卡【调整】组中单击【亮度】按钮 亮度，会弹出一个下拉菜单，亮度值从【+40%】到【-40%】以 10% 的梯度递减，从中选择合适的亮度即可。

用户也可右击图片，在弹出的快捷菜单中选择【设置图片格式】命令，或者在【图片工具/格式】选项卡【图片样式】组单击右下角的对话框启动器按钮，打开【设置图片格式】对话框，如图 3.126 所示，在左边选择【图片】，即可在右边通过【亮度】后面的滑块或微调框精确调整图片的亮度。

调整对比度的方法与此类似。在【图片工具/格式】选项卡【调整】组单击【对比度】按钮 对比度，在下拉菜单中选择相应的对比度即可。或者在图 3.126 所示对话框中通过【对比度】后面的滑块或微调框精确调整图片的对比度。

（7）图片着色。在 Word 中，通过为图片着色，可以把图片处理成各种效果。

为图片着色的方法：在【图片工具/格式】选项卡【调整】组中单击【重新着色】按钮 重新着色，打开下拉菜单，如图 3.127 所示，其中【不重新着色】表示不对图片重新着色或取消重新着色；【颜色模式】下预置了四种效果，分别是【灰度】、【褐色】、【冲蚀】和【黑白】；下面是【深色变体】区域和【浅色变体】区域。如果用户对这些颜色都不满意，还可以选中【其他变体】，打开颜色列表，从中自己选择颜色。

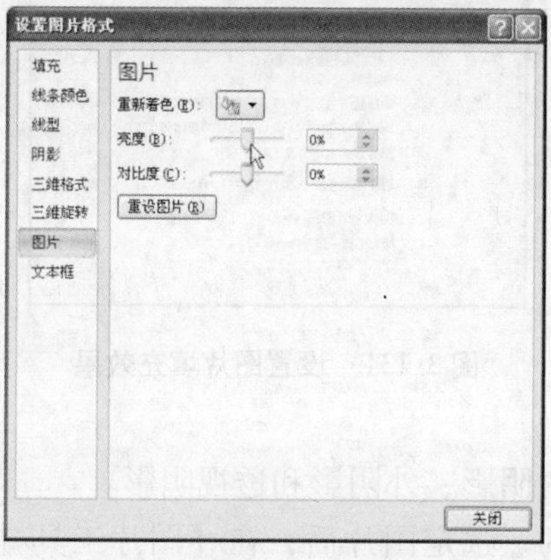

图 3.126　调整图片亮度和对比度

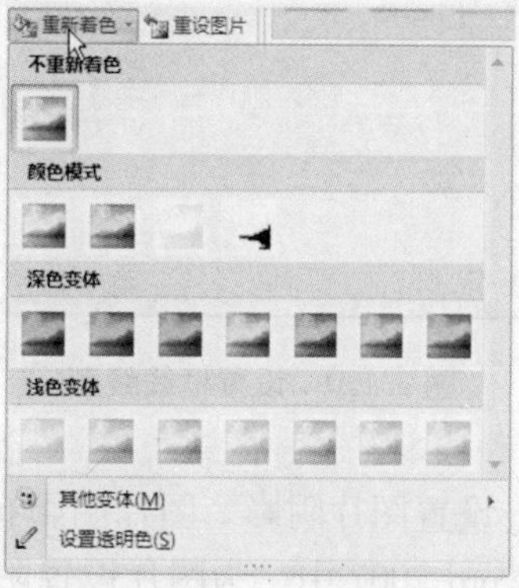

图 3.127　重新着色

在图 3. 126 所示的对话框中单击【重新着色】按钮也一样可以进行图片重新着色的操作。

（8）设置图片背景和边框。可以为图片添加背景和边框，以增强图片效果。

在【图片工具/格式】选项卡【图片样式】组中单击【图片边框】按钮 图片边框，打开下拉菜单，如图 3. 128 所示。在颜色区域选择边框的颜色；指向【粗细】命令并从二级菜单中选择边框线的粗细；指向【虚线】命令并从二级菜单中选择虚线样式。

用户也可以在选定图片后，打开如图 3. 126 所示的【设置图片格式】对话框。在对话框左侧选择【线条颜色】选项，在右侧把线条设置为【无线条】、【实线】或【渐变线】，如图 3. 129 所示；在左侧选择【线型】选项，在右侧即可设置图片边框的线型，如图 3. 130 所示；在左侧选择【填充】选项，在右侧即可设置图片的背景，如图 3. 131 所示。

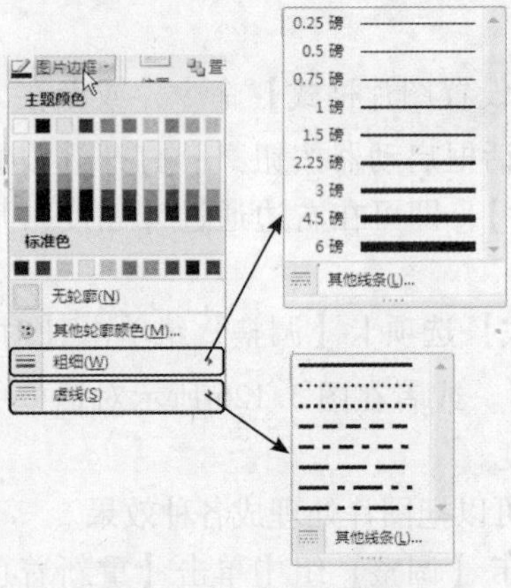

图 3. 128　设置图片边框

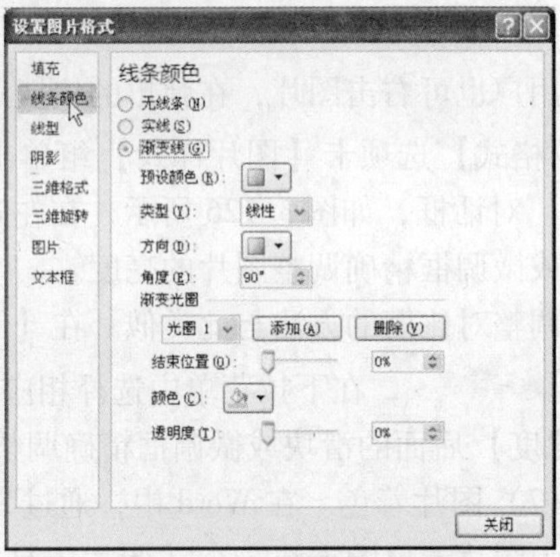

图 3. 129　设置框线颜色

图 3. 130　设置框线线型

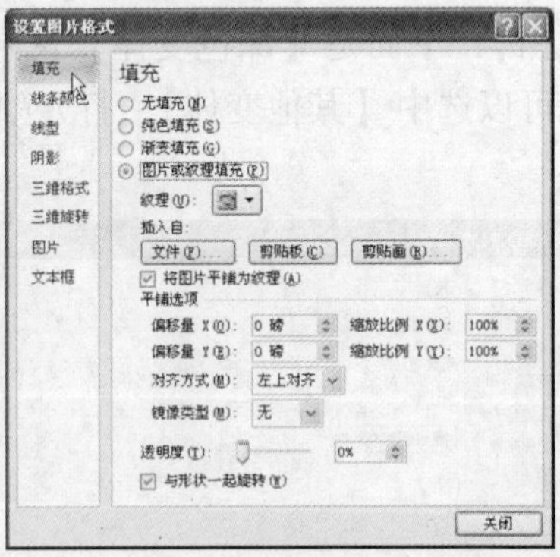

图 3. 131　设置图片填充效果

（9）设置图片阴影。图片阴影有三种，分别是内阴影、外阴影和透视阴影。

在 Word 2007 中，为图片设置阴影是非常轻松的。选定图片后，在【图片工具/格式】选项卡【图片样式】组中单击【图片效果】按钮 图片效果，在下拉菜单【阴影】的二级菜单中，可以看到各种阴影的样式，如图 3. 132 所示，用鼠标指向这些样式时，文档中的图片会自动显示预览效果，选择一种合适的效果即可。

用户也可以在选定图片后，打开【设置图片格式】对话框。在对话框左侧选择【阴影】选项，在右侧可以单击【预设】按钮打开预设格式进行选择，也可以单击【颜色】按钮设置阴影的颜色，通过滑块或微调框精确设置阴影的透明度、大小、模糊、角度和距离，如图 3.133 所示。设置完成后，单击【关闭】按钮即可。

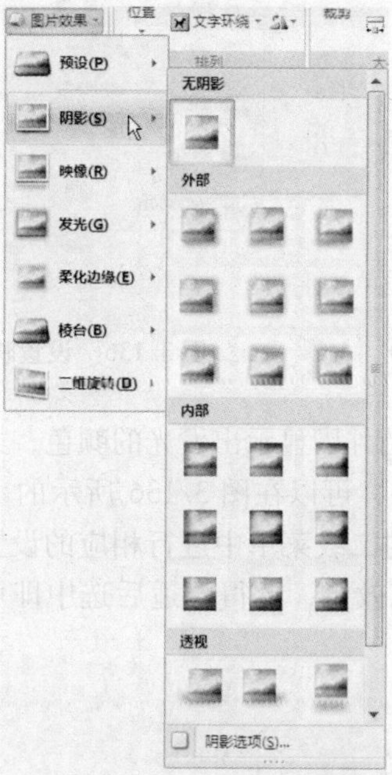

图 3.132　设置图片阴影

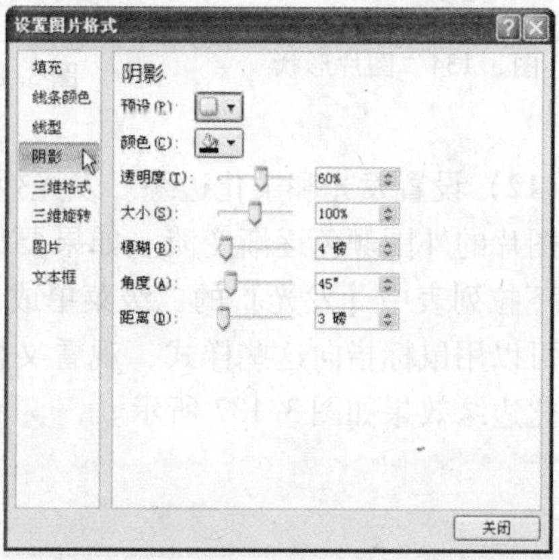

图 3.133　精确设置图片阴影

（10）设置图片形状。图片形状是指图片的外形，如图 3.134 所示。在 Word 2007 中，可以轻松为图片设置多达 140 种图片形状。

选中图片后，在【图片工具/格式】选项卡【图片样式】组中单击【图片形状】按钮 图片形状，会以菜单形式打开一个图片形状列表，如图 3.135 所示，根据需要进行选择即可。

（11）设置映像。映像是指在原图片的基础上，为图片加上一个镜像，就像在水边既能看到山又能在水里看到山的影子一样。

为图片设置映像的方法：选定图片后，在【图片工具/格式】选项卡【图片样式】组中单击【图片效果】按钮 图片效果，在下拉菜单【映像】的二级菜单中，会显示映像的几种样式，如图 3.136 所示。用户可以用鼠标指向这些样式，观看文档中图片的预览效果，觉得合适后选中即可。

图 3.134 图片形状

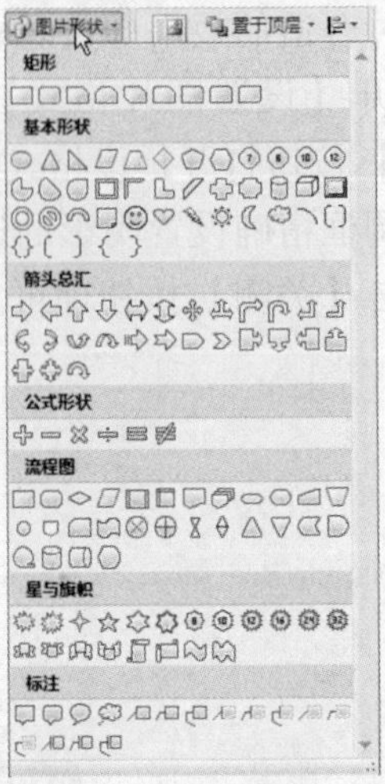

图 3.135 设置图片形状

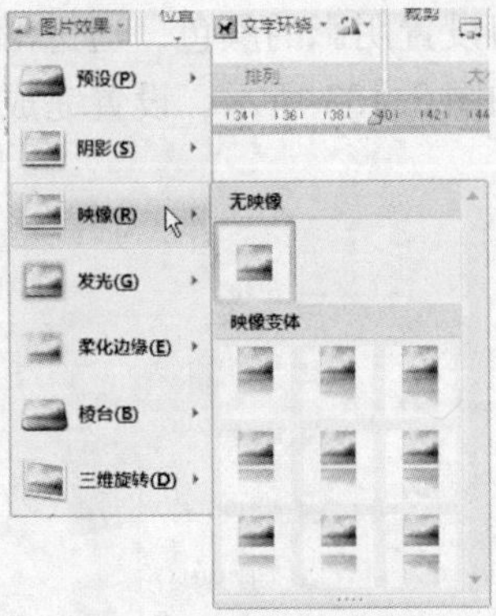

图 3.136 设置映像

(12) 设置发光和柔化边缘。发光效果是指在图片的外围显示出发光的颜色，柔化边缘是指图片的外围颜色逐渐变淡。如果要使用这两种效果，可以在图 3.136 所示的【图片效果】下拉列表中【发光】的二级菜单或【柔化边缘】的二级菜单中进行相应的设置。在设置前可以用鼠标指向这些样式，观看文档中图片的预览效果，觉得合适后选中即可。发光和柔化边缘效果如图 3.137 所示。

图 3.137 发光效果和柔化边缘效果

(13) 设置图片的三维效果。在 Word 2007 中，图片的三维效果包括棱台效果与三维旋转效果。设置图片的棱台与三维旋转效果的方法如下：

选定图片后，打开【设置图片格式】对话框，在左侧选择【三维格式】选项，在右侧即可设置棱台、深度、轮廓线及表面效果，如图 3.138 所示；在左侧选择【三维旋转】选项，在右侧即可从【预设】中选择三维旋转样式，或在【旋转】栏精确设置旋转角度，如图 3.139 所示。

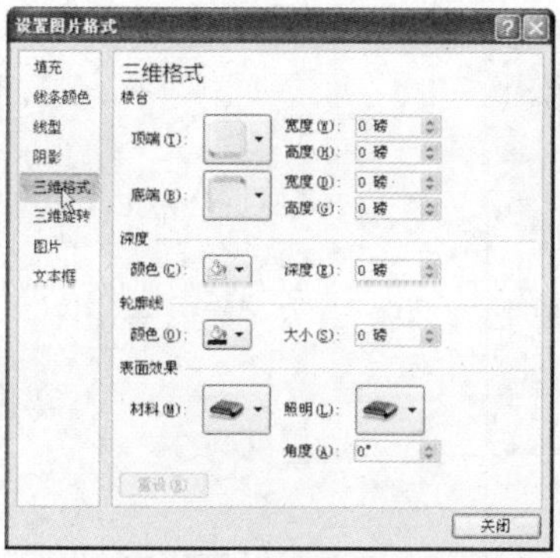

图 3.138 设置三维格式

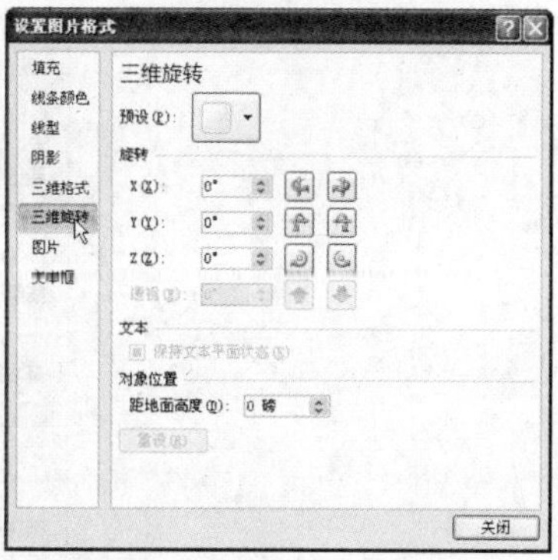

图 3.139 设置三维旋转

用户也可在图 3.136 所示的【图片效果】下拉列表【棱台】的二级菜单或【三维旋转】的二级菜单中进行相应的设置。在设置前可以用鼠标指向这些样式，观看文档中图片的预览效果，觉得合适后选中即可。

3. 绘制图形

Word 文档中不仅可以插入图片，还可以使用绘图工具手工绘制图形。在绘制图形后，还可对自绘图形进行简单的设置。

（1）绘制图形。Word 为用户提供绘图工具包括线条、基本形状、箭头、流程图、标注、星与旗帜六类，用户可以通过这六类工具绘制出自己需要的图形。

在 Word 中绘制图形的步骤：

步骤 1：在功能区选择【插入】选项卡，单击【插图】组中的【形状】按钮，弹出如图 3.140 所示的绘图形状样式列表。

步骤 2：指向所需类别，然后单击需要使用的形状。

步骤 3：将鼠标移到要绘制图形的位置，此时，鼠标指针变成“十”字形状，拖动鼠标，则可画出适当大小的图形。如果要保持图形的长宽比例，则在拖动鼠标时按下 Shift 键。

（2）绘制图形的设置。对自绘图形的设置，基本上与图片或剪辑画的设置方法相同。常用方法是通过【绘图工具/格式】选项卡上各按钮进行设置。

当用户插入绘制图形，或者选定绘制的图形时，功能区增加【绘图工具/格式】选项卡，如图 3.141 所示。

【插入形状】组：用于插入新形状、编辑形状和编辑图形中的文字。

【形状样式】组：主要设置自绘图形的边框、填充，更改形状。

【阴影效果】组：设置图形的阴影效果。

【三维效果】组：设置图形的三维效果。

【排列】组：主要设置图形位置、叠放次序、对齐方式、组合、旋转。

【大小】组：设置图形的大小。

另一种方法是打开【设置自选图形格式】对话框进行设置。其具体操作：右击图形，在弹出的快捷菜单中选择【设置自选图形格式】命令，或在【绘图工具/格式】选项卡的【形状样式】组的右下角单击对话框启动器按钮打开如图 3.142 所示的【设置自选图形格式】对话框，其中：

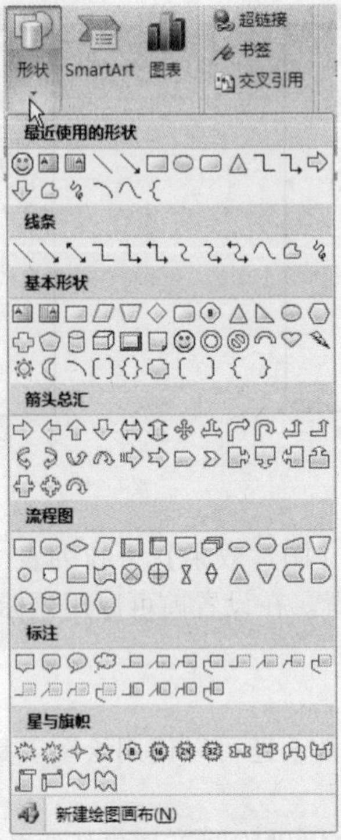

图 3.140　绘图形状样式列表

图 3.141　【绘图工具/格式】选项卡

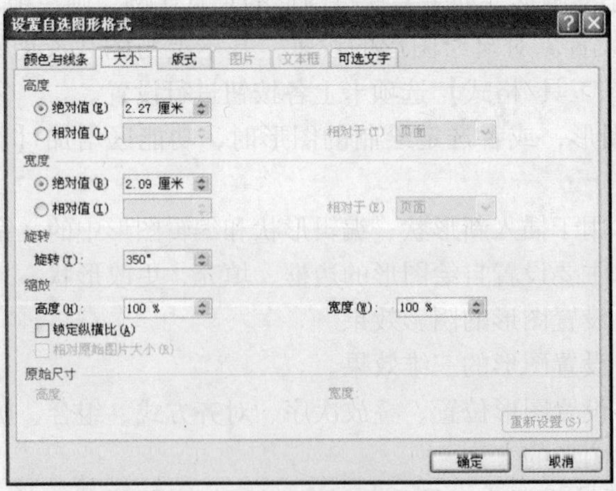

图 3.142　【设置自选图形格式】对话框

【颜色与线条】选项卡：主要是设置边框和填充。

【大小】选项卡：主要是设置图形大小、旋转角度、缩放比例等。

【可选文字】选项卡：用于设置图形在浏览器中不能显示时代替图形的文字。

【图片】和【文本框】选项卡不可设置。

(3) 在图形中添加文字。可以在绘制的图形（除直线）中写入文字。方法非常简单，一是右击图形，在弹出的快捷菜单中选择【添加文字】命令；二是在【绘图工具/格式】选项卡【插入形状】组中单击【编辑文本】按钮，都可以在图形中添加文字。所添加的文字跟文档中其他位置的文字一样，可以设置字符样式及段落样式。

(4) 操作多个图形。

● 设置叠放次序。如果在已绘制的图形之上再绘制图形，则产生重叠效果，先绘制的图形在下面，后绘制的图形在上面。用户可以改变图形的前后叠放顺序，方法：在要改变叠放顺序的图形上右击，在弹出的快捷菜单中的【叠放次序】的二级菜单中选择所需的叠放顺序，如图 3. 143 所示。

另外一种方法：选定图形后，在【绘图工具/格式】选项卡【排列】组中单击【置于顶层】按钮 置于顶层 设置图片置于顶层，或单击其右侧的箭头后从下拉菜单中的三个选项（【置于顶层】、【上移一层】和【浮于文字上方】）中根据需要进行选择；单击【置于底层】按钮 置于底层 设置图片置于底层，或单击其右侧的箭头后从下拉菜单中的三个选项（【置于底层】、【下移一层】和【衬于文字下方】）中根据需要进行选择。

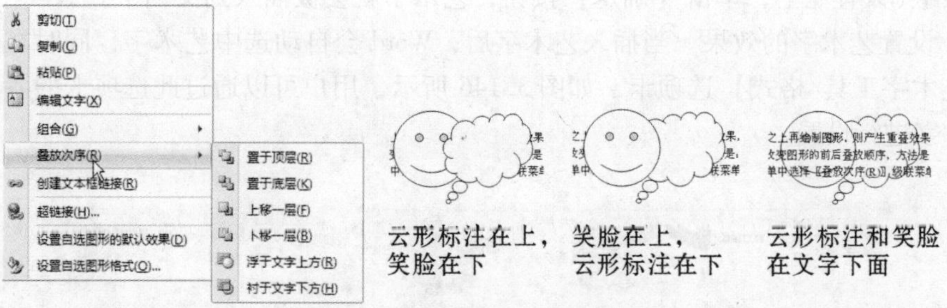

图 3. 143 设置图形叠放次序及示例

● 组合图形。要把多个图形组合成一个图形，需要按住 Ctrl 键或 Shift 键，然后依次单击需要组合的图形。选中全部图形后，用户既可以右击，在弹出的快捷菜单中选择【组合】→【组合】命令，也可以在【绘图工具/格式】选项卡【排列】组中单击【组合】按钮，在弹出的下拉菜单中选择【组合】命令。

组合在一起的图形被视为一个图形，用户可以对组合图形进行设置。

● 对齐图形。如果要对齐图形，需要按住 Ctrl 键或 Shift 键，然后依次单击需要对齐的图形。选中图形后，在【绘图工具/格式】选项卡【排列】组中单击【对齐】按钮，在弹出的下拉菜单中选择所需的对齐方式即可。

4. 插入艺术字

艺术字是具有图形效果的文字，在文档中插入艺术字可以美化文档。

(1) 插入艺术字。插入艺术字的方法非常简单，其操作步骤如下：

步骤1：在功能区选择【插入】选项卡，在【文本】组中单击【艺术字】按钮，弹出如图3.144所示的艺术字样式列表。

步骤2：在列表中单击所需要的样式，随即弹出如图3.145所示的【编辑艺术字文字】对话框。

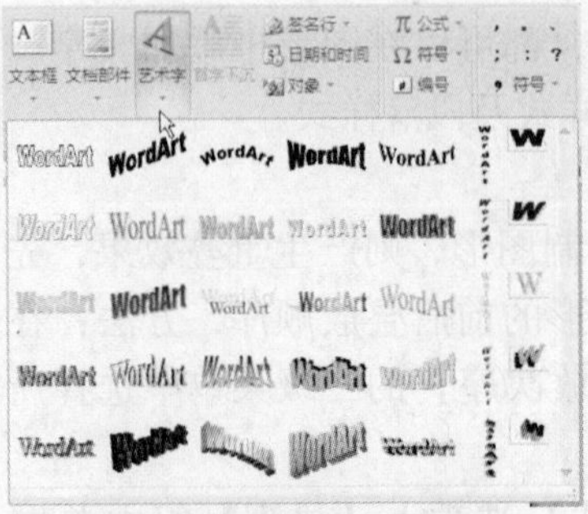

图3.144　艺术字的样式

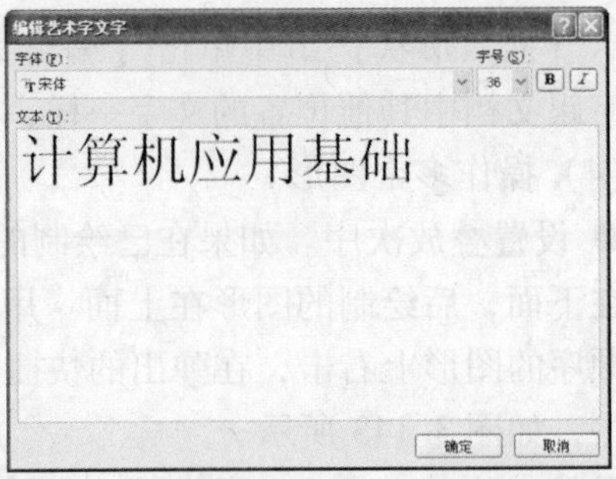

图3.145　【编辑艺术字文字】对话框

步骤3：在【文本】输入框中输入文字，【字体】、【字号】、【粗体】、【斜体】的含义与前面介绍的一样，既可在此对话框中进行设置，也可在插入艺术字后按普通文本一样设置。

步骤4：设置完毕，单击【确定】按钮，艺术字就会被插入到文档中。

（2）设置艺术字的效果。当插入艺术字后，Word会自动选中艺术字，同时在功能区中增加【艺术字工具/格式】选项卡，如图3.146所示，用户可以通过此选项卡的各功能区按钮对艺术字进行设置。

图3.146　【艺术字工具/格式】选项卡

【编辑文字】按钮：单击该按钮将重新打开【编辑艺术字文字】对话框，以便更改艺术字的内容或字体。

【间距】按钮：用于调整艺术字的字符间距。

【等高】按钮：主要针对英文艺术字。一般情况下，英文大小写字符高度会不相等，如果要使所写字符不论大小写都等高，需要进行此项设置。该按钮是开关按钮。

【艺术字竖排文字】按钮：用于更改艺术字的排列方向。

【文本对齐】按钮：对于多行艺术字来说，通过该按钮可以设置单行对齐方式。

【艺术字样式】区：用于修改已插入艺术字的样式。通过右边的上下按钮查找合适的样式，或单击按钮，打开样式列表，从中进行选择。

【形状填充】按钮：用于设置艺术字字符填充效果。

【形状轮廓】按钮：用于设置艺术字字符轮廓。

【更改形状】按钮：用于更改艺术字的形状。单击该按钮打开如图 3. 147 所示的形状列表，从中选择合适的形状。

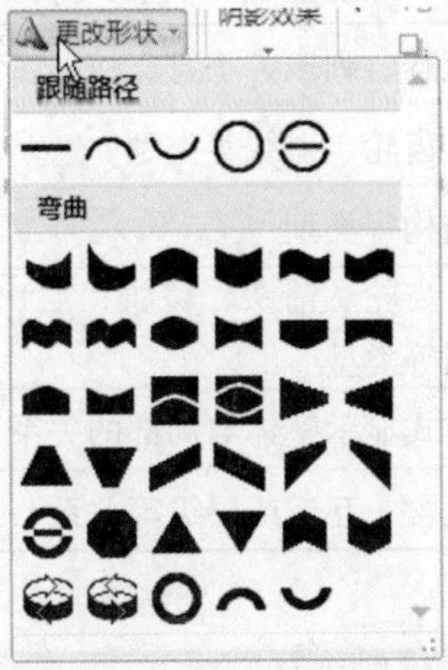

图 3. 147　更改艺术字形状

【阴影效果】组和【三维效果】组：用于设置艺术字阴影效果和三维效果。其操作方法参考图形部分。

【排列】组和【大小】组：用于设置艺术字位置和大小。其操作方法参考图形部分。

5. SmartArt 图形的插入和编辑

Word 2007 另外一个突出的亮点就是增加了智能图表（SmartArt）工具，它使用户制作出精美的文档、图表变得简单易行。

SmartArt 图形主要用于在文档中演示流程、层次结构、循环或者关系。

（1）插入 SmartArt 图形。在【插入】选项卡【插图】组中单击【SmartArt】按钮，弹出【选择 SmartArt 图形】对话框，如图 3. 148 所示。该对话框包含的图形信息如表 3. 5 所示。

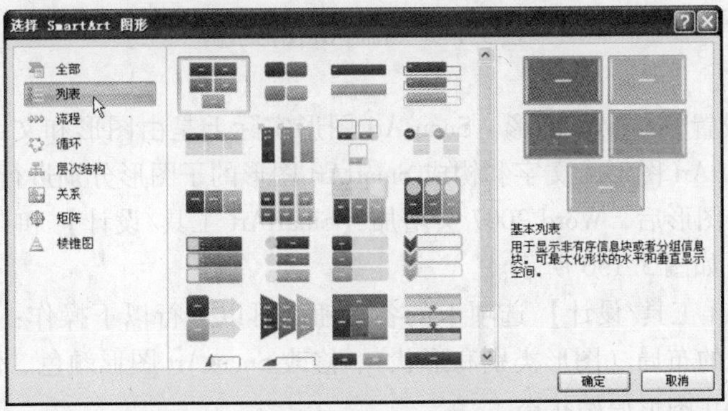

图 3. 148　【选择 SmartArt 图形】对话框

表 3.5 SmartArt 图形信息

图形分类	图形模板	简要描述
列表	24 套	分为蛇形、图片、垂直、水平、流程、层次、目标、棱锥等种类
流程	32 套	分为水平流程、列表、垂直、蛇形、箭头、公式、漏斗、齿轮等类型
循环	18 套	分为图表、齿轮、射线等类型
层次结构	7 套	包含组织结构等类型
关系	31 套	包含漏斗、齿轮、箭头、棱锥、层次、目标、列表流程、公式、射线、循环、维恩图等类型
矩阵	3 套	以象限的方式显示整体与局部的关系
棱锥图	4 套	用于显示包含、互连或层级等关系

注意：不同类型的模板可能包含相同的样式。

在对话框左侧单击所需 SmartArt 图形类型，在右侧选择具体的图形后，单击【确定】按钮在文档中插入 SmartArt 图形，如图 3.149 所示，其中右侧为 SmartArt 图形，左侧为辅助工具。既可以直接在 SmartArt 图形中单击【［文本］】字样后输入文字，也可以在辅助工具中单击【［文本］】字样后输入文字。

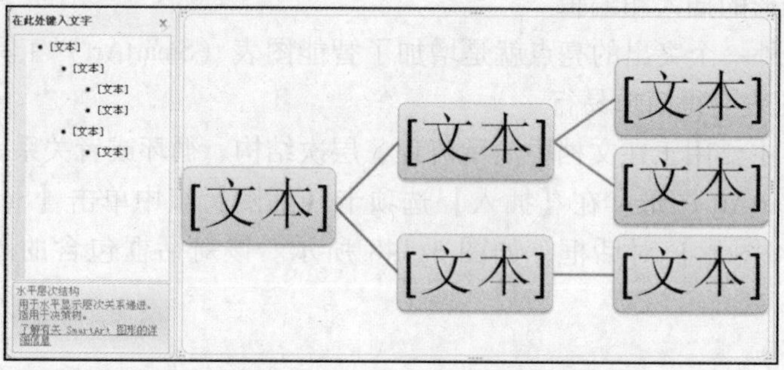

图 3.149 SmartArt 图形示例

（2）修改和设置 SmartArt 图形。SmartArt 图形实际上是由图形和文字组成的。因此用户可以对整个 SmartArt 图形、文字和构成 SmartArt 图形的子图形分别进行设置和修改。

选定 SmartArt 图形后，Word 2007 会增加【SmartArt 工具/设计】和【SmartArt 工具/格式】两个选项卡，如图 3.150 所示。

通过【SmartArt 工具/设计】选项卡的各按钮，可以进行以下操作：增加和删除项目、修改 SmartArt 图形的布局（图形类别和形状）、修改 SmartArt 图形颜色、修改 SmartArt 图形样式、恢复 SmartArt 图形原始状态。

通过【SmartArt 工具/格式】选项卡的各按钮，可以进行以下操作：更改 SmartArt 子图形的形状和大小、设置 SmartArt 图形的形状样式（包括样式、填充、轮廓、形状效果）、设置 SmartArt 图形中文字效果、排列 SmartArt 图形（包括位置、叠放次序、文字环绕、组合、旋转等）及设置 SmartArt 图形的宽度和高度。

【SmartArt 工具/设计】选项卡

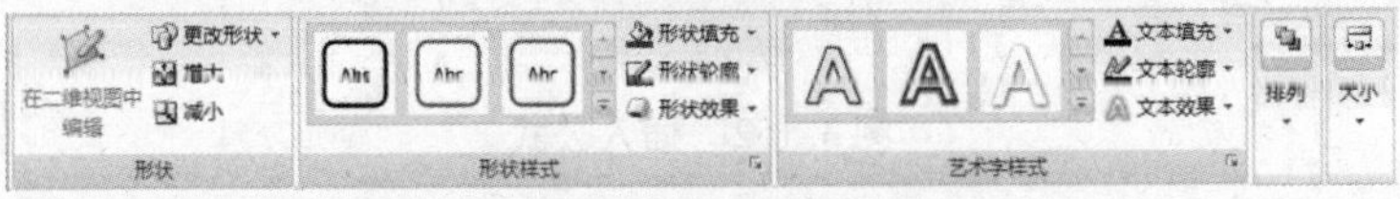

【SmartArt 工具/格式】选项卡

图 3.150　选定 SmartArt 图形后新增的选项卡

3.6.5　公式编辑器

利用公式编辑器可以方便地在文档中插入复杂数学公式。Word 2007 的公式编辑器由内置公式、符号和公式结构三部分组成。

内置公式包括二次公式、二项式定理、傅立叶级数、勾股定理、和的展开式、三角恒等式、泰勒展开式和圆的面积等。

符号包括基础数学、希腊字母、字母类符号、运算符、箭头、求反关系运算符、手写体和几何学等。

公式结构包括分数、上下标、根式、积分、大型运算符、括号、函数、导数符号、极限和对数、运算符和矩阵等。

1. **插入公式**

插入公式的操作步骤如下：

步骤 1：在功能区选择【插入】选项卡，在【符号】组中单击【公式】按钮 π 公式 右边的下拉三角箭头。

步骤 2：在弹出的下拉菜单中查看内置公式列表，如图 3.151 所示，如果有合适的公式，单击即可。

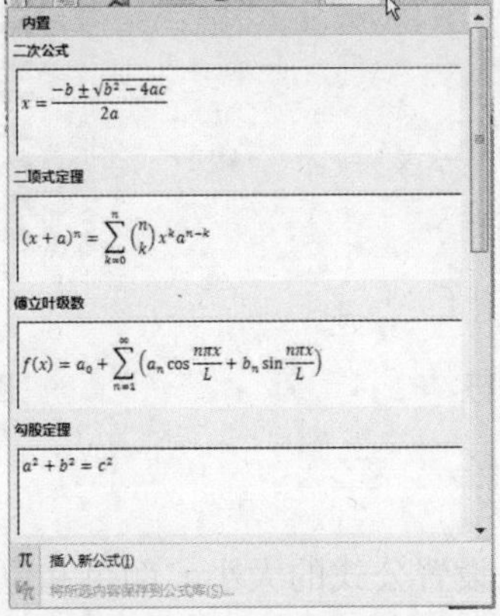

图 3.151　“公式”菜单

步骤 3：如果内置公式中没有用户需要的公式，则在下拉菜单中选择【插入新公式】

命令，此时在文档中会插入一个如图 3. 152 所示的域，同时功能区中出现如图 3. 153 所示的【公式工具/设计】选项卡。

图 3. 152　插入公式

图 3. 153　【公式工具/设计】选项卡

步骤 4：通过【公式工具/设计】选项卡内各种工具即可在此输入域中输入公式。

2. 编辑公式

任何公式都是由公式结构和字符组成的。

公式结构需要由【公式工具/设计】选项卡【结构】组中各按钮输入。公式模板中的虚线框结构称为占位符，如图 3. 154 所示。所谓占位符就是先占住一个固定的位置，然后供用户往里面添加具体内容，包括输入文字和继续插入公式结构。要往占位符中输入内容，只需把插入点定位于占位符中，然后即可输入。

字符则分普通字符和特殊字符。如果要插入普通字符，包括数字、英文字母、汉字、加减符号等可以通过键盘输入的字符，可把插入点定位于公式结构的占位符中，然后直接由键盘输入。如果要插入特殊符号，可以在【公式工具/设计】选项卡【符号】组中选择输入。单击符号列表中的【其他】按钮，打开符号窗口，然后单击左上角的黑三角，在下拉菜单中选择符号所在的类型，如图 3. 155 所示，即可转换到该类符号中，用鼠标选取即可输入。

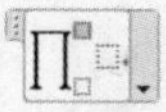

图 3. 154　公式中的占位符

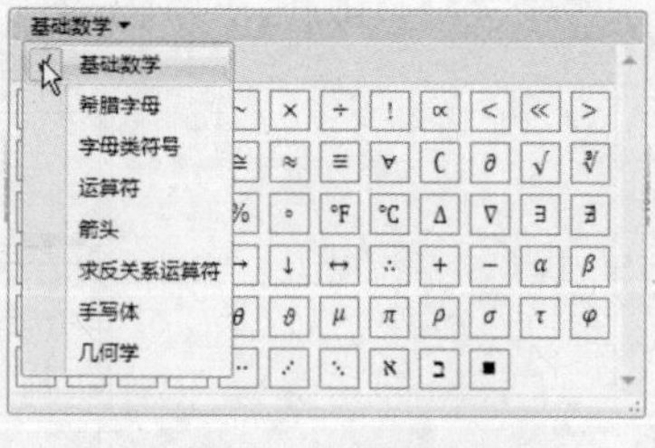

图 3. 155　输入特殊符号

3. 设置公式

对于插入的公式，用户可以设置公式的大小、颜色和位置等。

（1）设置公式的大小、颜色、边框和底纹等。公式的整体在文档中相当于字符，因此用户可以像为字符设置格式一样为公式设置字号、颜色甚至边框和底纹等，操作方法可参考前面内容。

（2）设置公式的样式。Word 2007 制作的公式可以显示为专业样式，也可以显示为线性样式，两种模式的效果如图 3. 156 所示。

在【公式工具/设计】选项卡【工具】组中单击【专业型】按钮，可以把线性样式转换为专业型样式；单击【线性】按钮，可以把专业型样式转换为线性样式。或者选中公式后，单击出现在公式右侧的按钮，在弹出的下拉菜单中选择相应命令进行转换，如图 3. 157 所示。

(3) 设置公式的排版方式。公式在文档中有两种排版方式：一是【显示】，二是【内嵌】。当设置为【内嵌】时，公式会插入文字之中，随着字符的移动而移动。而设置为【显示】时，公式则会单独占据一行，且水平居中显示。

修改排版方式的方法：在图 3. 157 所示的下拉菜单中选择【更改为“内嵌”】命令或【更改为“显示”】命令。

$$(x+a)^n=\sum_{k=0}^{n}\binom{n}{k}x^k a^{n-k}$$

专业样式

(x + a)^n = ∑_(k = 0)^n▒ [(n¦k) x^k a^(n − k)]

线性样式

图 3. 156　不同样式效果对照

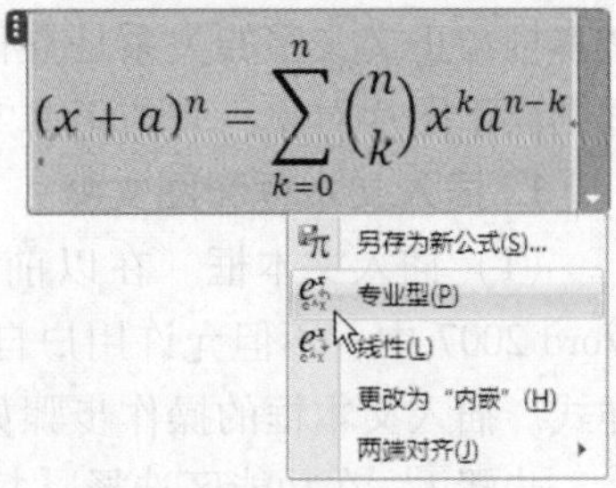

图 3. 157　转换公式样式

(4) 其他设置。在【公式工具/设计】选项卡【工具】组中单击右下角的对话框启动器按钮，打开【公式选项】对话框，在其中进行其他设置，如图 3. 158 所示。

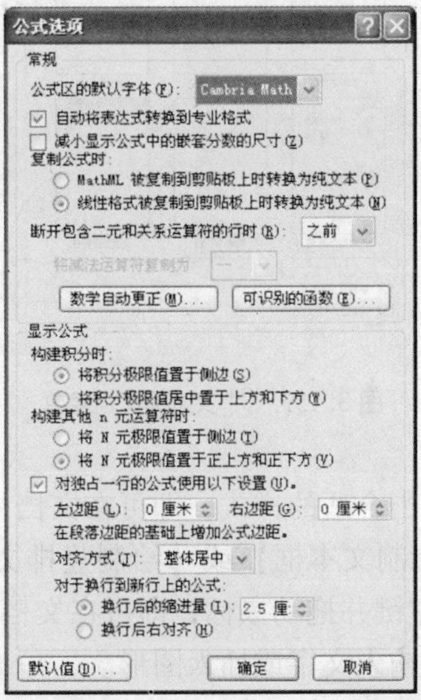

图 3. 158　【公式选项】对话框

4. 修改公式

对于使用 Word 2007 的公式编辑器编辑建立的公式，用户只需单击该公式，就可进入公式编辑状态，此时用户可以通过【公式工具/设计】选项卡内各组的按钮修改原有的公式，删除不需要的部分，添加新内容。

说明：对于老版本 Word 制作的公式，并不能用 Word 2007 的公式编辑器进行修改。但 Word 2007 为用户提供了老版本的公式编辑器，因此双击公式，Word 就会启动老版本的公式编辑器，同时进入公式编辑状态。

3.6.6 文本框和图文框

文本框和图文框从表面上看起来差异不大，但却有着本质的区别。文本框实质是一个图形对象。当用户在文档中手工绘制图形并在其中添加文字后，形成的就是文本框。因此，文本框与正文文字的关系是立体的关系，默认是浮于文字表面的，能够相互重叠。而图文框则属于图片对象，它与正文文字的关系是平面关系，在文档中就相当于一个字符。

1. 插入文本框和图文框

（1）插入文本框。在以前版本中，要使用文本框，必须自己绘制、手工设置。而在 Word 2007 中，不但允许用户自己绘制文本框，还为用户准备了 36 种已经设置好的文本框样式。插入文本框的操作步骤如下：

步骤 1：在功能区选择【插入】选项卡，单击【文本】组中的【文本框】按钮，打开如图 3.159 所示的下拉列表。

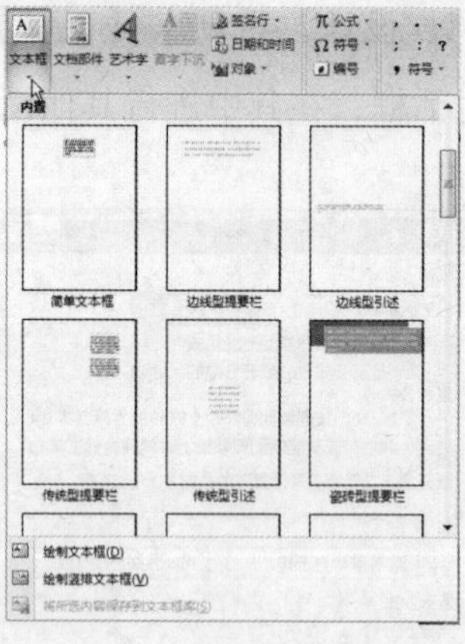

图 3.159 “文本框”菜单

步骤 2：在文本框样式中单击合适的样式，即可在文档中插入选定样式的文本框。如果没有合适的样式，可以选择【绘制文本框】或【绘制竖排文本框】命令，此时，鼠标指针变成“十”字形状，按下鼠标左键并拖动鼠标，即可在文档中绘制文本框。

步骤 3：在插入的文本框中输入文字或插入图形。

（2）插入图文框。在 Word 2007 中，并没有把插入图文框命令放入功能区，用户可以通过自定义的方法将其放到快速访问工具栏中，方法如下：

单击【Office 按钮】，在弹出的下拉菜单中单击【Word 选项】按钮，打开【Word 选项】对话框，单击左侧的【自定义】，在右侧【从下列位置选择命令】列表框中选择【不在功能区的命令】，如图 3. 160 所示，然后在下方的列表中选定【插入图文框】，单击【添加】按钮，设置完毕，单击【确定】按钮。这样，【插入图文框】命令会被添加到快速访问工具栏中，如图 3. 161 所示。然后，用户就可以在快速访问工具栏中单击【插入图文框】按钮，在文档中绘制图文框。

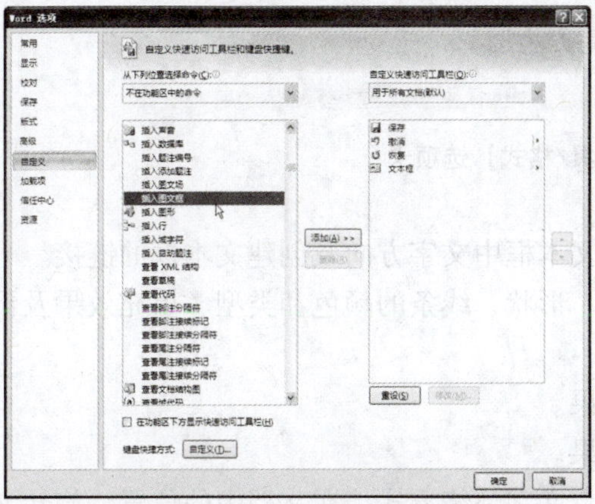

图 3. 160　自定义快速访问工具栏

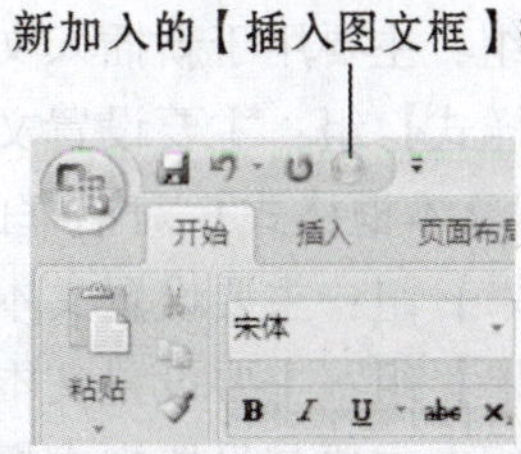

图 3. 161　快速访问工具栏

另一种插入图文框的方法是把文本框转换为图文框。操作方法：在文本框上右击，从弹出的快捷菜单中选择【设置文本框格式】命令，打开【设置文本框格式】对话框，选择【文本框】选项卡，单击【转换为图文框】按钮，如图 3. 162 所示。系统会弹出一个对话框提示用户是否确认转换，单击【确定】按钮即可把文本框转换为图文框。

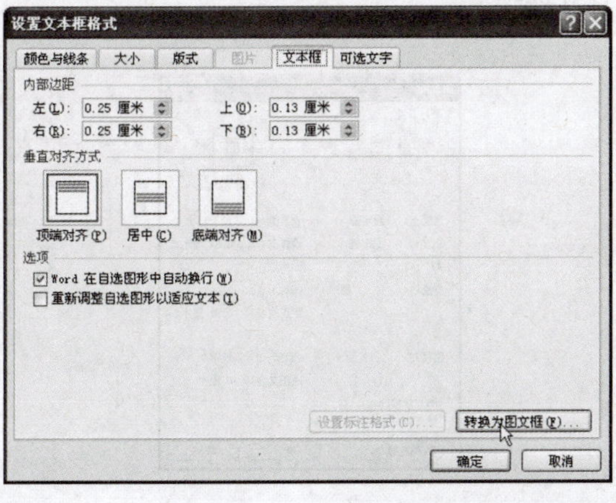

图 3. 162　转换为图文框

2. 设置文本框和图文框

文本框和图文框中都可以插入文字和图片，对其中的文字和图片，可以参考前面内容为其设置各种格式，如字符格式、段落格式、图片格式等。另外，对文本框和图文框自身也可以设置格式。

（1）设置文本框。文本框就是在绘制的图形中添加了文字组成的对象。因此，对文本框的设置与设置用户绘制图形的操作方法基本相同。选定文本框后，Word 在功能区增加显示【文本框工具/格式】选项卡，如图 3. 163 所示，用户可通过这个选项卡对文本框进行设置。

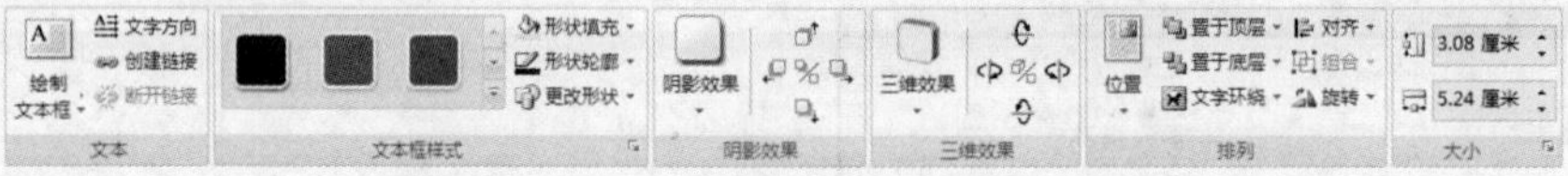

图 3. 163 【文本框工具/格式】选项卡

【文本】组：主要用于新插入文本框、设置文本框中文字方向及创建文本框的链接。

【文本框样式】组：主要设置文本框的样式、形状、线条的颜色和类型、填充效果及设有打开【设置文本框格式】对话框的启动器按钮。

【阴影效果】组：主要设置文本框的阴影效果。

【三维效果】组：主要设置文本框的三维效果。

【排列】组：主要是设置文本框的叠放次序、文字环绕方式、在文档中的位置、旋转文本框及多个文本框的对齐、组合等。

【大小】组：主要设置文本框的高度和宽度及设有打开【设置文本框格式】对话框的启动器按钮。

（2）设置图文框。在图文框上右击，从快捷菜单中选择【边框和底纹】命令，打开【边框和底纹】对话框，可以为图文框设置合适的边框线和填充效果；从快捷菜单中选择【设置图文框格式】命令，打开【图文框】对话框，如图 3. 164 所示。在此对话框有文字环绕、尺寸、水平、垂直等选项。

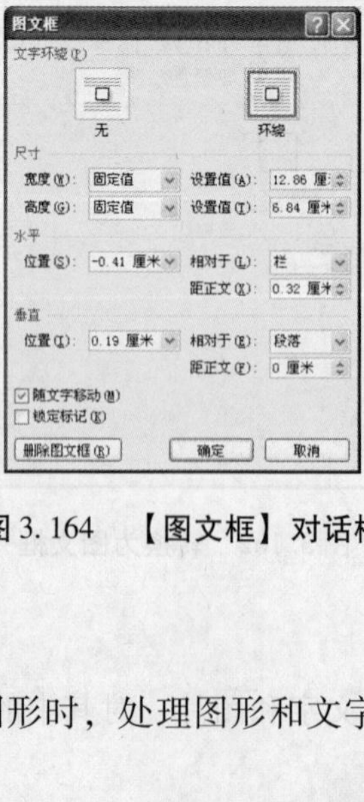

图 3. 164 【图文框】对话框

3. 6. 7 实现图文混排

当一篇文档中既有文字又有图形时，处理图形和文字之间的关系就称为图文混排，也称文字环绕。

插入 Word 文档中的图形有图片、剪贴画、绘制的图形、文本框、艺术字、SmartArt 图形六类，这六类都可以设置环绕方式，但设置的方法稍有不同。

对于图片、剪贴画、SmartArt 图形来说，只要右击图形，在快捷菜单中指向【文字环绕】命令，即可从其二级菜单中选择文字环绕方式，如图 3.165 所示。或者在【图片工具/格式】选项卡或【SmartArt 工具/格式】选项卡的【排列】组中单击【文字环绕】按钮，从中选择文字环绕方式，如图 3.166 所示。

图 3.165 设置剪贴画的文字环绕方式

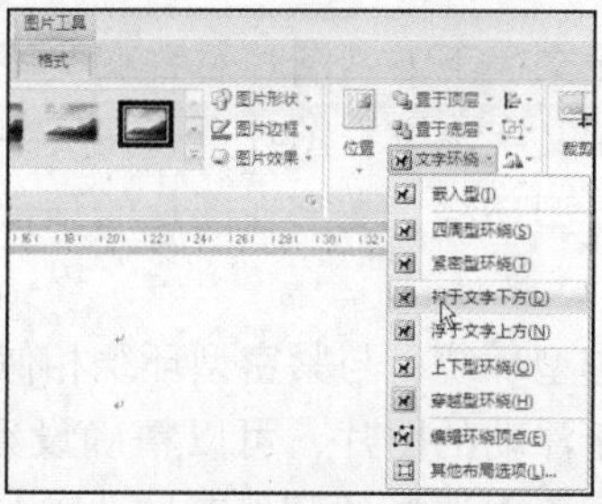

图 3.166 设置图片的文字环绕方式

而对于艺术字来说，可以单击右键，在快捷菜单中选择【设置艺术字格式】命令打开【设置艺术字格式】对话框，然后在【版式】选项卡中进行设置，如图 3.167 所示。或者在【艺术字工具/格式】选项卡【排列】组中单击【文字环绕】按钮，从中选择文字环绕方式。绘制的图形、文本框与此类似，可以在格式设置对话框的【版式】选项卡中进行设置，也可以在【排列】组中进行设置。

在 Word 中，图文的混排方式包括嵌入型、四周型环绕、紧密型环绕、衬于文字下方、浮于文字上方、上下型环绕和穿越型环绕七种。

嵌入型：图片与文字同等级别，图片随文字内容变化而移动。

四周型环绕：文字将环绕在图片的一个想象中的方形边界的四边。

紧密型环绕：文字将紧密环绕在图片的实际边缘（而不是图片的想象中的方形边界）的外围。需要时可手工微调环绕顶点，方法：在【文字环绕】下拉菜单中选择【编辑环绕顶点】命令，图片边框变成红色线框，并有一些黑色的顶点，如图 3.168 所示。用鼠标拖动红色线框或顶点，即可改变图片顶点的形状，进而改变文字环绕图片的形状。

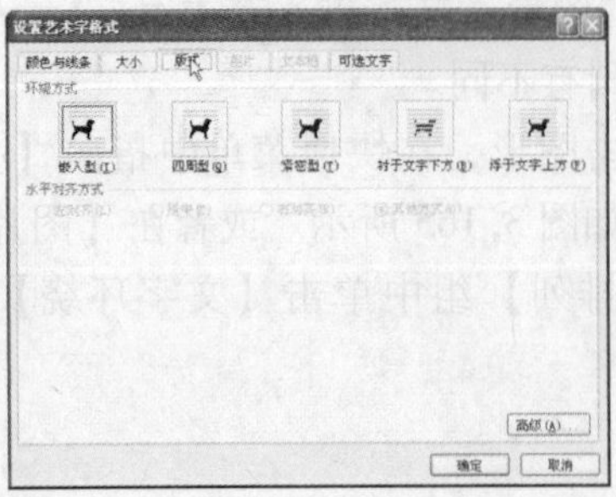

图 3.167 设置艺术字的文字环绕方式

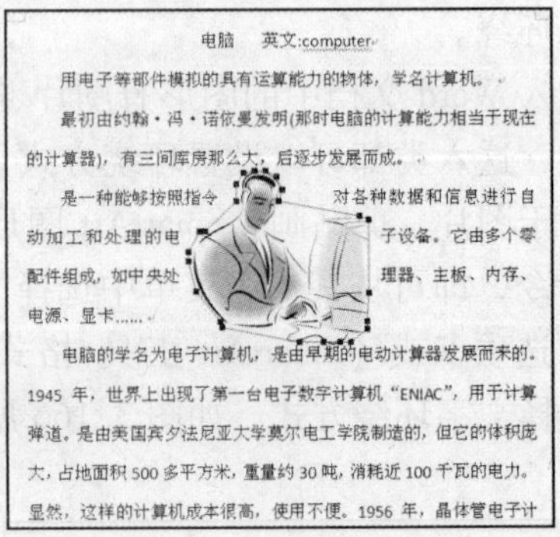

图 3.168 编辑环绕顶点

衬于文字下方：图片重叠在文字的下层。

浮于文字上方：图片重叠在文字的上层。

上下型环绕：文字在图片的顶部换行，在图像的下部重新开始，图片左右两旁无文字环绕。

穿越型环绕：与紧密型环绕相似，但可以在图片开放部位穿越。

对于浮动的图片，可以精确设置图片在页面中的位置，方法：在图 3.165 或图 3.166 所示的列表中选择【其他布局选项】命令，打开【高级版式】对话框，如图 3.169 所示的【图片位置】选项卡用于设置图片在页面中的位置，如图 3.170 所示的【文字环绕】选项卡用于设置图片版式及距正文距离等。

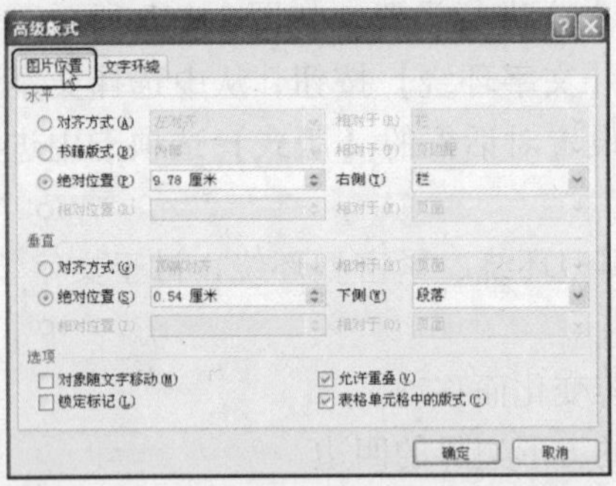

图 3.169 【图片位置】选项卡对话框

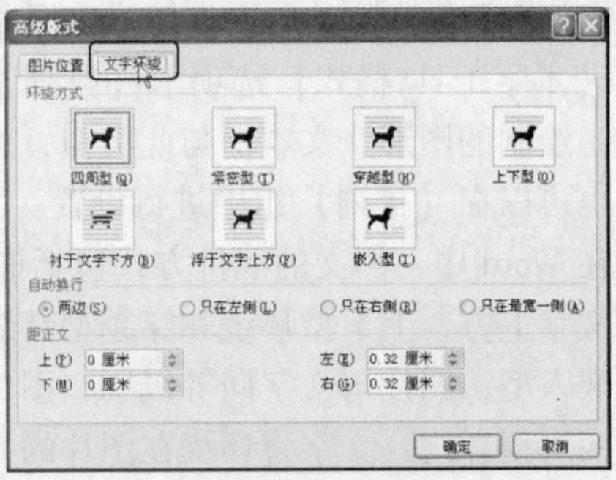

图 3.170 【文字环绕】选项卡对话框

3.7 Word 2007 高级功能

3.7.1 宏和域

1. 宏

在 Word 中，宏就是把一系列的击键动作，鼠标单击、双击动作，执行命令等组合在一起，形成一个批处理命令。此后只要执行一下宏，就能重复宏所记录的一系列动作，从而实现任务执行的自动化。

说明：宏的本质实际上是一段 VBA（Visual Basic for Application，嵌入 Office 软件的一种脚本语言）代码，可以在 Visual Basic 编辑器中打开宏并修改其中的指令，也可以直接在 Visual Basic 编辑器中创建宏的代码。

（1）录制宏。其操作步骤如下：

步骤 1：在功能区选择【视图】选项卡，在【宏】组中单击【宏】按钮，从弹出的下拉菜单中选择【录制宏】命令，打开【录制宏】对话框，如图 3.171 所示。

步骤 2：在【宏名】中为宏取一个名字，不允许用空格，本例采用默认名“宏 1”。

步骤 3：单击【将宏保存在】下拉列表，指定宏的保存位置。

步骤 4：在【说明】文本框输入有关的说明。

步骤 5：【将宏指定到】两个按钮用于设置宏的调用方式，一是把宏以按钮的形式放到快速访问工具栏中，二是为宏指定快捷键。

步骤 6：不论是把宏放到快速访问工具栏上还是指定快捷键后，都会开始录制宏。此时，用户的所有操作都会被宏录制下来。

步骤 7：当操作结束，需要停止录制宏时，在【宏】下拉菜单中选择【停止录制】命令。

（2）运行宏。一个宏创建后，可以通过运行宏来执行操作。运行宏有如下方法：

方法 1：选定要执行的宏的内容，按下宏的快捷键或单击【快速访问工具栏】中的按钮即可开始执行宏。

方法 2：在图 3.171 所示的下拉菜单中选择【查看宏】命令，在打开的【宏】对话框中选择要运行的宏的名称，如图 3.172 所示，然后单击【运行】按钮，开始运行录制的宏。

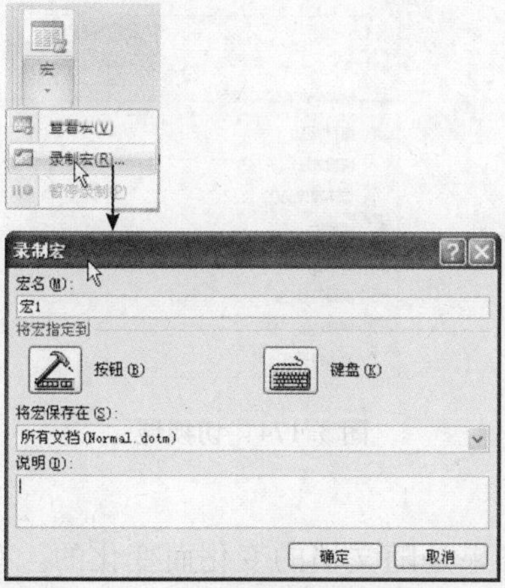

图 3.171 【录制宏】对话框

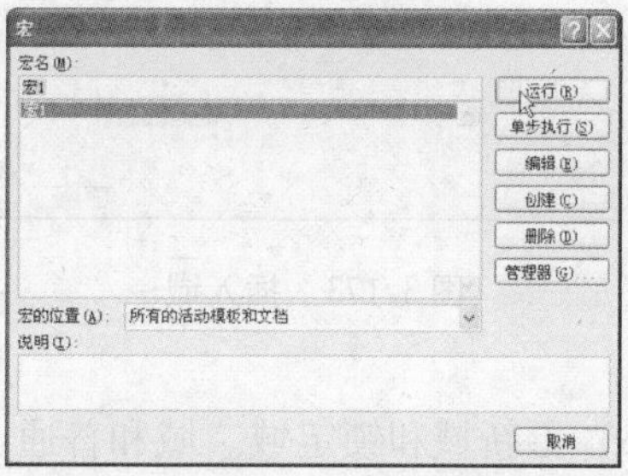

图 3.172 【宏】对话框

说明：对于不经常使用的宏，可以将其删除。删除的方法：在图 3.172 所示的【宏】对话框中选择要删除的宏名，单击【删除】按钮即可将该宏删除。单击【编辑】按钮可进入 VBA 编辑器对宏进行编辑修改。单击【创建】按钮可进入 VBA 编辑器创建新的宏。

2. 域

域由域代码和域结果组成。域代码是由域特征字符、域类型、域指令和域开关组成的字符串。域特征字符是指包围域代码的大括号“｛｝”，但这个大括号并不是用键盘直接输入的，而是在插入域的时候自动生成的；域类型就是域的名称；域指令和开关是设定域类型如何工作的指令和开关。域结果是域代码所代表的信息。例如，域代码“{AUTHOR \ * MERGEFORAT}”表示在文档中每个出现此域代码的地方插入作者名字，其中“AUTHOR”是域类型，“\ * MERGEFORAT”是通用域开关，而插入这个域之后真正显示出的作者名字则是域的结果。

域的最大优点是可以根据文档的改动或其他因素的变化而自动更新。

（1）插入域。Word 将许多域内置为菜单命令，一般通过菜单命令即可插入域。具体方法：在功能区选择【插入】选项卡，在【文本】组中单击【文档部件】按钮，在弹出的下拉菜单中选择【域】命令，打开【域】对话框，从中选择所需的域，如图 3.173 所示。

（2）显示域代码。通常情况下，文档显示的是域结果。如果想要编辑域，需要显示域代码。Word 可以在域代码和域结果之间切换，方法：在域上右击，在弹出的快捷菜单中选择【切换域代码】命令，如图 3.174 所示，即可把当前域结果切换为域代码。再次使用该命令可以把域代码切换为域结果。用户也可以用快捷键操作，按下 Shift + F9 键可在指定域中切换，按下 Alt + F9 键可以在所有域中切换。

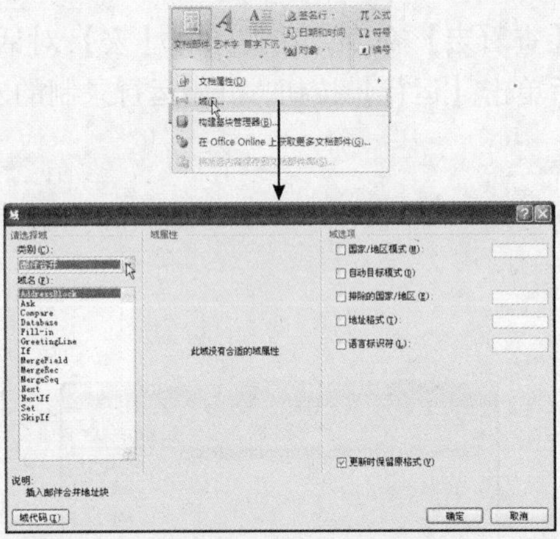

图 3.173　插入域

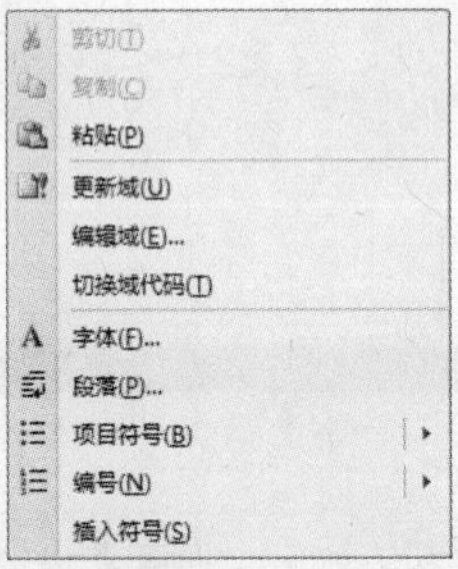

图 3.174　切换域

（3）更新域和锁定域。域和普通文字不同，其结果是随文档的变化而变化的。有些域能自动更新，而有些域不能自动更新，如要获得最新的信息，就要手工更新域以生成新的域结果。方法：按 F9 键或在图 3.174 所示的菜单中选择【更新域】命令。如果要更新文档中的所有域，则应先选定整个文档后再按 F9 键。

有些时候用户可能不希望域被更新，如插入日期域后希望保持插入时的日期而不随时间的变化而更新。防止更新域的方法有两种：一是暂时锁定某个域。选定域后按 Ctrl + F11 键可将域锁定，按 Ctrl + Shift + F11 键可解除锁定。二是解除域的链接。选定域后按 Ctrl + Shift + F9 键解除域的链接。解除了某个域的链接后，其域结果成为常规文本，且不能恢复链接。

3.7.2 邮件合并

日常工作中经常需要将信件或报表之类的内容发送给不同的单位或个人，这些信件或报表的主要内容基本相同，只是称谓或具体的数据等有所不同。为了减少重复工作、提高效率，Word 提供了邮件合并功能。

邮件合并的原理是将要发送文档中相同的部分保存为一个文档，称为主文档；将不同的部分，如收件人的姓名、邮编、地址等保存为另一个文档，称为数据源文档；最后将两个文档进行合并，即用数据源文档的具体信息替换主文档中的合并域，从而生成大量用户所需的信件或报表等。

邮件合并操作是在【邮件】选项卡中通过各组中的按钮或菜单命令完成的，如图 3.175 所示。

图 3.175 【邮件】选项卡

邮件合并主要有以下六个步骤：

步骤 1：选择邮件合并的文档类型。

步骤 2：创建主文档，并输入文档中共有的内容。

步骤 3：创建或打开数据源文档，存放信件或报表中变化的信息。

步骤 4：在主文档中插入合并域，以此代表信件或报表中变化的内容。

步骤 5：预览合并结果。

步骤 6：执行合并操作，用数据源文档的具体数据替换主文档中的合并域，生成一个合并文档或将合并结果打印输出。

1. 选择邮件合并的文档类型

在【邮件】选项卡【开始邮件合并】组中单击【开始邮件合并】按钮，在弹出的下拉菜单中选择【邮件合并分步向导】命令，在 Word 窗口右侧打开【邮件合并】向导窗口，如图 3.176 所示。

向导的第 1 步是选择邮件合并文档类型，有【信函】、【电子邮件】、【信封】、【标签】和【目录】五个类型，用户根据实际情况选择所需类型后单击窗口下面的【下一步：正在启动文档】进入向导的第 2 步，即选择主文档。

2. 创建主文档

用户可以使用当前文档作为主文档，也可以从模板中选择，还可以将已有文档作为主文档。此时，用户可以在指定的主文档中输入共有内容，也可以暂时不输入，待插入合并域时再输入。

3. 创建或打开数据源文档

向导的第 3 步是选择收件人，即创建数据源或选择数据源。

数据源又叫收件人列表。实际上，数据源中保存的可能不仅仅包括收件人信息，还有可能包括其他信息。数据源的数据按记录存放，每个记录由若干数据域组成，例如，录取通知书的数据域包括姓名、学院和专业。

对于 Word 2007 的邮件合并功能来说，数据源的制作方式很多：一是用 Word 2007 新建收件人列表来创建数据源；二是通过 Word 表格来制作数据源；三是用 Excel 表格制作数据源；四是使用 Outlook 或 Outlook Express 的通讯录来制作数据源；五是用指定格式的文本文件保存数据源。

下面介绍如何用 Word 2007 创建数据源：

步骤 1：在向导第 3 步窗口选择【键入新列表】后单击【创建】按钮或在【邮件】选项卡【开始邮件合并】组中单击【选择收件人】按钮，并从下拉菜单中选择【键入新列表】命令，如图 3.177 所示。

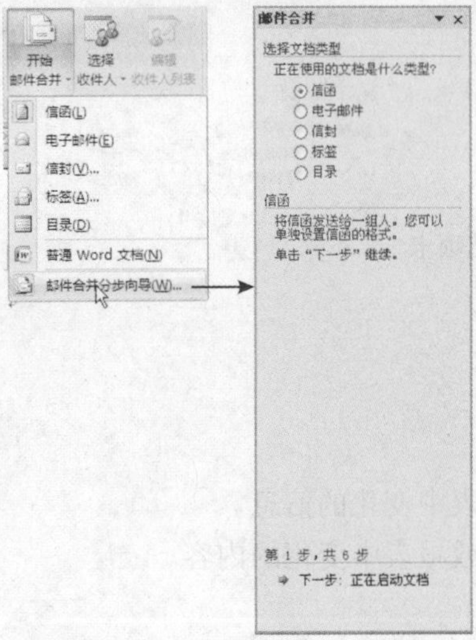

图 3.176 【邮件合并】向导窗口

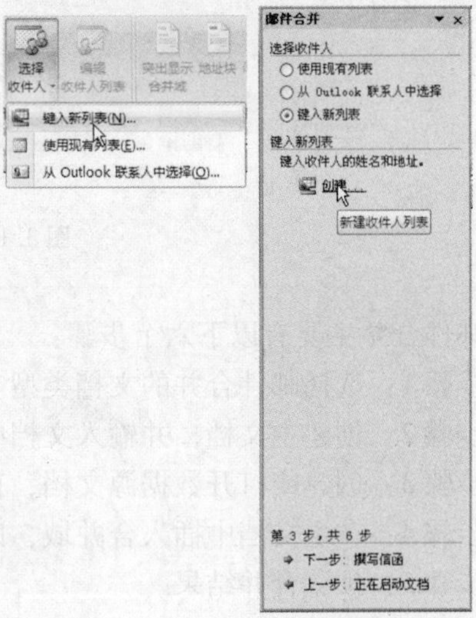

图 3.177 创建数据源

步骤 2：Word 2007 弹出【新建地址列表】对话框，如图 3.178 所示。列表中的信息包括职务、名字、姓氏等 13 项内容，用户可以根据需要进行修改或增删项目。

步骤 3：单击【自定义列】按钮，打开【自定义地址列表】对话框，如图 3.179 所示。

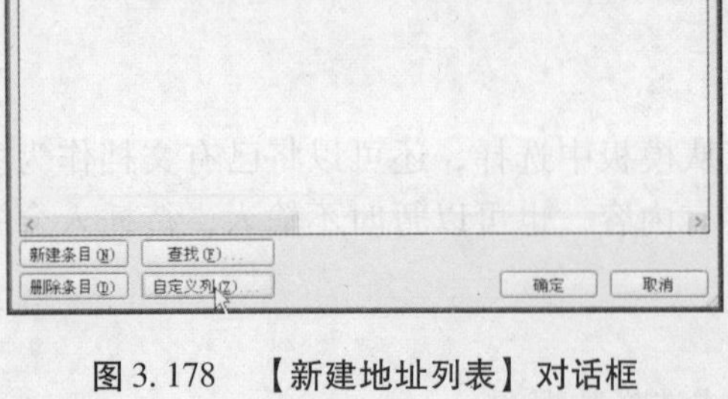

图 3.178 【新建地址列表】对话框

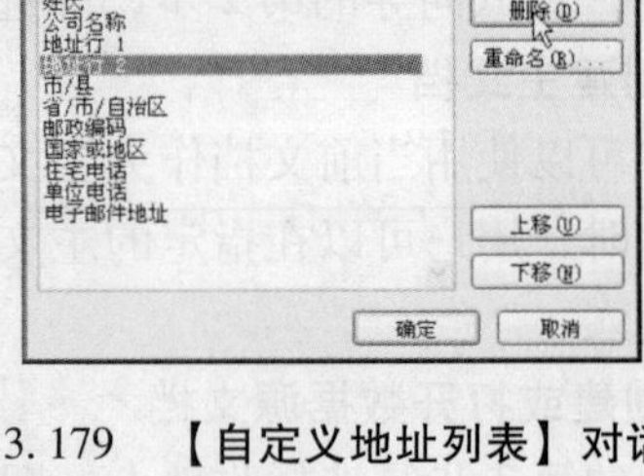

图 3.179 【自定义地址列表】对话框

步骤4：在【字段名】栏选择不需要的字段名后单击【删除】按钮，弹出确认对话框。如果确认删除，单击【是】按钮进行删除。重复该操作删除所有不需要的字段名。

步骤5：修改字段名。在【字段名】栏选中字段名后，单击【重命名】按钮，在弹出【重命名域】对话框中输入用户需要的名称，如图 3. 180 所示。

步骤6：添加字段名。单击【添加】按钮，在弹出【添加域】对话框中输入用户需要的名称，如图 3. 181 所示。

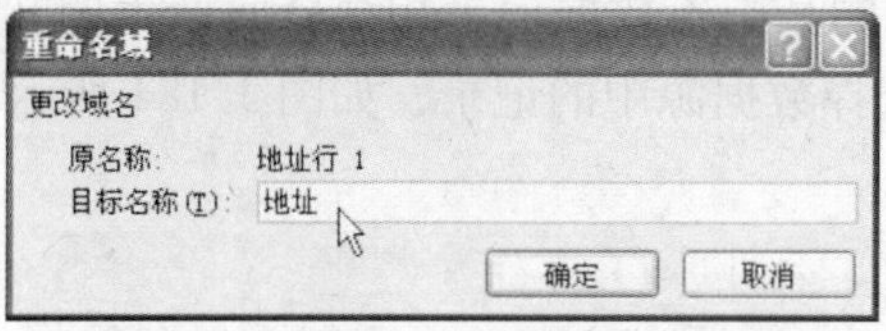

图 3. 180 【重命名域】对话框

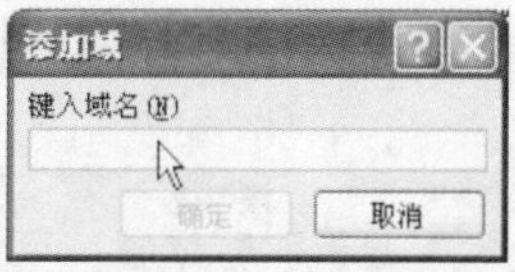

图 3. 181 【添加域】对话框

步骤7：定义好所需的字段信息后，单击【确定】按钮回到【新建地址列表】对话框。

步骤8：在【新建地址列表】对话框中，根据字段名输入相关信息。单击【新建条目】按钮可以增加一条新记录。单击【删除条目】按钮可以删除选定的记录。

步骤9：当数据录入完毕后，单击【确定】按钮会弹出【保存通讯录】对话框，如图 3. 182 所示。输入保存的文件名，选择保存位置（建议将数据源保存在默认位置）后单击【保存】按钮即可。

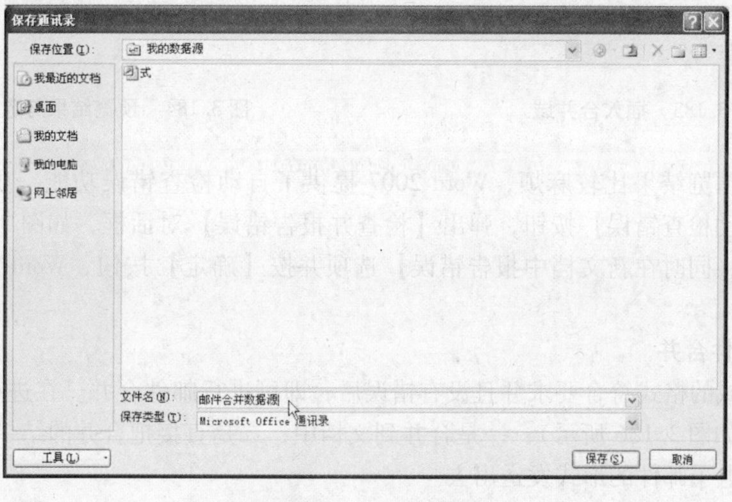

图 3. 182 保存数据源

4. 添加邮件合并域

数据源文档已经创建完毕，现在可以在主文档中输入共有内容和插入邮件合并域。插入合并域的操作方法如下：

把插入点定位在需要合并域的位置，在【邮件】选项卡【编写和插入域】组中单击【插入合并域】按钮，从弹出的下拉菜单中选择所需的字段名。或者在向导第 4 步窗口选择需要的字段名，如图 3. 183 所示。

5. **预览结果**

在设置好主文档，添加了数据源，插入了合并域后，便可以将主文档和数据源合并起来，以生成所需要的内容。在生成文档之前，可以通过预览功能在屏幕上查看目的文档。方法：在【邮件】选项卡【预览结果】组中单击【预览结果】按钮，或者进入向导第 5 步窗口进行预览。

在预览邮件合并时，只是显示主文档和数据源的某一条数据记录相结合而产生的文档，此时，可以在【预览结果】组或向导第 5 步窗口选择数据源中的记录，如图 3. 184 所示。

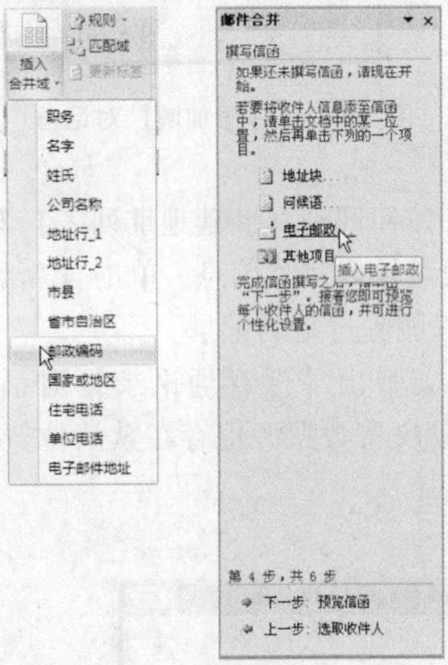

图 3. 183 插入合并域

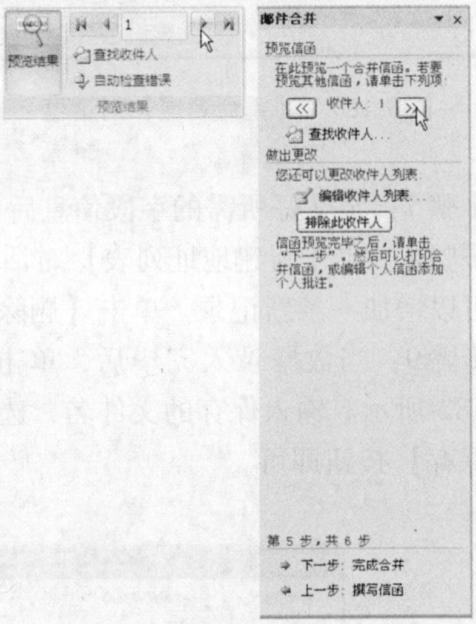

图 3. 184 预览结果与选择记录

逐条查看预览结果比较麻烦，Word 2007 提供了自动检查错误功能。在【预览结果】组中单击【自动检查错误】按钮，弹出【检查并报告错误】对话框，如图 3. 185 所示，选中【模拟合并，同时在新文档中报告错误】选项并按【确定】按钮，Word 2007 会模拟合并并检查错误。

6. **完成邮件合并**

确保合并域的格式符合要求并且没有错误后，即可进行邮件合并。在进行邮件合并时，有三个选项（如图 3. 186 所示）：一是合并到文档中；二是直接把合并的结果用打印机打印出来；三是以电子邮件的形式发送出去。

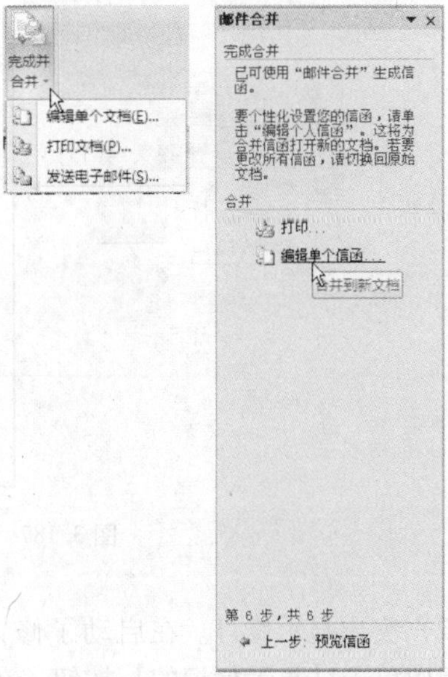

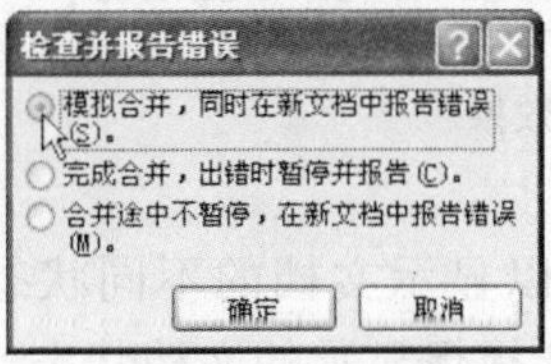

图 3.185 【检查并报告错误】对话框

图 3.186 执行合并操作

3.7.3 修订、审阅与比较文档

1. **修订文稿**

一般来说，正式文稿都要几经审阅和修改才能定稿。按照传统方法要找到修订内容、修订人等信息是比较困难的。Word 2007 提供了文稿的修订审阅功能。启用此功能后，Word 会对审阅者的修改在文档中自动插入修订标记，如增加的文字以不同颜色显示并加下划线，删除的文字改变颜色同时增加删除线，这样，最后定稿者就可以非常清楚地看出到底哪些文字发生了变化。

(1) 启动修订功能。单击【审阅】选项卡，在【修订】组中单击【修订】按钮，然后在弹出的下拉菜单中选择【修订】命令。使用此命令后，【修订】按钮呈选中状态。此时在文档输入文字或删除文字都会自动添加修订标记，如图 3.187 所示。

如果要取消修订功能，只要再次单击【修订】按钮即可。

另外，用户也可通过快捷键 Ctrl + Shift + E 快速启动或取消修订功能。

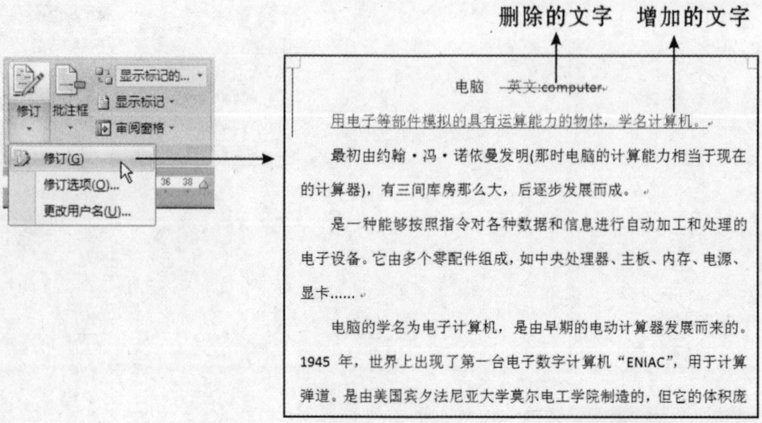

图 3. 187 启用修订功能与修订效果

（2）突出显示修订。在启动了修订模式后，用户可以显示文档的不同状态。在【修订】组中单击【显示标记的】按钮，在下拉菜单中即可选择想显示的文档状态。各选项含义如下：

- 显示标记的最终状态：显示所有修订的最终状态。
- 最终状态：显示文档修订后的状态。
- 显示标记的原始状态：显示修订标记的原始状态。
- 原始状态：显示文档修订前的状态。

只有选中第一个和第三个选项时，才能在文档中看到修订标记。

（3）更改修订标记格式。通常情况下，插入的文本修订标记为下划线，删除的文本标记是删除线。当有更多人参与修订时，每个修订者会使用不同的颜色（Word 只提供了八种颜色，超过八人，则循环使用这八种颜色）。如果需要，用户可以自定义修订标记的显示效果。

在图 3. 187 所示的下拉菜单中选择【修订选项】命令，在弹出的【修订选项】对话框中即可定制修订标记的格式，如图 3. 188 所示。

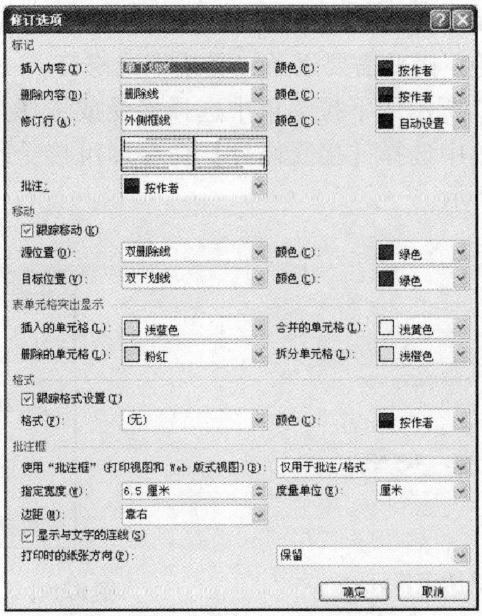

图 3.188　自定义修订标记的格式

2. 审阅文稿

（1）审阅修订。在工作组中使用修订审阅功能的一般过程：当作者完成文稿的编辑后，将文档副本发送给其他审阅者进行修改；审阅者修改文稿，然后发给作者或最后定稿人；作者或定稿人收到修改后的文档后，使用审阅功能查看修改并决定是否接受所作的修改。

在默认情况下，Word 将显示所有审阅者的修订标记，不同审阅者的修订通过不同颜色显示。用鼠标移向修订标记时，会显示一个浮动窗口，浮动窗口会显示出审阅者、修订时间、修订内容等修订信息，如图 3.189 所示。如果没有显示，用户可以在【修订】组中单击【显示标记】按钮，在下拉菜单中指向【审阅者】并从其二级菜单中选择要显示的审阅者。

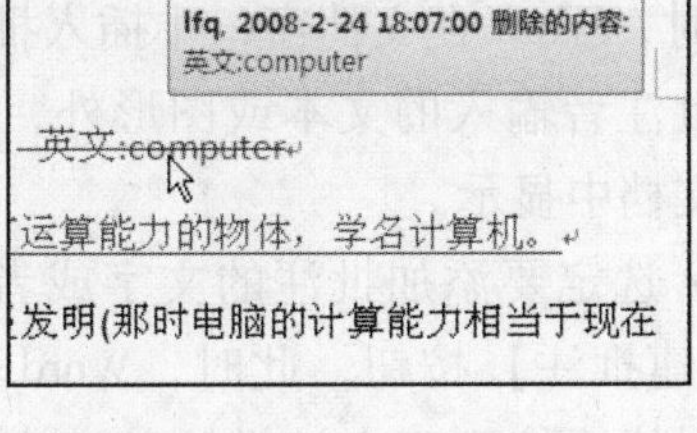

图 3.189　显示修订信息

（2）接受或拒绝修订。定稿人在收到被审阅的文稿后，有两种选择：一是接受审阅者的修订；二是拒绝审阅者的修订。如果接受审阅者的修订，则可把文稿保存为审阅者修改后的状态；如果拒绝审阅者的修订，则可把文稿保存为未经修订的状态。

● 接受或拒绝所有修订。按前面的方法将所有审阅者的修订或某个审阅者的修订显示出来，在【审阅】选项卡【更改】组中单击【接受】按钮并从下拉菜单中选择接受选项；或单击【拒绝】按钮并从下拉菜单中选择拒绝选项，如图 3.190 所示。

● 逐条接受或拒绝修订。实际工作中，很少全部接受或全部拒绝修订，而是有的修订会被接受，有的修订被拒绝，因此需要逐条接受或拒绝修订。一种方法是将鼠标移到某条修订上，然后在如图 3. 190 所示的下拉菜单中选择接受或选择拒绝。另一种方法更简单，右击修订标记，在快捷菜单中选择【接受修订】命令即可接受此修订；选择【拒绝修订】拒绝此修订，如图 3. 191 所示。

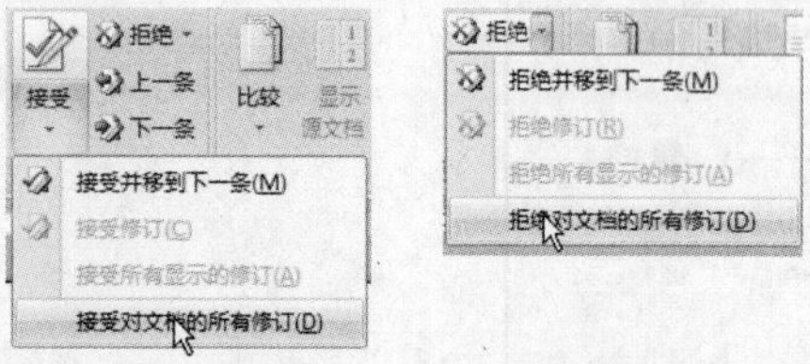

图 3. 190 接受或拒绝所有修订

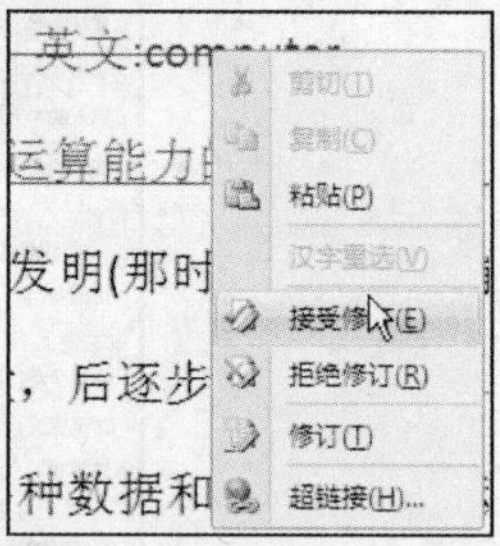

图 3. 191 逐条接受或拒绝修订

3. 使用批注

有时候审阅者不会直接对文档进行修改，而只是对文稿提出建议，此时用修订功能就不太合适，而应该使用批注。

批注功能可以建立起一条作者与审阅者之间的沟通渠道，审阅者可以把自己的意见以批注的方式加入到文字或图形中，以供作者参考，而且批注的使用不会影响正文的显示或打印。

批注、脚注与尾注虽然都是在文档中加入注释信息，但它们是不同的。脚注和尾注是直接在文档页面上加入所需的注释信息，作为正常的文本加入到文档中，其引用标记、注释文本在页面上实际存在，打印文档时，和文档正文一起被打印。批注是审阅者对文档进行的批示或评注，其内容不在文档页面显示，而是在批注窗口中查看，不影响正文的显示，打印时，只打印正文，不打印批注。

（1）插入批注。插入批注时，Word 在文档窗口中插入批注标记，由批注者在批注窗口输入批注内容。批注内容除了批注者输入的文本或图形外，还有批注者的用户简写和批注编号，并用隐藏文字的方式在文档中显示。

插入批注的操作方法如下：选定要添加批注的文字或者单击文字的末尾，在【审阅】选项卡【批注】组中单击【新建批注】按钮，此时，Word 会在屏幕的右侧建立一个标记区，并建立一个批注窗口，用引线连接到正文被批注的文字中，正文中被批注的文字也会被中括号括起来，如图 3. 192 所示。用户可在批注窗口中输入文本或插入图片。

（2）查找和定位批注。利用【开始】选项卡的【编辑】组中的【查找】按钮，弹出【查找和替换】对话框的【定位】选项卡，可以帮助用户快速定位到批注。另外也可以通过【审阅】选项卡【批注】组中的【上一条】、【下一条】按钮逐条定位和查看批注。

（3）查阅批注内容。批注有三种显示方式：一是默认在屏幕右侧的标记区显示；二是把批注嵌入正文；三是打开审阅窗格。

图 3. 192 展示了第一种显示方式。把批注嵌入正文的方式，不会在屏幕上显示标记区，

而是在正文中给批注的文字添加底色，并用中括号括起来，在右下角添加批注审阅者缩写和批注编号，当把鼠标指向批注时，会以浮动窗口显示批注，如图 3. 193 所示。审阅窗格是位于 Word 中的被分割出来的一个窗口，有垂直窗格和水平窗格两种格式，利用【审阅】选项卡【修订】组中的【审阅窗格】按钮将其打开，如图 3. 194 所示。打开审阅窗格后，所有的修订和批注都会一条一条地显示在审阅窗格中。用鼠标定位审阅窗格上的某处修订或批注项，正文会自动定位到文中的相应位置。

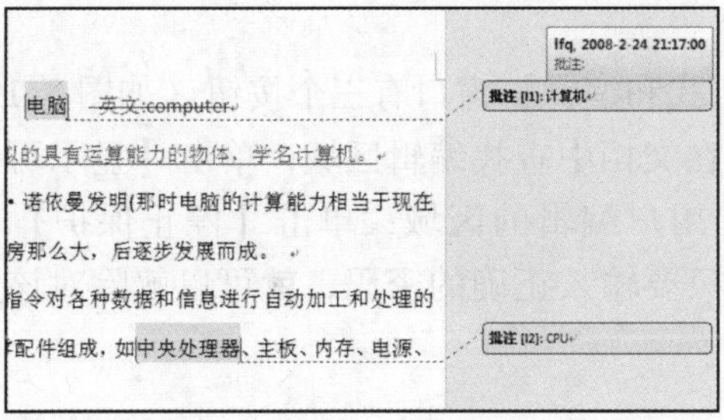

图 3. 192　**插入批注**

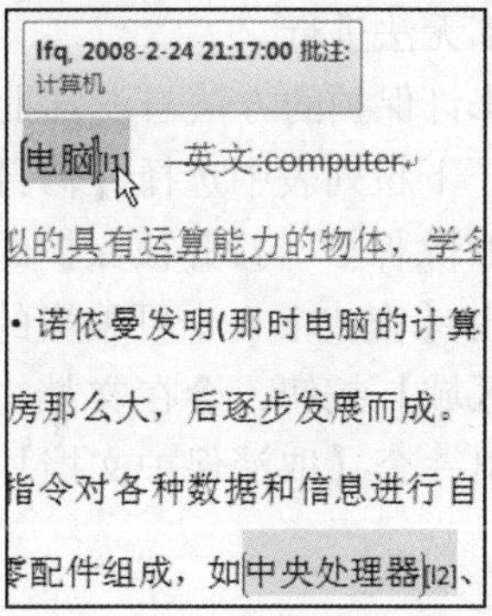

图 3. 193　**把批注嵌入正文**

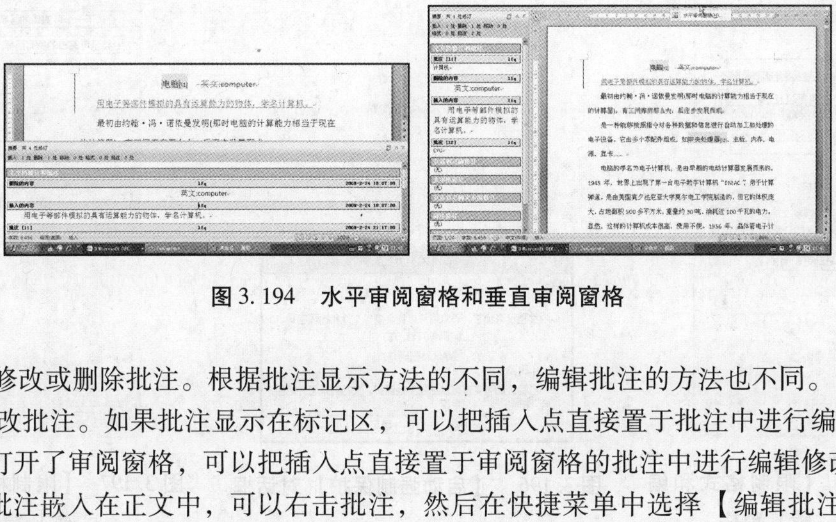

图 3. 194　**水平审阅窗格和垂直审阅窗格**

（4）修改或删除批注。根据批注显示方法的不同，编辑批注的方法也不同。

● 修改批注。如果批注显示在标记区，可以把插入点直接置于批注中进行编辑修改。

如果打开了审阅窗格，可以把插入点直接置于审阅窗格的批注中进行编辑修改。

如果批注嵌入在正文中，可以右击批注，然后在快捷菜单中选择【编辑批注】命令即可打开审阅窗格，用户即可编辑该批注。

● 删除批注。右击批注，然后在快捷菜单中选择【删除批注】命令即可删除该批注。或者在【审阅】选项卡【批注】组中单击【删除】按钮，在下拉菜单中如果选择【删除】命令可删除当前批注；如果选择【删除所有显示的批注】命令可删除当前所有显示出来的批注；如果选择【删除文档中的所有批注】命令则不论该批注是否显示，都会删除该文档中所有的批注。

4. **在修订和批注时保护文档**

在多用户联合工作，并要进行修订和批注时，对原文档的保护显得非常重要。可以通过设置批注保护和修订保护来保护原始文档。

（1）批注保护和修订保护。在【审阅】选项卡【保护】组中单击【保护文档】按钮，在下拉菜单中选择【限制格式和编辑】命令，这时在 Word 窗口右侧打开一个【限制格式和编辑】窗格，如图 3.195 所示。

选中【仅允许在文档中进行此类编辑】复选框，然后在下拉列表中选择【批注】选项，单击【是，启动强制保护】按钮，在弹出的【启动强制保护】对话框中设置保护密码，如图 3.196 所示。设置了批注保护后，审阅者打开此文档只能做插入批注操作，其他任何操作都无法进行。

设置修订保护的方法与设置批注保护的方法基本相同，只需在【仅允许在文档中进行此类编辑】下拉列表中选择【修订】选项。

（2）解除保护。打开被保护的文档，【限制格式和编辑】窗口有三个按钮（如图 3.197 所示）单击【查找下一个可编辑的区域】按钮会在文档中查找编辑区域；单击【显示可编辑的所有区域】按钮，会在文档中显示所有允许用户编辑的区域；单击【停止保护】按钮，则弹出一个【取消保护文档】对话框，用户只要输入正确的密码，就可以解除对该文档的保护。

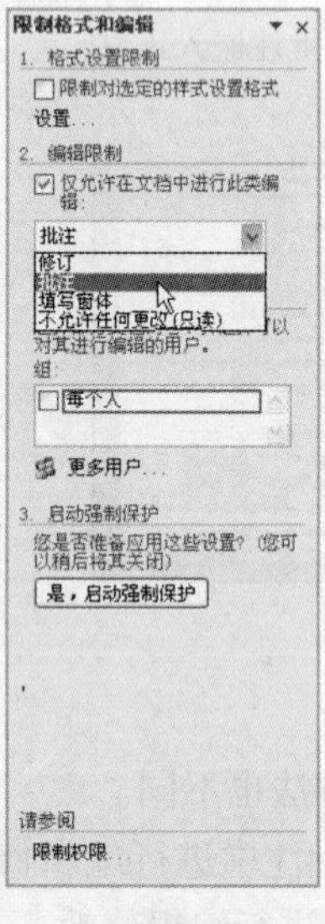

图 3.195 【限制格式和编辑】窗格

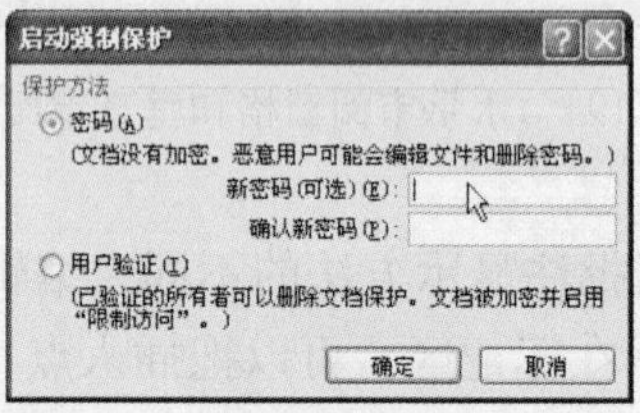

图 3.196 【启动强制保护】对话框

图 3.197 【限制格式和编辑】窗口

5. 比较文档

对于开启了修订功能的文档，可以非常简单地知道审阅者到底作了哪些修订或修改。如果没有开启修订功能，又对文档作了修改，如何知道到底修改了哪些内容呢？Word 2007 提供了比较文档功能，能通过对原始文档和修改后的文档进行比较自动生成一个修订文档，达到作者与审阅者之间进行沟通的目的。

比较文档的操作方法如下：

在【审阅】选项卡【比较】组中单击【比较】按钮，在下拉菜单中选择【比较】命令，打开【比较文档】对话框，如图 3.198 所示。单击【原文档】下拉列表，选择原始文档，或者单击【原文档】右侧的按钮，在【打开】对话框找到原文档；单击【修订的文档】下拉列表选择其他审阅者修改的文档，或者单击【修订的文档】右侧的按钮，在【打开】对话框找到修改的文档。如有需要，可以单击【更多】按钮设置比较选项。

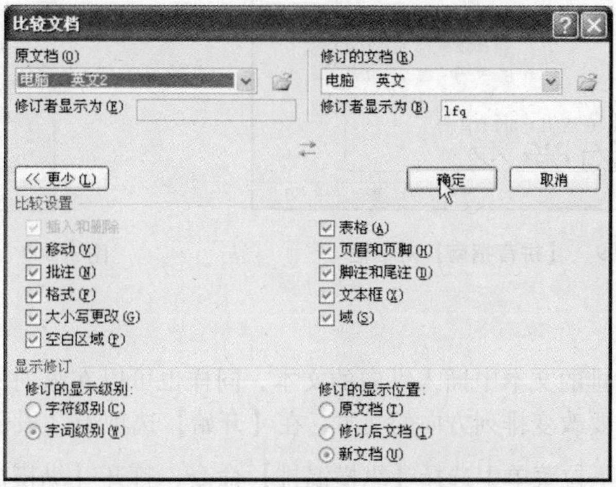

图 3.198 【比较文档】对话框

在默认情况下，Word 会把比较结果放在新文档中，然后同时在 Word 窗口中开启三个窗口，分别是比较的文档、原文档和修改的文档。在比较的文档中，审阅者作出的修改会用修订标记标志出来。

6. **合并修订**

合并修订是指将所有审阅者的修订放在同一个文档中。这样作者或定稿者对文档作最后处理时就方便简捷了。在 Word 2007 中，通过合并文档操作来完成合并修订。合并文档的操作与前面介绍的比较文档非常类似。只是在【审阅】选项卡【比较】组中单击【比较】按钮后，在下拉菜单中选择的是【合并】命令，打开【合并文档】对话框。此后操作可参考比较文档操作。

3.7.4 中文版式功能

1. **拼音指南**

该功能可以为文档中的汉字标注拼音，用来帮助用户识别不认识的字，或者用来撰写特殊文稿。方法：选定需要注音的汉字，在【开始】选项卡【字体】组中单击【拼音指南】按钮，打开【拼音指南】对话框，如图 3.199 所示，在其中设置拼音的对齐方式、字体、字号等。

2. **带圈字符**

该功能可以给单个汉字或两个英文字母添加圆圈、正方形、三角形和菱形的外框。方法：选定要带圈的字符（单个汉字或两个英文字母），在【开始】选项卡【字体】组中单击【带圈字符】按钮，打开【带圈字符】对话框，如图 3.200 所示，在其中设置带圈文字、外框及样式。

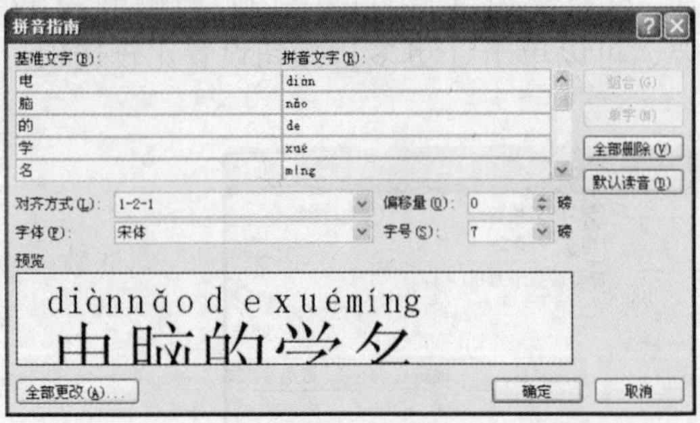

图 3.199　【拼音指南】对话框

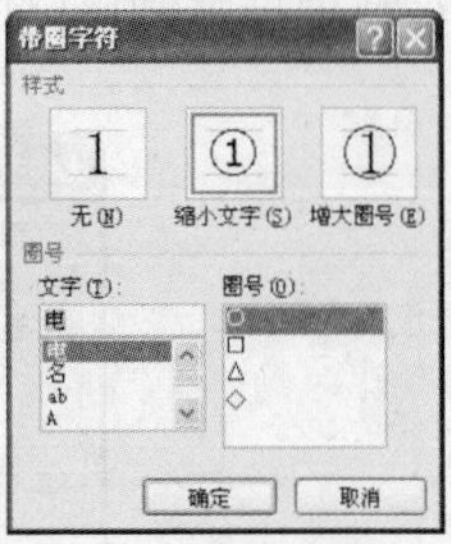

图 3.200　【带圈字符】对话框

3. 纵横混排

该功能可以在横排的文本中插入纵向的文本，同样也可以在纵向的文本中插入横排的文本。方法：选定需要改变排列方向的文本，在【开始】选项卡【段落】组中单击【中文版式】按钮，在下拉菜单中选择【纵横混排】命令，打开【纵横混排】对话框，如图3.201所示，在其中选择是否适应行宽。

4. 合并字符

该功能可以将最多六个字符分两行合并为一个字符。方法：选定需要合并的字符，在【开始】选项卡【段落】组中单击【中文版式】按钮，在下拉菜单中选择【合并字符】命令，打开【合并字符】对话框，如图3.202所示，在其中设置字体、字号等。

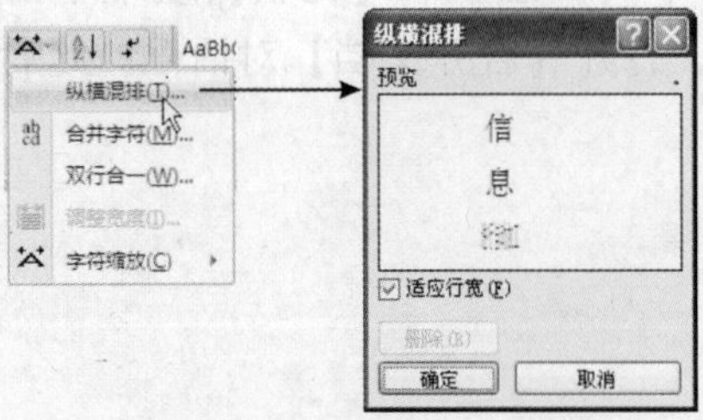

图 3.201　【纵横混排】对话框

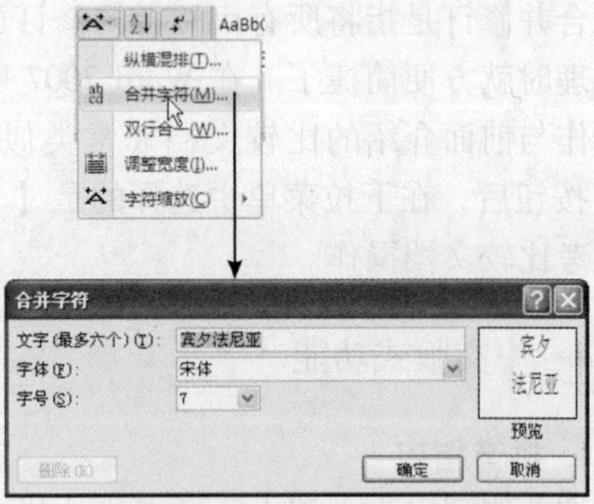

图 3.202　【合并字符】对话框

5. 双行合一

该功能可以把两行字合并为一行字显示。方法：选定需要双行合一的字符，在【开始】选项卡【段落】组中单击【中文版式】按钮，在下拉菜单中选择【双行合一】命令，打开【双行合一】对话框，如图3.203所示，在其中设置括号及其样式等。

6. 简繁转换

该功能不单是简单地将简体字转换为繁体字或将繁体字转换为简体字，同时还能将简体和繁体中称呼不同的词组转换过来。如简体字的【内存】，转换成繁体字则为【記憶體】。要实现简繁转换，方法：选定需要转换的字符，在【审阅】选项卡【中文简繁转换】组中单击【繁转简】按钮繁转简能将繁体转为简体，单击【简转繁】按钮简转繁能将简体转为繁体，单击【简繁转换】按钮简繁转换打开【中文简繁转换】对话框进行设置，如图 3.204 所示。

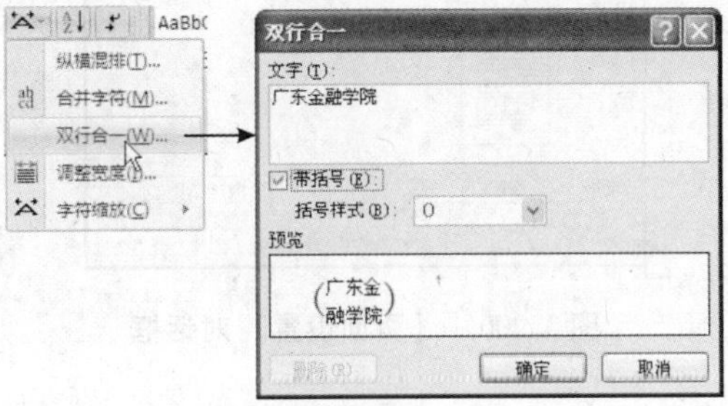

图 3.203 【双行合一】对话框

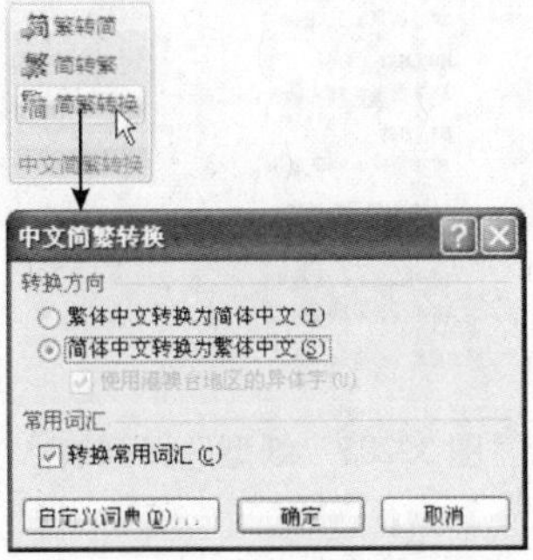

图 3.204 【中文简繁转换】对话框

3.8 页面设置与打印

3.8.1 页面设置

在 Word 2007 中，能够非常方便地对纸张进行设置，比如设置纸张方向、纸张大小和页边距等。一个好的习惯是，在输入文本和排版前作一个通盘考虑，先设置好纸张类型、页面方向和页边距，这样，在输入和排版过程中，可以根据需要对文档进行灵活设置。

1. 设置纸张大小、方向和来源

新建的空白文档默认的是 A4 纵向纸型，用户也可以选择其他纸型。一种简单的操作是单击【页面布局】选项卡，在【页面设置】组中单击【纸张大小】按钮纸张大小和【纸张方向】按钮纸张方向，在弹出的下拉列表中选择合适的纸型，如图 3.205 所示。

如果 Word 2007 提供的纸型仍满足不了用户的需要，可以自定义纸张类型。在图 3.205 所示的【纸张大小】下拉列表中单击【其他页面大小】，或者单击【页面布局】选项卡【页面设置】组中右下角的对话框启动器按钮，都将打开【页面设置】对话框，如图 3.206 所示。在该对话框的【纸张】选项卡中，用户可以自定义纸张大小和纸张来源；在【页边距】选项卡中，用户可以选择纸张方向。在【应用于】中选择如何应用自定义纸张，其中【整篇文档】选项表示当前的整个文档全部使用这个自定义纸型；【插入点之后】选项表示以文档中的插入点为界，前面的部分仍然沿用原来的纸张设置，而后面的部分将使用新纸型。

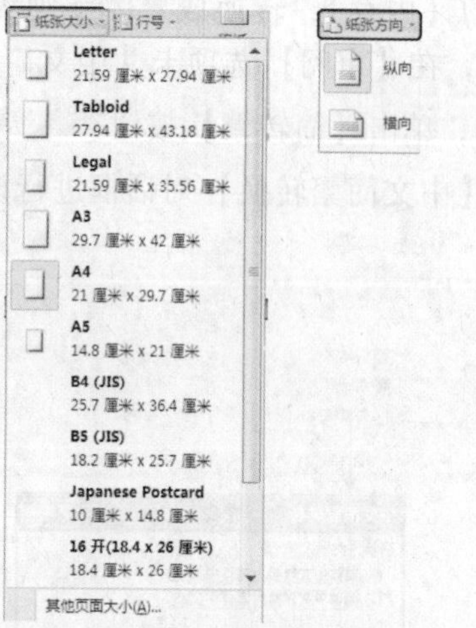

图 3.205　纸型选择列表

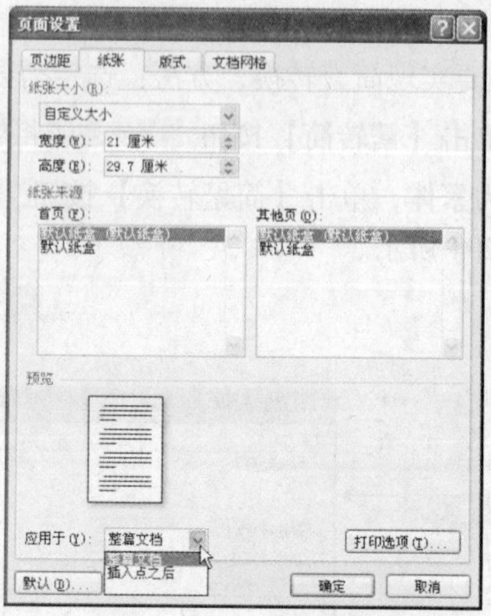

图 3.206　【页面设置】对话框

2. 设置页边距

页边距是指文本编辑区与纸张边缘的距离，即页面四周的空白部分。文本通常出现在页边距以内，而页码、页眉和页脚都打印在页边距上。Word 默认的页边距是在页面的上下空出 2.54 厘米，左、右空出 3.17 厘米。不过，在普通视图中是看不出页边距的，必须进入页面视图才能看见页面四周的空白。

设置页边距有以下四种方法：

方法 1：使用 Word 内置的页边距。单击【页面布局】选项卡，在【页面设置】组中单击【页边距】按钮，在下拉列表中即可选择 Word 内置的页边距，如图 3.207 所示。Word 2007 内置的页边距有普通、窄、适中、宽、镜像几种，用户可以根据需要进行选择。

方法 2：使用【页面设置】对话框设置页边距。打开【页面设置】对话框的【页边距】选项卡，在【页边距】相关选项中即可对页边距进行设置。如果要把打印出来的文档装订成册，就需要在页边距内增加额外的位置，以便于装订。装订位置叫做装订线。装订线的设置也是在【页边距】选项卡中进行。

方法 3：使用标尺改变页边距。将文档设置为【页面】视图，把标尺显示出来，把鼠标放在页边距的地方，当鼠标指针变成“↔”形态或“↕”形状时，按下并拖动鼠标即可修改页边距。

方法 4：在【打印预览】方式下调整页边距。在打印预览方式下也可以使用前面介绍的调整页边距的三种方法。

3. 设置文档网格和页面字数

对于页面设置来说，在设定了纸张大小和页面边距后，页面的基本版式就已经被确定了。但如果要精确指定文档的每页所占的字数，就需要使用下面介绍的页面设置，它可以轻易地实现该功能。

在 Word 文档中，文档的行与字符叫做“网格”，所以设置页面的行数及每行的字数实际上就是设置文档网格。设置文档网格的方法：

打开【页面设置】对话框，单击【文档网格】选项卡，切换到文档网格设置相应选项，如图 3. 208 所示，在该选项卡中设置后单击【确定】按钮即可。

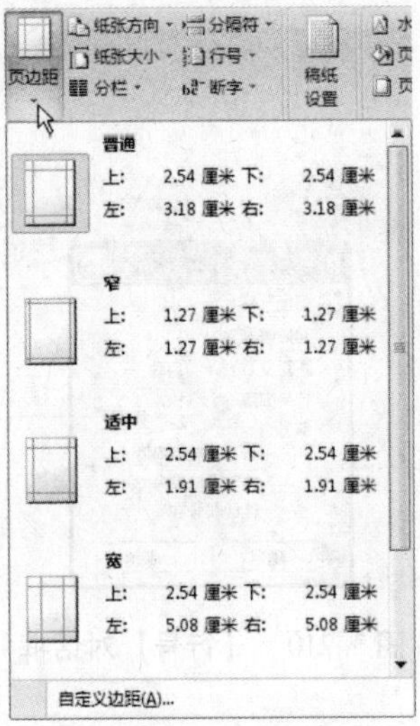

图 3. 207 内置页边距

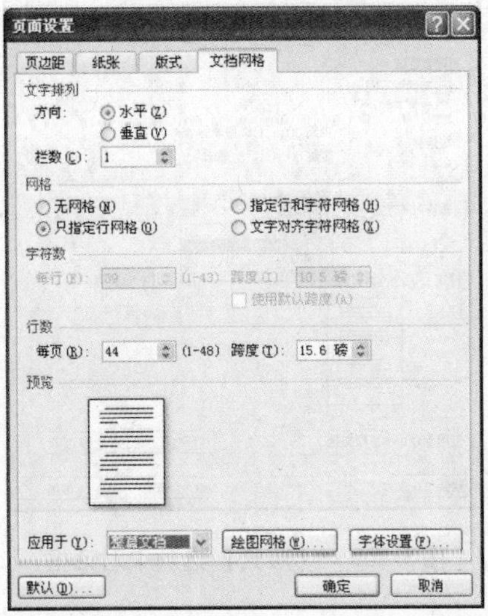

图 3. 208 【文档网格】选项卡对话框

3. 8. 2 版式设置

文档的排版方式还包括是否使用行号、设置页面边框和页面的垂直对齐方式等。

1. **使用行号**

有些特殊类型的文档（如计算机源代码、清单等），需要给出每行的行号以方便用户查找。行号一般显示在左面正文与页边之间。如果是分栏的文档，则行号显示在各栏的左侧。添加行号的方法如下：

在【页面设置】对话框切换到【版式】选项卡，如图 3. 209 所示。单击【行号】按钮，打开【行号】对话框，如图 3. 210 所示。选中【添加行号】选项后即可进行更具体的设置。其中【起始编号】是指初始的行号设置为多少；【距正文】的含义是指行号与正文间的距离；【行号间隔】是指行与行之间的行号差值；【编号】栏可以设置每页或每节编号是重新开始或是连续编号。

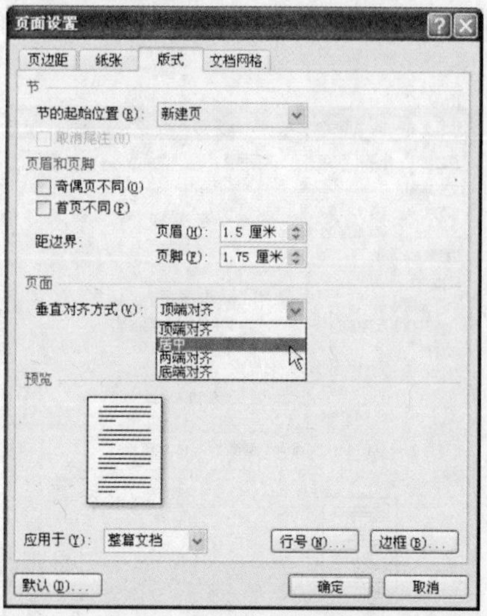

图 3.209 【版式】选项卡对话框

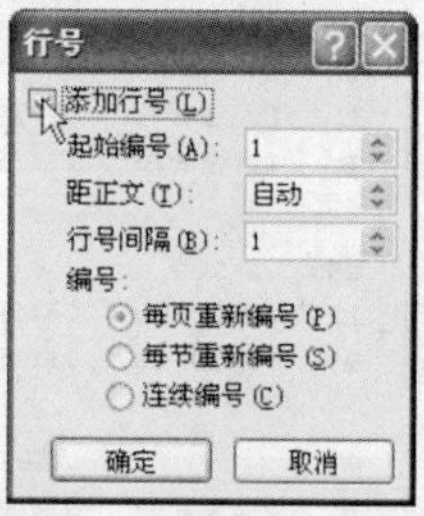

图 3.210 【行号】对话框

2. 设置页面边框

在 Word 中，不光能给字符和段落设置边框，也可以为整个页面设置边框。与字符和段落边框不同的是，页面边框将出现在每个页面中。Word 2007 页面边框有两种形式：一种是用线条制作的页面边框，这与字符和段落设置边框类似；另一种是艺术页面边框，它采用图案作为边框线。

设置页面边框的方法如下：

在图 3.209 所示的【页面设置】对话框【版式】选项卡中单击【边框】按钮，或在【页面布局】选项卡【页面背景】组中单击【页面边框】按钮 页面边框，打开如图 3.211 所示的【边框和底纹】对话框的【页面边框】选项卡。然后按照设置字符和段落边框的方法进行选项设置。单击【选项】按钮，打开【边框和底纹选项】对话框，如图 3.212 所示，其中选项说明如下：【边距】区的【上】、【下】、【左】、【右】微调按钮用来设置边框与测量基准的距离，单位是磅。【测量基准】有两个选项，其中【页边】选项将以页边为基准设置边框的位置；【文字】选项将以版心为基准设置边框的位置，并且允许用户在【选项】中进行更多设置。【段落边框和表格边界与页面边框对齐】表示如果设置了段落边框，则段落边框的左、右框线与页面边框位置重合，表格的边界也与页面边框位置重合；【总在前面显示】表示如果边框线与页眉、页脚的文字发生重叠，页面边框将被显示在最前面；【环绕页眉】表示页眉中的文字将被包含到页面边框中；【环绕页脚】表示页脚中的文字将被包含到页面边框中。

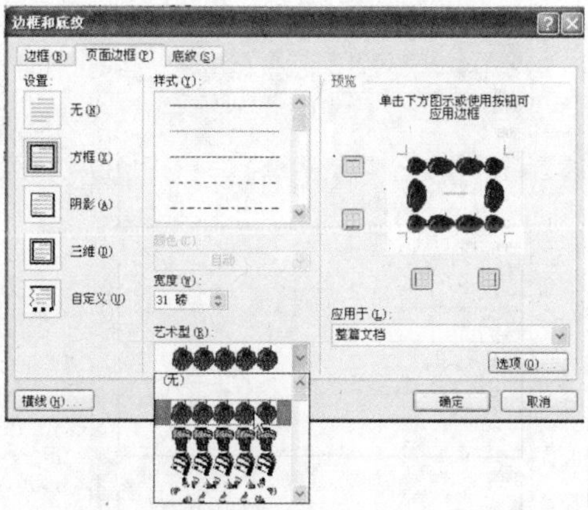

图 3.211 【边框和底纹】对话框【页面边框】选项卡

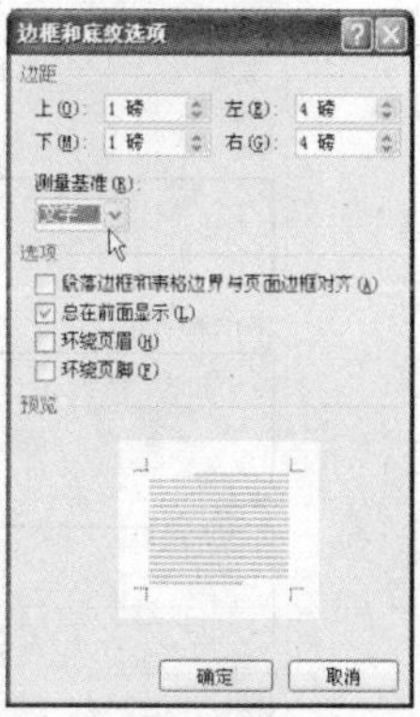

图 3.212 【边框和底纹选项】对话框

3. 设置页面的垂直对齐方式

有的实用文档的内容不能占满一页，如请柬，其内容一般打印在页面的中间。这时用上面介绍的段落对齐方法是不够的，因为段落居中对齐只是左右居中。而垂直对齐文本能够解决这个问题。其操作方法如下：打开如图 3.209 所示的对话框，可见【页面】区有【垂直对齐方式】选项，页面的垂直对齐方式有四种：顶端对齐、居中、两端对齐和底端对齐，用户可根据需要在其中选择一项即可设置文本的垂直对齐方式。

3.8.3 页眉和页脚

页眉和页脚是在文档每页顶部和底部的说明性信息。一般来说，页眉是位于上边距与纸张边缘之间的图形或文字，而页脚则是下边距与纸张边缘之间的图形或文字。用户可以在页眉和页脚中插入文本，也可以插入图形，如页码、日期、文档标题、文件名及文档水印效果等。

页眉和页脚的内容不是随文档输入的，而是专门设置的。在 Word 2007 中，创建页眉和页脚非常简单。

1. 创建页眉和页脚

在功能区选择【插入】选项卡，在【页眉和页脚】组中单击【页眉】或【页脚】按钮，弹出如图 3.213 所示的下拉菜单，用户在 Word 提供的【空白】、【空白（三栏）】、【边线型】、【传统型】等 24 种样式中根据自己的需要选择一种页眉或页脚即可。

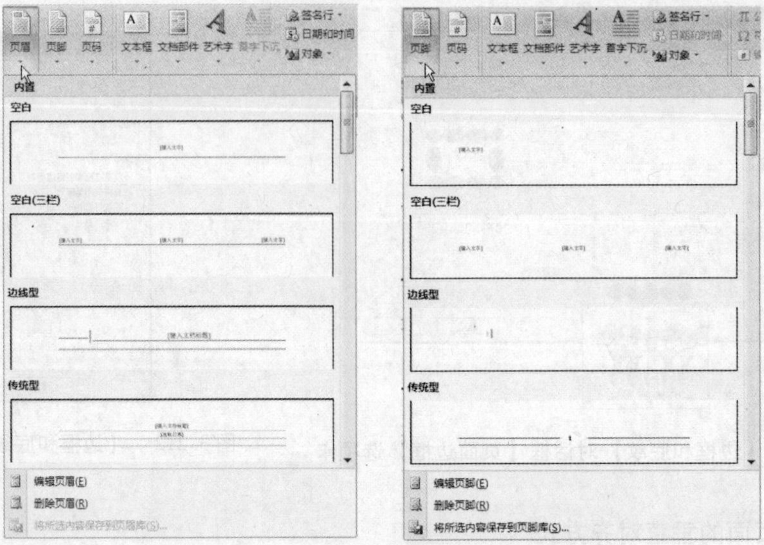

图 3.213 【页眉】和【页脚】下拉菜单

2. 编辑页眉和页脚

在插入页眉和页脚之后，Word 会自动进入页眉和页脚编辑状态，此时功能区会增加【页眉和页脚工具/设计】选项卡，如图 3.214 所示。

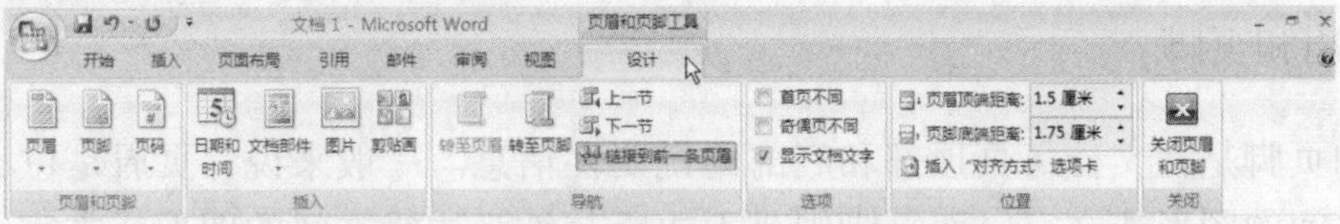

图 3.214 【页眉和页脚工具/设计】选项卡

对于已有的页眉和页脚，如果要再次进行编辑，可以在如图 3.213 所示的下拉菜单中选择【编辑页眉】或【编辑页脚】命令，或者直接双击页眉或页脚，都可以使 Word 处于页眉或页脚编辑状态。

【页眉和页脚工具/设计】选项卡中各按钮的功能如表 3.6 所示。通过这些按钮，用户可以制作出完美的页眉和页脚。

表 3.6 页眉和页脚功能区按钮说明

组	按钮	功能说明
页眉和页脚		插入页眉，或修改现有页眉的样式
		插入页脚，或修改现有页脚的样式
		插入页码

（续上表）

组	按钮	功能说明
插入	日期和时间	插入日期和时间
	文档部件	插入文档部件，如作者、主题、关键字等
	图片	插入图片
	剪贴画	插入剪贴画
导航	转至页眉 转至页脚	从编辑页脚（页眉）转移到编辑页眉（页脚）
	上一节 下一节	在分节的文档中，转到上一节（下一节）的页眉或页脚
	链接到前一条页眉	设置本节页眉和页脚是否与上一节相同
选项	首页不同	设置首页的页眉和页脚是否与其他页相同
	奇偶页不同	设置奇偶页的页眉和页脚是否相同
	显示文档文字	设置是否显示文档中的内容
位置	页眉顶端距离：1.5 厘米	设置页眉离顶端页边的距离
	页脚底端距离：1.75 厘米	设置页脚离底端页边的距离
	插入"对齐方式"选项卡	设置对齐方式
关闭	关闭页眉和页脚	关闭页眉和页脚编辑状态

3. 在页眉、页脚中插入内容

当用户进入页眉和页脚编辑状态后，即可在页眉、页脚中添加或修改内容。添加或修改页眉、页脚与在正文中添加或修改操作基本上是相同的。

（1）插入普通文字。所谓普通文字，是指那些固定不变的文字，即一旦设定好就不会发生任何变化的文字。在页眉和页脚编辑状态，工作区转移到页眉或页脚上，此时在页眉或页脚输入文字就相当于在正文区输入文字，用户也可以像在正文区一样为普通文字设置字体、字号、颜色等格式。

（2）插入日期和时间。在页眉和页脚插入的日期和时间分为两种：一种是当前的日期和时间，它是把系统当前的日期和时间插入到页眉或页脚中，不会随着时间的变化而变化；另一种是以【域】的方式插入的日期和时间，这种日期和时间，会随着时间的变化而发生变化。

插入日期和时间的操作方法如下：

进入页眉和页脚编辑状态后，把插入点置于需要的位置，然后在【页眉和页脚工具/设计】选项卡【插入】组中单击【日期和时间】按钮，弹出一个【日期和时间】对话框，如图 3.215 所示，在左侧选择需要的格式，在右侧根据需要确定是否选择【使用全角字符】和【自动更新】（【自动更新】选项表示以【域】形式插入变化的日期和时间），设置好后单击【确定】按钮加以确认。

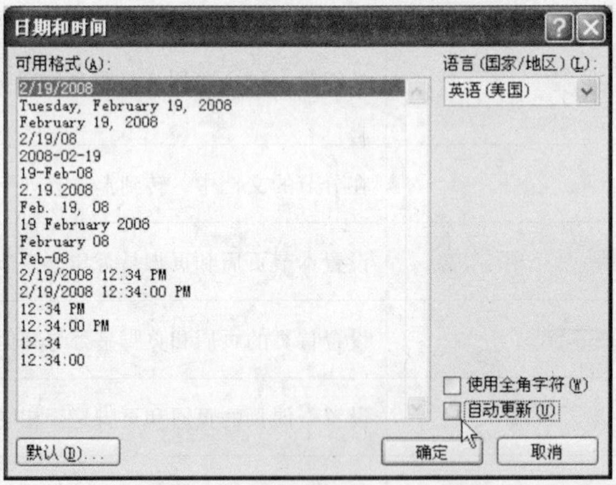

图 3.215　【日期和时间】对话框

（3）插入文档部件。文档部件主要是文档属性，是指包含在当前文档中的一些属性，如文档名称、作者、备注等。在使用文档属性前，可以先对文档属性进行设置。设置方法如下：

单击【Office 按钮】后，在下拉菜单中选择【准备】→【属性】命令，则会在功能区下方打开一个【文档属性】窗口，如图 3.216 所示。在【文档属性】窗口显示的是必填域，包括作者、标题、主题、关键词、类别、状态和备注。单击【文档属性】右侧的下拉三角箭头，选择【高级属性】命令，即可打开【文档属性】对话框进行高级设置，如图 3.217 所示。

图 3.216　【文档属性】窗口

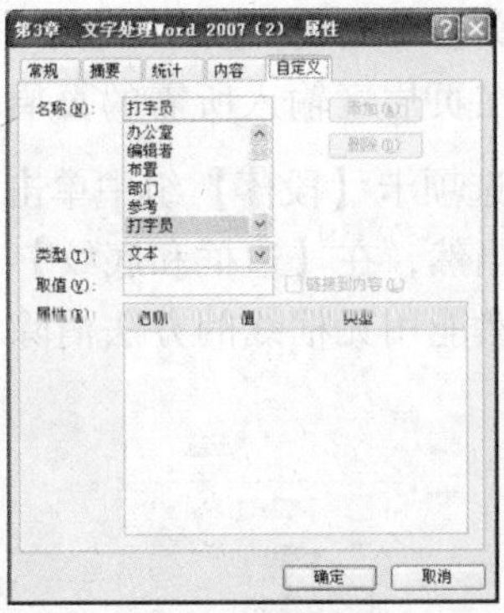

图 3.217　【文档属性】对话框

在页眉和页脚要插入这些文档部件时，首先进入页眉和页脚编辑状态，把插入点置于合适的位置，然后单击【插入】组中的【文档部件】按钮，把鼠标指向【文档属性】，从二级菜单中选择需要添加的属性即可。

（4）插入页码。在 Word 2007 中，插入页码的方法有两种：

方法 1：按 Alt + I + U 键，打开【页码】对话框，如图 3.218 所示。

在【位置】下拉列表中选择页码在页面的位置，在【对齐方式】下拉列表中选择页码在水平方向的位置，其中【内侧】和【外侧】用于双面打印，【内侧】是指把奇数页页码放在右侧、偶数页页码放在左侧；而【外侧】是指把奇数页页码放在左侧、偶数页页码放在右侧。如果选中【首页显示页码】复选框，则文档的第一页也显示页码，否则第一页不显示页码。单击【格式】按钮，打开如图 3.218 所示的【页码格式】对话框进行页码格式设置。

方法 2：如果是在页眉和页脚编辑状态，单击【页眉和页脚】组中的【页码】按钮；如果是在正文编辑状态，单击【插入】选项卡，然后单击【页眉和页脚】组中的【页码】按钮，都将弹出如图 3.219 所示的下拉菜单。更多格式的页码设置即可在此下拉菜单中完成。

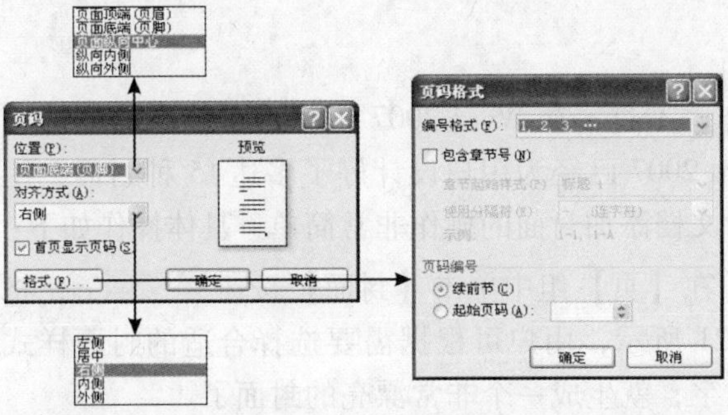

图 3.218　【页码】对话框和【页码格式】对话框

图 3.219　【页码】下拉菜单

4. 页眉分隔线

只要进行过页眉操作，Word 就会在正文与页眉之间插入一条横线，而且无法用常规方法对其进行修改或删除。要删除页眉分隔线，按以下操作进行：

进入页眉和页脚编辑状态，在页眉区输入所需的页眉内容后，将整个段落选中，包括标记段落的回车符，在【开始】选项卡【段落】组中单击【框线】按钮，并选择【无框线】命令，如图 3. 220 所示。当然，在【边框和底纹】对话框中使用无框线命令也可删除页眉线，其效果是一样的。既然能用无框线的方法消除页眉线，在需要的时候也可以设置框线及底纹。

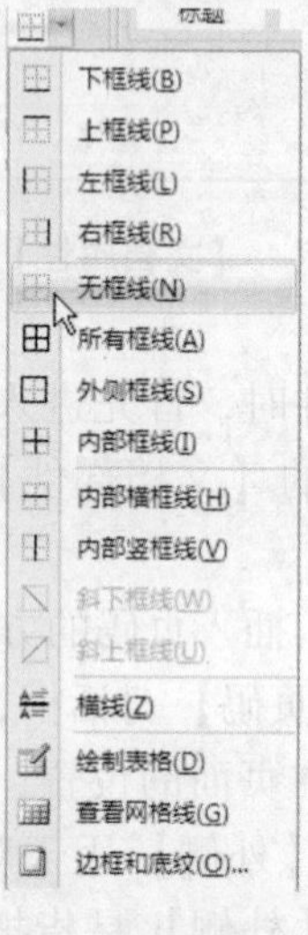

图 3. 220 【无框线】命令

5. **自定义页眉和页脚**

在 Word 2007 中，不仅为用户提供了多种样式的页眉和页脚，还允许用户自己定义属于自己的页眉和页脚保存在系统中，以便于下次使用。具体方法：编辑好页眉或页脚后，选中页眉或页脚的全部内容，然后在图 3. 213 所示的下拉菜单中选择【将所选内容保存到页眉库】命令或【将所选内容保存到页脚库】命令。

3. 8. 4 封面、页面颜色和水印

1. **添加封面**

严格来讲，封面设计是美工的工作，不过，在 Word 2007 中，给文档添加一个美观漂亮的封面是件非常容易的事，因为 Word 2007 已经为用户设计好了多达 15 种封面，用户只需选择合适的封面并添加文字即可。为文档添加封面的操作非常简单，具体操作如下：

在功能区中选择【插入】选项卡，在【页】组中单击【封面】按钮，将会弹出一个封面样式的下拉列表，如图 3. 221 所示，用户可根据需要选择合适的封面样式，然后在添加到文档的封面中输入适当的文字，就生成一个非常漂亮的封面了。

如果用户自己有美工基础，也可以把自己设计好的封面保存为封面样式，以方便以后使用，只需选中要作为封面的页面的全部内容，然后在图 3. 221 所示的下拉菜单中选择【将所选内容保存到封面库】命令即可。如果对设计好的封面不满意，可以在下拉菜单中选择【删除当前封面】命令。

图 3.221 【封面】下拉菜单

2. 页面颜色

在默认情况下，Word 页面以白色显示，输入的文字默认是黑色的。如果用户希望改变页面的颜色，可以在【页面布局】选项卡【页面背景】组中单击【页面颜色】按钮，在弹出的颜色列表中选择一种颜色，如图 3.222 所示。

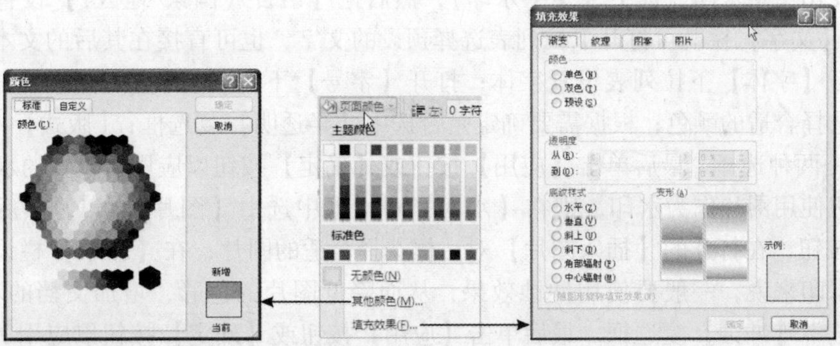

图 3.222 设置页面颜色

选择【填充效果】命令打开如图 3.222 所示的【填充效果】对话框，在该对话框中可以设置渐变填充页面，或使用图案、纹理甚至用图片填充页面。

默认情况下，页面颜色只在显示器上显示，在打印时并不会随之打印出来。如果要把页面颜色也打印出来，用户需要在【Word 选项】对话框左侧单击【显示】按钮，然后在右侧的【打印选项】下选中【打印背景色和图像】复选框。

3. 使用水印

可以在文档的背景中添加隐约显示的图像或文字，这种效果称之为水印。添加水印的方法如下：

在功能区选择【页面布局】选项卡，在【页面背景】组中单击【水印】按钮，会弹出一个如图 3.223 所示的下拉菜单。在该下拉菜单中为用户提供了【机密】、【紧急】

和【免责声明】三类水印，每类水印提供了四种具体样式，用户根据需要单击选择即可。添加了水印的页面效果如图 3. 224 所示。

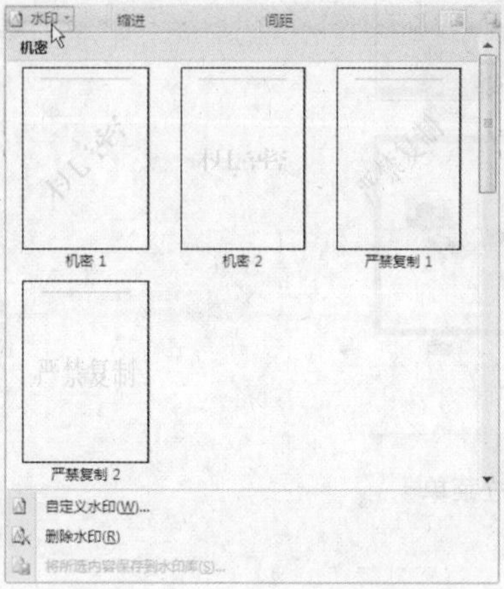

图 3. 223　【水印】下拉菜单

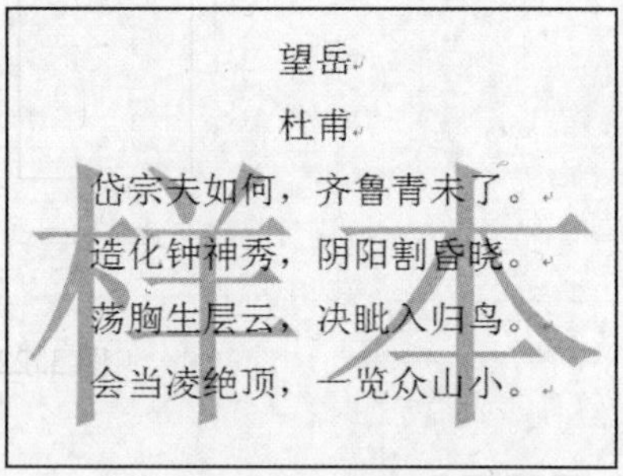

图 3. 224　水印的页面效果

如果用户对 Word 提供的几种简单水印不满意，可以自定义水印。方法：在如图 3. 223 所示的下拉菜单中选择【自定义水印】命令，打开【水印】对话框，如图 3. 225 所示。

如果使用文字水印，选中【文字水印】，然后把【语言（国家/地区）】设置为【中文(中国)】；【文字】栏既可打开下拉列表选择预设的文字，也可直接在其后的文本框中输入文字；打开【字体】下拉列表设置字体；打开【字号】下拉列表设置字号；单击【颜色】下拉列表选择合适的颜色；根据需要确定是否选中【半透明】复选框；【版式】有【斜式】和【水平】两种选择。最后单击【应用】按钮或【确定】按钮以应用所设置的水印。

如果想使用图片作为水印，则在【水印】对话框中选中【图片水印】，然后单击【选择图片】按钮，在打开的【插入图片】对话框选择合适的图片；在【缩放】栏设置缩放比例；对于水印来说，一般要使用冲蚀效果，从而降低图片的色彩，增加文档的和谐程度，因此一般选中【冲蚀】复选框。最后单击【应用】按钮或【确定】按钮以应用所设置的水印。图片水印效果如图 3. 226 所示。

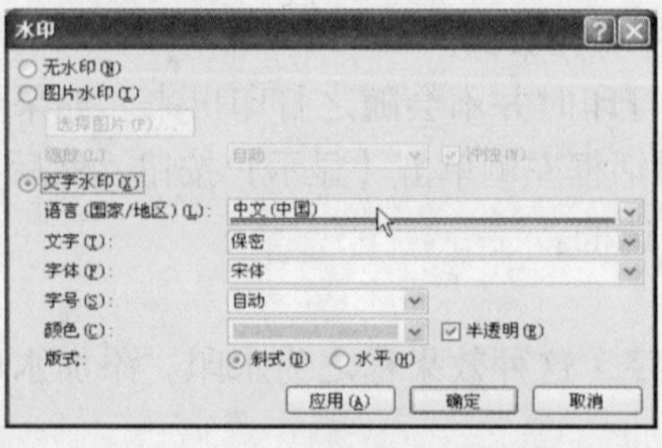

图 3. 225　【水印】对话框

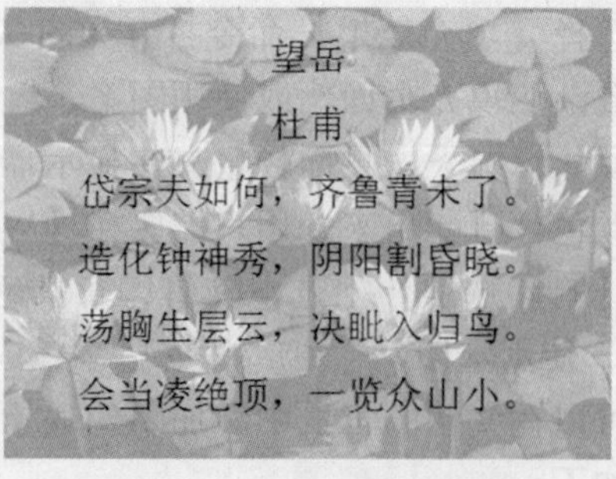

图 3. 226　图片的水印效果

另外一种自定义水印的方法是在文档中选定文本或图片，然后在图 3.223 所示的下拉菜单中选择【将所选内容保存到水印库】命令，在弹出的对话框中进行保存。以后就可以像使用内置的水印一样来使用。

如果想去掉水印，一种方法是在图 3.225 所示【水印】对话框中选择【无水印】选项；另一种方法是在图 3.223 所示的下拉菜单中选择【删除水印】命令。

3.8.5 打印文档

1. 打印预览

在正式打印之前，一般需要通过【打印预览】功能查看一下输出结果。启用打印预览的方法：单击【Office 按钮】，在下拉菜单中选择【打印】→【打印预览】命令，也可以通过快捷键 Ctrl + Alt + I 快速切换到打印预览状态。使用打印预览时，Word 将会在窗口中显示该文档的实际打印效果。如果对效果不满意，可在预览状态下进行调整。

2. 打印文档

在打印预览窗口单击【打印】按钮，或者单击【Office 按钮】，在下拉菜单中选择【打印】→【打印】命令，或用快捷键 Ctrl + P，打开【打印】对话框，如图 3.227 所示。

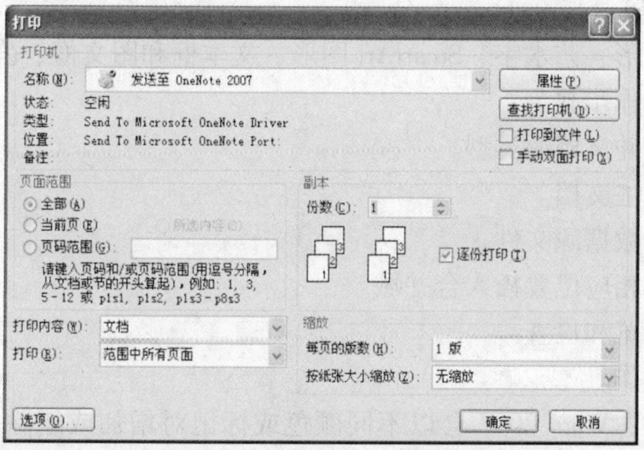

图 3.227 【打印】对话框

【打印机】框：显示当前打印机型号。OneNote 2007 是 Office 2007 组件之一，通过它可以查看真正的打印结果。如果当前型号与使用的打印机型号不符，可单击下拉列表选择其他型号的打印机。

【页面范围】框：在此框决定是打印文档的全部还是打印文档的部分页或当前页。

【副本】框：设置打印份数，默认是 1 份。如果多于 1 份，则可设置是否逐份打印。

【打印到文件】复选框：如果没有打印机，可选中该复选框，以便将文档的打印结果保存到磁盘文件中。

【手动双面打印】复选框：如果打印机没有自动双面打印功能，则需选中该复选框实施手动双面打印。

【打印内容】框：默认是打印文档。在此框可选择打印其他内容，如文档属性、样式、按键分配列表等。

【打印】框：在此框选择打印范围中所有页面、奇数页或偶数页。

【每页的版数】框：如果只是看打印小样，则没必要按照设计的纸张大小来打印。用户可在此框设置在一张纸上打印多个版面，以减少打印纸张数量。

【按纸张大小缩放】框：用户可能会遇到实际的打印纸与设计的版面不符的情况，如果再调整版面会非常复杂，而在此框设置缩放打印，就可以非常简单地完成打印任务。

【本章小结】

1. Word 2007 文档基本操作，包括新建文档、打开文档、保存文档、关闭文档和切换文档视图等。

2. 文档的基本编辑操作，包括录入普通字符和特殊字符，选定文本块，移动、复制和删除文本块，撤消和重复操作，查找和替换操作，拼写和语法检查操作。

3. 字符格式化操作，包括设置字符或文本块的字体、字号、粗体、斜体、下划线、字符颜色及其他一些特殊效果等。

4. 段落格式化操作，包括设置对齐方式、缩进方式、行间距、段前和段后间距、添加项目编号和符号、边框和底纹等。

5. 表格的操作，包括新建表格、往表格里填写内容、将文字转换成表格、格式化表格、表格的简单数据处理等。

6. 插入图片、图形、艺术字、SmartArt 图形、文本框和图文框、公式等对象及其设置。

7. 邮件合并的操作步骤为：

（1）选择邮件合并文档的类型。

（2）创建或选择主文档。

（3）创建或选择数据源文件。

（4）在主文档中相应位置插入合并域。

（5）合并前的预览和检查。

（6）合成合并操作。

8. 在修订文档时，Word 2007 会以不同颜色或标记对增加或删除的文本加以标志；审阅文档时可选择接受修订或拒绝修订；比较文档能将源文档和修改的文档不同的部分以修订的方式显示出来。

9. Word 2007 的中文版式功能包括拼音指南、带圈字符、纵横混排、合并字符、双行合一、简繁转换等。

10. 页面和版式设置操作，包括设置页边框、纸张方向和大小、页眉和页脚设置、水印、页面颜色、页面边框等。

11. 在正式打印之前，可通过打印预览查看打印效果。

【本章关键词】

文档编辑　文档视图　文本修饰　表格格式化　插入对象　环绕方式　宏　域　邮件合并　修订　审阅　比较文档　中文版式　页面设置　打印

4　电子表格 Excel 2007

本章学习要点：

- Excel 2007 基本概念和基本操作
- Excel 2007 工作表的格式化
- Excel 2007 公式与函数的使用
- Excel 2007 图表制作及编辑
- Excel 2007 数据管理
- 数据透视表和数据透视图
- Excel 2007 页面设置和打印

Microsoft Excel 2007 是微软公司推出的使用方便的字、表、图有机结合的电子表格应用软件，是 Office 2007 的主要应用程序之一。Excel 与其他同类软件相比，具有界面友好、功能强大、操作方便等优点。因此，在金融、财务、单据报表、市场分析、统计、工资管理、工程预算、文秘处理、办公自动化等方面，Excel 是非常有用的工具。

通过本章的学习，要求掌握 Excel 2007 的常用功能，包括电子表格的制作、排版以及利用公式与函数对表格中的数据进行处理、制作和修饰图表、完成数据分析以及透视表创建等。

4.1　Excel 2007 基本概念和基本操作

4.1.1　Excel 2007 启动与退出

启动 Excel 2007 常用方法有以下两种：

方法 1：从“开始”菜单启动：选择【开始】→【所有程序】→【Microsoft Office Excel 2007】命令。

方法 2：直接启动文档：在驱动器、文件夹或桌面上双击任何 Excel 2007 文件或快捷方式；也可以选择【开始】→【文档】命令，在子菜单中选择要打开的 Excel 文件。

启动成功，屏幕上会出现如图 4.1 所示的 Excel 2007 窗口。

退出 Excel 2007 的方法有如下四种：

方法 1：单击【Office 按钮】，在弹出的下拉列表中单击右下角的【退出 Excel】按钮。

方法 2：单击 Excel 2007 窗口标题栏最右端的【关闭】按钮。

方法 3：在 Excel 2007 窗口标题栏的空白处右击，在弹出的快捷菜单中，选择【关闭】选项。

方法 4：按 Alt + F4 组合键。

4.1.2 Excel 2007 窗口的组成

1. 标题栏

标题栏位于窗口的顶部，包括【Office 按钮】、【快速访问工具栏】、工作簿名和【最小化】按钮、【最大化】按钮、【还原】按钮和【关闭】按钮等。【快速访问工具栏】中包含【保存】按钮、【撤消】按钮、【恢复】按钮和【自定义快速访问工具栏】按钮。单击左上角的【Office 按钮】，则显示与文件操作相关的命令，相当于以前版本中“文件”菜单中的大多数内容。

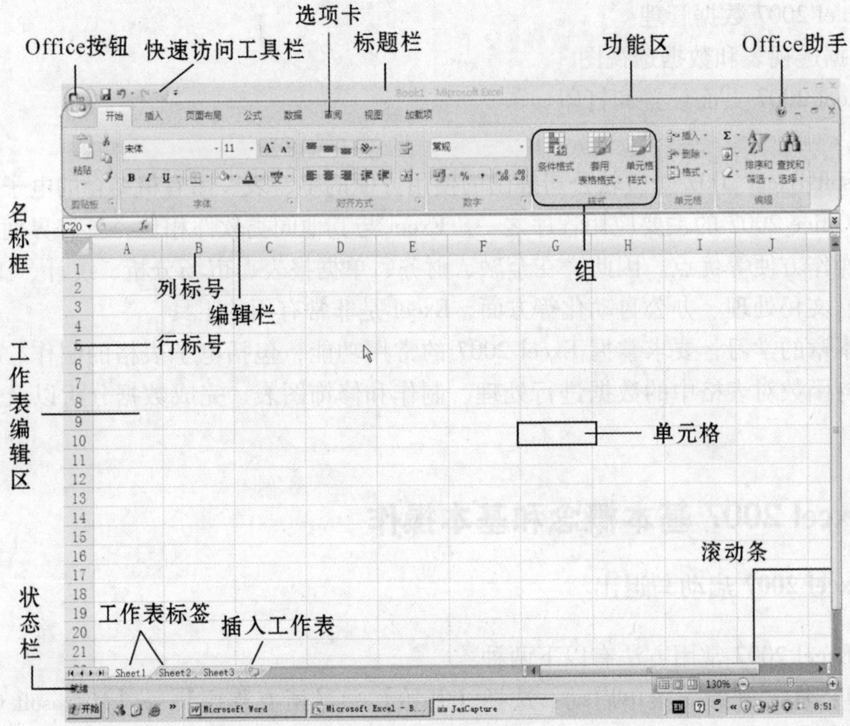

图 4.1 Excel 2007 窗口的组成

2. 功能区

Excel 2007 使用功能区将相关的命令和功能组合在一起，并划分为【开始】、【插入】、【页面布局】、【公式】、【数据】、【审阅】、【视图】和【加载项】等不同的选项卡，如图 4.2 所示。可使用 Ctrl + F1 组合键切换是否显示功能区；也可使用鼠标双击选项卡的名称来隐藏功能区，再单击选项卡名称则显示功能区。每个选项卡又分为若干个组，每个组中又包含若干个命令按钮。同时，一些命令按钮旁有下拉箭头，含有相关的功能选项。某些组的右下角，有一个对话框启动器按钮用于弹出该组功能的对话框。

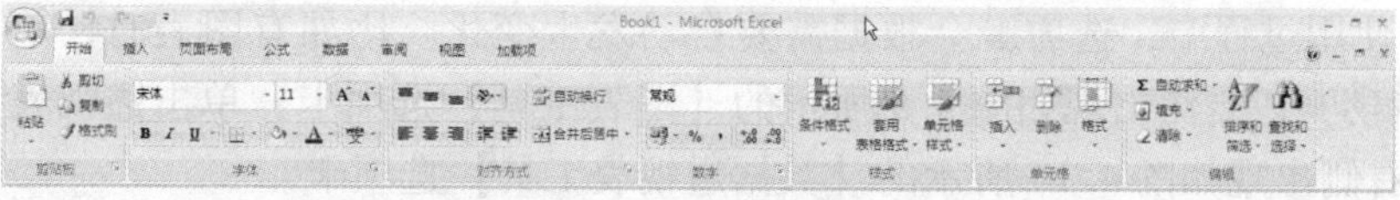

图 4.2　功能区及【开始】选项卡的相关各组

3. **选项卡**

选项卡位于标题栏的下方。标准的选项卡有【开始】、【插入】、【页面布局】、【公式】、【数据】、【审阅】、【视图】、【加载项】等八个选项卡，默认的选项卡为【开始】选项卡。单击选项卡名，可以在不同的选项卡间切换。图 4.3 至图 4.8 是各选项卡的界面。

图 4.3　【插入】选项卡及相关各组

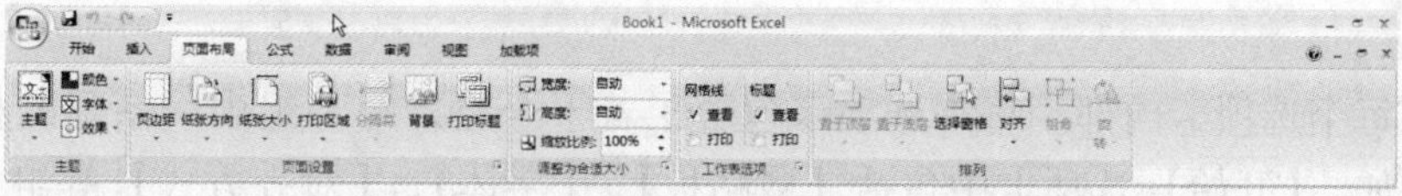

图 4.4　【页面布局】选项卡及相关各组

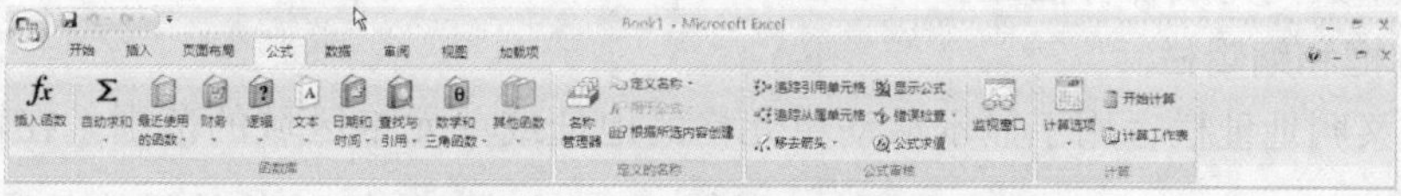

图 4.5　【公式】选项卡及相关各组

图 4.6　【数据】选项卡及相关各组

图 4.7　【审阅】选项卡及相关各组

图 4.8　【视图】选项卡及相关各组

在实际使用过程中，选项卡会根据需要自动发生变化。比如有图表时，单击图表，选项卡在【加载项】右侧出现如图 4.9 所示的【图表工具】选项卡；单击透视表，选项卡在【加载项】右侧出现如图 4.10 所示的【数据透视表工具】选项卡。

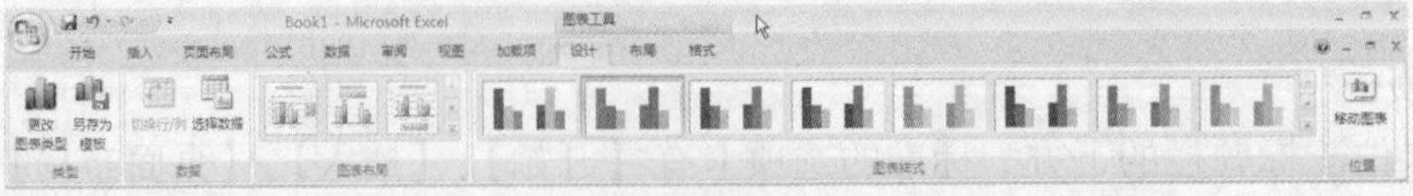

图 4.9 【图表工具】选项卡

图 4.10 【数据透视表工具】选项卡

4. 组

组位于每个选项卡内部。每一选项卡包含了若干个组，每一组由一系列的相关命令按钮组成。例如，【开始】选项卡中包括【剪贴板】、【字体】、【对齐方式】等组，某些组在右下角有一个对话框启动器按钮。单击该按钮，会出现该组更多的选项，把相关的命令组合在一起来共同完成各种任务。

5. 名称框和编辑栏

名称框又叫地址栏，用于显示活动单元格的地址或单元格区域的范围。在输入和编辑活动单元格的数据时地址栏右侧出现 × ✓ fx 按钮，用于编辑活动单元格的数据。例如，若确认数据的输入则单击✓按钮，若取消数据的输入则单击×按钮，若向单元格插入函数单击fx按钮。编辑栏主要用来编辑活动单元格的数据，也可以显示活动单元格的数据或函数。在 Excel 2007 中移动鼠标到×按钮左侧的按钮上，鼠标指针会变成“↔”形状，拖动鼠标可以改变名称框和编辑栏的大小。

6. 工作表编辑区

工作表编辑区是供使用者完成工作的区域，表格及其数据处理的一切工作都在这里进行。

7. 工作表标签栏

工作表标签栏显示工作表名称。单击不同的工作表标签，将激活相应的工作表，激活的工作表称为当前工作表（或称活动工作表），还可以通过滚动标签按钮（位于工作表标签左侧）来显示在屏幕内看不见的工作表标签。

4.1.3 Excel 2007 基本概念

1. 工作簿

工作簿（Book）就是 Excel 文件，是存储数据、公式以及数据格式化等信息的文件，在 Excel 中处理的各种数据最终都是以工作簿文件的形式存储在磁盘上的，Excel 2007 文件默认的扩展名是 . xlsx。

当每次启动 Excel 后，它都会自动地产生一个空工作簿，默认的工作簿文件名为“Book1”，工作簿名显示在标题栏上。用户可以随时新建多个工作簿，也可以打开一个或多个工作簿，在存储文件时，可以改用具体的文件名。一个工作簿可以包括多个工作表，最多可达 255 个。当新建一个 Excel 工作簿时，默认包含三张工作表：Sheet 1、Sheet 2 和 Sheet 3。工作簿和工作表之间的关系就像账本和账页之间的关系。一个工作簿所包含的工作表均以标签的形式排列在工作表标签上，只要单击工作表标签，对应的工作表就会被激活，从后台显示到屏幕上。

2. 工作表

工作表（Sheet）是一个由行和列交叉排列的二维表格，也称作电子表格，用于组织和分析数据。要对工作表进行操作，必须先打开该工作表所在的工作簿。工作簿一旦打开，它所包含的工作表就一同打开。

3. 单元格

单元格（Cell）就是工作表中行和列交叉的部分，是工作表的最基本的数据单元，也是电子表格软件处理数据的最小单位。为准确表示单元格的位置，每个单元格都有一个固定的地址与之对应，称作单元格名称或单元格地址。单元格的名称是由列标号和行标号来标志的，工作表的行以数字表示，从 1 开始；列以英文字母表示，从 A 开始。列标在前，行号在后。例如，第 5 行第 3 列的单元格的名称是“C5”。

Excel 2007 支持每个工作表中最多有 1 048 576 行和 16 384 列。在所有的单元格中，只有一个单元格是活动单元格（也称当前单元格）；活动单元格是指正在使用的单元格，用黑色边框显示。用户只能在活动单元格中输入或修改数据。

4. 表格区域

表格区域指的是一组相邻单元格组成的矩形区域（也称为单元格区域），其表示方法一般由该区域的左上角单元格地址、冒号和右下角单元格地址组成。例如，C5：E8 表示的是以 C5 为左上角、E8 为右下角的一片矩形区域。

5. 选定表格区域

“先选定，后操作”是 Excel 的重要工作方式。当需要对某部分单元格进行操作时，首先要选定这部分单元格，被选定的区域的颜色比其他区域深，并且用粗外框界定。针对工作簿、工作表、行或列、单元格及单元格区域有不同的选定方法。

4.1.4 Excel 2007 数据的输入

数据输入是一个极其重要的工作，在输入一些有规律的数据时，利用 Excel 提供的特殊输入方法会极大地提高输入数据的效率，而且保证输入的数据不出差错。

数据输入的方法很简单：选定要输入数据的单元格，用键盘输入数据后按 Enter 键，则本列的下一单元格将成为活动单元格，也可用方向键或鼠标选择下一个要输入数据的单元格。当光标离开输入数据的单元格时，数据输入就完成了。要编辑单元格内容，可以双击该单元格，也可以单击该单元格，然后再单击编辑栏中的内容。按 Backspace 键，则删除插入点之前的字符，按 Delete 键，则删除插入点之后的字符；系统默认的输入模式是“插入模式"，若要插入字符可单击要插入字符的位置，然后键入新字符；要替换选定字符，则先选定字符，然后键入新字符；若要将"插入模式"更改为"改写模式"以便于键入时由新字符替换现有字符，可以按 Insert 键进行切换。

单元格中可以包括的数据类型有数值型、文本型（又称为字符型）、日期时间型以及逻辑型 4 类。在输入数据时，要注意不同类型数据的输入方法。

1. 数值型数据的输入

数值型数据除包括数字 0 ~ 9 组成的数字串外，还包括"+、-、E、e、$、%"及小数点"."和千分位号","等特殊符号。输入数值时，允许输入分节号，如可输入"536，433，999"。数值的前面可以添加"$、¥"，计算时它不影响数据值的大小。数据的后面可加"%"表示除以 100，如"67%"表示"0.67"。数值型数据在单元格中默认的对齐方式是靠右对齐。

- 输入正数时，前面的"+"可以省略；输入负数时，应在负数前输入减号"-"，或将其置于括号（）中，如 -8 或（8）。
- 输入分数时，应在分数前输入 0 及一个空格，如分数 1/3 应输入 0 1/3。如直接输入 1/3 或 01/3，则系统将把它视作日期，认为是 1 月 3 日。同理，对带分数的输入，也是先输入整数及一个空格，然后再输入分数部分，如 3 2/3 表示 $3\frac{2}{3}$。
- 输入纯小数时，可省略小数点前面的 0，如 0.98 可输入为 .98。

2. 字符型数据的输入

字符型数据包括汉字、英文字母、数字、空格及键盘上其他能输入的符号。在当前单元格中，一般文字如字母、汉字等直接输入即可；如果输入的字符串的首字符是"="号，或输入的文字是类似于邮政编码、电话号码（如表中的"职工编号"）之类的文本型数字，则应先输入一个单引号"'"，再输入等号或数字以及其他字符。字符型数据输入时，字符型数据在单元格中默认的对齐方式是靠左对齐。

注意： 不要因为看到输入的内容已到达该单元格的右边界了，就把后面的数据输入到右边的单元格中，这样会给单元格数据的格式化及数据的计算和分析带来麻烦。

3. 日期和时间型数据的输入

一般情况下，日期的年、月、日之间用"/"或"-"分隔，输入：年/月/日或年-月-日。在编辑栏中总是以"年-月-日"形式显示，在单元格中的默认显示格式为：年-月-日。时间的时、分、秒之间用冒号分隔，如 8：30：45。日期、时间在单元格中默认的对齐方式是靠右对齐。如果输入的形式不对，或者日期、时间超过了范围，则所输入的内容被判断为字符型数据，对齐方式是靠左对齐。

按"Ctrl + ;"组合键可输入当前的系统日期，按"Ctrl + Shift + ;"组合键可输入当前的系统时间。

4. 公式型数据的输入

公式型数据是通过公式计算而产生的数据。公式的输入方法：单击要输入公式的单元格，然后输入等号"="，接着在等号的右边输入有关的公式内容。例如，要在单元格 B3 中计算 5!，输入的方法是：单击 B3 单元格，在 B3 单元格中输入"=5*4*3*2*1"，按 Enter 键，在单元格 B3 中就会显示 120，这就是该公式的计算结果。

说明：表格中的计算结果是由单元格内的公式实时计算出来的，因此，在公式的数据源发生改变时，计算结果立即更新，使计算结果反映数据源的变化。

5. **数据的自动输入**

为了快速输入数据，Excel 2007 具有自动重复数据和自动填充数据功能。

（1）自动重复数据：如果在单元格中键入的前几个字符与该列中已有的项相匹配，Excel 会自动输入其余的字符（包含文字或文字与数字组合的项，只包含数字、日期或时间的项不能自动完成）。若要接受建议的项，按 Enter 键确认，自动完成的项完全采用已有项的大小写格式；若不想采用自动提供的字符，则继续键入需要输入的字符；若要删除自动提供的字符，则按 Backspace 键。

（2）自动填充：单击初始值所在的单元格，将鼠标移动到填充柄上（填充柄是选定单元格或区域右下角的小黑方块，将鼠标指向填充柄时，鼠标的指针更改为黑十字），按住鼠标左键拖动到所需的位置，松开鼠标，所经过的单元格都被填充上了相应的数据。向上、下、左、右拖动鼠标均可。

自动填充有以下情况：初始值为纯文本或纯数字时，填充相当于复制；初始值为字符与数字组合内容时，填充时字符保持不变，右边的数字递增。例如，初始值为 N1，则填充后为 N2，N3……初始值为 Excel 预设的自动填充序列中的一个选项时，则按预设序列填充。例如，初始值为一月，则自动填充二月、三月……

（3）产生一个数据序列：在选定的单元格内输入初始值；在【开始】选项卡的【编辑】组中，单击【填充】按钮，在列表中选择【序列】命令，弹出如图 4.11 所示的【序列】对话框；在【序列产生在】区域中，选择按行或列方向填充，在【类型】区域中，选择按等差序列或等比序列填充，在【步长值】文本框中，可输入等差、等比序列公差、公比，在【终止值】文本框中，可输入一个序列的终值不能超过的数值，之后单击【确定】按钮。

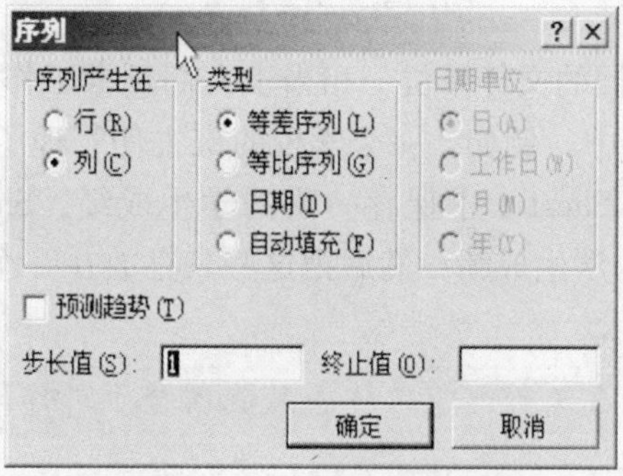

图 4.11　【序列】对话框

6. **输入有效数据**

在创建电子表格的过程中，有些单元格的数据没有限制，而有些单元格在输入数据时，输入的数据要限制在一定的有效范围内。符合限制条件的数据称为有效数据。为了保证输入的数据都在有效范围内，首先要为单元格或单元格区域设置限制条件，然后设置提示信息。

（1）设置有效数据。设置数据输入的有效范围操作步骤如下：

步骤 1：选定需设置数据输入有效范围的单元格或单元格区域。

步骤 2：在【数据】选项卡的【数据工具】组中，单击【数据有效性】按钮 

，弹出如图 4.12 所示的【数据有效性】对话框。

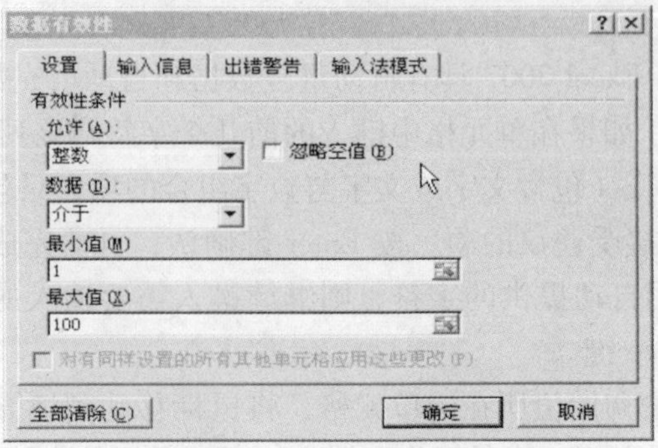

图 4.12 【数据有效性】对话框

步骤 3：单击【设置】选项卡，在【允许】下拉列表框中，选择有效数据的类型（如整数）。

步骤 4：在【数据】下拉列表框中，选择所需的操作符，如“介于”、“大于”等，然后，在“最大值”和“最小值”数值框中输入下限、上限，如“介于”、“1”、“100”等，单击【确定】按钮。

（2）有效数据的检查。有效数据设置完成后，当输入的数据有错时，系统根据【出错警告】选项卡中设置的“错误信息”，自动显示出错误提示。

4.1.5 Excel 2007 的基本操作

1. 工作簿的基本操作

工作簿是 Excel 管理数据的文件单位，相当于人们日常工作中的“文件夹”，它以独立的文件形式存储在外存储器中。例如，一个学校的班主任管理了 2008 级 5 个班，她就可以为每个班建立一个成绩表，Sheet 1 中保存一班的学生成绩，Sheet 2 中保存二班的学生成绩……Sheet 5 中保存五班的学生成绩，然后把这些表存放在一个工作簿——“2008 级学生成绩表”中，如图 4.13 所示。

注意： 外存储器上只保存工作簿，工作表只能包含于工作簿中，不能以独立的文件形式存在。

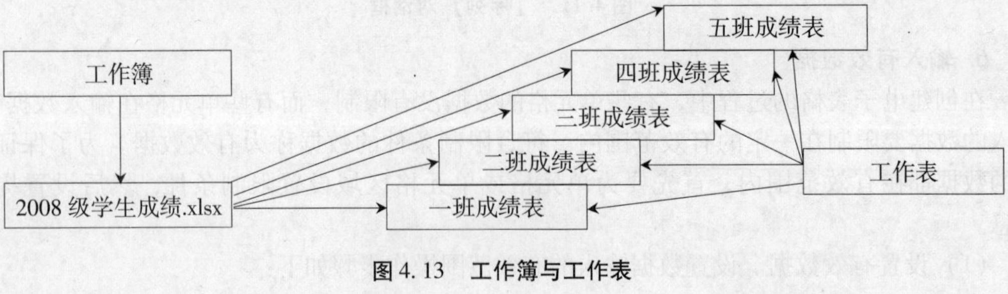

图 4.13 工作簿与工作表

（1）新建 Excel 工作簿。启动 Excel 2007 时，Excel 会自动建立名为“Book1”的空白工作簿。还可以根据实际需要，创建新工作簿。

单击【Office 按钮】，在弹出的下拉菜单中选择【新建】选项，弹出如图 4.14 所示的对话框，单击【创建】按钮，则新建名为“Book1”的空白工作簿。

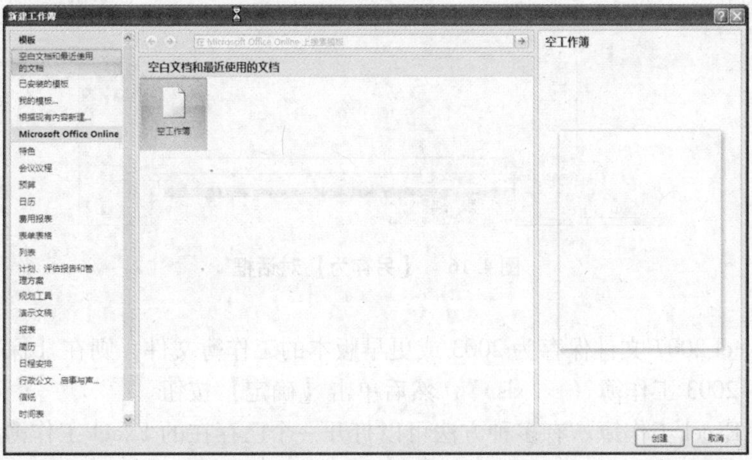

图 4.14 【新建工作簿】对话框

（2）保存工作簿。保存 Excel 2007 工作簿和保存 Word 2007 文档十分相似，也按保存新文件和保存旧文件两种情况来处理。

单击【Office 按钮】，弹出如图 4.15 所示的窗口。若是第一次保存或为防止正在编辑的数据丢失而在原保存位置进行的多次保存，可单击【保存】选项或按自定义工具栏中的【保存】按钮；若想在其他位置保存已保存过的工作簿，则单击【另存为】命令按钮。第一次单击【保存】按钮或单击【另存为】按钮，都会弹出如图 4.16 所示的【另存为】对话框。在【保存位置】下拉列表中选择要保存的文件夹，在【文件名】框将默认文件名“Book1”更改为具体文件名，本例中的文件名为“例子”，在【保存类型】框选择“Excel 工作簿（＊.xlsx）”，最后单击【确定】按钮。

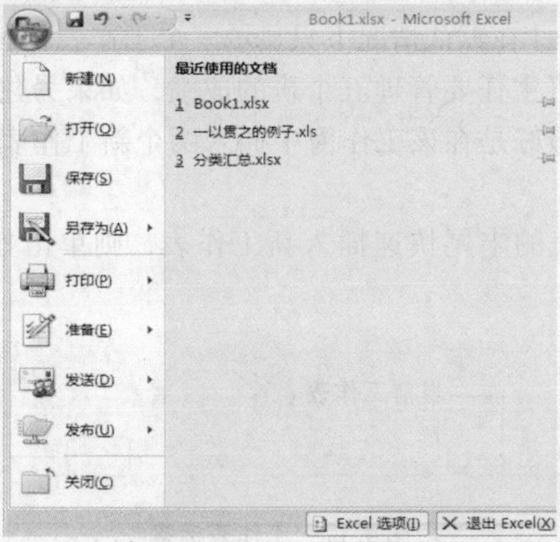

图 4.15 Excel 选项对话框

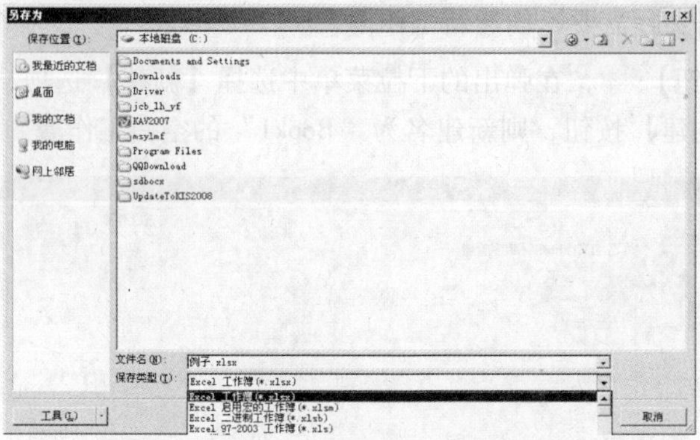

图 4.16 【另存为】对话框

若要将 Excel 2007 文件保存为 2003 或更早版本的工作簿文件，则在【保存类型】框选择“Excel 97 - 2003 工作簿（*.xls)”，然后单击【确定】按钮。

（3）打开 Excel 工作簿。有多种方法可以打开一个已存在的 Excel 工作簿，常用的打开工作簿的方法如下：

方法 1：单击【Office 按钮】，在下拉菜单中选择【打开】选项，在弹出的【打开】对话框中，找到所需的 Excel 文件并双击它。

方法 2：在“我的电脑”或者“资源管理器”中找到需要打开的工作簿，双击将其打开。

2. 工作表的基本操作

工作表实际上就是日常工作表中表格的电子化，在 Excel 中操作数据主要是通过工作表进行的。

（1）工作表的切换。一个打开的工作簿中的工作表标签如图 4.17 所示，可以看出，Sheet 1 与另外两个标签不同，这表示当前工作表是 Sheet 1，也称为活动工作表。如果要在 Sheet 2 中输入数据，只需单击 Sheet 2 标签就可以了。在不同的工作表之间切换就是通过单击工作表标签来完成的，被单击的标签所在的工作表就会成为活动工作表。

（2）插入工作表。Excel 在默认情况下只显示三个工作表，有时需要处理的工作表不止三个，如前面提到的一个班主任要管理五个班的成绩，如果另建工作簿，显然不方便，也不便于成绩的统一管理。最好是在该工作簿中插入两个新工作表。插入工作表有以下三种方法：

方法 1：在现有工作表的末尾快速插入新工作表，则单击如图 4.17 所示屏幕底部的【插入工作表】按钮。

图 4.17 工作表标签

方法 2：在当前工作表之前插入新工作表，在【开始】选项卡的【单元格】组中，单击【插入】按钮，在弹出的下拉列表中单击【插入工作表】，则插入一个新的工作表。

方法 3：右击工作表的标签，在弹出的如图 4.18 所示的快捷菜单中单击【插入】命令，在弹出的如图 4.19 所示的【插入】对话框的【常用】选项卡中，单击【工作表】，然后单击【确定】。

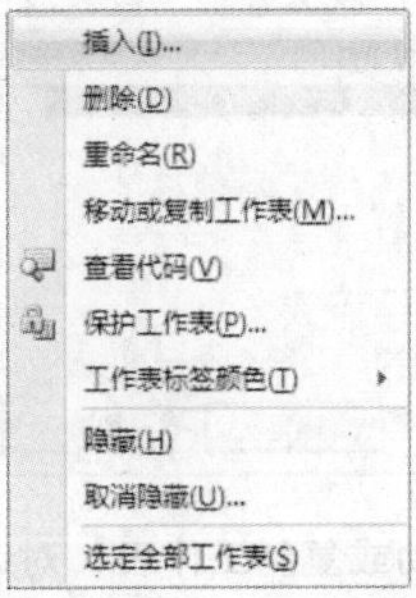

图 4.18 编辑工作表快捷菜单

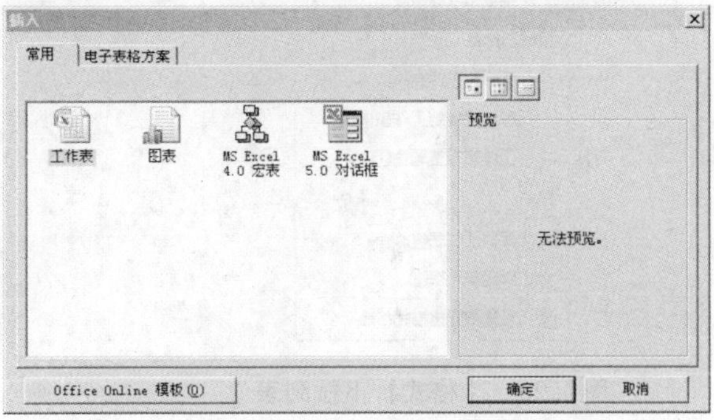

图 4.19 【插入】对话框【常用】选项卡

（3）删除工作表。删除工作表的操作很简单：单击要删除的工作表标签，在【开始】选项卡的【单元格】组中，单击【删除】按钮。或右击工作表标签，在弹出的如图 4.18 所示的下拉列表中单击【删除】命令。

（4）重命名工作表。

方法 1：右击要重命名的工作表标签，在弹出如图 4.18 所示的快捷菜单中单击【重命名】命令，在反白显示的工作表标签中输入想要设定的新工作表名称即可。

方法 2：双击要重命名的工作表标签，工作表标签就会以反白显示，输入新工作表名称，按 Enter 键，被选中的工作表就被重新命名了。

（5）工作表的移动与复制。在工作簿的实际编辑过程中，为了节省时间，提高编辑的效率，用户经常需要移动和复制工作表，工作表的移动和复制可以在工作簿内部进行，也可以在不同的工作簿之间进行。

选择要移动或复制的工作表，在【开始】选项卡的【单元格】组中，单击 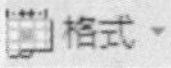

按钮，弹出如图 4.20 所示的下拉列表，在【组织工作表】选项中单击【移动或复制工作表】命令，或者右击选定的工作表标签，然后在图 4.18 所示的快捷菜单中选择【移动或复制工作表】命令，均会弹出如图 4.21 所示的【移动或复制工作表】对话框。在该对话框中首先在【工作簿】下拉列表中选择目标工作簿，然后在【下列选定工作表之前】列表框中，选择一个放置位置，若要复制工作表，还要选中【建立副本】复选框，单击【确定】按钮完成移动或复制工作表操作。

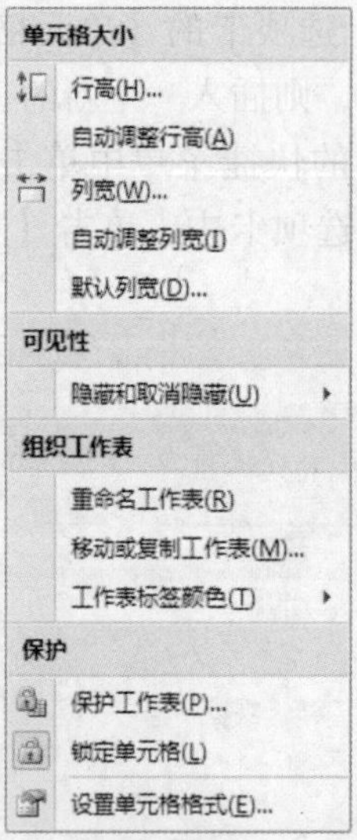

图 4.20 【格式】下拉列表

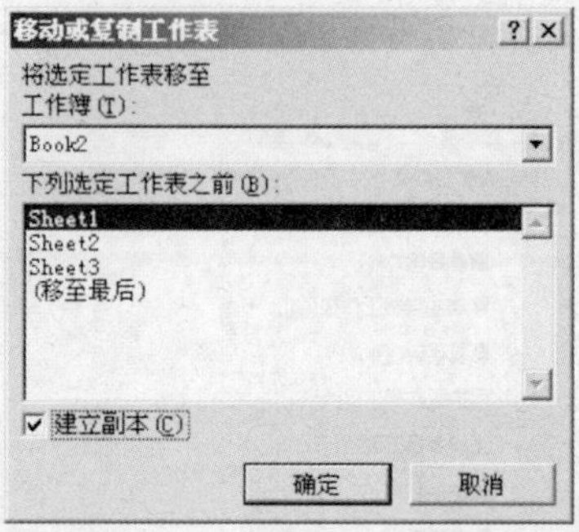

图 4.21 【移动或复制工作表】对话框

(6) 单元格数据的复制。不同工作表中如有相同的数据可以采用复制的方法产生，如前面所提到的五个班的成绩表。由于每个班所开设的课程都一样，所以只需为“一班”建立如图 4.22 所示的表头就行了，其余班级的成绩表头可以复制产生，如图 4.23 所示。建立五个班的成绩表结构的操作步骤如下：

步骤 1：建立“一班”的成绩表，建立表头并输入学生成绩，然后选中“一班”成绩表的表头（即选中区域 A1：E5），如图 4.22 所示。

步骤 2：单击【开始】选项卡【剪贴板】组的【复制】按钮。

步骤 3：单击“二班”的工作表标签，切换到“二班”工作表中，并选择单元格 A1，单击【开始】选项卡【剪贴板】组的【粘贴】按钮，就将一班成绩表的表头结构复制到了二班的成绩表中，结果如图 4.23 所示。

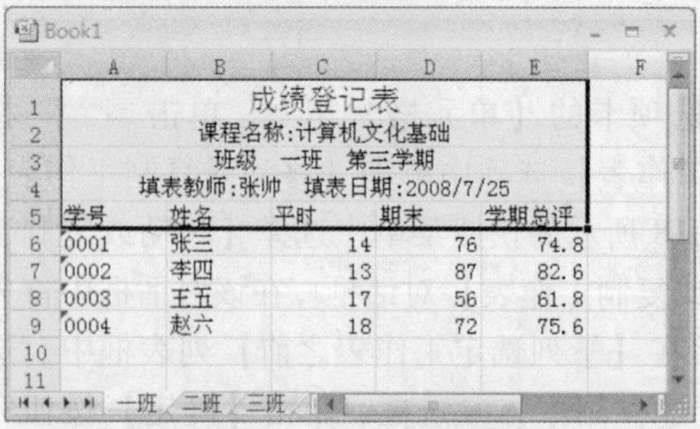

图 4.22 一班的成绩表

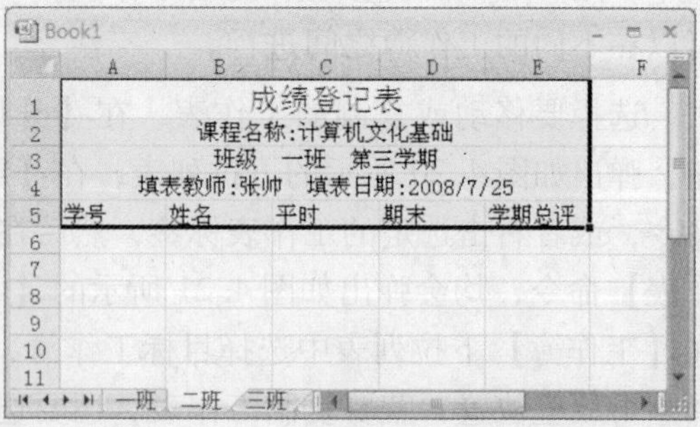

图 4.23 从一班复制过来的表头

3. 工作表行、列及单元格操作

(1) 工作表行、列操作。对工作表行、列操作包括选择行、列，删除行、列，插入行、列以及调整行高和列宽等。

●选择单行的操作：单击要选择的行号。选择连续多行的操作方法：把鼠标移到最前面的行上并单击，然后拖动鼠标到最后的行号上，这样鼠标拖过的行都会被选中。连续行的选择还可以先用鼠标选中第一行，然后按住 Shift 键，再单击要选择的最后一行。不连续行的选择是按住 Ctrl 键，用鼠标依次单击要选择的行号。列的选择方法与行的选择方法大致相同。

●删除行、列的操作：选中要删除的行或列，在【开始】选项卡的【单元格】组中，单击【删除】按钮。

●插入行、列的操作：选中要插入的行或列，在【开始】选项卡的【单元格】组中，单击【插入】按钮，则系统将在选中的行或列前增加一新行或增加一新列。

提示： 选中的行数或列数就是插入的行数或列数。

●调整行高的操作：选中要调整行高的行中任一单元格，在【开始】选项卡上的【单元格】组中单击【格式】按钮右侧的下拉箭头，在弹出的下拉列表中选择【行高】命令，在弹出的【行高】对话框中输入新的行高数值。此外还有 种更为直观的方法：把鼠标移到要调整行高的行号下边的表格线附近，当鼠标变成“”光标时，拖动鼠标就可改变该行的行高。

●调整列宽。单元格预设八个字符的宽度，当输入的字符超过八个时，多余的符号不会显示，但不会丢失，可调整单元格的列宽以显示出单元格的所有内容。调整列宽的方法与调整行高的方法相似，可参照执行。

（2）单元格操作。单元格是输入数据、处理数据及显示数据的基本单位。在 Excel 中输入数据或计算数据都是在单元格中进行的。

●选择单元格。选择一个单元格很简单，用鼠标单击要选择的单元格就行了。选择连续的多个单元格的方法：选择区域的左上角第一个单元格，然后拖动鼠标到右下角的最后一个单元格释放；也可单击左上角第一个单元格后，按住 Shift 键，然后单击最后一个单元格。选择不连续的多个单元格的方法：按住 Ctrl 键，然后用鼠标依次单击所有要选择的单元格。

●清除单元格的内容。当发现单元格的内容不再需要或有错误时，可首先选中这些单元格，然后按键盘上的 Delete 键就可清除选中单元格中的内容。

●删除单元格。删除与清除单元格或单元格区域是不同的，清除仅仅是把原单元格中的内容去掉，而删除则是把内容与单元格本身都要去掉，去掉后原单元格就不存在了，它所在的位置由它的下边（或者右边）的邻近单元格移过来代替。

在图 4.24 中，从“张三”开始的成绩就错位了，他的成绩应是 95 分，李四的成绩应是 64 分，其余人的成绩应依次前移。解决的方法：把张三所对应的“计算机文化基础”成绩 56 分的 B2 单元格删除。其操作方法：单击 B2 单元格，在【开始】选项卡上的【单元格】组中，单击【删除】按钮，或单击【删除】按钮右侧的向下箭头，选择下拉列表中的【删除单元格】命令，在弹出的如图 4.25 所示的对话框中选择“下方单元格上移”单选按钮，最后单击【确定】按钮。

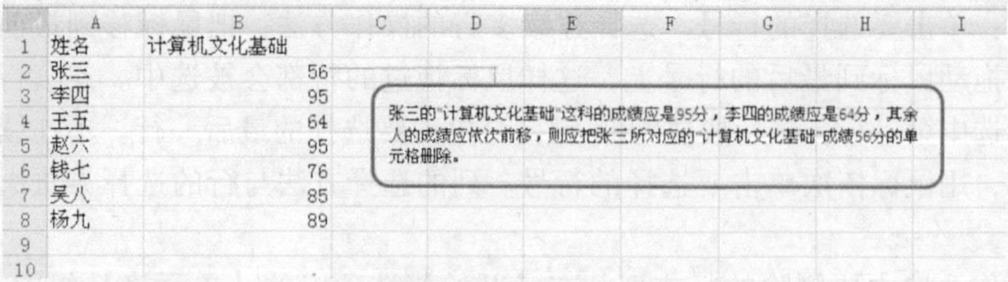

图 4.24　删除单元格

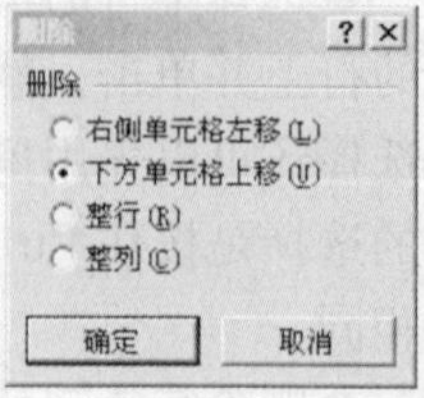

图 4.25　【删除】对话框

●插入单元格。有时候需要在某个单元格的位置插入一个单元格。如在前面所举的例子中，张三的成绩漏输入了，而把李四的成绩当成了张三的成绩，王五的成绩又是李四的成绩，以后的以此类推。这时只要在张三的成绩处插入一个新的单元格，其余的依次下移即可。操作的方法类似删除的方法，只是选择【插入】命令而不是选择【删除】命令。

●移动或复制单元格。选择要移动或复制的单元格区域。在【开始】选项卡的【剪贴板】组中，若要移动则单击【剪切】按钮，或直接按 Ctrl + X 键；若要复制则单击【复制】按钮，或直接按 Ctrl + C 键。然后选择粘贴区域的左上角单元格，在【开始】选项卡上的【剪贴板】组中，单击【粘贴】按钮，或直接按 Ctrl + V 键完成单元格区域的移动和复制。

说明：进行【剪切】或【复制】操作后，所选区域的周围将出现"蚂蚁线"，此时才可以进行粘贴操作，按 Esc 键可以去掉"蚂蚁线"，此时则不能进行粘贴操作。

●合并单元格（跨行居中）。并非所有的表格都是由长短相同的横、竖网格线所组成，有时需要大小不同的网格构成日常工作表，如图 4.22 中的标题就是一个较大的单元格。在 Excel 中，这样的表格可以通过单元格的合并或拆分来完成。合并单元格就是指把两个或多个单元格组合成一个单元格，经过合并后的单元格自然就比其余单元格宽了。

图 4.22 的表头可通过单元格的合并来完成，其操作方法如下：

步骤 1：在 A1 单元格中输入"成绩登记表"，在 A2 单元格中输入"课程名称：计算机文化基础"，在 A3 单元格中输入"班级：一班　第三学期"，在 A4 单元格中输入"填表教师：张帅　填表日期：2008/7/25"。

步骤 2：选中 A1：E1 单元格区域，在【开始】选项卡的【对齐方式】组中，单击【合并后居中】按钮，或者在【开始】选项卡的【单元格】组中，单击【格式】命令的下拉箭头，在下拉列表中选择【设置单元格格式】命令，弹出如图 4.26 所示的【设置单元格格式】对话框，在该对话框的【文本控制】中选择【合并单元格】复选框（即复选框中显示"√"），在【水平对齐】下拉列表中选择【居中】。

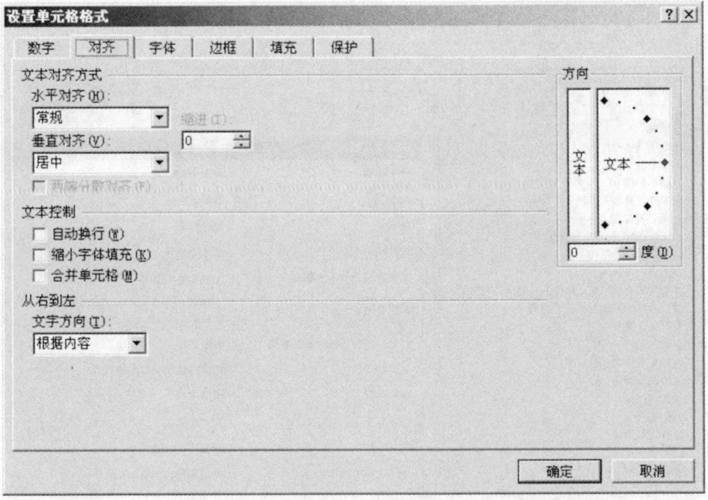

图 4.26 【设置单元格格式】对话框

用同样的操作方法将 A2 单元格、A3 单元格和 A4 单元格居中。

步骤 3：在【开始】选项卡的【字体】组中完成表头文字的设置（详细操作将在工作表的格式化中介绍）。

如果要取消单元格的合并，只需要选择该单元格，单击图 4.26 中的【合并单元格】复选框，取消"√"，或再次单击【合并后居中】按钮，将它还原成合并前的状态。

4. Excel 2007 **中撤消、恢复或重复操作**

在 Excel 中，可以撤消和恢复的操作多达 100 项。

撤消的操作步骤：单击【快速访问工具栏】上的【撤消】按钮，则撤消最近一次的操作；要同时撤消多项操作，可单击【撤消】按钮旁的下拉箭头，从列表中选择要撤消的操作后单击列表，Excel 将撤消所有选中的操作。

恢复撤消的操作：单击【快速访问工具栏】的【恢复】按钮即可。

4.1.6 使用 Excel 帮助

Excel 的帮助系统具有极其强大的功能，用户利用帮助系统能够解决在使用 Excel 过程中所遇到的各种问题，如 Excel 的新技术、疑难、专用名词术语、函数说明、函数应用实例等。进入 Excel 帮助系统的常用方法：按 F1 键或单击 Excel 窗口右上角的【Office 助手】工具按钮，会显示如图 4.27 所示的窗口界面，用户可以从中阅读相应的内容。

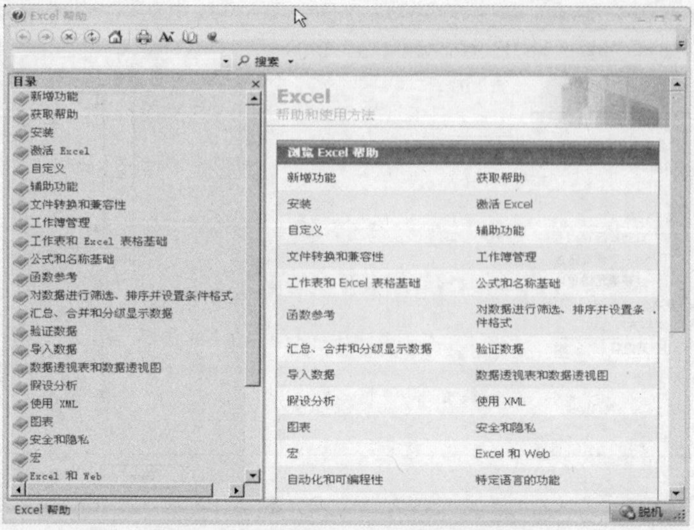

图 4.27　【Excel 帮助】窗口

4.2　Excel 2007 工作表的格式化

工作表的格式化，就是对工作表进行修饰。一个好的工作表首先要保证它的正确性。在正确的基础上，外观的修饰也是必不可少的。Excel 2007 的每一个单元格都可以看成是 Word 2007 的文档编辑区，所以对 Word 2007 文档进行的格式化操作方法，很多适用于 Excel 2007 单元格。工作表的修饰包括设置单元格的格式、设置工作表中单元格区域的对齐方式、设置工作表中单元格区域的边框和底纹以及使用自动套用格式等。

4.2.1　数据格式化

当向单元格输入一个数字时，这个数字可能不会以输入时的数值形式出现在工作表中，比如，输入 9/10，结果显示为 9 月 10 日。这是因为 Excel 把所有的数字和日期都以数字形式保存，而在屏幕上显示的数字或日期都被“穿”上了一件“数字格式外衣”，但是被这件“外衣”包裹的仍是输入的原数字或日期。

Excel 提供了大量的数据格式，并将它们分成常规、数值、货币、日期、特殊、自定义等。如果不做设置，输入时使用默认的“常规”单元格格式。

1. 文本格式的设置

单元格中文本的格式包括字体、字号、字形、加粗、倾斜和下划线、字体颜色等。其设置方法与 Word 2007 中对文本的设置方法相同。

2. 数字格式的设置

方法 1：使用数字格式按钮。选择要设置格式的单元格，在【开始】选项卡的【数字】组中，单击【常规】右侧的下拉箭头，在下拉列表中选择需要的格式。而利用【常规】按钮下面的图标按钮可以快速地对所选择单元格进行数字格式设置，各图标的含义如下：

●会计数字格式。单击【会计数字格式】按钮，被选定的单元格区域中的数据前会显示人民币符号“￥”；单击【会计数字格式】按钮右侧的下拉箭头，可选择各国家的货币符号。

●百分比样式。单击【百分比样式】按钮 %，被选定的单元格区域中的数据以百分数的形式显示。

●千位分隔样式。单击【千位分隔样式】按钮 ,，被选定的单元格区域中的数据加入千分位分隔号。

●增加小数位数。单击【增加小数位数】按钮一次，选定单元格区域中数据的小数位数加 1 位。

●减少小数位数。单击【减少小数位数】按钮一次，选定单元格区域中数据的小数位数减 1 位。

方法 2：使用【数字】选项卡。选择要设置的单元格，在【开始】选项卡的【数字】组中，单击右下角的对话框启动器按钮，弹出如图 4.28 所示的【设置单元格格式】对话框，用户可以根据需要在【数字】选项卡中选取所需要的数字格式，然后单击【确定】按钮。

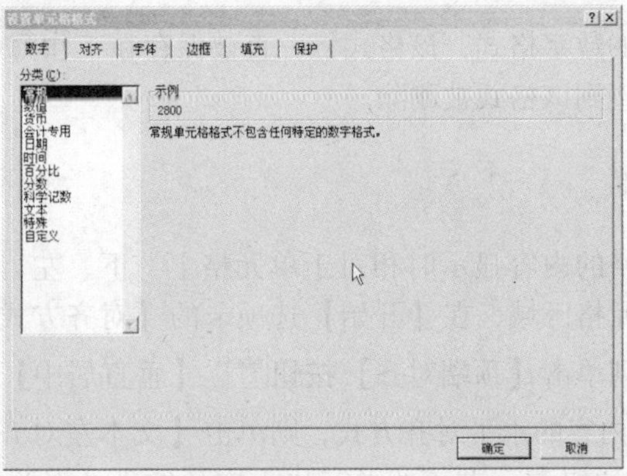

图 4.28 【设置单元格格式】对话框【数字】选项卡

方法 3：自定义数字格式。在 Excel 中还可以根据需要自己定义数据格式。当 Excel 自带的数字格式无法描述实际的数据时，通过自定义格式来设计如何显示数字、文本、日期等格式。创建自定义格式时最多指定四种格式，其书写形式是：

正数格式；负数格式；零值格式；文本格式

不同的部分之间用分号“；”分隔，如果要跳过某一部分定义，那么该部分应以分号结束。例如，要创建一个不定义负数格式的自定义格式，其余三部分的书写顺序为：

正数格式;；零值格式；文本格式

创建自定义数字格式的步骤如下：在图 4.28 所示的【设置单元格格式】对话框中，选择【数字】选项卡，在【分类】框中，选择如图 4.29 所示的【自定义】选项，单击【类型】列表框中的一种数字格式，该格式将出现在【类型】框以下的编辑框中，用户可根据需要插入或删除一些格式符号来定义自己的数字格式，然后单击【确定】按钮完成数字格式定义。

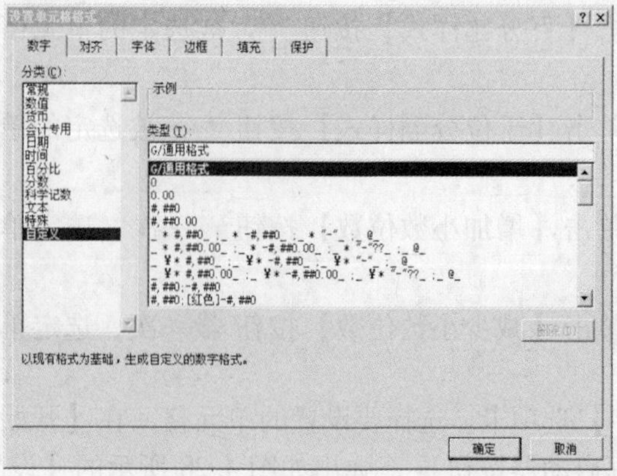

图 4.29 【自定义】数字格式

一旦创建了自定义的数字格式，该格式将一直被保存在工作簿中，并且能像其他 Excel 自带格式一样被使用，直到该格式被删除。

4.2.2 对齐格式的设置

对齐格式是指单元格的内容显示时相对于单元格上、下、左、右的位置。选择要设置对齐方式的单元格或单元格区域，在【开始】选项卡的【对齐方式】组中，若更改单元格内容的垂直对齐方式，则单击【顶端对齐】按钮、【垂直居中】按钮或【底端对齐】按钮；若更改单元格内容的水平对齐方式，则单击【文本左对齐】按钮、【居中】按钮或【文本右对齐】按钮；若更改单元格内容的缩进，则单击【减少缩进量】按钮或【增加缩进量】按钮；若旋转单元格内容，则单击【方向】按钮，然后在弹出的下拉列表中选择所需的旋转选项。

若使单元格所有内容都可见，则单击【自动换行】按钮；若将多个单元格合并成一个较大的单元格，并将大单元格的内容居中，则单击【合并后居中】按钮。

若使用其他文本对齐方式选项，单击【对齐方式】组右下角的对话框启动器按钮，显示如图 4.30 所示的【设置单元格格式】对话框，在【对齐】选项卡中进行精确设置。设置示例如图 4.31 所示。

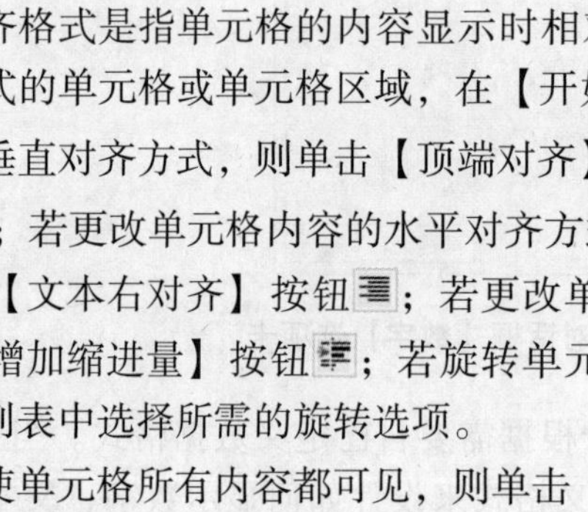

图 4.30 【设置单元格格式】对话框【对齐】选项卡

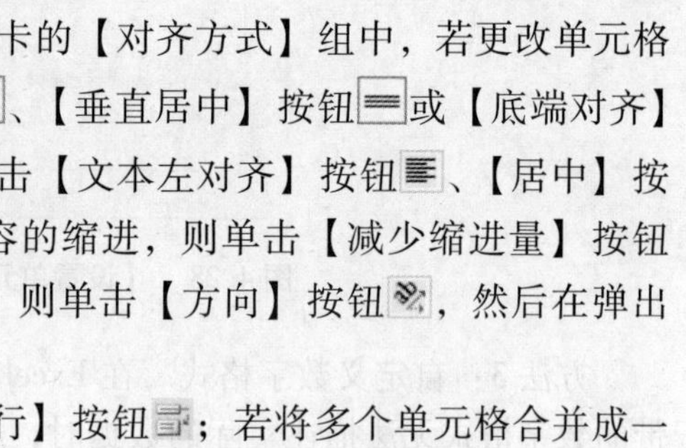

图 4.31 设置单元格格式示例

4.2.3 边框和底纹的设置

可以为单元格或单元格区域添加各种类型的边框和底纹，使表格更加清晰明了。

1. **边框的设置**

选定要添加边框的单元格或单元格区域，在【开始】选项卡的【字体】组中，单击【边框】按钮旁边的下拉箭头，出现如图 4.32 所示的【边框】下拉列表，然后单击所需的边框样式；如果要应用自定义的边框样式或斜向边框，选择【其他边框】命令，弹出如图 4.33 所示的【设置单元格格式】对话框，当前默认为【边框】选项卡。单击所需的线条样式和颜色。在【预置】或【边框】区，单击一个或多个按钮以指明边框位置。在【边框】区下方有两个【斜向边框】按钮和，单击可添加表头斜线。

要删除单元格或单元格区域的边框，则先选定删除边框的单元格或单元格区域，在图 4.32 所示的下拉列表中选择【无框线】命令。或在【设置单元格格式】对话框的【边框】选项卡的【预置】区单击【无】按钮。

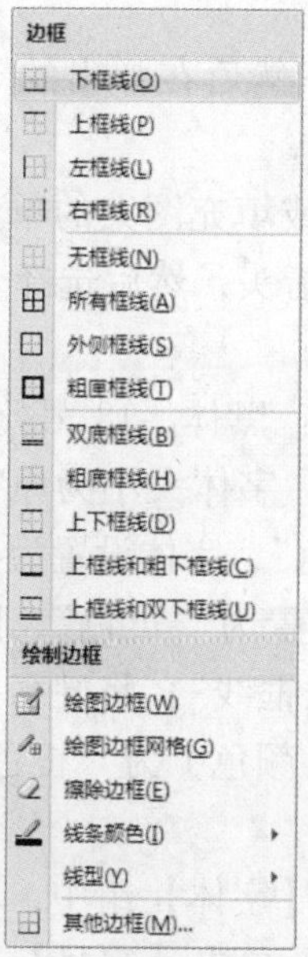

图 4.32 【边框】下拉列表

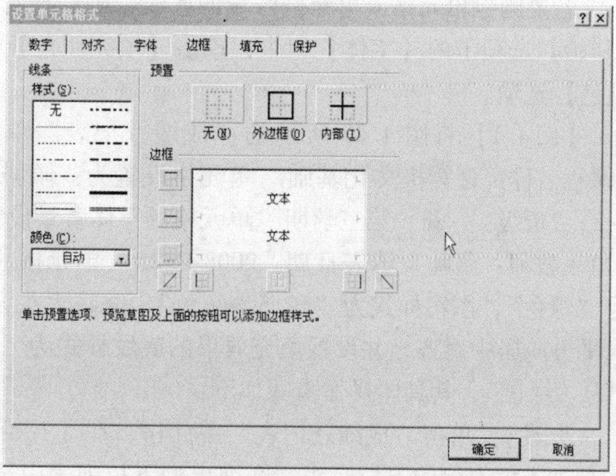

图 4.33 【设置单元格格式】对话框【边框】选项卡

2. **底纹的设置**

选择要添加底纹的单元格或单元格区域，在【开始】选项卡的【字体】组中，单击右下角的对话框启动器按钮，选择如图 4.34 所示的【填充】选项卡，在【背景色】选项中单击想要使用的背景色。

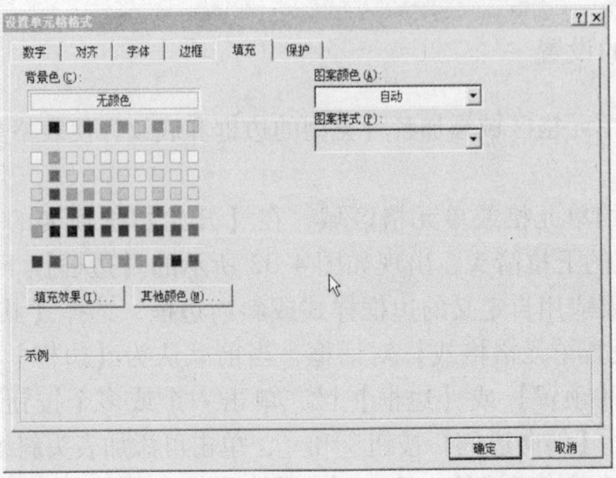

图 4.34 【设置单元格格式】对话框【填充】选项卡

若要使用包含两种颜色的图案，则在【图案颜色】下拉列表中选择另一种颜色，然后在【图案样式】下拉列表中选择图案样式。

若要使用具有特殊效果的图案，则单击【填充效果】按钮，然后在弹出的【填充效果】对话框中的【渐变】选项卡上单击所需的选项即可。

若要删除单元格或单元格区域的底纹，则选择含有填充颜色或填充图案的单元格，在【开始】选项卡的【字体】组中，单击【填充颜色】右边的下拉箭头，然后选择【无填充颜色】选项。

【例 4.1】将图 4.22 所示的“成绩登记表”单元格设置为：黑体、18 号字、粗体；“课程名称：计算机文化基础”单元格设置为：倾斜、双下划线，字体大小为原字体大小 +2；“班级：一班　第三学期”单元格的字体背景设置为“浅绿色”，字体设置为“红色”；“填表教师：张帅　填表日期：2008/7/25”单元格的填充颜色设置为“黄色”，图案颜色为“绿色”，图案样式为“12.5% 灰色”，并将表头设置为“粗匣框线”；将姓名列的文本水平方向居中对齐，并设置填充效果的底纹样式为“中心辐射”，颜色 1 为“橙色”，颜色 2 为“绿色”，其具体操作步骤如下：

步骤 1：单击“成绩登记表”单元格，在【开始】选项卡的【字体】组中，单击【字体】文本框右侧的下拉箭头，在弹出的下拉列表中选择“黑体”，单击【字号】文本框右侧的下拉箭头，在弹出的列表中选择“18”，单击【加粗】按钮完成单元格“成绩登记表”设置；

步骤 2：单击“课程名称：计算机文化基础”单元格，在【开始】选项卡的【字体】组中，单击【倾斜】按钮 *I*，单击【下划线】按钮 U 右侧的下拉箭头，在弹出的下拉列表中选择“双下划线”，单击两次【增大字号】按钮 A，将字体在原字体大小基础上 +2；

步骤 3：单击“班级：一班　第三学期”单元格，在【开始】选项卡的【字体】组中，单击【字体颜色】按钮 A 右侧的下拉箭头，在下拉列表框的【标准色】中选择“红色”，单击【填充颜色】按钮旁边的下拉箭头，在下拉列表框的【标准色】中选择“浅绿色”；

步骤4：单击“填表教师：张帅　填表日期：2008/7/25”单元格，在【开始】选项卡的【字体】组中，单击右下角的对话框启动器按钮，在弹出的设置【设置单元格格式】对话框中单击【填充】选项卡，选择背景色为“黄色”，图案颜色为“绿色”，图案样式为“12.5% 灰色”；

步骤5：选择 A1：E5 单元格区域，在【开始】选项卡的【字体】组中，单击【边框】按钮右侧的下拉箭头，在下拉列表框中选择“粗匣框线”；

步骤6：选择 B4：B9 单元格，在【开始】选项卡的【对齐方式】组中单击【居中】按钮，在【开始】选项卡的【字体】组中，单击右下角的对话框启动器按钮，在弹出的【设置单元格格式】对话框中单击【填充】选项卡，然后单击【填充效果】按钮 填充效果(I)... ，选择填充效果的底纹样式为“中心辐射”，颜色 1 为“橙色”，颜色 2 为“绿色”，然后单击【确定】按钮。最终设置文本格式的效果如图 4.35 所示。

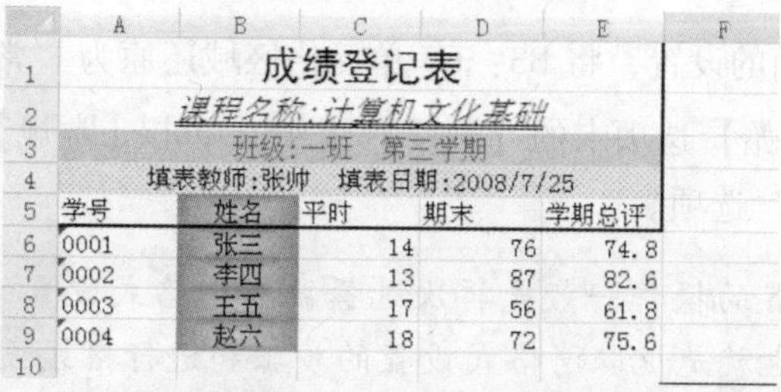

	A	B	C	D	E	F
1	成绩登记表					
2	课程名称:计算机文化基础					
3	班级:一班　第三学期					
4	填表教师:张帅　填表日期:2008/7/25					
5	学号	姓名	平时	期末	学期总评	
6	0001	张三	14	76	74.8	
7	0002	李四	13	87	82.6	
8	0003	王五	17	56	61.8	
9	0004	赵六	18	72	75.6	
10						

图 4.35　文本格式的效果图 1

【例 4.2】将图 4.36 所示的“职工工资登记表”中 B3 单元格设置成会计格式，C3 单元格设置成百分比样式，B4 单元格设置成千位分隔样式，C4 单元格增加两位小数位数，B5 单元格设置为日期格式，C5 单元格设置成科学计数格式，然后重新设置成“常规”格式，具体操作步骤如下：

步骤1：选定 B3 单元格，在【开始】选项卡的【数字】组中，单击【会计数字格式】按钮；

步骤2：选定 C3 单元格，在【开始】选项卡的【数字】组中，单击【百分比样式】按钮 %；

步骤3：选定 B4 单元格，在【开始】选项卡的【数字】组中，单击【千位分隔样式】按钮 ,；

步骤4：选定 C4 单元格，在【开始】选项卡的【数字】组中，单击【增加小数位数】按钮两次；

步骤5：选定 B5 单元格，在【开始】选项卡的【数字】组中，单击【常规】按钮 常规 后的下拉箭头，在下拉列表中选择“短日期”；

步骤6：选定 C5 单元格，在【开始】选项卡的【数字】组中，单击右下角的对话框启动器按钮，在【设置单元格格式】对话框的【数字】选项卡的【分类】区中选择“科学记数”，然后单击【确定】按钮。设置后的结果如图 4.36 所示的 B9：C11 单元格区域。

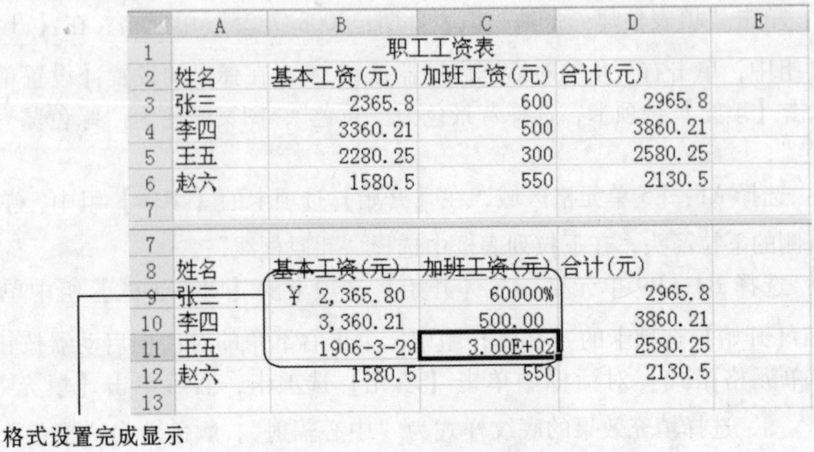

图 4.36 文本格式的效果图 2

步骤 7：要取消前面的设置，将 B3：C5 单元格区域还原为“常规”格式，则选择 B3：C5 单元格区域，在【开始】选项卡的【数字】组中，单击【常规】按钮右侧下拉箭头，选择“常规”选项。

说明：取消格式设置的操作一般是再次选择要取消格式设置的单元格或单元格区域，重新设置成默认格式，也就是说取消格式设置的步骤和进行格式设置的步骤一样。如上题要取消数字格式设置则在【开始】选项卡的【数字】组中选择“常规”项，重新设置为默认格式；或按数次【撤消】按钮撤消设置的格式。

如果多次设置相同的格式，也就是复制格式，则可以在【开始】选项卡的【剪贴板】组中，单击【格式刷】按钮。如在图 4.36 中若将其他常规格式的数字全部改为会计数字格式，其操作方法是：单击 B3 单元格，在【开始】选项卡的【剪贴板】组中，单击【格式刷】按钮，在 B3：C6 单元格区域拖动鼠标，鼠标经过的区域数字格式即变为会计数字格式，再次单击【格式刷】按钮，在 D3：D6 单元格区域拖动鼠标，鼠标经过的区域数字格式也变为会计数字格式。如果要多次复制格式，可双击【格式刷】按钮完成多次格式设置，再次单击【格式刷】按钮则取消格式刷功能。

4.2.4 添加工作表背景

为工作表添加背景，可以使做出的报表更加美观。

1. 添加或删除工作表背景

选择要添加背景的工作表。在【页面布局】选项卡的【页面设置】组中，单击【背景】按钮，弹出【工作表背景色】对话框，选择要用作工作表背景的图片，然后单击【插入】按钮。

再次在【页面布局】选项卡的【页面设置】组中，单击【背景】按钮，即可删除工作表背景。

说明：工作表背景不能被打印，也不会保留在单个工作表中或保留在另存为网页的项目中。由于不能打印工作表背景，因此不能将其用作水印。但是，通过在页眉或页脚中插入图形，可以创造出水印的效果。

2. 在工作表中创造水印效果

给图 4.35 所示的工作表创造水印效果的操作方法是：选择图 4.35 所示的工作表，在【插入】选项卡的【文本】组中，单击【页眉和页脚】按钮，弹出如图 4.37 所示的【页眉和页脚工具/设计】选项卡。页眉区由左、中、右三个页眉区域框组成，选择其中一个页眉区域框，单击【页眉和页脚元素】组中的【图片】按钮，在弹出的【插入图片】对话框中选择要插入的图片文件，然后单击【插入】按钮将其插入工作表中，双击图片文件也可将图片文件插入工作表中。此时在插入图片文件的页眉区域框中会显示“&［图片］”，单击工作表中任一单元格返回到工作表中，就创造出工作表的水印效果。

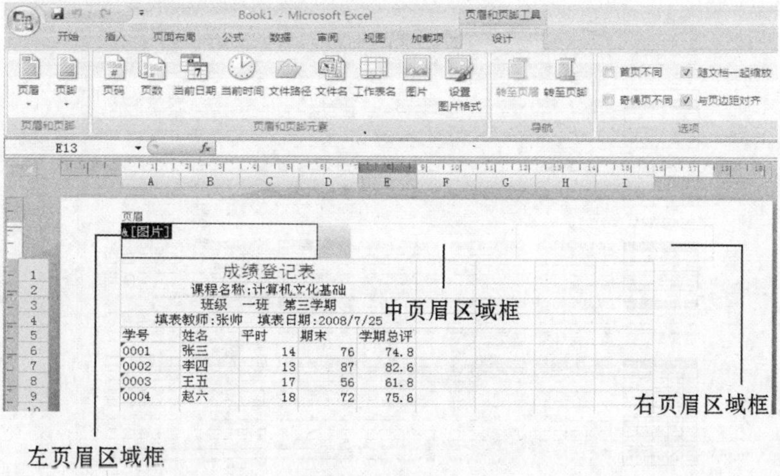

图 4.37　【页眉页脚工具/设计】选项卡

要更换作为水印图片的文件，可在【页眉和页脚元素】组中选择【&［图片］】，单击【图片】按钮，弹出如图 4.38 所示的图片文件替换对话框，单击【替换】按钮则重新更换其他图片文件。要删除图片，则选择【&［图片］】，然后按 Delete 键。

要调整图形大小或缩放图形，单击【页眉和页脚元素】组中的【设置图片格式】按钮，在弹出的【设置图片格式】对话框中选择【大小】选项卡设置所需选项。

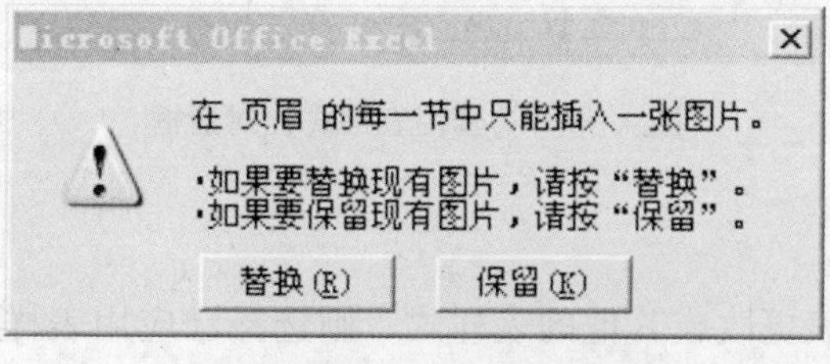

图 4.38　图片文件替换对话框

4.2.5 使用自动套用格式

样式，就是 Excel 已经制作好的格式。如果对所建工作表没有特殊的格式要求，可以使用 Excel 提供的预定义的表样式，使用这些样式，可快速套用表格式。如果预定义的表样式不能满足需要，还可以创建并应用自定义的表样式。

1. **创建表时选择表样式**

在工作表中，选择要快速设置表格式的单元格区域；在【开始】选项卡的【样式】组中，单击【套用表格格式】按钮 ，在弹出的如图 4.39 所示的【浅色】、【中等深浅】或【深色】表样式中，单击要使用的表样式，弹出如图 4.40 所示的【套用表格式】对话框，用户可以利用对话框折叠/展开按钮选择要套用表格式的单元格区域，单击【确定】按钮完成表样式快速设置。

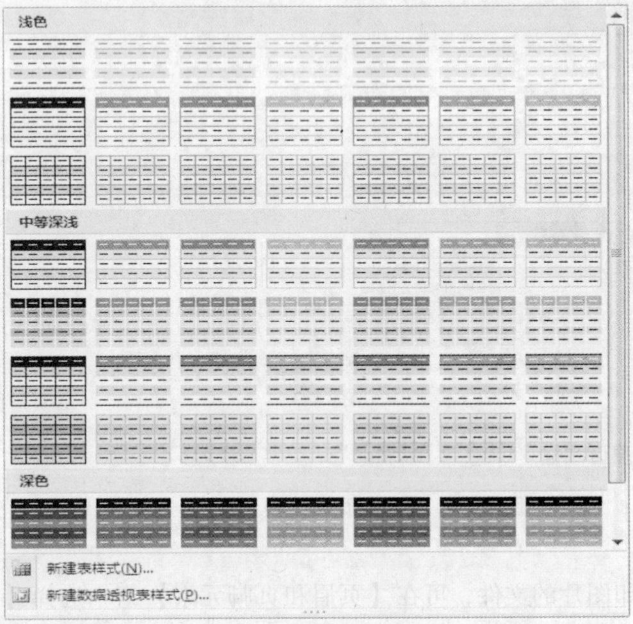

图 4.39 套用表格式中的表样式

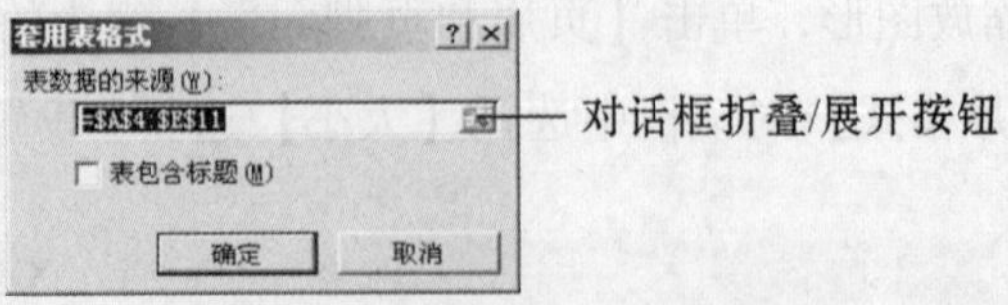

图 4.40 【套用表格式】对话框

2. **更改表样式**

若将已有表样式的表更改成其他的表样式，则选择已应用表样式的表，此时会显示如图 4.41 所示的【表工具/设计】选项卡。在【表样式】组中，单击要使用的表样式即可更改原表样式，使用箭头键在可用表样式中滚动可以选择更多的表样式，也可以单击【其他】按钮，在弹出的如图 4.39 所示的表样式中选择。

可以通过【表工具/设计】选项卡的【表样式选项】组对已经套用表样式的工作表进行修饰。

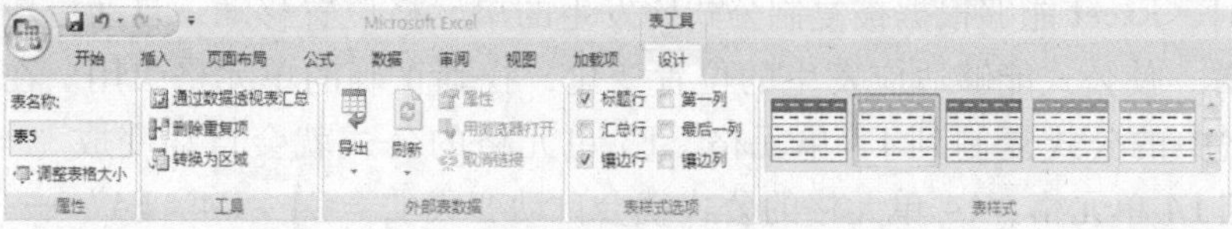

图 4.41 【表工具/设计】选项卡

4.3 公式与函数的使用

Excel 2007 的强大功能还体现在计算上，通过在单元格中输入公式和函数，可以对表中数据进行求和、汇总、求平均值甚至进行更复杂的运算；Excel 表中数据修改后，公式或函数的计算结果也会自动更新。这些都是手工计算无法比拟的。

4.3.1 认识公式与函数

1. 基本概念

（1）公式：是用户自行设计的对工作表数据进行计算和处理的计算式。公式中一般包含单元格地址引用、函数、运算符和常量。公式必须以等号“=”（或加号“+”）开头。

（2）常量：是指在运算过程中不发生变化的量，如数字“20”以及圆周率等都是常量。

（3）函数：是 Excel 自带的一些预先编写的公式，可以对一个或多个值执行运算，并返回一个或多个值。Excel 提供了大量的内置函数，涉及许多工作领域，如财务、工程、统计、数据库、时间、数学等。函数由“=”、函数名称、括号和参数组成。

（4）运算符：是指表达式内执行的计算类型的符号。

（5）单元格引用：是指将公式所使用的单元格与公式关联在一起，公式可以自动调用单元格的值进行运算。通过正确的单元格引用，生成公式，用户可以在单元格中输入任意数据，公式会按照运算规则自动进行运算。公式的灵活性是通过单元格引用来实现的。

2. 单元格引用的类型及其应用

单元格的引用分为绝对引用、相对引用和混合引用三种。单元格引用主要用于公式复制，下面分别介绍这三种引用：

（1）相对引用。相对引用也称为相对地址，Excel 默认为相对引用，它用列标号与行标号直接表示单元格。如 A2，B5，D8 等都是相对引用。如果某个单元格内的公式被复制到另一个单元格，原单元格内公式的地址在新单元格中需要发生相应的变化，就可以用相对引用来实现。例如，有一个“学生成绩表”如图 4.42 所示。从图中可以看出，“总分”一列的数据应该是 C 列、D 列和 E 列对应数值的总和。其计算过程如下：

单击 F2 单元格，输入计算总分的公式“=C2+D2+E2”（注意：①公式中的双引号是一种提示符，输入时不要把引号当成公式的一部分输入单元格中。②不要输入 C2 单元格中的数值“63”，而是输入 C2。输入时既可以在等号后直接输入 C2，也可以输入等号后单击 C2 单元格），按 Enter 键则 F2 单元格中就会显示出 C2、D2、E2 三个单元格相加的结果值：249。

在 F2 单元格的公式中用到了 C2、D2、E2，它们就是相对引用。相对引用的好处就是在复制公式时，Excel 能够根据被复制公式所发生的单元格位置移动，自动更新公式中的单元格引用位置，使公式能够适应发生的位置变化，找到正确的单元格引用。在图 4.42 中，将 F2 单元格中的公式复制到 F3 单元格，F3 单元格的公式就会自动变成“ = C3 + D3 + E3”；复制到 F4 单元格，F4 单元格的公式就会自动变成“ = C4 + D4 + E4”……以此类推。利用相对引用复制公式的方法，可以快速而准确地计算出其他人的总分。

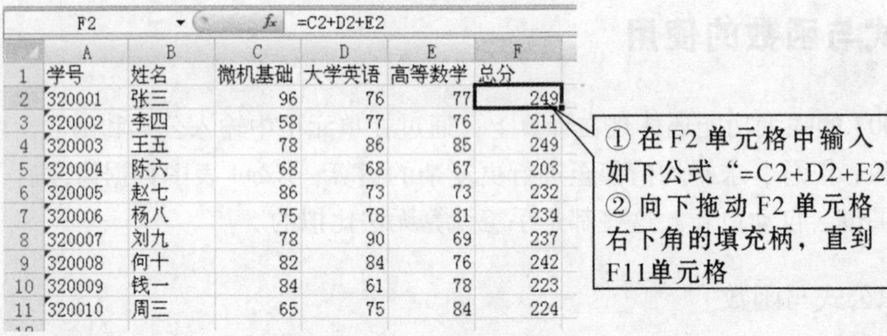
F2　=C2+D2+E2

	A	B	C	D	E	F
1	学号	姓名	微机基础	大学英语	高等数学	总分
2	320001	张三	96	76	77	249
3	320002	李四	58	77	76	211
4	320003	王五	78	86	85	249
5	320004	陈六	68	68	67	203
6	320005	赵七	86	73	73	232
7	320006	杨八	75	78	81	234
8	320007	刘九	78	90	69	237
9	320008	何十	82	84	76	242
10	320009	钱一	84	61	78	223
11	320010	周三	65	75	84	224

图 4.42　相对引用图示

（2）绝对引用。在表示单元格的列标号与行标号前面加“ $”符号的单元格名称就称为单元格绝对引用。绝对引用也称为绝对地址，它的最大特点是在操作过程中，公式中的单元格地址始终保持不变，相对地址与绝对地址可以混合使用。例如，图 4.43 是广州某些商场某个时间销售 LG 空调的数据，现在要计算各商场的销售总额，计算公式为：销售总额 = 销售数量 * 单价。

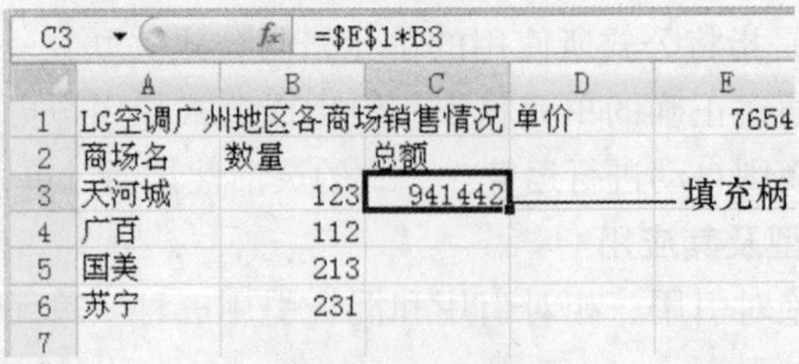
C3　=$E$1*B3

	A	B	C	D	E
1	LG空调广州地区各商场销售情况			单价	7654
2	商场名	数量	总额		
3	天河城	123	941442		
4	广百	112			
5	国美	213			
6	苏宁	231			
7					

图 4.43　绝对引用图示

其计算方法为：在单元格 C3 中输入公式“ = $E $1 * B3”，E1 是单价，B3 是数量，这样就把天河城的销售总额计算出来了；拖动 C3 单元格的填充柄将 C3 的公式复制到 C4、C5、C6 中，则其他各商场的销售总额也快速而准确地计算出来了。

如果在单元格 C3 里输入公式“ = E1 * B3”，就不能采用复制公式的方法计算其他商场的销售总额。因为 E1 和 B3 是相对引用，当把它复制到单元格 C4 时，该单元格就变成了“E2 * B4”，这显然是错误的。“ $E $1” 表示不管公式被复制到哪个单元格，都引用单元格 E1 中的数据进行计算，它的位置不发生移动，这就是绝对引用的意义。

(3) 混合引用。混合引用是指公式中单元格引用地址中的行是绝对引用、列是相对引用，或行是相对引用、列是绝对引用，混合引用也称为混合地址。例如：$B2 就是混合引用，它的列是绝对引用，而行是相对引用。下面以图 4.44 所示工作表数据为例来介绍混合引用的应用。若在 D2 单元格中使用公式“ = $B2 * C2”，则 D2 单元格的值是 3496，该值是自行车一季度的销售额。拖动 D2 单元格的填充柄至 D8 单元格，则 D3：D8 单元格区域依次复制 D2 单元格公式为：“ = $B3 * C3”、“ = $B4 * C4” …… “ = $B8 * C8”，D3：D8单元格区域的内容则依次为 10800、79800……839500。

若将 D2 单元格的公式复制到 F2 单元格（注意：这里复制公式不能用拖动填充柄的方法），则 F2 单元格中的公式为“ = $B2 * E2”，公式的结果就是自行车二季度的销售额 5320。拖动 F2 单元格的填充柄至 F8 单元格，计算二季度各种商品的销售额。

若将 D2 单元格公式复制到 H2 单元格，则 H2 单元格中的公式为“ = $B2 * G2”，拖动 H2 单元格的填充柄至 H8 单元格，则计算出三季度各种商品的销售额。利用混合引用和公式复制的方法，可以快速而准确地计算出各季度各种商品的销售额。这就是混合引用的实际意义。

说明： 按 F4 键可在相对引用、绝对引用和混合引用等不同的引用方式之间循环切换。

D2　=$B2*C2

	A	B	C	D	E	F	G	H
1	产品	单价	一季度销售量	一季度销售额	二季度销售量	二季度销售额	三季度销售量	三季度销售额
2	自行车	152	23	3496	35	5320	90	13680
3	手表	180	56	10080	55	9900	80	14400
4	冰箱	2100	38	79800	65	136500	70	147000
5	彩电	2580	39	100620	455	1173900	50	129000
6	影碟机	950	100	95000	213	202350	40	38000
7	照相机	3890	50	194500	100	389000	70	272300
8	手机	2300	365	839500	200	460000	50	115000

图 4.44　混合引用图示

3. 运算符的种类

在 Excel 中有算术运算符、比较运算符、文本连接运算符和单元格引用运算符等类型。

(1) 算术运算符。算术运算符包括：+（加号）、-（减号）、*（星号，表示乘）、/（左斜杠，表示除）、%（百分号）和 ^（脱字号，表示乘方）等。算术运算的结果为一个数值。

(2) 比较运算符。比较运算符包括：=（等于）、>（大于）、<（小于）、> =（大于等于）、< =（小于等于）、< >（不等于）。比较运算符用来比较两个值的大小或是否相等，结果为逻辑值“TRUE”（真）或“ FALSE”（假）。

(3) 文本连接运算符。文本连接运算符“&”用来连接两个或多个字符串，结果生成一个新的字符串。例如，A1 单元格的内容是“办公软件”，B1 单元格的内容是“Excel 2007”，则“ = A1&B1”公式返回的结果是“办公软件 Excel 2007”。

(4) 单元格引用运算符。单元格引用运算符包括冒号（:）、逗号（,）和空格（␣）三种。

冒号（:）是区域运算符，表示一个单元格区域，是对两个引用以及两个引用之间的所有单元格进行引用。例如，B5：B15。

逗号（,）是并集运算符，表示包含几个单元格区域的所有单元格。例如，B5：B15，D5：D15 表示包含这两个区域的所有单元格。

空格（␣）是交集运算符，表示几个单元格区域重叠的那些单元格。例如，B2：D3␣C1：C4（这两个单元格区域的共有单元格为 C2 和 C3）的运算结果为 C2：C3。

（5）运算的顺序。执行计算的顺序会影响公式的运算结果。因此，了解如何确定计算顺序以及如何更改顺序以获得所需结果非常重要。

第一，计算顺序：Excel 中的公式始终以等号“＝”开头，等号后面是要计算的元素（即操作数），各操作数之间由运算符连接。Excel 按照公式中每个运算符的特定顺序从左到右依次计算。

第二，运算符优先级：如果一个公式中有若干个不同优先级的运算符，则按表 4.1 所示的 Excel 的运算符及优先级从上到下的顺序进行运算；如果一个公式中的若干个运算符具有相同的优先级，则从左到右依次计算。

表 4.1　Excel 的运算符及优先级

运算符	说明
：　，　␣	引用运算运算符，同一级
–	负数
%	百分比
^	乘方
*　/	乘和除，同一级
+　–	加和减，同一级
&	连接两个文本字符串
=　<　>　<=　>=　<>	比较运算符，同一级

第三，使用括号：若要更改运算的顺序，可将公式中要先运算的部分用一对括号括起来。例如，公式“= 5 +2 *3”的结果是 11，因为 Excel 先进行乘法运算后进行加法运算，如果用括号将其更改为“=（5 +2）*3”，将先求出 5 加 2 之和，再用结果乘以 3 得 21。在公式“=（B4 +25）/SUM（D5：F5）”中，前面的括号强制先计算 B4 +25 的结果，然后再除以单元格 D5、E5 和 F5 中各值之和。前后两个括号的意义不一样，前者用来改变运算顺序，而后者是函数的组成部分。

4.3.2　函数与应用

强大的函数功能把 Excel 与普通表格区分开来，普通电子表格如 Word 中的表格只能完成一般的表格制作功能，进行很简单的数据处理，如排序、求和等。Excel 提供了大量的内置函数，涉及许多工作领域，如财务、工程、统计、数据库、数学等。此外，用户还可以利用 VBA 编写自定义函数，以满足特定的需要。

函数通过接收参数，并对它所接收的参数进行相关的运算，最后返回计算结果。在大多数情况下，函数的计算结果是数值，但也可以返回文本、引用、逻辑值或工作表的信息。表4.2给出了Excel提供的函数类别。

表4.2　Excel的函数类别

分类	功能简介
数据库函数	对数据表中的数据进行分类、查找、计算等
日期与时间函数	对公式中所涉及的日期和时间进行计算、修改及格式化处理
工程函数	用于工程数据分析与处理
信息函数	对单元格或公式中的数据类型进行判定
财务函数	进行财务分析及财务数据的计算
逻辑函数	进行逻辑判定、条件检查
统计函数	对工作表数据进行统计、分析
查找和引用函数	在工作表中查找特定的数据或引用公式中的特定信息
文本与数据函数	对公式、单元格中的字符、文本进行格式化或运算
数学和三角函数	进行数学计算，如随机数、三角函数、最大值、矩阵运算等
多维数据集函数	针对多维数据进行的操作，是Excel 2007新增的函数类别
加载宏和自动化函数	用户用VBA编写，用于完成特定功能的函数

1. 函数调用

在公式中可以调用Excel提供的内置函数，调用函数要遵守Excel对于函数所制定的规则，否则就会产生语法错误。调用函数时所遵守的Excel规则称为函数调用的语法。

（1）函数的语法。Excel的函数结构大致可分为函数名和参数表两部分，如下所示：

函数名（参数1，参数2，参数3…）

“函数名”表明函数要执行的运算；“函数名”后用圆括号括起来的是参数表，参数表说明函数使用的单元格或数值，参数可以是数字、文本、形如TRUE或FALSE的逻辑值、数组、形如#N/A的错误值，以及单元格或单元格区域的引用等。给定的参数必须能产生有效的值。

例如：AVERAGE（A1：B10），该函数的含义是计算A1：B10单元格区域中所有数据的平均值，其中的AVERAGE是函数名，A1：B10单元格区域是参数，它必须出现在括号内。

函数的参数也可以是常量、公式或其他函数。当函数的参数表中又包括另外的函数时，就称为函数的嵌套调用。不同函数所需要的参数是不同的，有的函数需要1个参数，有的需要2个参数，有的需要多达30个参数，也有的函数不需要参数。没有参数的函数称为无参函数。无参函数的调用形式为：

函数名（）

无参函数名后的圆括号是必需的。如 PI 函数，其值为 3.141593，它的调用形式为：PI（）。

注意：在 Excel 中输入函数时，要用圆括号把参数括起来，左括号标记参数的开始且必须立即跟在函数名的后面。如果在函数名与左括号之间插入了一个空格或者其他字符，Excel 会显示一个出错信息“#NAME?”。显然，Excel 把函数名当成了名字，因此出错。

（2）函数调用。在公式或表达式中应用函数就称为函数的调用。函数调用有三种方式：①在公式中直接调用函数。如果函数以公式的形式出现，则在函数名称前面输入等号“=”。②在表达式中调用函数。除了在公式中直接调用函数外，也可以在表达式中调用函数。例如，求区域 A1：A5 的平均值与区域 B1：B5 的总和的和，然后再除以 10，把计算结果放在单元格 C2 中，则可在单元格 C2 中输入公式“=（AVERAGE（A1：A5）+SUM（B1：B5））/10”。③函数的嵌套调用。在一个函数中调用另一个函数，就称为函数的嵌套调用，例如：“=IF（AVERAGE（F2：F5）>50，SUM（G2：G5），0）”就是一个函数的嵌套调用公式。整个公式的意义是：求出 F2：F5 单元格区域的平均值，如果该区域的平均值大于 50，公式的最后结果就是 G2：G5 单元格区域的数值总和；如果 F2：F5 单元格区域的平均值小于或等于 50，则公式的最后结果为 0。

2. 函数输入

在 Excel 中的公式或表达式中调用函数，遇到的第一个问题就是函数的输入。函数的输入有以下两种方法：

（1）直接输入。如果知道函数名及函数的参数，就可在公式或表达式中直接输入数据。可以在单元格中输入，也可以在公式编辑栏中输入。这是最常用的输入函数的方法。

（2）使用函数向导。Excel 提供了几百个函数，每个函数又允许使用多个参数。要记住所有函数的名字、参数及用法是不可能的。当知道函数的类别以及需要计算的问题，或者知道函数的名字，但不知道函数所需要的参数时，可以使用函数向导来完成函数的输入。通过函数向导，可以知道函数需要的各个参数及参数的类型，方便地输入那些并不熟悉的函数。

【例 4.3】计算 8 个月付清的年利率为 10% 的 30 000 元贷款的月支付额，假设要把计算结果存在 C3 单元格中并且用户知道使用 PMT 函数可以完成这项计算工作，但不知道它有哪些参数。在这种情况下，使用函数向导就再简单不过了。其操作方法如下：

步骤 1：单击 C3 单元格，在【公式】选项卡的【函数库】组中，单击【插入函数】按钮 *fx*，弹出【插入函数】对话框。

说明：Excel 根据函数的功能，把它们分成了大约 12 个类别，这些类别如表 4.2 所示。在插入函数时，首先从图 4.45 的【或选择类别】下拉列表中选择所需要的函数类别，然后从【选择函数】列表框中选择需要的函数名。

步骤 2：如图 4.45 所示的【或选择类别】下拉列表中选择“财务函数”，在【选择函数】的列表中选择“PMT”，然后单击【确定】按钮，系统将弹出 PMT 函数的向导，如

图 4.46 所示。该对话框中给出了 PMT 函数的各个参数，参数下面的文字是对各个参数意义的解释。

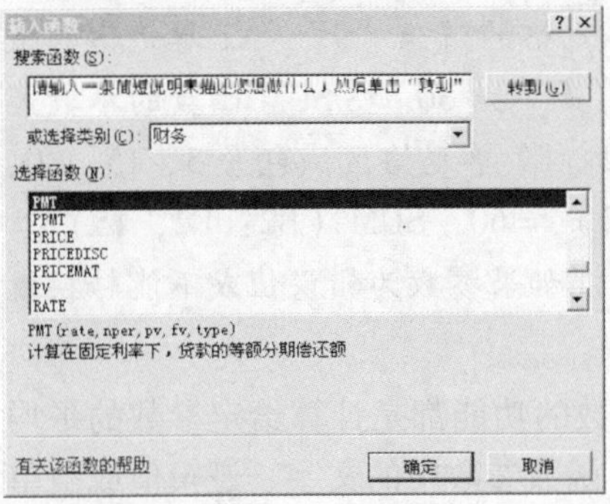

图 4.45 【插入函数】对话框

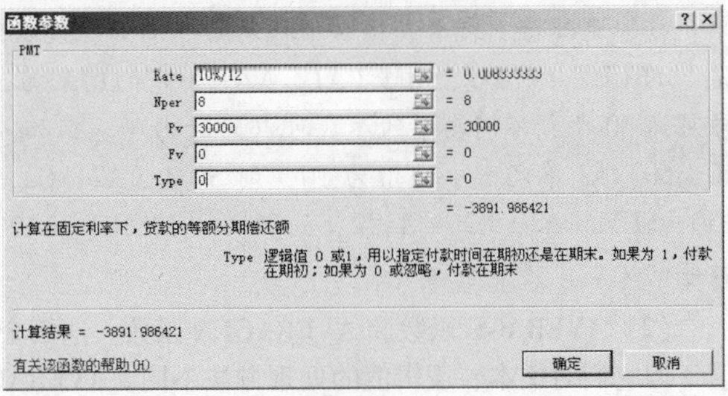

图 4.46 PMT 函数向导

步骤 3：在“Rate”（每期利率，年利率为 10%，所以每个月的利率为 10%/12）文本框中输入“10%/12”，在“Nper”（付款期数）文本框中输入“8”，在“Pv”（贷款总额）文本框中输入“30 000”。本例中，“Fv”为未来值，或在最后一次付款后希望得到的现金余额，如果省略 Fv，则假设其值为零，一笔贷款的未来值即为零。“Type”为付款类型（0 表示期末付款，1 表示期初付款），默认值为 0。

步骤 4：当输入参数 Rate，Nper 和 Pv 后，单击【确定】按钮，系统将公式“ = PMT (10%/12，8，30000)”插入到 C3 单元格中，最后在此单元格中显示该公式的计算结果“ -3，891.99”，即月支付额为 3 891.99 元。

说明： 函数 PMT（Rate，Nper，Pv，Fv，Type）可以基于固定利率及等额分期付款方式返回贷款的每期付款额。其中参数 Rate 表示贷款利率；参数 Nper 为该项贷款的付款期数；参数 Pv 为现值或一系列未来付款的当前值的累积和，也称为本金；参数 Fv 为未来值，或在最后一次付款后希望得到的现金金额；参数 Type 为数字 1 或 0，用于指定各期的付款时间是在期初还是在期末。

3. 常用函数

在实际工作中，有些函数是经常使用的。这些经常使用的函数分布在 Excel 2007 提供的各种函数类别中。用户最近使用的函数会依次显示在【公式】选项卡【函数库】组的【最近使用的函数】 最近使用的函数 下拉列表中。重复使用函数时利用【最近使用的函数】按钮 最近使用的函数 可以快速地查找到需要的函数。下面介绍一些常用的函数：

（1）SUM 函数。SUM 是一个求和汇总函数，与自动求和按钮 Σ 自动求和 的功能相同，但它更灵活，可以计算任意单元格区域中所有数字之和。其语法如下：

SUM（x1，x2，…，x30）

其中，x1，x2，…，x30 是需要求和的参数。

说明：①参数表中的数字、逻辑值及数字的文本表达式将被计算。例如，SUM（3，2）=5，SUM（“9”，20，TRUE）=30，因为文本值被转换成数字9，而逻辑值“TRUE”被转换成数字1。②如果参数为数组或引用，只有其中的数字被计算，数组或引用中的空白单元格、逻辑值、文本或错误值被忽略。例如：设A1单元格的值为“9”，A2单元格的值是“TRUE”，则公式SUM（A1，A2，20）的结果为20，而不是30。③SUM函数的参数最多可达30个，不同类型的参数可以同时出现。例如，A2：E2单元格区域包含5，15，30，40，50，A3单元格中的值为10，则SUM（A2：C2，A3）=60，SUM（B2：E2，15）=150，SUM（A2：D2，{1，2，3，4}，A3，10）=120。④如果参数为错误值或不能转换成数字的文本，将会导致错误。

（2）AVERAGE函数和AVERAGEA函数。这两个函数的功能都是计算给定参数的平均值，但它们对文本、逻辑值的处理方法不同。AVERAGE函数参数中的文字、逻辑值或空单元格不参与平均值的计算。而AVERAGEA函数参数中的文字、逻辑值或空单元格参与平均值的计算。AVERAGE函数和AVERAGEA函数的语法相同，即：

AVERAGE（x1，x2，…，x30）

AVERAGEA（x1，x2，…，x30）

其中，x1，x2，…，x30是需要求和的参数。

（3）COUNT、COUNTA、COUNTBLANK函数。这三个函数都与计数有关，只是统计的方式不同而已。COUNT统计数值型数据的个数，COUNTA统计非空单元格的个数，COUNTBLANK统计空白单元格的个数。其语法如下：

COUNT（x1，x2，…，x30）

COUNTA（x1，x2，…，x30）

COUNTBLANK（Range）

其中Range为单元格区域。

（4）条件函数IF。IF函数也称为条件函数，它根据参数条件的真假，返回不同的结果。可以使用IF函数对数值和公式进行条件检测。其语法如下：

IF（条件表达式，V1，V2）

条件表达式可以是比较式或逻辑表达式，其结果应为逻辑真值（TRUE）或逻辑假值（FALSE）；V1是条件表达式为真时函数的返回值；V2是条件表达式为假时函数的返回值。V1和V2很灵活，可以是表达式、字符串、常数等。

比如，公式“=IF（3>4，“正确”，“错误”）”的结果是“错误”，因为条件“3>4”是不成立的，所以函数返回第3个参数的计算结果。

【例4.4】利用IF函数完成公司业绩的评级。

对图4.47所示的六个分公司在一年内的业绩作出评价。评价等级分为三级，评价标准如下：“营业额”高于2 000万的，评价为“优秀”；“营业额”为1 000～2 000万的，评价为“良好”；“营业额”低于1 000万的，评价为“一般”。则操作步骤如下：

步骤1：在A1：B7单元格区域分别输入图4.47所示的内容；

步骤2：在C1单元格输入“评价”，在C2单元格输入公式：=IF（B2>2 000，“优秀”，IF（B2>=1 000，“良好”，“一般”））；

步骤3：将该公式复制到C3：C7单元格区域，计算出其他分公司的“评价”结果，如

图 4. 47 中 C 列所示。

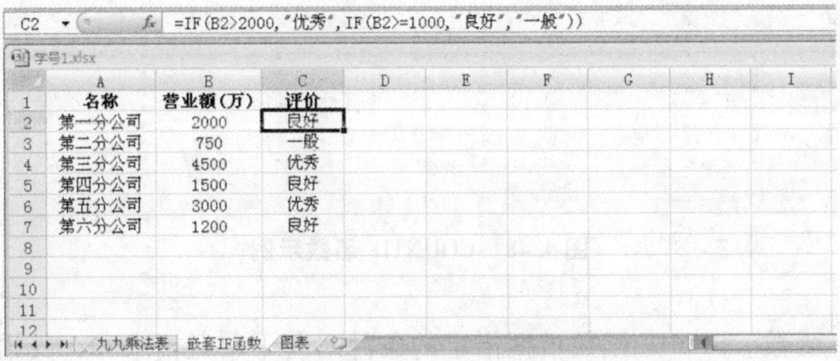

	A	B	C
1	名称	营业额(万)	评价
2	第一分公司	2000	良好
3	第二分公司	750	一般
4	第三分公司	4500	优秀
5	第四分公司	1500	良好
6	第五分公司	3000	优秀
7	第六分公司	1200	良好

图 4. 47　IF 函数示例

(5) COUNTIF 函数。

COUNTIF 是一个条件统计函数，它可以计算出符合条件的数据的个数，其语法如下：

COUNTIF（range，条件表达式）

range 是需要计算其中满足条件表达式的单元格区域，条件表达式的形式可以为数字、表达式或文本。

【例 4. 5】使用 COUNTIF 函数统计如图 4. 48 所示的“职工考勤表”中职工在 10 天内迟到、旷工的次数。为了便于统计，这里假设“a”表示“正常”，即没有迟到和旷工的情况，“b”表示“迟到”，“c”表示“旷工”。具体操作步骤如下：

步骤 1：单击 A1 单元格，在 A1 单元格输入“职工考勤表”，并格式化，如图 4. 48 所示。

步骤 2：单击 A2 单元格，在 A2 单元格输入“日考勤”，按下 Alt + Enter 键，在同一单元格内换行。输入表头单元格中左下角文字“职工号”，把鼠标指针移到“日考勤”的前面然后单击，连续按下空格键，直到位置合适按 Enter 键。

步骤 3：在 B2 单元格输入“10 - 1”，然后拖动 B2 单元格的填充柄到 K2 单元格。

步骤 4：在 A3 单元格输入“’0001”然后选定 A3 单元格，拖动填充柄到 A12 单元格。

步骤 5：在 B3：K12 单元格区域输入如图 4. 48 所示的内容。

提示：在 B3：K12 单元格区域中，有很多单元格的内容相同，比如都是“a”，可以使用如下方法一次性输入：按 Ctrl 键同时选定要输入“a”的单元格，并在最后选定的单元格中输入“a”（此时注意不要单击鼠标），然后按 Ctrl + Enter 键则所选单元格同时输入“a”。

步骤 6：在 L2 单元格中输入“迟到次数”，在 M2 单元格中输入“旷工次数”，然后在 L3 单元格中输入公式“ = COUNTIF（B3：K3，“b”），按 Enter 键则计算出 0001 职工迟到的次数，利用自动填充功能将此公式填充至 L12 单元格，计算的结果如图 4. 48 所示的“职工考勤表”中 L 列。

步骤 7：用同样的方法在 M3 单元格中输入公式“ = COUNTIF（B3：K3，“c”）”并填充，计算的结果如图 4. 48 所示的“职工考勤表”中 M 列。

	A	B	C	D	E	F	G	H	I	J	K	L	M
1	职工考勤表												
2	日考勤 职工号	10月1日	10月2日	10月3日	10月4日	10月5日	10月6日	10月7日	10月8日	10月9日	10月10日	迟到次数	旷工次数
3	0001	a	c	a	a	a	a	a	a	b	a	1	1
4	0002	a	a	a	c	a	a	c	b	a	a	1	2
5	0003	b	a	a	a	a	a	a	c	a	b	2	1
6	0004	a	a	a	a	a	a	a	a	a	a	0	0
7	0005	b	a	a	c	a	c	a	a	c	a	1	3
8	0006	a	a	b	a	a	a	a	a	b	a	2	0
9	0007	a	a	a	b	a	c	a	b	a	a	2	1
10	0008	b	a	a	a	a	a	b	a	a	a	2	0
11	0009	b	a	c	b	a	a	a	b	c	a	3	2
12	0010	a	c	a	a	a	a	a	a	c	b	1	2
13													
14													

图 4.48　COUNTIF 函数示例

（6）SUMIF 函数。SUMIF 函数根据指定的条件对若干单元格求和，其语法如下：

SUMIF（range，条件表达式，sum_ range）

参数 range 和条件表达式的规则和用法同 COUNTIF，sum_ range 是需要求和的实际单元格，只有当 range 中的相应单元格满足条件时，才对 sum_ range 中的单元格求和。如果省略 sum_ range，则直接对 range 中的单元格求和。SUMIF 函数在条件求和与分类汇总中经常使用。

【例 4.6】某家电商场的销售记录如图 4.49 的 A1：G10 所示。现要统计出各种电器的销售总数量和销售总金额，并将它们统计在如图 4.49 所示的 I1：K6 单元格区域中。用 SUMIF 函数可以很方便地统计出各类产品的汇总数据，具体操作步骤如下：

步骤 1：在 J3 单元格中输入公式："=SUMIF（$D$3：$D$10，I3，$E$3：$E$10）"并按 Enter 键；

说明：此公式的含义是在 $D$3：$D$10 单元格区域中查找 I3 单元格中的内容，因 I3 单元格的内容是"彩电"，所以 SUMIF 公式前两个参数的含义就是 D 列中查找"彩电"所在的单元格，当找到之后，就返回 E 列同一行的单元格（因为返回的结果在区域 $E$3：$E$10），最后对所有找到的单元格求和。

步骤 2：拖动 J3 单元格的填充柄至 J6，完成各种商品销售总数的计算；

步骤 3：在 K3 单元格中输入公式："=SUMIF（$D$3：$D$10，I3，$G$3：$G$10）"并将此公式向下填充复制，即求得所有产品的总金额。

注意：上述两个公式中的绝对引用和相对引用是不能修改的。

J3　=SUMIF($D$3:$D$10,I3,$E$3:$E$10)

	A	B	C	D	E	F	G	H	I	J	K
1	销售记录								数量和金额的汇总统计		
2	售货员姓名	性别	销售日期	产品	数量	单价	金额		品名	销售总数	总金额
3	张三	男	2008-3-8	彩电	12	3000	36000		彩电	29	87000
4	李四	男	2008-3-8	空调	9	1200	10800		空调	21	25200
5	王五	女	2008-3-9	电冰箱	12	1100	13200		电冰箱	18	19800
6	赵六	女	2008-3-10	微波炉	18	500	9000		微波炉	30	15000
7	田七	男	2008-3-11	彩电	17	3000	51000				
8	钱八	女	2008-3-12	空调	12	1200	14400				
9	马九	女	2008-3-13	电冰箱	6	1100	6600				
10	吕十	女	2008-3-14	微波炉	12	500	6000				
11											

图 4.49　SUMIF 函数示例

（7）RAND（）函数。随机函数 RAND 产生一个大于 0 且小于 1 的均匀分布的随机数，每次计算工作表时都将返回一个新的数值。

说明：如果要生成 a 与 b 之间的随机实数，可用“RAND ( ) *(b - a) + a”；而“RAND ( ) *100”将产生一个大于等于 0 小于 100 的随机数。

(8) RANK (x, ref)。计算出 x 在 ref 中的名次。ref 可以是一个数组或单元格区域，如果 ref 中有多个 x，这些 x 的排名相同。

(9) ROUND (number, n)。该函数用于返回某个按指定位数四舍五入的数字。该函数对数字 number 的第 n 位小数进行四舍五入。当 n 为负数时，将从小数点开始向左精确到第 n 位。

(10) INT (x)。该函数用于取整，返回不大于 x 的最大整数值；若 x 为正数，则截掉小数部分；若 x 为负数且有小数部分，则结果是 x 的整数部分的绝对值加 1。

(11) LOOKUP (lookup_value, lookup_vector, result_vector) (向量形式) 或 LOOKUP (lookup_value, array) (数组形式)。对于向量形式，参数 lookup_value 表示函数 LOOKUP 在第一个向量中所要查找的数值，它可以为数字、文本、逻辑值或者包含数值的名称或引用；参数 lookup_vector 为只包含一行或一列的区域，其数值可以为文本、数字或逻辑值；参数 result_vector 表示只包含一行或一列的区域，其大小必须与 lookup_vector 相同。函数的作用是从单行或单列区域（向量）中查找数值，然后返回第二个单行区域或者单元区域中相同位置的数值。

对于数组形式，参数中 lookup_value 表示函数 LOOKUP 在数组中所要查找的数值，然后返回最后一行或最后一列中相同位置处的数值。此参数可以为数字、文本、逻辑值或者包含数值的名称或引用；参数 array 为包含文本、数字或逻辑值的单元格区域，它的值用于与 lookup_value 进行比较。使用数组形式时，函数的作用是可以在数组的第一行或第一列中查找指定的数值，然后返回最后一行或最后一列中相同位置处的数值。

在实际运用中还有两个与 LOOKUP 相似的函数 HLOOKUP 和 VLOOKUP。其语法形式如下：

HLOOKUP (lookup_value, table_array, row_index_num, range_lookup)

VLOOKUP (lookup_value, table_array, col_index_num, range_lookup)

HLOOKUP 函数的作用是水平查找并返回数值，VLOOKUP 函数的作用是垂直查找并返回数值。其中参数 table_array 为需要在其中查找数据的数据表，可以使用对区域或区域名称的引用。参数 row_index_num 或 col_index_num 为 table_array 中待返回的匹配值的行序号（列序号）。当 row_index_num 或 col_index_num 为 1 时，返回 table_array 第一行（列）的数值；当 row_index_num 或 col_index_num 为 2 时，返回 table_array 第二行（列）的数值，以此类推。如果 row_index_num 或 col_index_num 小于 1，函数 HLOOKUP 或函数 VLOOKUP 返回错误值“#VALUE!”；如果 row_index_num 或 col_index_num 大于 table_array 的函数，函数 HLOOKUP 和函数 VLOOKUP 返回错误值“#REF!”。参数 range_lookup 为一个逻辑值，用以指明函数 HLOOKUP 和函数 VLOOKUP 查找时是精确匹配还是近似匹配。如果是 TRUE 或省略，则返回近似匹配值。也就是说如果找不到精确匹配值，则返回小于 lookup_value 的最大数值。如果 range_lookup 为 FALSE，函数 HLOOKUP 和函数 VLOOKUP 将查找精确匹配值，如果找不到则返回错误值“#N/A”。

(12) FIND (find_text, within_text, start_num)。其中参数 find_text 为要查找的文本；参数 within_text 为包含要查找文本的文本；参数 start_num 指定开始进行查找的字符。with-

in_ text 中的首字符是编号为 1 的字符，如果忽略 start_ num 则假设其为 1。使用 FIND 函数可以查找其他的文本串（within_ text）内的文本串（find_ text），并从 within_ text 的首字符开始返回 find_ text 的起始位置编号。

以上只是一些常用函数的语法规则，因为篇幅问题，不可能讲解所有的函数。其实 Excel 提供的函数很多，而且功能非常强大。用户要经过不断的学习和积累才能灵活而准确地使用 Excel 函数。

4.3.3　应用实例

1. 数组公式及其应用

数组是有序数据的集合。在 Excel 中，可以把一个单元格区域称为一个数组。如果要同时对一组或两组以上的数据进行计算，计算的结果可能是一个，也可能是多个，这种情况只有数组公式才能处理。

数组公式可以对两组或两组以上的数据（两个或两个以上的单元格区域）同时进行计算。在数组公式中使用的数据称为数组参数，数组参数可以是一个数据区域，也可以是数组常量。

如果需要建立数组公式进行批量数据的处理，其操作步骤如下：

步骤 1：选中保存计算结果的单元格或单元格区域；

步骤 2：输入公式的内容；

步骤 3：公式输入完成后，按 Ctrl + Shift + Enter 键。

【例 4.7】东方茶叶店经销多种茶叶，已知各种茶叶的单价以及 12 月份各种茶叶的销量如图 4.50 所示，计算各种茶叶的销售额。显然销售额 = 产品单价（元/市斤）* 销售数量。

运用数组公式计算图 4.50 中的销售额较为简便。其操作步骤如下：

步骤 1：输入除销售额之外的其余数据；

步骤 2：选中单元格区域 D3：D10；

步骤 3：输入公式“ = B3：B10 * C3：C10”；

步骤 4：公式输入完成后，按 Ctrl + Shift + Enter 键。

东方茶叶店12月份销售表

品名	产品单价(元/市斤)	销售数量	销售额
特级茉莉花	180	10	1800
一级茉莉花	150	35	5250
二级茉莉花	120	73	8760
三级茉莉花	80	27	2160
居家绿茶	210	4	840
云雾茶	198	76	15048
碧螺春	250	24	6000
竹叶青	220	89	19580

图 4.50　数组公式示例

2. RAND 和 RANK 函数的应用

在实际工作中，可能需要大量的随机数据，如果采用输入的方式产生数据，不但费时，而且很麻烦。利用数组公式和随机函数可以一次性产生大量的虚拟数据。

此外，在许多时候还需要在不改变数据表次序的情况下，对表格中的某项数据进行排名，如学生成绩排名、公司或个人收支排名等。

【例4.8】有一张工资工作表，结构如图4.51所示。现以此表为例说明用随机函数产生大量模拟数据的方法。

（1）产生日期。

在图4.51中，参加工作时间可以用随机函数一次性产生。一种简单的方法如下：假设参加工作的时间范围是“1970/1/1—1975/12/31”，期间共有 365 * 6 + 1 = 2 191 天。用随机函数产生日期数据的方法如下：

步骤1：在B2单元格中输入参加工作的最早时间，即输入“1970/1/1”；

步骤2：选中B3单元格并输入公式“= $B $2 + RAND（）* 2191”，按 Enter 键则显示“1970/1/1—1975/12/31”的某个日期；

步骤3：拖动B3单元格的填充柄至B9单元格，在单元格区域B3：B9中得到若干个“1970/1/1—1975/12/31”的日期，如图4.51的B列所示。

说明：在Excel中，日期和时间型数据是按数值序列方式存放的，所以在默认状态下，单元格区域B2：B8中显示的是数值。选中B2：B8单元格区域，在【开始】选项卡的【单元格】组中，单击【格式】按钮 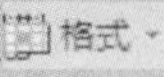 的下拉三角箭头，在下拉列表中选择【设置单元格格式】选项，在弹出的【设置单元格格式】对话框的【数字】选项卡中，将B2：B8单元格区域设置为日期类型。

（2）产生加班时间，计算加班工资。

在图4.51中，假设加班时间是按分钟计算的，一个月最多10小时加班，共600分钟，每小时的加班工资为10元（超过30分钟，以小时计；低于30分钟，不算加班）。在这个前提下，C2：C9内的数据应是0～600的整数。这些数据的产生方法如下：

步骤1：选中C2：C9单元格区域；

步骤2：输入公式“= INT（RAND( ) * 600）”；

步骤3：按 Ctrl + Enter 键，显示结果如图4.51的C列所示。

在E2单元格中输入计算加班工资的公式“= ROUND（C2/60，0）* 10”（ROUND函数将加班时间四舍五入到个位数），然后拖动填充柄到E9单元格，显示结果如图4.51的E列所示。

（3）产生基本工资。

假设基本工资在800～3 000，其产生方法如下：

步骤1：选择D2：D9单元格区域；

步骤2：输入公式“= 800 + INT（RAND( ) * 2 200）”；

步骤3：按 Ctrl + Enter 键，显示结果如图4.51的D列所示。

（4）产生其他数据。

假设其他数据都在1 000以内，其产生方法如下：

步骤1：选择F2：H9单元格区域；

步骤2：输入公式“= INT（RAND( ) * 1 000）”；

步骤 3：按 Ctrl + Enter 键，显示结果如图 4. 51 的 F、G、H 列所示。

（5）计算总收入和收入排名。

步骤 1：在 I2 单元格中输入总收入计算公式“ = SUM（D2：H2）”，然后向下填充复制此公式，将计算所有人的总收入，显示结果如图 4. 51 的 I 列所示；

步骤 2：在 J2 单元格中输入“张三”的排名公式“ = RANK（I2，$I $2：$I $9）”，然后向下填充复制此公式，将计算所有人的收入排名，显示结果如图 4. 51 的 J 列所示。

说明： 组合键 Ctrl + Enter 表示同时在多个单元格中输入数据，但它不是输入的数组公式。

B3 =$B$2+RAND()*2189

	A	B	C	D	E	F	G	H	I	J
1	姓名	参加工作时间	加班时间(分钟)	基本工资	加班工资	房屋补贴	其它津贴	计生津贴	总收入	收入排名
2	张三	1970-1-1	57	879	10	538	113	841	2381	8
3	李四	1970-6-7	279	2164	50	12	308	379	2913	6
4	王五	1974-3-23	490	2038	80	400	202	734	3454	3
5	赵六	1972-2-14	39	1374	10	457	797	629	3267	4
6	田七	1971-8-16	476	2439	80	336	596	642	4093	2
7	马八	1974-3-2	233	1304	40	751	963	192	3250	5
8	牛九	1972-12-11	139	936	20	593	958	243	2750	7
9	钱十	1975-9-19	488	2652	80	215	737	832	4516	1
10										

图 4. 51　用随机函数和数组公式产生的工作表

3. 在工作表之间引用数据

在实际运用表格时，有些数据保存在多个工作表（簿）中，这就需要在 Excel 中进行工作表间的函数和公式的运算。

在公式中可以直接引用另一个工作表中的单元格。其格式为：

工作表标签名！单元格引用

例如，在 Sheet 1 工作表中的单元格中输入公式“ = Sheet 2！B3 + 5”，其中的 B3 是指工作表 Sheet 2 中的 B3 单元格。若是公式“ = B3 + 5”，则 B3 就是当前工作表中的 B3 单元格。若在一个工作簿中引用另一个工作簿的单元格，其格式为：

［工作簿名］工作表名！单元格引用

若在 Book 1. xlsx 工作簿的 Sheet 1 工作表的单元格 A3 中输入公式“ = ［Book 2］Sheet 1！$A $1”，这里的“$A $1”是另一个工作簿 Book 2. xlsx 的工作表 Sheet 1 中的单元格 A1。

4. 3. 4　Excel 常见错误信息

在公式和函数运算中经常会出现一些错误，表 4. 3 给出了常见的错误及产生的原因。如果公式不能正确计算出结果，Excel 将在公式或函数所在的单元格显示一个错误值。例如，在需要数值的公式中使用文本，删除了被公式引用的单元格，或者使用了其宽度不足以显示结果的单元格时，都将产生错误值。

错误值可能不是由公式本身产生的。例如，如果公式产生“#N/A”或“#VALUE!”错误，说明公式所引用的单元格可能含有错误。因此，即使是同一个错误值，错误原因也可能有多种，需要作仔细的分析。表 4.3 列出了 Excel 常见的错误类型。

表 4.3 Excel 公式错误信息表

错误值	错误原因
#####	单元格所含数字、日期或时间比单元格宽，或者单元格的日期、时间公式产生了一个负值，可以加宽对应的单元格宽度，使单元格中的所有数据都显示出来
#VALUE!	①在需要数字或逻辑值时输入了文本，Excel 不能将文本转换为正确的数据类型；②输入或编辑数组公式时按了 Enter 键；③把单元格引用、公式或函数作为数组常量输入；④把一个数值区域赋给了只需要单一参数的运算符或函数，如在单元格 B1 中输入公式“=SIN（A1：A5）”
#DIV/0!	①输入的公式包含明显的除数“0”（零）；②公式中的除数使用了指向空单元格或包含零值的单元格引用（如果运算对象是空白单元格，Excel 将此空值解释为零值）
#NAME?	①在公式中输入文本时没有使用双引号，Excel 将其解释为名字，但这些名字没有定义；②函数名拼写错误；③删除了公式中使用的名字，或者在公式中使用了未定义的名字；④名字拼写有错
#N/A	①内部函数或自定义工作表函数中缺少一个或多个参数；②在数组公式中，所有参数的行数或列数与包含数组公式的区域的行数或列数不一致；③在没有排序的数据表中使用了 VLOOKUP，HLOOKUP 或 MATCH 函数查找数值
#REF!	删除了公式中所引用的单元格区域
#NUM!	①由公式产生的数值太大或太小，Excel 不能表示；②在需要数值参数的函数中使用了非数值参数
#NULL!	使用了不正确的区域运算符或不正确的单元格引用

【例 4.9】某商场将各种商品定价保存在一个独立的工作表中，如图 4.52（a）所示；将产品的销售记录保存在“错误信息的产生”工作表中，如图 4.52（b）所示。“错误信息的产生”工作表中的“单价”是用 VLOOKUP 函数从“商品定价表”中查找的。从图中可以看出，“错误信息的产生”工作表中包括多种错误信息。为了理解产生各种错误信息的原因，现在来建立如图 4.52（b）所示的工作表。具体步骤如下：

步骤 1：输入如图 4.52（b）的 A1：D11 单元格区域中的数据，其中 D3 单元格和 D11 单元格都要输入一个数字，保证不出现错误信息。

步骤 2：在 E2 单元格中输入公式：“=VLOOKUP（B2，商品定价表！$A$2：$B$13，2，0）”，并将它向下复制至 E11 单元格。复制完成后，会出现许多“#N/A”错误，该错误表明在商品定价表中并没有找到图 4.52（b）中 B 列对应行的商品名称。

步骤 3：在 F2 单元格中输入公式“=D2*E2”，并拖动 F2 单元格的填充柄至 F11 单元格。然后在图 4.52（b）的 D3 单元格中输入空白符（即输入“´”后按 Enter 键），这时

F3 单元格中会出现错误“#VALUE!”，表明 F3 单元格中的公式出现了错误，因为 D3 中的空白不能与 E3 中的 2300 相乘。

步骤 4：删除图 4.52（b）中的 D9 单元格，并让下面的单元格上移。F9 单元格就会出现“#REF!”错误，其原因是 F9 单元格中的公式是“ = D9 * E9”，但现在删除了 D9 单元格，所以出现引用错误。这种情况表明在具有公式的工作表中删除单元格时一定要小心，否则会产生“#REF!”错误。最好是清除单元格的内容，而不是删除单元格，清除单元格不会产生引用错误。

步骤 5：图 4.52（b）要标志出彩红电视，在单元格 G2 中输入公式“ = AND（FIND（“彩红”，B2），FIND（“电视”，B2））”，拖动 G2 单元格的填充柄至 G11 单元格。最后将产生许多“#VALUE!”错误，这些错误表明在 B 列的商品名中并不同时包括“彩红”和“电视”这两个文本。

	A	B
1	商品名	单价
2	彩红25英寸电视	2300
3	彩红21英寸电视	2100
4	彩红29英寸电视	3100
5	彩红34英寸电视	5000
6	小熊猫25英寸电视	2200
7	小熊猫21英寸电视	1900
8	小熊猫29英寸电视	3200
9	小熊猫34英寸电视	4900
10	冰箱	2300
11	空调	3200
12	微波炉	370
13	热水器	540

（a）商品定价表

	A	B	C	D	E	F	G
1	销售日期	商品名	销售员	数量	单价	总额	彩红电视
2	2003-3-5	彩红21英寸电视	张三	1	2100	2100	TRUE
3	2003-3-6	彩红25英寸电视	李四		2300	#VALUE!	TRUE
4	2003-3-7	音箱	张三	17	#N/A	#N/A	#VALUE!
5	2003-3-8	电视	黄二	8	#N/A	#N/A	#VALUE!
6	2003-3-9	冰箱	林立	2	2300	4600	#VALUE!
7	2003-3-10	小熊猫29英寸电视	李四	27	3200	86400	#VALUE!
8	2003-3-11	冰柜	王二	20	#N/A	#N/A	#VALUE!
9	2003-3-12	空调	张三	6	3200	#REF!	#VALUE!
10	2003-3-13	音箱	李四	6	#N/A	#N/A	#VALUE!
11	2003-3-14	热水器	田七		540	3240	#VALUE!
12	2003-3-15	热水器					
13							
14							

（b）“错误信息的产生”工作表

图 4.52　由公式产生了多种错误信息的数据表

4.4　Excel 2007 图表制作与编辑

图表就是将表格数据以图的形式表达出来。在 Excel 2007 中创建图表既快速又简便。Excel 2007 提供了各种图表类型，供创建图表时选择。

4.4.1　认识 Excel 图表

认识图表，了解图表的有关术语和图表的组成部分，是正确使用图表的前提。图 4.53 所示是 2007 年某商场销售空调、冰箱数据的折线图，它是一个简单的 Excel 图表，而绘图区、图表区、数据点等则是图表对象。

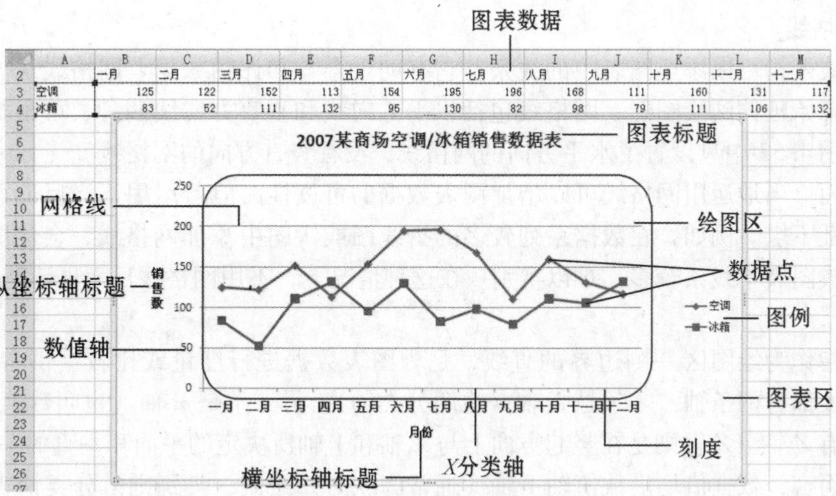

图 4.53　图表各对象示例

1. **数据点**

在 Excel 中，图表与源数据表是不可分割的，没有源数据表就没有图表。图表其实是工作表中数据的图形化，数据点又称为数据标记，一个数据点在本质上就是源工作表中一个单元格的数据值的图形表示。图 4.53 中共有 24 个数据点，每一个点对应单元格中的一个数据，表示某商场某月空调或冰箱的销售量。

数据点在不同的图表类型中可能表现为不同的形状，如条形图中的一个柱形、折线图中的一个点、面积图中的一块扇形区域等。

2. **数据系列**

绘制在图表中的一组相关数据点就是一个数据系列。图表中的每一数据系列都具有特定的颜色或图案，并在图表的图例中进行描述。

图 4.53 中有两条折线，每条折线表示一个数据系列。数据系列 1 表示空调的销售情况，数据系列 2 表示冰箱的销售情况。

在图表中，当单击某一数据系列时，就可以看到构成该数据系列的一个公式。例如，单击图 4.53 中的数据系列 1，在公式编辑栏将显示公式：

=SERIES（Sheet 6！$A$3，Sheet 6！$B$2：$M$2，Sheet 6！$B$3：$M$3，1）

这个公式代表数据系列 1 的数据来源，它的工作表名是 Sheet 6。其中，第一个参数“Sheet 6！ $A$3”是该系列的图例说明，第二个参数“Sheet 6！ $B$2：$M$2”是 *X* 轴上的各分类名，第三个参数“Sheet 6！$B$3：$M$3”是该系列的各个数据点值对应的单元格，第四个参数“1”是表示该数据系列的编号。整个公式说明该数据系列的图例在 Sheet 6 工作表的 $A$3 单元格（单元格 A3 中的内容是“空调”）中；*X* 轴上的标志（即一月、二月、三月……）在 B2：M2 单元格区域内；数据点的数据来源于工作表 Sheet 6 中的 B3：M3 单元格区域；该公式中的最后一个参数表示当前公式是第一个数据系列的公式。当单击图 4.53 中的数据系列 2 时，在公式编辑栏中显示的公式如下：

=SERIES（Sheet 6！$A$4，Sheet 6！$B$2：$M$2，Sheet 6！$B$4：$M$4，2）

说明：在一张图表中可以编制一个或多个数据系列，但饼图中只能有一个数据系列。

3. 网格线

网格线是指可以添至图表中的线条，它有助于查看和评估数据。网格线从方向轴上的刻度线处开始延伸到绘图区。网格线包括水平方向线和垂直方向线两种，可根据需要设置或取消。图 4. 53 中只设置了水平方向的网格线，没有竖直方向的网格线。

合理而恰当地运用网格线可以增加图表数据的可读性，但若运用不当反而可能会使图表变得混乱不堪。例如，在数据系列较多的折线图或饼图中添加网格线，会使图表显得更复杂，造成图表中线条较多，难以辨别。在这种情况下，不用网格线反而更清楚。

4. 轴

轴是指作为绘图区一侧边界的直线，是为图表数据进行度量或比较提供参考的框架。大多数图表都有两条轴：一条是 *X* 轴（也叫分类轴），另一条是 *Y* 轴（也叫数值轴）。三维图表还含有 *Z* 轴（*Z* 轴则是在竖起方向上与 *X* 轴和 *Y* 轴所决定的平面相垂直的一条轴）。对多数图表而言，数据值均沿数值轴 *Y* 轴（通常为纵向）绘制，类别则沿分类轴 *X* 轴（通常为横向）绘制。

5. 刻度线与刻度线标志

刻度线是与轴交叉的起度量作用的短线，类似于尺子上的刻度。刻度线标志用于标明图表中的类别、数值或数据系列。刻度线标志来自于创建图表的数据表中的单元格。在图 4. 53 中，水平方向上有 12 个刻度，分别表示一月、二月……十二月。

6. 误差线

误差线是表示与数据系列中每个数据标记都相关的潜在的错误（或不确定程度）的图形线，可以向二维面积图、条形图、柱形图、折线图、*XY* 散点图和气泡图中的数据系列添加 *Y* 误差线。*XY* 散点图和气泡图还可以显示 *X* 误差线。

7. 图例

图例用于说明每个数据系列中的数据点所采用的图形标志，它可能是一个方框、一个斜方形、一个小三角形或其他小图块。根据图例的标志，在图 4. 53 中，斜方形所在的折线表示空调的销售情况，方块所在的折线表示冰箱的销售情况。

8. 图表中的标题

标题用于表明图表或分类的内容。一般来说，用于表明图表内容的标题位于图表的顶部，如图 4. 53 中“2007 年某商场空调/冰箱销售数据表”就是该图的图表标题；用于表明分类的标题一般位于每条轴线的旁边，如图 4. 53 中的“月份”和“销售数”。

9. 图表区

图表区是指整个图表及其全部对象。

10. 绘图区

绘图区是指通过轴来界定的区域，包括所有数据系列、分类名、刻度线标志和坐标轴标题等。

4. 4. 2　图表类型

Excel 的图表分为标准类型图表和自定义类型图表。标准类型提供了包括条形图、面积图、折线图、柱形图等约 11 种图表类型，每个标准类型还有很多子类型。此外可以自定义图表类型并制作成图表模板。

1. 嵌入式图表和图表工作表

不管是标准图表还是自定义图表，Excel 对它们有两种处理方式：嵌入式图表和图表工作表。嵌入式图表是把图表直接插入到数据所在的工作表中，主要用于说明数据与工作表的关系，用图表来说明和解释工作表中的数据，具有很强的说明性。图表工作表是把图表和与之相关的源数据表分开存放，图表放在一个独立的工作表中，用于创建图表的数据表则存于另一个工作表中。图表工作表适用于只需要图表的场合，在这种情况下，输入工作表数据的目的是为了建立一张图表，在最后的文档中只需要这张图表。

2. Excel 标准图表类型

不同的图表类型有不同的特点和用途，在实际使用过程中，具体采用哪种类型的图表要根据实际情况确定。下面介绍五种常用图表：

（1）面积图。面积图用于显示不同数据系列之间的对比关系，同时也显示各数据系列与整体的比例关系，尤其强调随时间的变化幅度，图 4.54（a）就是面积图的样例。

（2）柱形图。柱形图就是人们常说的直方图，常用来表示不同项目之间的比较结果，也可以用来对比数据在一段时间内的变化情况，图 4.54（b）就是柱形图的样例。

（3）条形图。条形图显示了各个项目之间的比较情况，纵轴表示分类，横轴表示值。它主要强调各个值之间的比较，并不太关心时间的变化情况，图 4.54（c）就是条形图的样例。

（4）折线图。折线图强调数据的发展趋势。虽然面积图也与时间趋势相关，但两者仍有区别：面积图可表示各数据系列的总和，折线图则只能表示数据随时间而产生的变化情况。折线图的分类轴几乎总是表现为时间，如年、季度、月份、日期等。

2007年某商场空调 / 冰箱销售数据表　　单位：台

	一月	二月	三月	四月	五月	六月	七月	八月	九月	十月	十一月	十二月
空调	125	122	152	113	154	195	196	168	111	160	131	117
冰箱	83	52	111	132	95	130	82	98	79	111	106	132

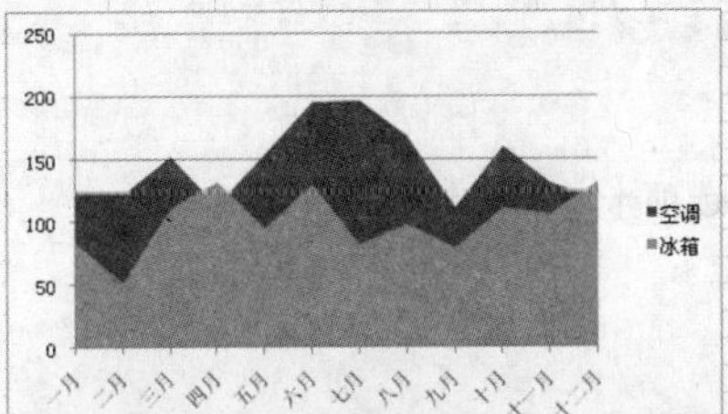

（a）面积图

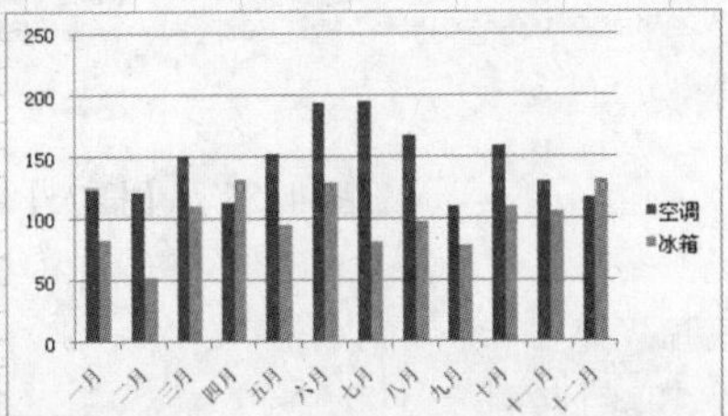

（b）柱形图

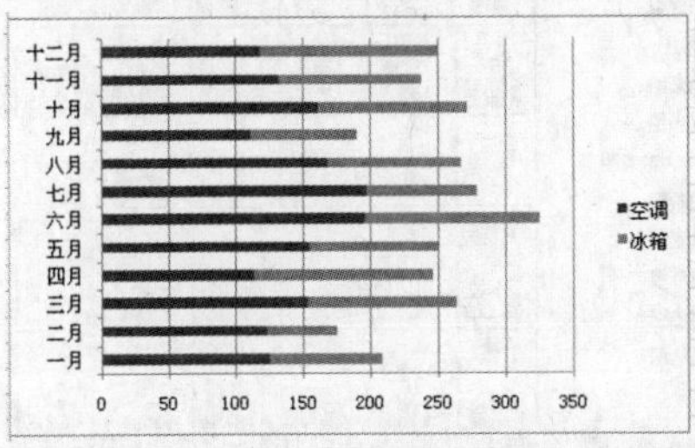

（c）条形图

（d）饼图

图 4.54　常用图表的类型

（5）饼形图。饼形图强调总体与部分的关系，常用于表示各组成部分在总体中所占的百分比，图 4. 54（d）就是饼图的样例。

除了上述五种标准图表之外，Excel 提供的标准图表类型还有圆环图、气泡图、雷达图、股价图、曲面图、*XY* 散点图等。

4.4.3　图表制作与编辑

1. 创建图表

不管是嵌入式图表，还是图表工作表，它们的建立过程基本相同。

【例 4. 10】用柱形图表示图 4. 49 中的各销售员的销售金额，具体操作步骤如下：

步骤 1：选定 A3：A10 单元格区域，按住 Ctrl 键，再次拖动鼠标选定 G3：G10 单元格区域。

步骤 2：在如图 4. 55 所示的【插入】选项卡的【图表】组中，单击【柱形图】按钮下拉箭头，弹出如图 4. 56 所示的柱形图子类型列表，单击【簇状柱形图】子类型图标按钮；也可以单击【图表】组的对话框启动器按钮，弹出如图 4. 57 所示的【插入图表】对话框。该对话框左窗格列出的是图表类型，右窗格里是相应的子类型。用户可以从中进行选择。本例中我们选择【簇状柱形图】图标按钮，然后单击【确认】按钮，簇状柱形图就嵌入当前工作表中，如图 4. 58 所示。

提示：当鼠标指针停留在任何图表类型或图表子类型上时，屏幕将提示显示图表类型的名称。

图 4. 55　【插入】选项卡【图表】组

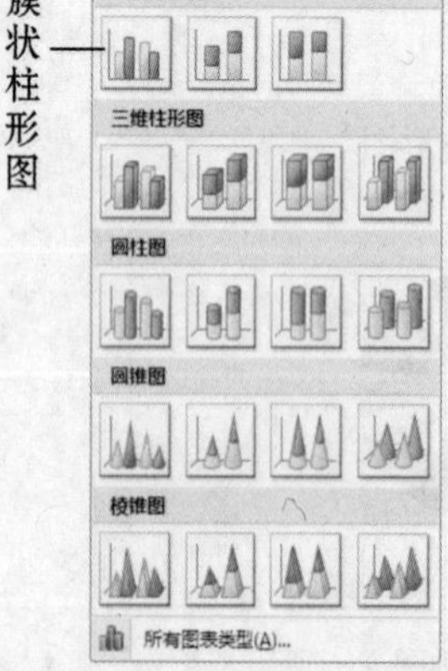

图 4. 56　柱形图子类型列表

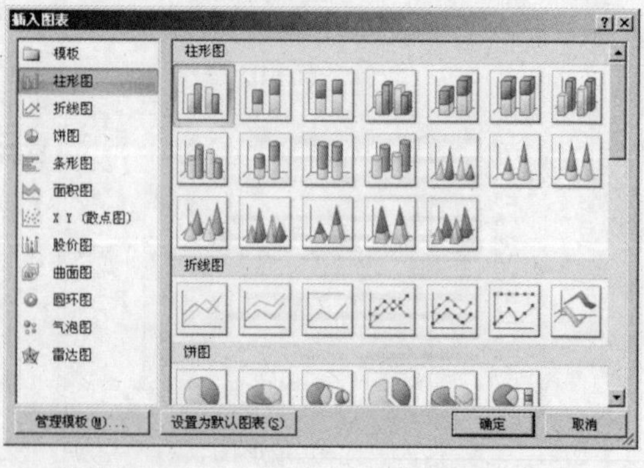

图 4. 57　【插入图表】对话框

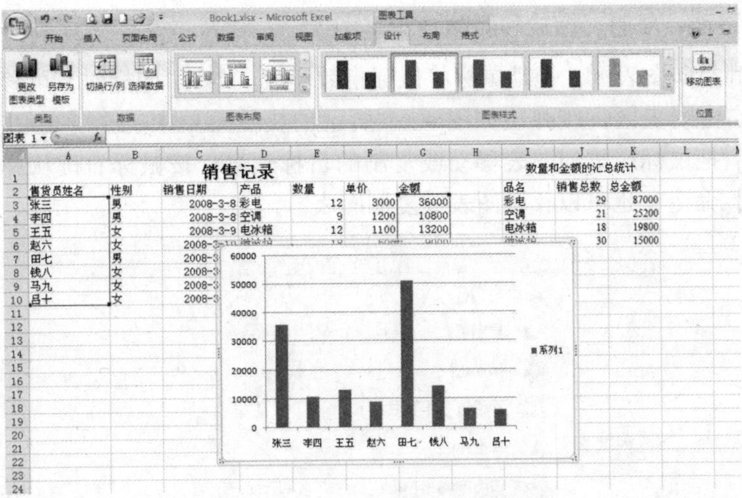

图 4.58 各销售员销售金额柱形图

建立完图表后单击图表，在 Excel 功能区的选项卡中会自动弹出【图表工具/设计】、【图表工具/布局】和【图表工具/格式】三个选项卡，如图 4.59 所示的是【图表工具/设计】选项卡及各组按钮。可以使用这三个选项卡中的命令详细编辑和修饰图表。例如，使用【图表工具/设计】选项卡可以更改按行或列显示数据系列，更改图表的源数据，更改图表的位置，更改图表类型，将图表保存为模板或选择预定义布局和格式选项；使用【图表工具/布局】选项卡可以更改图表对象（如图表标题和数据标签）的显示，或使用绘图工具在图表上添加文本框和图片；使用【图表工具/格式】选项卡可以添加填充颜色，更改线型或应用特殊效果等。

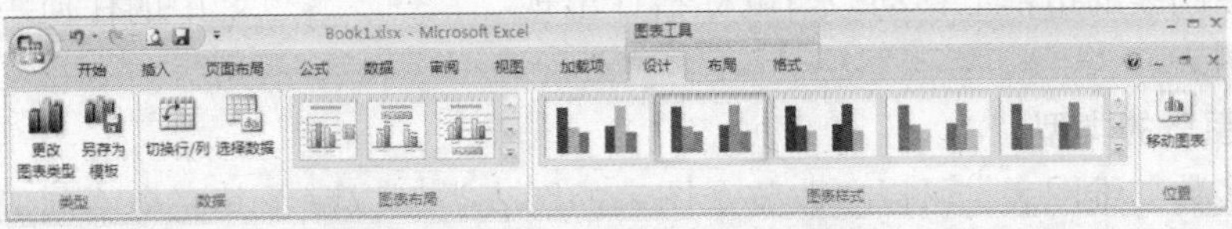

图 4.59 【图表工具/设计】选项卡

如果要将【例 4.10】的图表创建为图表工作表，则选定图表并在【图表工具/设计】选项卡的【位置】组中，单击【移动图表】按钮，弹出如图 4.60 所示的【移动图表】对话框，选择【新工作表】单选按钮，在其后的文本框中键入名称“销售金额”后，单击【确定】按钮即在该工作簿中建立了“销售金额”工作表。

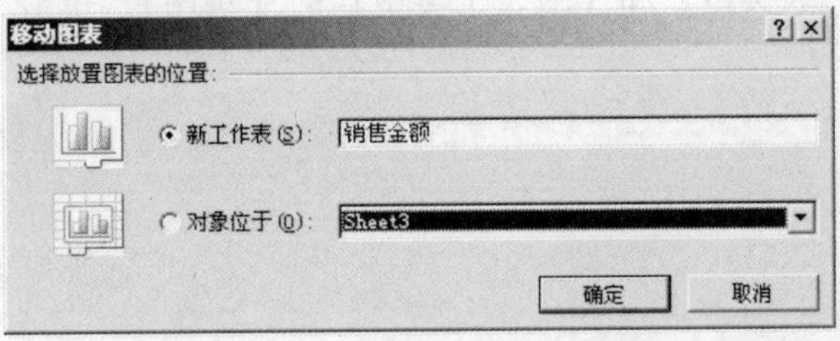

图 4.60 【移动图表】对话框

2. 图表的移动、复制、缩放和删除

将鼠标指针指向图表区，拖动鼠标将鼠标指针变成“✥”图标时，可移动图表到合适的位置。或者右击图表区，在弹出如图 4. 61 所示的快捷菜单中选择【剪切】命令或【复制】命令，然后把鼠标定位到图表移动或复制的目标位置，按鼠标右键从弹出的快捷菜单中选择【粘贴】命令，也可以移动图表或复制图表。

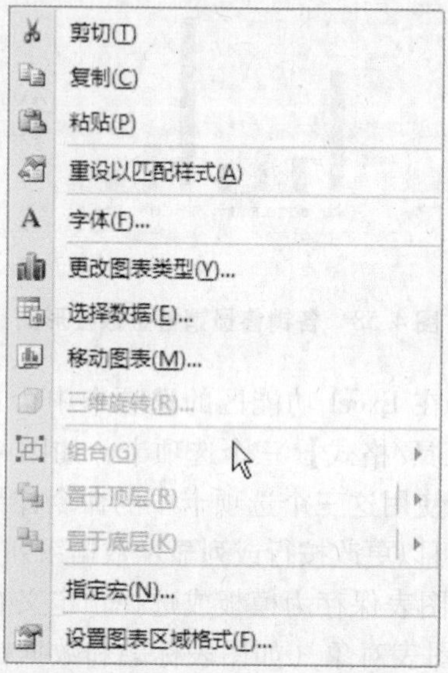

图 4. 61 编辑图表快捷菜单

将鼠标在图表的边框上移动，当鼠标指针出现↕、↔、⤡、⤢中的任何一种时，拖动鼠标可缩放图表。

3. 改变图表的类型

对于大多数二维图表，可以更改整个图表的图表类型以赋予其完全不同的外观，也可以为任何单个数据系列选择另一种图表类型，使图表转换为组合图表。但对于气泡图和大多数三维图表，只能更改整个图表的图表类型。

【例 4. 11】将【例 4. 10】中的柱形图更改为饼图，具体操作步骤如下：

步骤 1：单击图 4. 58 中图表的图表区或绘图区，显示【图表工具】选项卡；

步骤 2：在【图表工具/设计】选项卡中，单击【类型】组中的【更改图表类型】按钮，弹出与图 4. 57 几乎相同的【更改图表类型】对话框；

步骤 3：选择【图表类型】和【图表子类型】的【饼图】，单击【确定】按钮则显示如图 4. 62 所示的图表。

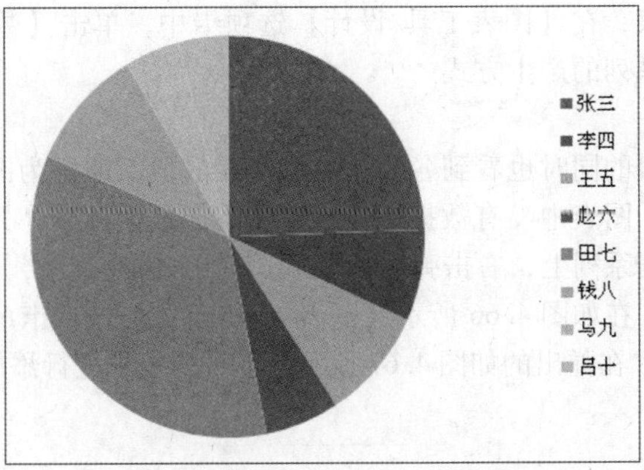

图 4.62 【例 4.11】各销售员销售金额饼图

若右击图表区，在弹出的如图 4.61 所示的快捷菜单中选择【更改图表类型】选项，弹出【更改图表类型】对话框，选择需要的类型，单击【确定】按钮也可以改变图表类型。

4. 数据系列的增、删、改操作

Excel 允许修改图表的数据源，在图表中添加或删除数据系列，重新设置数据系列产生的行、列方式。这项功能使图表的修改非常灵活，只需要对已制作好的图表的数据源进行修改就能够得到新的图表。

（1）添加数据系列。先选定要添加数据系列的图表，在【图表工具/设计】选项卡中，单击【数据】组中【选择数据】按钮，弹出如图 4.63 所示的【选择数据源】对话框，在该对话框中单击添加按钮 添加(A)，弹出如图 4.64 所示的【编辑数据系列】对话框，在“系列名称”和“系列值”文本框中输入要添加的数据系列名称和值，也可以单击文本框的【折叠/展开】按钮，拖动鼠标在工作表里选定数据区域。选定后单击对话框的【折叠/展开】按钮返回到【选择数据源】对话框，再单击【确定】按钮即可。

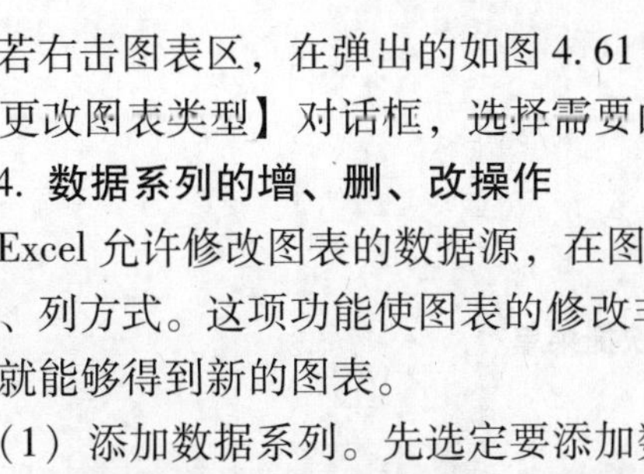

图 4.63 【选择数据源】对话框

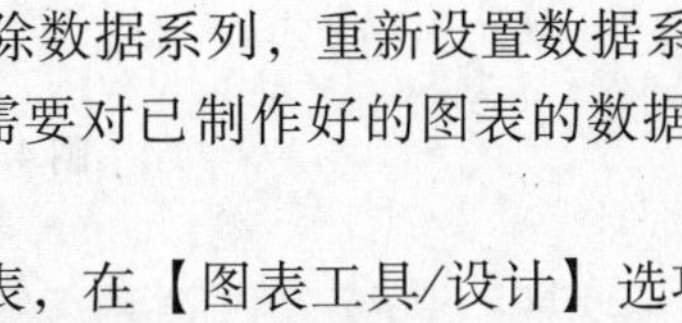

图 4.64 【编辑数据系列】对话框

（2）删除数据系列。右击图表中要删除的数据系列，在弹出的快捷菜单中，选择【删除】命令即可，但数据系列被删除后并不影响工作表的相应数据，但反之若把工作表中的相关数据删除了，则图表中对应的数据系列也相应地被删除。

（3）修改数据系列的产生方式。数据系列一般按列产生，但也可以按行的方式产生图表，方法：先选定图表，在【图表工具/设计】选项卡中，单击【数据】组【切换行/列】按钮，即可改变数据系列的产生方式。

5. **添加数据标签**

如果要在看到图表的同时也看到各数据点所代表的值，就要为图表的数据点添加数据标签。在默认状态下，图表中没有数据标签。若要添加数据标签，先将鼠标移动到图表中要添加数据标签的数据系列上，右击弹出如图 4. 65 所示快捷菜单，选择【添加数据标签】命令；或者选定图表，在如图 4. 66 所示【图表工具/布局】选项卡中，单击【标签】组中的【数据标签】按钮，在弹出的如图 4. 67 所示的下拉列表中进行添加数据标签设置。

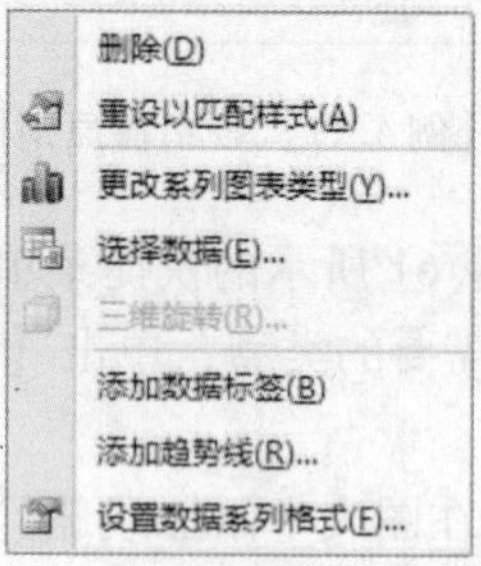

图 4. 65 数据系列的快捷菜单

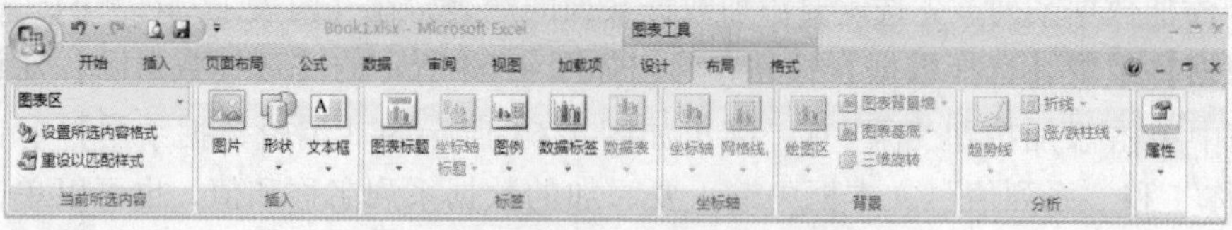

图 4. 66 【图表工具/布局】选项卡

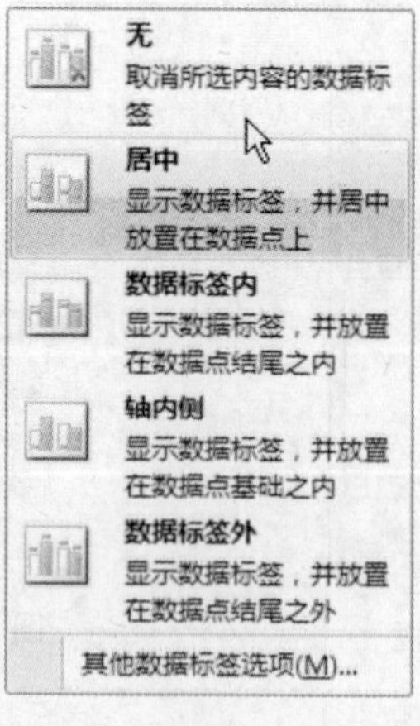

图 4. 67 数据标签下拉列表

6. **图例操作**

图例用来解释说明数据系列使用的标志或符号，用以区分不同的数据系列。图例主要说明图表中各种不同色彩的图形所代表的数据系列。Excel 一般采用数据表中的首行或首列文本（与图表数据系列的行、列产生方式有关）作为图例。

由于各种原因，有的图表需要添加图例，有的图表需要删除图例，有的图表需要修改图例的显示位置等。这些操作都非常简单，方法是先选定图表，在【图表工具/布局】选项卡中单击【标签】组中的【图例】按钮，在下拉列表中进行添加、删除或修改图例显示位置等操作。

7. **单元格与数据点值的修改**

在 Excel 中，工作表单元格中的数据与图表中的对应数据点是相互关联的。在任何时候，图表都是工作表数据的真实反映。单元格中的数据发生变化后，图表中与此单元格相关联的数据点也会立即发生变化。

8. **设置或取消网格线**

图表的网格线分为主网格线和次网格线。网格线让人更易看清数据点的数值大小。设置或取消网格线的操作也比较简单，方法：首先选定图表，然后在【图表工具/布局】选项卡的【坐标轴】组中，单击【网格线】按钮，在下拉列表中进行网格线的设置或取消。

【例 4.12】将【例 4.11】的饼图改变为【例 4.10】的柱形图，添加“单价”数据系列，并为“单价”系列添加数据标签。输入图表的标题名为“销售记录”。

步骤 1：选定【例 4.11】的饼图，若没有关闭 Excel 工作簿，可多次按撤消按钮 恢复到【例 4.10】的柱形图，否则按【例 4.11】中更改图表类型的步骤将图表更改为柱形图；

步骤 2：单击【图表工具/设计】选项卡，在【数据】组中单击【选择数据】按钮，弹出如图 4.63 所示的【选择数据源】对话框，单击【添加】按钮 添加(A)，弹出如图 4.64 所示【编辑数据系列】对话框，在【系列名称】和【系列值】文本框中分别输入“单价”和“=Sheet 3！$F$3：$F$10”（见图 4.58 的 F 列），单击【确定】按钮。

步骤 3：右击图表的“单价”数据系列，弹出快捷菜单，选择【添加数据标签】选项。

步骤 4：单击图表，在【图表工具/布局】选项卡的【标签】组中，单击【图表标题】按钮，在下拉列表中选择“图表上方”选项，就会在图表的上方显示“图表标题”文本框，此时将“图表标题”重命名为“销售记录”，完成后的图表如图 4.68 所示。

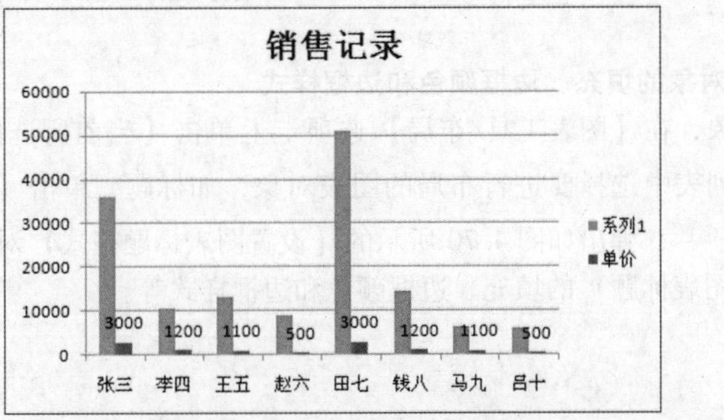

图 4.68　各销售员销售产品的单价和销售金额

4.4.4 图表的修饰

图表的修饰，就是对图表中各对象进行格式化。对于一个已经创建完成的图表，可以对图表中的图表对象进行格式化。如添加或删除图例、设置标题、填充图表区域的色彩、添加背景图案、设置字体大小、设置坐标轴格式等。

对图表进行格式化，最简单的操作方法就是将鼠标移动到要进行格式化的对象上，如图表区、绘图区、数据系列、图例、坐标轴、刻度线等，右击该对象弹出快捷菜单，快捷菜单中的选项会因对象不同而有所不同。利用快捷菜单可以选择不同的修饰功能。值得一提的是，右击需要字体格式化的对象时，都会在以往常见的快捷菜单上方出现“浮动”菜单，如图 4.69 所示，利用它可以快速地完成对图表对象字体的格式化。

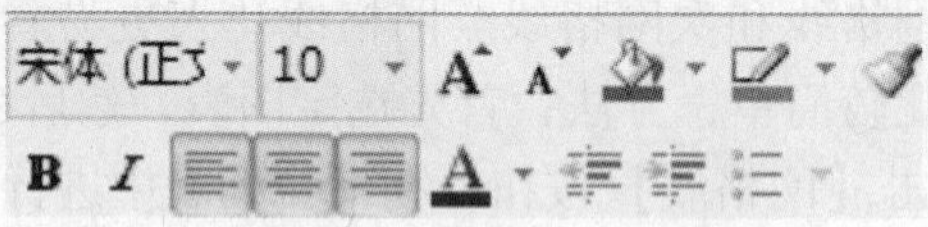

图 4.69 格式化图表对象字体的“浮动”菜单

1. 利用 Excel 的预定义图表样式格式化图表

Excel 预定义了许多图表样式，预定义图表样式就是已经完成格式化的图表。利用预定义图表样式可以快速地完成简单的图表修饰。

选定已创建的图表，在【图表工具/设计】选项卡的【图表样式】组中会显示已创建图表类型的图表样式。单击某个图表样式就完成选定图表的修饰。要浏览所有预定义图表样式，单击该组右侧的【其他】按钮，在弹出的图表样式列表中选择相应的图表样式即可。

2. 利用 Excel 图表布局格式化图表

布局，就是对 Excel 图表对象进行全面的安排，其实是从整体观的角度对图表进行格式化。利用 Excel 预定义图表布局可以从整体上格式化图表。

选中图表，在【图表工具/设计】选项卡的【图表布局】组中单击要使用的图表布局。若要浏览所有可用的布局，则单击该组右侧的【其他】按钮，从弹出的列表中选择相应的图表布局即可。

3. 设置图表对象的填充、边框颜色和边框样式

单击图表对象，在【图表工具/布局】选项卡上单击【当前所选内容】组中的下拉箭头，在弹出的列表中选择要进行布局的图表对象，如标题，单击【设置所选内容格式】按钮 设置所选内容格式，弹出如图 4.70 所示的【设置图表标题格式】对话框，在该对话框中设置图表对象（图表标题）的填充、边框颜色和边框样式等。

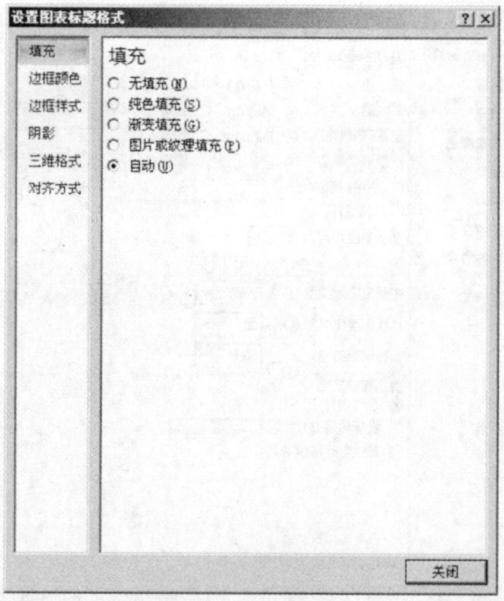

图 4.70　【设置图表标题格式】对话框

4. 利用【图表工具/格式】选项卡设置图表对象的格式

选定图表对象，单击如图 4.71 所示的【图表工具/格式】选项卡，单击相应的按钮可设置图表对象的格式。

图 4.71　【图表工具/格式】选项卡

5. 修改坐标轴刻度

在默认情况下，Excel 根据数据源自动确定坐标轴的最小和最大刻度值，用户也可以根据需要自定义坐标轴的刻度。若需要自定义坐标轴刻度，先选定图表，然后选择【图表工具/格式】选项卡，在【当前所选内容】组中，单击【图表对象】框旁边的下拉箭头，在弹出的列表中选择【垂直（数值）轴】或【水平（分类）轴】，然后再单击【设置所选内容格式】按钮，弹出如图 4.72 所示的【设置坐标轴格式】对话框，用户可以根据需要在该对话框中改变坐标轴刻度。

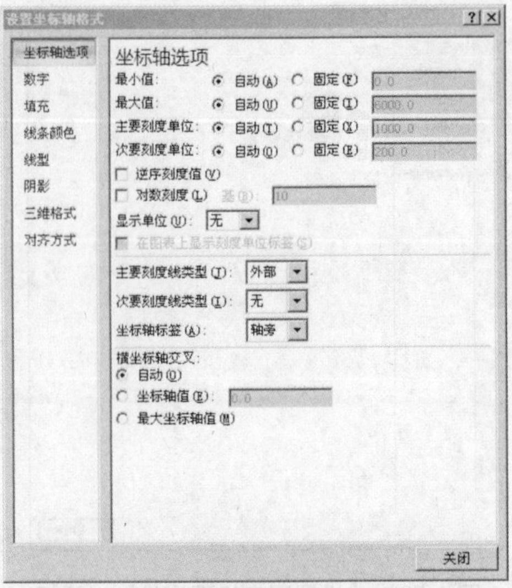

图 4. 72 【设置坐标轴格式】对话框

6. 数据系列的其他格式化

数据系列的格式化有许多内容，除了格式化它的边框、图案和颜色之外，还可以为某些类型图表的数据系列添加系列线、误差线、垂直线、高低点和涨跌柱线等，通过增加的误差线、高低点或涨跌柱线来增强数据的表现形式。

涨跌柱线是具有两个以上数据系列的折线图中的条形柱，可以清晰地指明初始数据系列和终止数据系列中数据点之间的差别。Excel 自动用白色柱来表示终止数据系列中的数据点大于初始数据系列中的数据点，而黑色柱则表示终止数据系列中的数据点小于初始数据系列中的数据点。涨跌柱线常用于在股票图表中的开盘价和收盘价之间画一个矩形，创建开盘—最高价—最低价图表。

系列线是在二维堆积条形图和柱形图中每个数据系列里连接数据标记的线条。垂直线是在折线图和面积图中，从数据点到分类轴（*X* 轴）的垂直线，尤其在面积图中可以清楚地表示一个数据标记结束且另一个数据标记开始的位置。高低点连线是在二维折线图里，每个分类中从最高值到最低值之间的连线，可以表示数值变化的范围。

在一个已经建立好的图表中添加涨跌柱线、垂直线、系列线或高低点连线非常简单。

【例 4. 13】给图 4. 53 的折线图表添加涨跌柱线、垂直线和高低点连线，并将图 4. 53 的折线图更改为二维堆积条形图，具体操作步骤如下：

步骤 1：单击图表，在【图表工具/布局】选项卡中，单击【分析】组中的【涨/跌柱线】按钮 涨/跌柱线，在弹出的下拉列表中选择【涨/跌柱线】命令，完成添加涨跌柱线的操作，如图 4. 73（a）所示；

2007年某商场空调／冰箱销售数据表												单位：台
	一月	二月	三月	四月	五月	六月	七月	八月	九月	十月	十一月	十二月
空调	125	122	152	113	154	195	196	168	111	160	131	117
冰箱	83	52	111	132	95	130	82	98	79	111	106	132

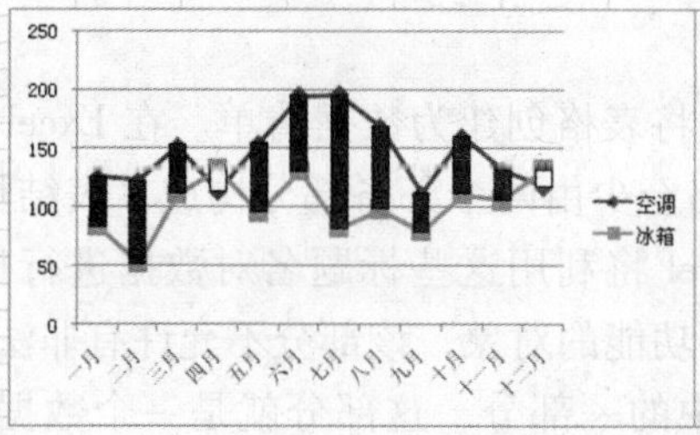

（a）添加涨跌柱线

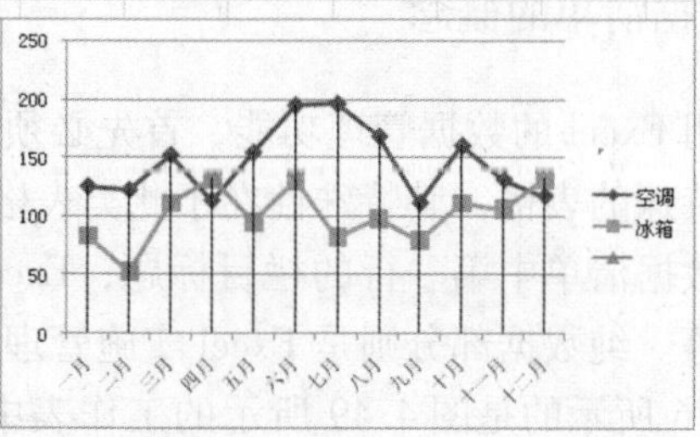

（b）添加垂直线

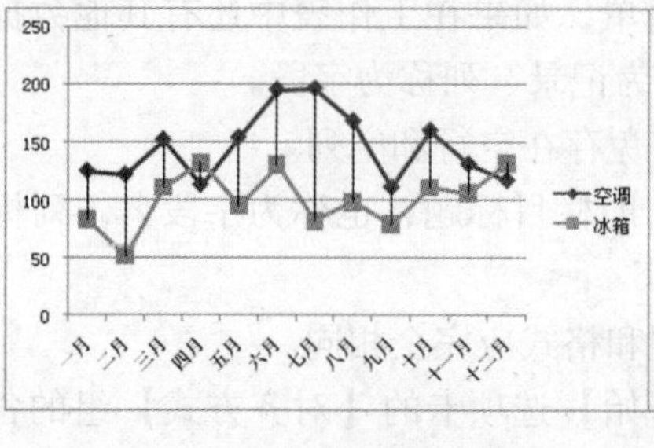

（c）添加高低点连线

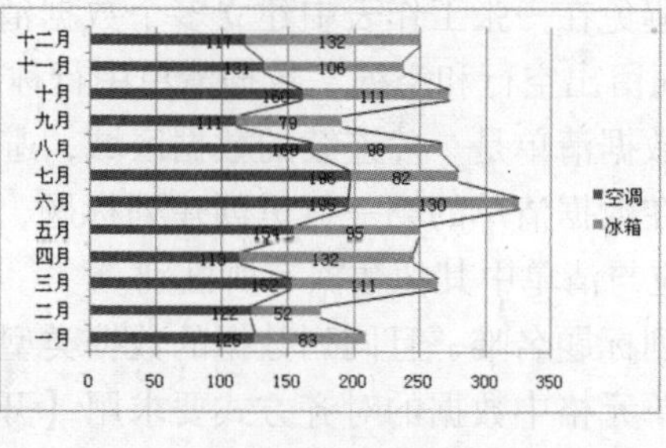

（d）添加系列线

图 4.73 添加涨跌柱线、垂直线、高低点连线和系列线的图表

步骤 2：重新以图 4.53 的数据绘制折线图，然后在【图表工具/布局】选项卡中，单击【分析】组中的【折线】按钮 折线 的下拉箭头，在弹出如图 4.74 所示的下拉列表中，选择【垂直线】命令完成添加垂直线的操作，如图 4.73（b）所示；

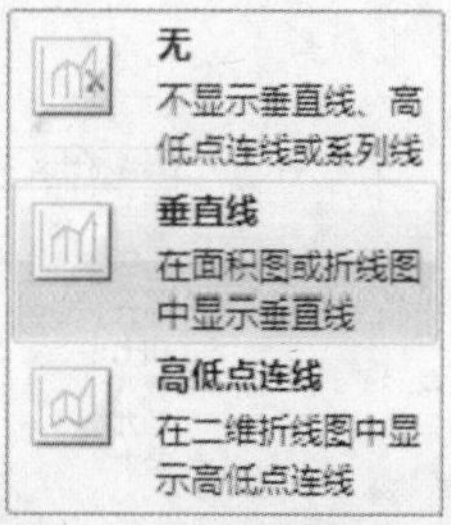

图 4.74 【垂直线】和【高低点连线】列表

步骤 3：重新以图 4.53 的数据绘制折线图，然后在图 4.74 所示的下拉列表中选择【高低点连线】完成添加高低点连线的操作，如图 4.73（c）所示；

步骤 4：重新以图 4.53 的数据绘制二维堆积条形图，然后在【图表工具/布局】选项卡中，单击【分析】组中的【折线】按钮 折线 的下拉箭头，在弹出如图 4.75 所示的下拉列表中，选择【系列线】命令即可完成添加系列线的操作，如图 4.73（d）所示。

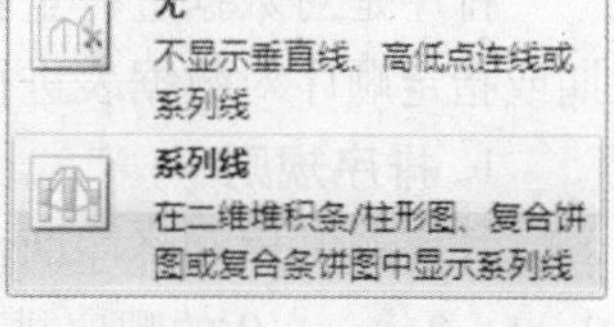

图 4.75 【系列线】列表

4.5 Excel 2007 数据管理与数据透视表

Excel 2007 具有强大的数据管理功能，能够对工作表中的数据进行排序、分类、筛选等操作。数据透视表具有强大的数据分析与数据重组能力，为工作表数据重组、报表制作以

及信息分析等提供了强大的支持。

4.5.1　数据清单的概念

要使用 Excel 的数据管理功能，首先必须将表格创建为数据清单。在 Excel 中，数据清单是一种特殊的表格，其特殊性在于此类表格至少由两个必备部分构成：表结构和纯数据。表结构为数据清单中第一行的栏目标题，Excel 将利用这些标题名对数据进行排序、筛选、分类汇总等。纯数据部分则是 Excel 实施管理功能的对象，该部分不允许有非法数据内容出现。图 4.76 所示的是图 4.49 所示的工作表中的一部分，这部分就是一个数据清单。要正确创建数据清单，应遵守以下的准则：

（1）避免在一张工作表中建立多个数据清单，如果在工作表中还有其他数据，要与数据清单之间留出空行和空列，数据清单中行称为记录、列称为字段。

（2）数据清单是一片连续的数据区域，避免存在空行和空列。

（3）在数据清单的第一行里创建列标题，即栏目标题，也称为字段名，列标题使用的各种格式应与清单中其他数据有所区别。

（4）列标题名唯一且同列数据的数据类型和格式应完全相同。

（5）单元格中数据的对齐方式要求用【开始】选项卡的【对齐方式】组的各种命令按钮来设置，不要用输入空格的方法调整。

数据清单的具体创建操作同普通表格的创建完全相同。首先，根据数据清单内容创建表结构（第一行的列标题），然后，在表结构的下面输入数据，完成创建工作。

售货员姓名	性别	销售日期	产品	数量	单价	金额
张三	男	2008-3-8	彩电	12	3000	36000
李四	男	2008-3-8	空调	9	1200	10800
王五	女	2008-3-9	电冰箱	12	1100	13200
赵六	女	2008-3-10	微波炉	18	500	9000
田七	男	2008-3-11	彩电	17	3000	51000
钱八	女	2008-3-12	空调	12	1200	14400
马九	女	2008-3-13	电冰箱	6	1100	6600
吕十	女	2008-3-14	微波炉	12	500	6000

图 4.76　数据清单图示

4.5.2　数据排序

排序是对数据进行重新组织安排的一种方式，在 Excel 中可以按汉字、字母、数字、日期或指定顺序对数据表进行排序。

1. **排序规则**

排序有升序和降序两种方式。所谓升序，就是按从小到大的顺序排列数据，如数字按 0，1，2，…，9 的顺序排列，字母按 A，B，…，Z 和 a，b，…，z 的顺序排列等。降序则反之。按升序排序时，不同类型的数据在 Excel 中的次序如下：数字→字母→逻辑值→错误值→空格，同种类型数据的排序规则如下：

（1）数字按从最小的负数到最大的正数进行排序。

（2）字母按照英文字典中的先后顺序排列，即按 A ~ Z 和 a ~ z 的次序排列。在对文本进行排序时，Excel 从左到右一个字符一个字符地进行排序比较，若两个文本的第一个字符相同就比较第二个字符，若第二个字符也相同就比较第三个字符，以此类推。一旦比较出大小，就不再比较后面的字符。例如，要求按升序排列文本“A100”和“A1”，因第一、二个字符都相同，所以要比较它们的第三个字符，因 A100 第三个字符是 0，而 A1 没有第三个字符，所以 A100 比 A1 更大，则两文本按升序排序为：A1，A100。

特殊符号以及包括数字的文本，升序按如下次序排列：

0~9 ␣ ! " # $ % & ( ) * , . / : ; ? @ [\ ] ^ _ ` { | } ~ + < = > A~Z a~z

注意： 在排序过程中，撇号（'）和连字符（-）会被忽略。但例外情况是如果两个字符串除了连字符不同之外其余都相同，则带连字符的文本排在后面。

说明： 字母在排序时是否区分大小写，可根据需要进行设置，在 Excel 默认排序方式下，英文字母是不区分大写和小写的。

（3）逻辑值。在逻辑值中，FALSE（相当于0）排在 TRUE（相当于1）之前。

（4）错误值和空格。所有错误值的优先级相同，空格始终排在最后。

（5）汉字。汉字有两种排序方式：一是根据汉语拼音的字典顺序进行升序或降序排列；二是按笔画排序，以笔画的多少作为排序依据。

2. 简单排序

简单排序的操作：单击要排序的字段列中的任一单元格，在【开始】选项卡的【编辑】组中，单击【排序和筛选】按钮，然后在弹出的下拉列表中选择【升序】按钮 升序(S) 或【降序】按钮 降序(O)；或在【数据】选项卡的【排序和筛选】组中，单击【升序排序】按钮 A↓Z 或【降序排序】按钮 Z↓A。

注意： 不能选中单元格区域后，进行简单排序操作。因为这样操作的结果只对所选择的区域中的数据进行排序，而不是对整个数据清单进行排序，因而破坏了整个数据清单中的数据关系。

3. 复杂排序

复杂排序就是将数据清单按关键字值的顺序进行排列。在排序时，最多可以设定主要关键字、次要关键字和第三关键字三个层次的排序标准。这三个关键字的解释是：首先按主关键字值的大小进行排序；当主关键字值相同时，再按照次关键字值的大小进行排序；当主、次关键字值都相同时，才按照第三关键字值的大小进行排序。

复杂排序的操作：选择要排序的字段列中的任一单元格，在【数据】选项卡的【排序和筛选】组中，单击【排序】按钮；或在【开始】选项卡的【编辑】组中，单击【排序和筛选】按钮，在弹出的下拉列表中选择【自定义排序】选项，则弹出如图 4.77 所示的【排序】对话框，在该对话框中设置主关键字的“排序依据”和“次序”，单击【添加条件】按钮，进一步设定次要关键字或第三关键字的排序依据和次序，设置完后，单击【确定】按钮即可。

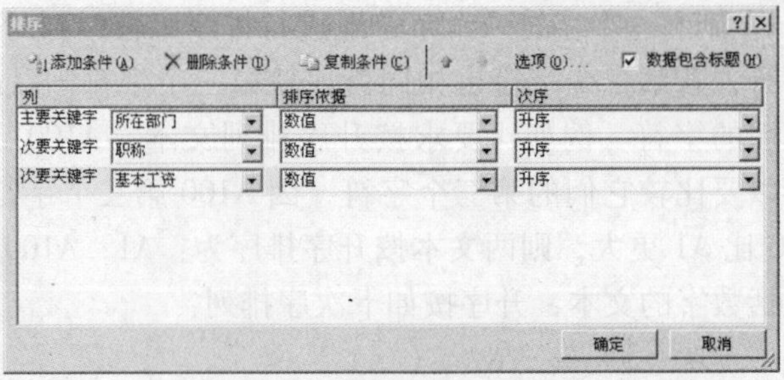

图 4.77 【排序】对话框

通过【排序】对话框右上角的复选框按钮"数据包含标题(H)"可设置在排序过程中，是否将数据清单中的第一行即栏目标题参加排序。如果选定复选框，则第一行栏目标题参加排序；否则，第一行栏目标题不参加排序。

复杂排序还可以按单元格颜色、字体颜色或图标进行排序。

使用关键字时，要根据需要来选择一个或多个，排序的数据区域也要进行选择，一般应该是将整个数据清单作为进行排序的区域。若排序的结果和预期的不同，应该检查排序数据的类型。在排序过程中如果发生问题，此时可通过【撤消】按钮来快速恢复到前面正确的位置，但有时没法进行恢复。为了保证排序的结果完全能够恢复，在实际操作过程中，排序前首先在数据清单中增加一个字段，该字段的内容就是输入该行的行号，当不满意排序结果而又无法恢复时，可以将该列作为关键字进行递增排序，以恢复初始表序。在排序满意后可将增加的列删除。如还不能恢复，可关闭文件但不要保存修改。

在 Excel 2007 中实际上提供了多个关键字段进行排序，即在【排序】对话框中单击【添加条件】按钮，可以添加任意多个关键字段。按三个以上关键字段进行排序的准则是先对最低级别的关键字进行排序，然后对级别较高一些的关键字进行排序，最后才对最高级别的关键字进行排序。例如，要对 A，B，C，D，E，F 六个数据列进行排序，第一关键字段是 A 列，第二关键字段是 B 列……第六关键字段是 F 列。要完成上述的排序任务，需要进行两次排序操作。即将第一次操作的关键字指定为 D（1），E（2），F（3）（括号内表示关键字顺序）；将第二次操作的关键字指定为 A（1），B（2），C（3）（括号内表示关键字顺序）。经过这两次排序后，数据表中的数据就按 A，B，C，D，E，F 六列依次排序。

【例 4.14】将图 4.49 的"销售记录"工作表按"金额"字段进行降序排序，具体操作步骤如下：

步骤 1：单击数据清单中"金额"列中任一单元格；

步骤 2：在【数据】选项卡的【排序和筛选】组中，单击按钮完成按"金额"由高到低的次序排序。

4.5.3 数据筛选

数据筛选是从数据清单中提取出满足某种条件的记录，不满足条件的数据只是暂时被隐藏起来（并未真正被删除掉），一旦筛选条件被撤消，这些数据又重新出现。Excel 2007 有两种筛选记录的方法：一是自动筛选，二是高级筛选。

1. 自动筛选

使用自动筛选来筛选数据，可以快速而又方便地查找和使用单元格区域或列表中数据的子集。可以按多个列进行筛选。对数据进行筛选的条件称为筛选器。自动筛选功能的筛选器是累加的，这意味着每追加一个筛选器都基于当前筛选器，从而进一步减少了数据的子集。

注意：使用自动筛选可以创建三种筛选类型：按列表值、按格式或按条件。对于每个单元格区域或列表来说，这三种筛选类型是互斥的。例如，不能既按单元格颜色又按数字列表进行筛选，只能在两者中任选其一；不能既按图标又按自定义条件进行筛选，只能在两者中任选其一。

自动筛选提供了快速筛选工作表数据的功能，只需通过简单的操作就能够筛选出需要的数据。

【例 4.15】用自动筛选功能查找图 4.49 所示的“销售记录”工作表中性别为“女”的记录，并在此基础上筛选出“金额”大于 10 000 元的记录。操作步骤如下：

步骤 1：单击数据清单的任一单元格；

步骤 2：在【开始】选项卡的【编辑】组中，单击【排序和筛选】组中的【筛选】命令；或在【数据】选项卡的【排序和筛选】组中，单击【筛选】按钮；

步骤 3：此时会在工作表的每一字段名旁边显示一个“筛选”箭头；

步骤 4：单击“性别”旁的“筛选”箭头，在如图 4.78 所示的下拉列表框中，选择“女”复选框，然后单击【确定】按钮，则所有女性销售员的销售记录就会显示出来，且“性别”旁的“筛选”箭头变成；

步骤 5：单击“金额”旁的“筛选”箭头，选择【数字筛选】中的“大于”选项，弹出如图 4.79 所示的【自定义自动筛选方式】对话框，在“大于”右侧的组合框中输入“10000”后单击【确定】按钮，则“金额”旁的“筛选”箭头也变成，经过二次筛选功能就查找出销售“金额”大于 10 000 元的女性销售员的记录，如图 4.80 所示。

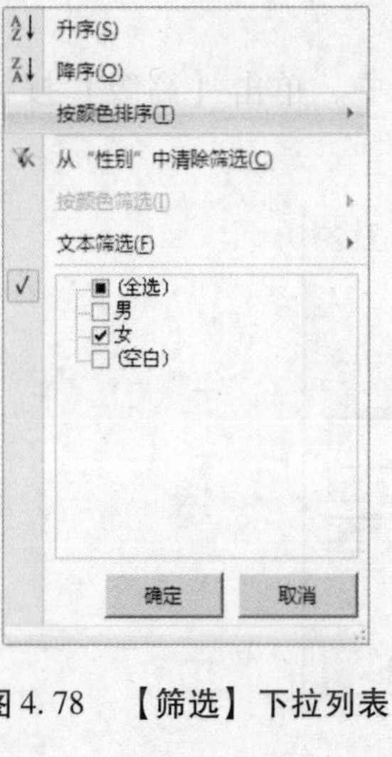

图 4.78 【筛选】下拉列表

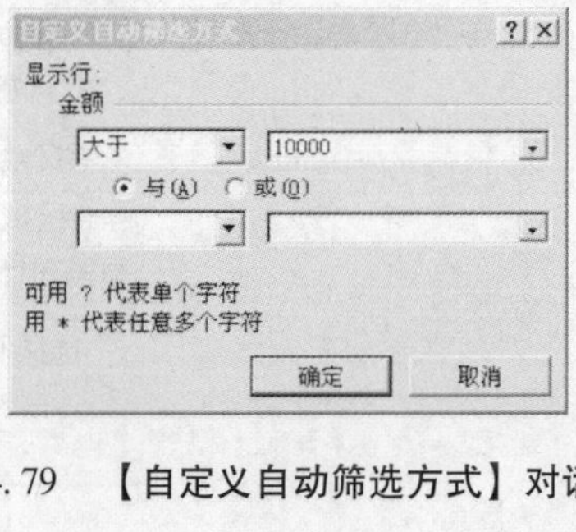

图 4.79 【自定义自动筛选方式】对话框

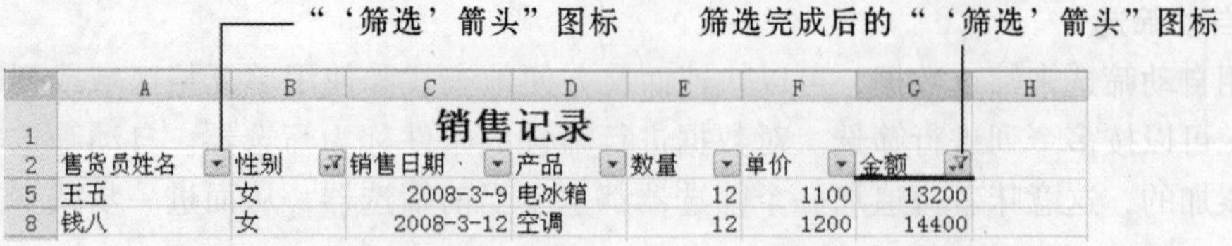

图 4.80 销售“金额”大于 10000 元的女性销售员的记录

要取消“自动筛选”操作，即取消“筛选”箭头，可以在【数据】选项卡的【排序和筛选】组中，单击【筛选】按钮；或在【开始】选项卡的【编辑】组中，单击【排序和筛选】按钮，然后在下拉列表中单击【筛选】命令，即可取消“自动筛选”。

2. 高级筛选

自动筛选很难完成条件较复杂或筛选字段较多的数据筛选。如图 4.49 中的电子表格字段很多，如果超过两个以上的字段有条件要求，用自动筛选就要每个字段逐一设置。如果使用高级筛选就可以利用条件区域方便地设置条件，一次性完成筛选。

在进行高级筛选之前，必须建立一个条件区域，条件区域用于定义筛选必须满足的条件。条件区域的首行必须包含一个或多个与数据清单完全相同的列标题，即栏目标题。

在单元格或单元格区域中建立的条件的区域就称为条件区域，建立条件区域是进行高级筛选的首要前提。条件区域可以构建在数据清单外的任何位置，即和数据清单必须至少有一空行或一空列。一般情况下，应该将条件区域构建在数据清单的开头和旁边，最好不要构建在数据清单的下面，因为若数据清单要添加记录，可能就会覆盖条件区域，引起不必要的麻烦。

条件区域的构造规则：不在同一行的条件表示“或（OR）”，即只要其中某一个单元格的条件成立，则整个条件就成立；同一行中的条件表示“与（AND）”，即必须所有条件都成立，则整个条件才成立。

【例 4.16】查找在图 4.49 所示的工资表中“性别”为“女”并且“金额”大于 10 000 元的记录，其操作步骤如下：

步骤 1：按筛选条件在 J8：K9 单元格区域建立一个条件区域。

步骤 2：单击需要进行筛选的数据清单任一单元格。

步骤 3：在【数据】选项卡上的【排序和筛选】组中，单击【高级】按钮，弹出【高级筛选】对话框，如图 4.81 所示。

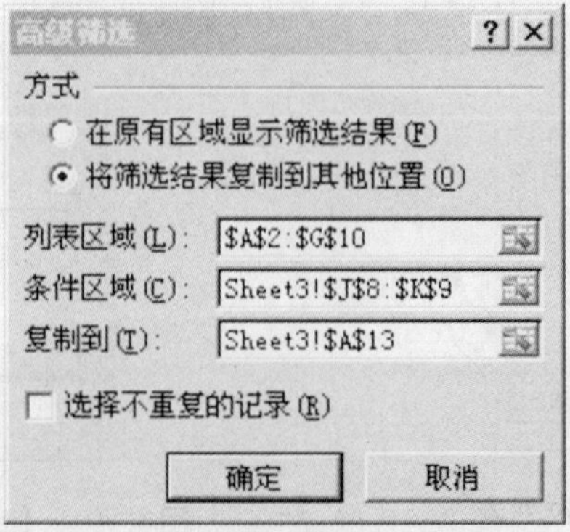

图 4.81 【高级筛选】对话框

步骤4：在该对话框的【方式】选项组中，选择【将筛选结果复制到其他位置】选项，在【列表区域】框中输入数据区域范围 \$A\$2：\$G\$10（既可以直接输入，也可以利用对话框【折叠/展开】按钮用鼠标拖动的方式选定输入）；在【条件区域】框中输入条件区域范围 \$J\$8：\$K\$9，并在【复制到】框中输入放置筛选结果区域的左上角单元格地址 \$A\$13。

步骤5：单击【确定】按钮，结果如图 4.82 所示。

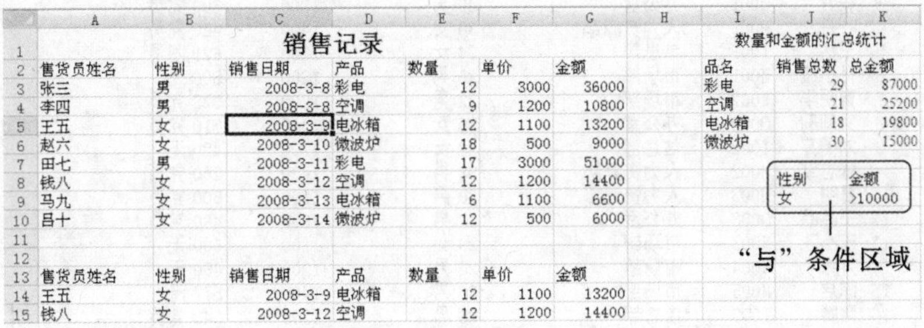

	A	B	C	D	E	F	G	H	I	J	K
1			销售记录						数量和金额的汇总统计		
2	售货员姓名	性别	销售日期	产品	数量	单价	金额		品名	销售总数	总金额
3	张三	男	2008-3-8	彩电	12	3000	36000		彩电	29	87000
4	李四	男	2008-3-8	空调	9	1200	10800		空调	21	25200
5	王五	女	2008-3-9	电冰箱	12	1100	13200		电冰箱	18	19800
6	赵六	女	2008-3-10	微波炉	18	500	9000		微波炉	30	15000
7	田七	男	2008-3-11	彩电	17	3000	51000				
8	钱八	女	2008-3-12	空调	12	1200	14400			性别	金额
9	马九	女	2008-3-13	电冰箱	6	1100	6600			女	>10000
10	吕十	女	2008-3-14	微波炉	12	500	6000				
11											
12											
13	售货员姓名	性别	销售日期	产品	数量	单价	金额				
14	王五	女	2008-3-9	电冰箱	12	1100	13200				
15	钱八	女	2008-3-12	空调	12	1200	14400				

图 4.82 用"高级筛选"方式查找销售"金额"大于 10 000 元的女性销售员的记录

【例 4.17】查找图 4.49 中"性别"为"女"或"金额"大于 10 000 元的记录，其操作步骤同【例 4.16】，所不同的是条件区域的设置。因为两个条件只要有一个满足，整个条件就成立，所以条件区域的构建和筛选的结果如图 4.83 所示。

	A	B	C	D	E	F	G	H	I	J	K
1			销售记录						数量和金额的汇总统计		
2	售货员姓名	性别	销售日期	产品	数量	单价	金额		品名	销售总数	总金额
3	张三	男	2008-3-8	彩电	12	3000	36000		彩电	29	87000
4	李四	男	2008-3-8	空调	9	1200	10800		空调	21	25200
5	王五	女	2008-3-9	电冰箱	12	1100	13200		电冰箱	18	19800
6	赵六	女	2008-3-10	微波炉	18	500	9000		微波炉	30	15000
7	田七	男	2008-3-11	彩电	17	3000	51000				
8	钱八	女	2008-3-12	空调	12	1200	14400			性别	金额
9	马九	女	2008-3-13	电冰箱	6	1100	6600			女	
10	吕十	女	2008-3-14	微波炉	12	500	6000				>10000
11											
12	售货员姓名	性别	销售日期	产品	数量	单价	金额				
13	张三	男	2008-3-8	彩电	12	3000	36000				
14	李四	男	2008-3-8	空调	9	1200	10800				
15	王五	女	2008-3-9	电冰箱	12	1100	13200				
16	赵六	女	2008-3-10	微波炉	18	500	9000				
17	田七	男	2008-3-11	彩电	17	3000	51000				
18	钱八	女	2008-3-12	空调	12	1200	14400				
19	马九	女	2008-3-13	电冰箱	6	1100	6600				
20	吕十	女	2008-3-14	微波炉	12	500	6000				

图 4.83 用"高级筛选"方式查找销售"金额"大于 10 000 元或"性别"为"女"的记录

4.5.4 数据分类汇总

分类汇总就是对工作表数据按不同的类别进行汇总统计（如求和、平均值、最大值、最小值、统计个数等）。分类汇总采用分级显示的方式显示工作表数据，它可以收缩或展开工作表的数据行（或列），可快速创建各种汇总报告。分级显示可以汇总整个工作表或其中选定的一部分。分类汇总的数据可以打印出来，也可以用图表直观形象地表现出来。

1. 建立分类汇总

在使用分类汇总时，必须满足两个条件：一是要进行分类汇总的数据表的各列必须有列标题，二是要进行分类汇总的数据列已经排序。这个排序的列标题称为分类汇总关键字，在进行分类汇总时，只能指定已经排序的列标题作为汇总关键字。

【例 4.18】以图 4.84“某公司在职人员信息表”为例，按“部门”进行分类，并汇总各部门的“基本工资”和“奖金”的平均值。具体操作步骤如下：

	A	B	C	D	E	F	G	H	I
1	某公司在职人员信息表								
2	姓名	编号	部门	年龄	性别	基本工资	奖金	政治面貌	
3	张月	O001	办公室	40	男	1800	300	党员	
4	叶冉	H001	人力资源部	30	女	1400	420	党员	
5	王洁	I001	信息部	24	女	1200	621	团员	
6	孙小波	M001	市场部	26	男	1200	500	无	
7	曹明华	M002	市场部	32	男	1200	328	党员	
8	武莉莉	O002	办公室	35	女	1500	310	党员	
9	刘桐芬	I002	信息部	28	女	1200	420	无	
10	张志军	H002	人力资源部	38	男	1400	260	党员	
11	贾明	H003	人力资源部	30	男	1200	500	党员	
12	王晶晶	O003	办公室	42	男	1800	480	党员	
13	宋小飞	M003	市场部	29	女	1200	600	无	
14	方维	M004	市场部	26	男	1200	450	无	
15	陈启	M005	市场部	30	男	1400	577	无	
16	路腾	I003	信息部	28	男	1200	548	党员	
17	马丹丹	O004	办公室	30	男	1400	360	无	
18	蒋文龙	I004	信息部	22	女	1200	618	团员	
19	战强	M006	市场部	28	男	1400	423	无	
20	田园	H004	人力资源部	25	男	1200	583	团员	

图 4.84 某公司在职人员信息表

步骤 1：对图 4.84“某公司在职人员信息表”以“部门”字段进行升序排序。

步骤 2：单击数据清单，在【数据】选项卡的【分级显示】组中，单击【分类汇总】按钮，弹出如图 4.85 所示的【分类汇总】对话框。

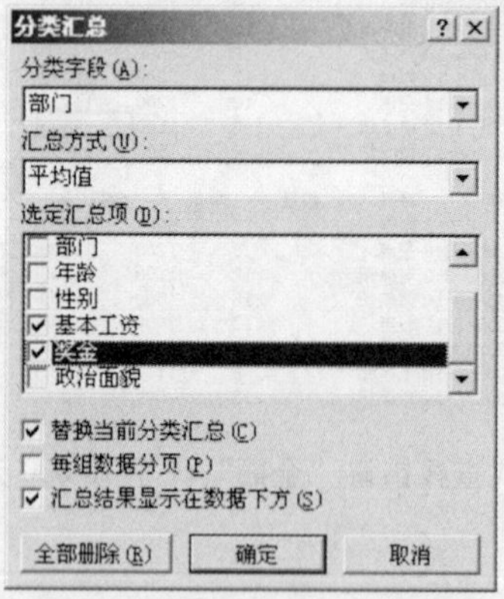

图 4.85 【分类汇总】对话框

步骤 3：在【分类汇总】对话框的【分类字段】下拉列表框中选择分类字段，本例选择“部门”，在【汇总方式】下拉列表框中选择“平均值”选项，然后在【选定汇总项】列表框中选择汇总的字段，本例选中“基本工资”和“奖金”两个复选框，设置结果如图 4.85 所示。单击【确定】按钮，则分类汇总的结果如图 4.86 所示。

	A	B	C	D	E	F	G	H	I
2	姓名	编号	部门	年龄	性别	基本工资	奖金	政治面貌	
3	张月	0001	办公室	40	男	1800	300	党员	
4	武莉莉	0002	办公室	35	女	1500	310	党员	
5	王晶晶	0003	办公室	42	男	1800	480	党员	
6	马丹丹	0004	办公室	30	男	1400	360	无	
7			**办公室 平均值**			1625	362.5		
8	叶卉	H001	人力资源部	30	女	1400	420	党员	
9	张志军	H002	人力资源部	38	男	1400	260	党员	
10	贾明	H003	人力资源部	30	男	1200	500	党员	
11	田园	H004	人力资源部	25	男	1200	583	团员	
12			**人力资源部 平均值**			1300	440.75		
13	孙小波	M001	市场部	26	男	1200	500	无	
14	曹明华	M002	市场部	32	男	1200	328	党员	
15	宋小飞	M003	市场部	29	女	1200	600	无	
16	方维	M004	市场部	26	男	1200	450	无	
17	陈启	M005	市场部	30	男	1400	577	无	
18	战强	M006	市场部	28	男	1400	423	无	
19			**市场部 平均值**			1266.667	479.6667		
20	王洁	I001	信息部	24	女	1200	621	团员	
21	刘桐芬	I002	信息部	28	女	1200	420	无	
22	路腾	I003	信息部	28	男	1200	548	党员	
23	蒋文龙	I004	信息部	22	女	1200	618	团员	
24			**信息部 平均值**			1200	551.75		
25			**总计平均值**			1338.889	461		

图 4.86 各“部门”“基本工资”和“奖金”的平均值

如果不需要显示部门人员的明细信息，则可单击左边的隐藏明细数据按钮“ - ”将信息隐藏起来。

取消分类汇总只要在【数据】选项卡的【分级显示】组中，单击【分类汇总】按钮，在如图 4.85 的【分类汇总】对话框中单击【全部删除】按钮即可。

2. **分级显示数据**

在图 4.86 左上角有 1 2 3 按钮，这些按钮是用来控制分类汇总分级显示数据的。

分级显示可以隐藏数据表中的若干行/列，只显示指定的行/列数据。分级显示通常用于隐藏数据表的明细数据行/列，而只显示汇总行/列。图 4.86 是行的分级显示，列的分级显示操作与行的分级显示相似。

(1) 单击层次按钮 1，只显示“总计平均值”结果，不显示表的明细数据和分类汇总结果。

(2) 单击层次按钮 2，只显示各部门的“分类汇总平均值”和“总计平均值”结果，不显示表的明细数据。

(3) 单击层次按钮 3，显示全部表的明细数据和“总计平均值”及“分类汇总平均值”结果。

(4) 在数据清单的左侧，有显示明细数据按钮“ + ”和隐藏明细数据按钮“ - ”：“ + ”按钮表示该层明细数据没有展开，单击“ + ”按钮可显示出明细数据，同时“ + ”按钮变为“ - ”按钮；单击“ - ”按钮可隐藏由该行层级所指定的明细数据，同时“ - ”按钮变为“ + ”按钮。这样就可以将十分复杂的清单转变成为可展开不同层次的汇总表格。

4.5.5 数据透视表

分类汇总适合于按一个字段进行分类。数据透视表适合按多个字段进行分类汇总。在实际应用中，当需要对大量的数据进行快速汇总时，往往利用数据透视表。

1. 数据透视表概述

数据透视表可以旋转源数据表的行或列，用以查看对源数据表的不同汇总结果，还可以通过显示不同的页来筛选数据，也可以只显示所关心区域的明细数据。也就是说，数据透视表是通过源数据表的行、列重新排列和统计分析，使数据表达的信息更清楚。

在数据透视表中经常使用比较专业的术语，表 4.4 列出了常用的术语，用户也可参考图 4.87 来理解。

表 4.4 数据透视表常用术语

术语	说明
坐标轴	数据透视表的维数，如行、列和页
数据源	一个有列标题的工作表（即数据清单），从源数据表中可以导出数据透视表
页字段（报表筛选）	数据透视表中被指定为页方向的源数据表或表格中的字段
页字段项	源数据表或表格中的每个字段，列条目或数值都可成为页字段列表中的一项
数据字段	含有数据的源数据表或表格中的字段项
数据项（∑数值）	数据透视表中的各个数据
行字段（行标签）	在数据透视表中被指定为行方向的源数据表或表格中的字段
列字段（列标签）	在数据透视表中被指定为列方向的源数据表或表格中的字段
概要函数	数据透视表使用的函数，如 SUM，COUNT，AVERAGE 等
透视	通过重新定位一个或多个字段来重新排列数据透视表

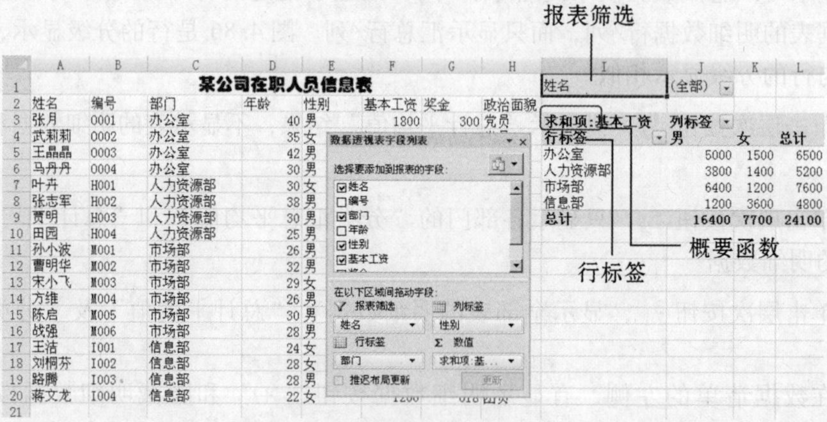

图 4.87 数据透视表术语

Excel 利用数据透视表工具，可以任意从多个角度，对数据进行高效的分析、汇总以及筛选，而且能够非常方便地将数据透视表转换为专业的数据透视图。如果要对工作表的数据进行汇总比较，尤其是要在数据量较大的工作表中进行数据的多种对比分析，就应该使用数据透视表。数据透视表也具有排序、分类汇总和计数统计方面的功能。

2. 建立数据透视表

现在通过具体实例来理解数据透视表，掌握数据透视表的建立方法。

【例4.19】对图4.84的数据表进行汇总分析，可以使用Excel的排序、分类汇总及统计函数相结合的方法解决汇总问题，但使用数据透视表更简便、更快捷。若用数据透视表完成【例4.18】“按‘部门’进行分类，并汇总每个部门的‘基本工资’的平均值”的操作，则具体操作步骤如下：

步骤1：单击数据清单的任一单元格。

步骤2：在【插入】选项卡的【表】组中，单击【数据透视表】按钮，弹出如图4.88所示的【创建数据透视表】对话框，也可以单击【数据透视表】按钮右侧的下拉箭头，在弹出的下拉列表中选择【数据透视表】命令，同样出现如图4.88所示的【创建数据透视表】对话框。

步骤3：在【创建数据透视表】对话框中单击【选择一个表或区域】单选按钮，在【表/区域】文本框中选中数据清单区域（本例中为 \$A \$2：\$H \$20），也可使用对话框【折叠/展开】按钮用鼠标选定。单击【现有工作表】单选按钮，在【位置】文本框中输入放置数据透视表区域左上角的单元格地址（本例中输入 \$I \$2 单元格），然后单击【确定】命令，弹出如图4.89所示的【启动数据透视表字段列表以使用数据透视表】区域和【数据透视表字段列表】任务窗格，并在功能区弹出【数据透视表工具/选项】选项卡和【数据透视表工具/设计】选项卡，单击则可显示其选项卡包含的各组。

说明：一般情况下数据清单区域是自动选中，也可以在对话框中单击【折叠/展开】按钮，从其他Excel工作簿中选择数据清单区域。

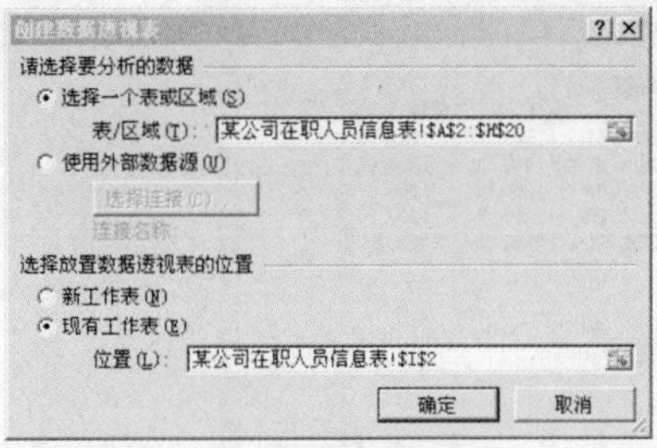

图4.88 【创建数据透视表】对话框

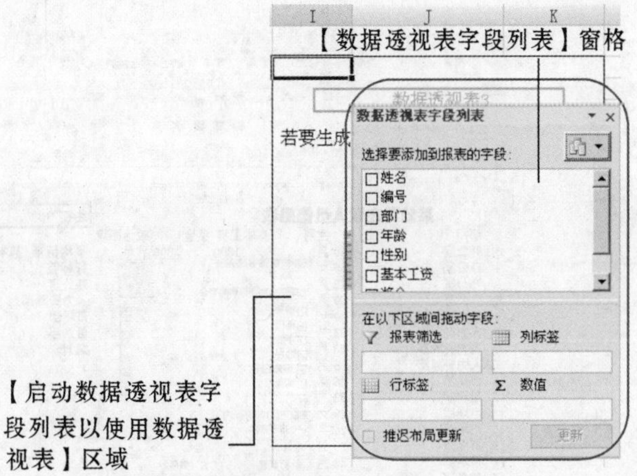

图4.89 【数据透视表字段列表】窗格

提示：任务窗格是Office展现系统功能的窗口，使用任务窗格右上角的下拉箭头 ▼ 可调整任务窗格的大小、移动任务窗格和关闭任务窗格。

步骤4：在【数据透视表字段列表】窗格中，选择“姓名”字段拖到【报表筛选】区，选择“部门”字段拖动到【行标签】下面的区域中，选择“性别”字段拖动到【列标签】下面的区域中，选择“基本工资”字段拖动到【∑数值】下面的区域中。

步骤5：单击【∑数值】区的下拉箭头，在弹出的如图4.90所示的下拉菜单中选择的【值字段设置】选项，弹出如图4.91所示【值字段设置】对话框，在【汇总方式】选项卡的【计算类型】列表中选择【平均值】项。

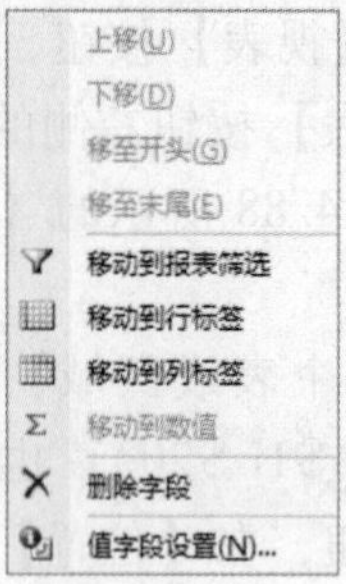

图4.90　选定字段的下拉菜单

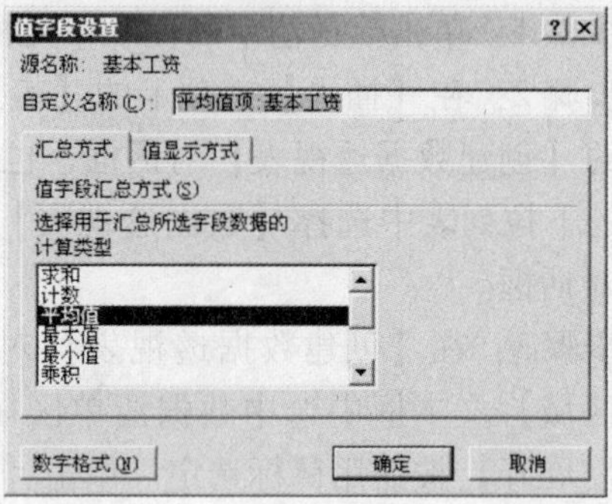

图4.91　【值字段设置】对话框

步骤6：单击【值字段设置】对话框中的【数字格式】按钮，在弹出的【设置单元格格式】对话框中将数值的小数点设置为两位，单击【确定】按钮返回【值字段设置】对话框，最后单击【值字段设置】对话框的【确定】按钮，结果如图4.92所示。

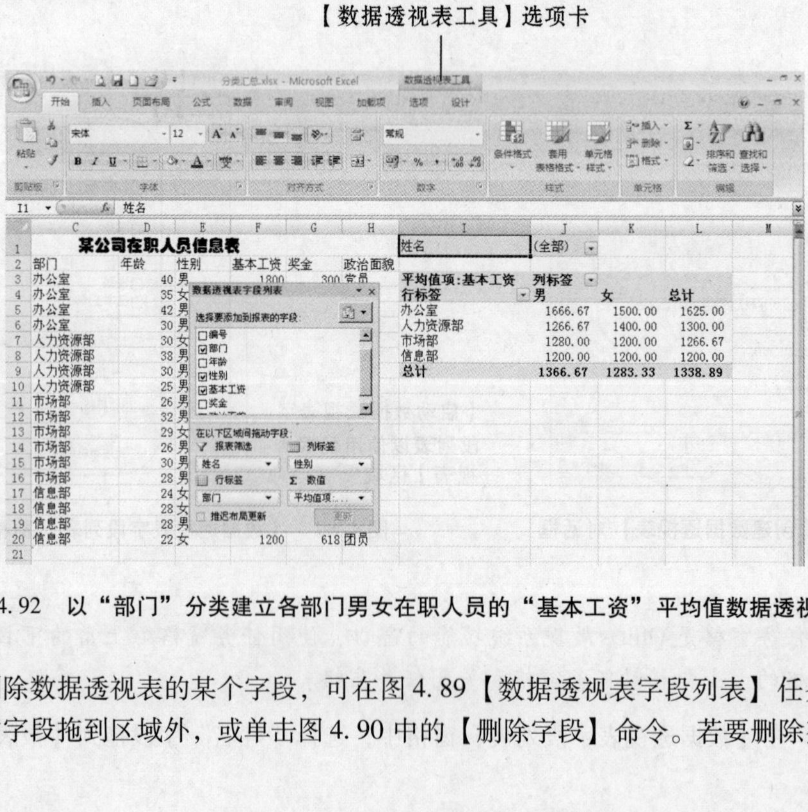

图4.92　以“部门”分类建立各部门男女在职人员的“基本工资”平均值数据透视表

若要删除数据透视表的某个字段，可在图4.89【数据透视表字段列表】任务窗格中选定要删除的字段拖到区域外，或单击图4.90中的【删除字段】命令。若要删除整个数据透视表，则选定数据透视表，在【数据透视表工具/选项】选项卡的【操作】组中单击【清除】按钮，在弹出的下拉列表中选择【全部清除】命令 ✕ 全部清除(C) 即可。

可以单击【数据透视表工具/选项】选项卡和【数据透视表工具/设计】选项卡的各组功能，对数据透视表进行编辑、修饰等操作。

3. 建立数据透视图

和数据透视表一样，数据透视图也是一种数据表现形式。和数据透视表不同的地方在于：它可以选择适当的图形、多种色彩来描述数据的特性，类似于 Excel 的图表效果。

【例 4.20】按照【例 4.19】的要求创建数据透视图，其中“基本工资”为求和项。其具体操作步骤如下：

步骤 1：单击数据清单的任一单元格。

步骤 2：在【插入】选项卡的【表】组中，单击【数据透视表】按钮旁边的下拉箭头，选择【数据透视图】选项，弹出如图 4.93 所示的【创建数据透视表及数据透视图】对话框，按照图 4.88 所示的【创建数据透视表】对话框的操作方法选择数据区域和放置数据透视图的位置，然后单击【确定】，弹出如图 4.89 所示的【数据透视表字段列表】任务窗格和如图 4.94 所示的【数据透视图筛选窗格】。同时在 Excel 功能区打开【数据透视图工具/数据】选项卡、【数据透视图工具/布局】选项卡、【数据透视图工具/格式】选项卡和【数据透视图工具/分析】选项卡，利用这些选项卡的各组功能按钮可以对数据透视图进行编辑、修饰等操作。

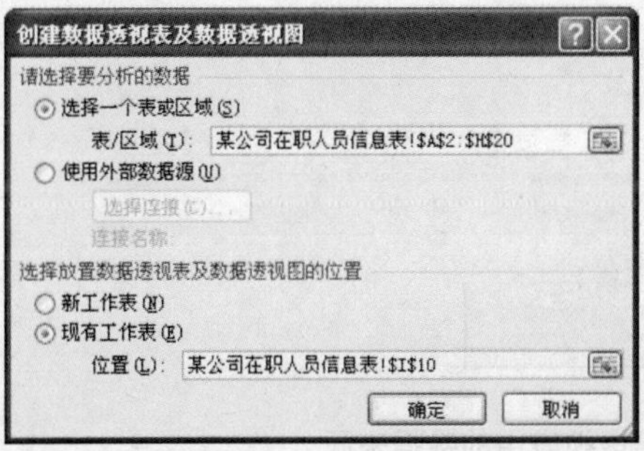

图 4.93 【创建数据透视表及数据透视图】对话框

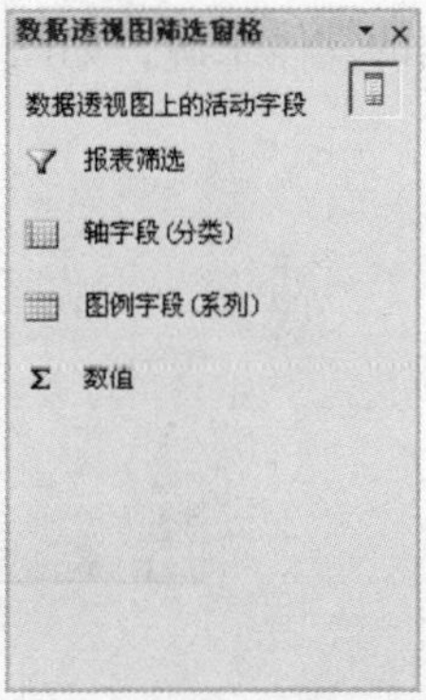

图 4.94 【数据透视图筛选窗格】

步骤 3：在【数据透视表字段列表】对话框中，选择“部门”字段拖动到【轴字段(分类)】区，选择“性别”字段拖动到【图例字段（系列)】区，选择“基本工资”拖动到【Σ数值】区，结果如图 4.95 所示。

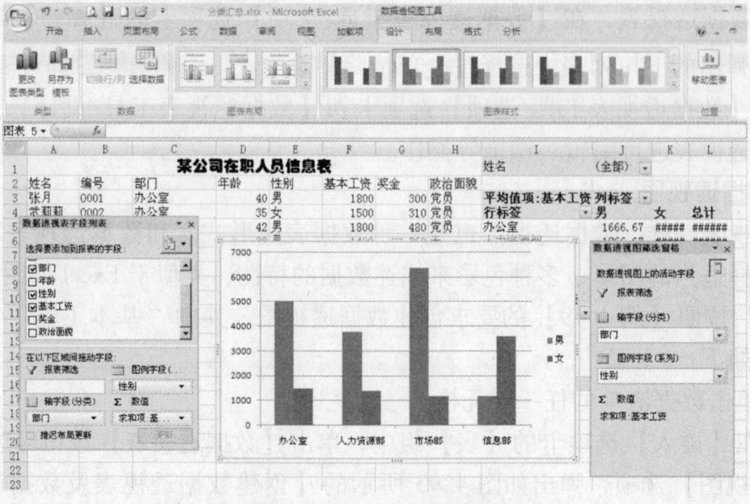

图 4.95 【例 4.20】数据透视图

4. 查看透视表中数据的具体来源

数据透视表中的数据是“活”的，可以轻松地查看其中每个汇总数据的具体来源。例如，从图 4.92 所示的 J5 单元格中可以看出部门为“办公室”的男职工的基本工资平均值为 1666.67 元，这个数据是否真实可靠？它是由哪些人员的基本工资计算出来的？要回答这两个问题非常简单，只需双击“J5”所在的单元格，Excel 将会建立一个数据表，显示这个数据的具体来源，如图 4.96 所示。

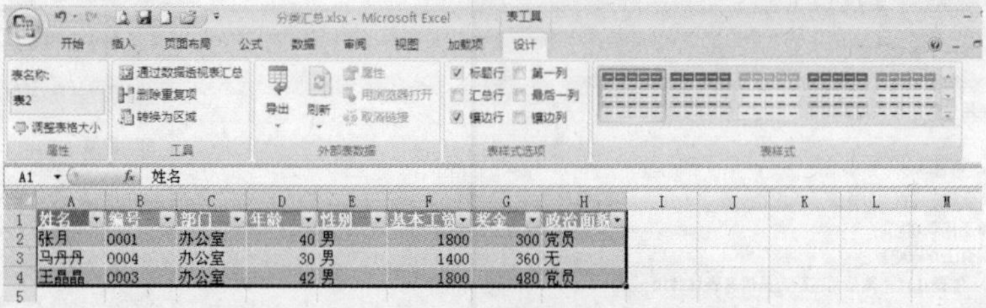

图 4.96 查看数据透视表中的数据来源

5. 利用字段筛选创建分页显示

数据透视表中的字段筛选可以分页显示透视表中的数据，这对于数据的分类汇总大有用处，便于制作各类分类报表。例如，单击图 4.95 中 I1 单元格的下拉列表，然后从中选择“马丹丹”，马丹丹的基本情况就显示出来了。

6. 修改数据透视表数据的显示方式

在默认情况下，数据透视表中的数据总是以数字形式显示。用户可以根据需要将它们修改成需要的形式，如显示为小数、百分比或其他需要的形式。

可以在图 4.91 所示的【值字段设置】对话框中的【值显示方式】选项卡中设置显示方式。表 4.5 列出了透视表中数据的所有显示方式。

表 4.5　透视表数据显示方式

列表项的值	意义
普通	按一般的数据形式显示
差异	结果与基本字段和基本项对话框中指定的字段和项之间的差
百分比	结果除以指定的基本字段和项，表示成百分比
差异百分比	结果与指定的字段和项之间的差，除以基本字段和项的百分比
按列增加	按基本字段中指定的列递增的方式显示数据
占同列数据总和的百分比	数据透视表的结果数据除以同列数据总和的百分比
占同行数据总和的百分比	数据透视表的结果数据除以同行数据总和的百分比
占总数的百分比	数据透视表中的结果与所有数据总和的百分比
指数	用公式"结果＊总和/行总和＊列总和"

4.5.6　数据链接与合并计算

Excel 允许同时操作多个工作表或工作簿，通过工作簿的链接，使它们具有一定的联系。修改一个工作簿的数据，Excel 会通过它们的链接关系，自动修改其他工作表或工作簿中的数据。同时，链接使工作表或工作簿的合并计算成为可能，可以把多个工作表中的数据链接到一个工作表中。

1. 数据链接

链接让一个工作簿可以共享其他工作簿中的数据，可以链接单元格、单元格区域、命名公式、常量或工作表。包含原始数据的工作簿是源工作簿，接收信息的工作簿是目标工作簿。在打开目标工作簿的时候，源工作簿可以是打开的，也可以是关闭的。如果先打开源工作簿，后打开目标工作簿，Excel 会自动使用源工作簿中的数据更新目标工作簿中的数据。

链接的建立并不复杂，在前面的章节中已经直接或间接地应用到了链接。例如，在一个工作表的公式中引用另一个工作表中的单元格，Excel 就会在两个工作表之间建立一种链接，以实现两个工作表数据的交换。

在 Excel 中，可以通过【开始】选项卡的【剪贴板】组中的【复制】按钮和【粘贴】按钮建立链接。其操作方法可以概括为：同时打开源工作簿或源工作表，并选择源工作簿或工作表中要作为链接内容的单元格或单元格区域，然后选择【复制】按钮；激活目标工作簿中的工作表或目标工作表，从【开始】选项卡的【剪贴板】组中选择【粘贴】→【选择性粘贴】→【粘贴链接】命令。

【例 4.21】某茶厂生产的茶叶销售于西南地区，每个季度的销售统计分别存放在不同的工作簿中，图 4.97 就是该厂第一、二季度的茶叶销售统计工作簿示例。

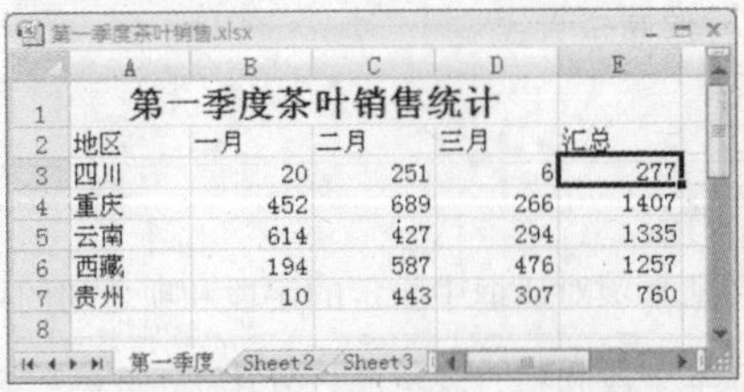

第一季度茶叶销售统计

地区	一月	二月	三月	汇总
四川	20	251	6	277
重庆	452	689	266	1407
云南	614	427	294	1335
西藏	194	587	476	1257
贵州	10	443	307	760

(a) 第一季度茶叶销售工作簿

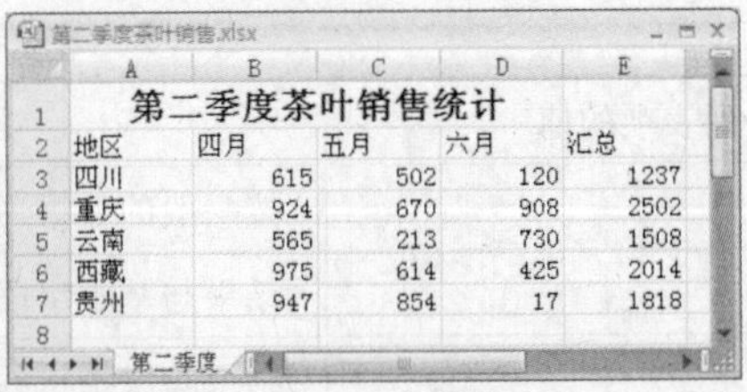

第二季度茶叶销售统计

地区	四月	五月	六月	汇总
四川	615	502	120	1237
重庆	924	670	908	2502
云南	565	213	730	1508
西藏	975	614	425	2014
贵州	947	854	17	1818

(b) 第二季度茶叶销售工作簿

图 4.97 某茶厂第一、二季度茶叶销售数据的工作簿

现在要进行年度统计，从每个季度的工作簿中直接取出各季度汇总数据，然后在“年度茶叶销售统计.xlsx”工作簿的“茶叶年度汇总”工作表中进行统计。汇总统计工作簿的结构如图 4.98 所示。

年度茶叶销售统计

地区	第一季度	第二季度	第三季度	第四季度	总计
四川	277	1237			
重庆	1407	2502			
云南	1335	1508			
西藏	1257	2014			
贵州	760	1818			

图 4.98 年度茶叶销售统计工作簿

显然，图 4.98 中各季度的汇总数据可以从图 4.97 所示的工作簿中复制得到，但这不是好的方法。因为当各季度工作簿中的数据发生变化时，复制而得的数据就会出现问题。例如，假设第一季度四川的销售数据最初为 277，但在最后核查季度销售额时，查出四川的销售额不是 277 元，而是 1 277 元，这就需要重新输入并再次复制四川第一季度的销售额。若用链接的方法将各季度的汇总数据链接到年度汇总工作簿中，就不会存在这个问题了。当把第一季度工作簿中四川的销售额 277 更改为 1 277 时，Excel 会自动把“年度茶叶销售统计.xlsx”工作簿中四川上半年的销售额由原来的 1 514 改为 2 514。

通过【复制】命令和【选择性粘贴】命令建立链接的具体操作步骤如下：

步骤 1：同时打开链接的源工作簿和目标工作簿，激活源工作簿中的源工作表。在本例中，当打开各季度的销售工作簿和年度汇总工作簿后，单击“第一季度茶叶销售.xlsx”工作簿的“第一季度”工作表，如图 4.97（a）所示。

步骤 2：选中源工作表中要链接的单元格区域。本例选择第一季度各地区的销售汇总数据 E3：E7 单元格区域。

步骤 3：在【开始】选项卡的【剪贴板】组中，单击【复制】按钮。

步骤 4：激活目标工作簿，并选择目标工作表。本例中，先单击任务栏中的“年度茶叶销售统计.xlsx”工作簿，选择该工作簿中的“茶叶年度汇总”工作表，单击存放数据的单元格区域中的左上角的第一个单元格 B3。

步骤 5：在【开始】选项卡的【剪贴板】组中，单击【粘贴】按钮的下拉箭头，在下拉列表中选择【粘贴链接】选项。或选择【选择性粘贴】选项，在弹出如图 4.99 所示的【选择性粘贴】对话框中单击【粘贴链接】按钮。经过上述操作后，就建立了两个工作簿中的单元格链接，对比图 4.97（a）中的 E 列数据和图 4.98 中的 B 列数据可以看出，它们是相同的。

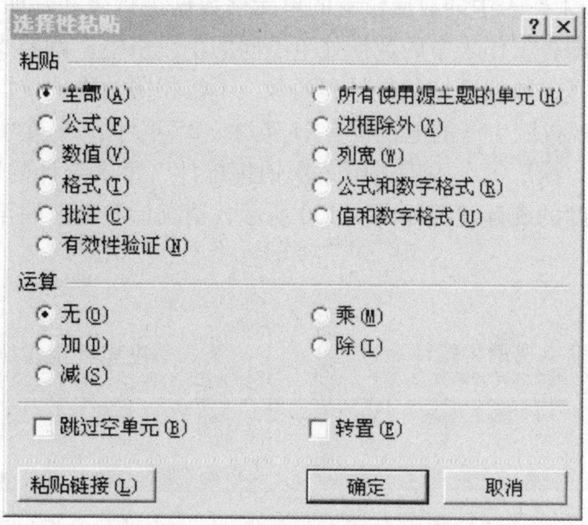

图 4.99 【选择性粘贴】对话框

步骤 6：用同样的方法对第二季度、第三季度、第四季度进行链接。

用链接的方法建立的年度汇总表，不论怎样修改各季度工作簿中的数据，年度汇总表中的数据都会自动更新，它与各季度的工作表数据总是相符的。

2. 合并计算

合并计算，就是对来源于同一工作簿的不同工作表，或不同工作簿中的数据进行合并计算。例如，假设把公司各个部门的财务信息存放到不同工作簿中，最后可以采用合并的方式把各个工作簿中的信息合并到主工作簿中。如果参与合并计算的工作表来源于不同的工作簿，就称为三维合并。

合并计算并不意味着只是简单的求和汇总，Excel 的合并计算包括求和、求平均数、计算统计、求标准差等运算。表 4.6 列出了 Excel 可用的合并计算函数。

表 4.6 Excel 的合并计算函数

函数	含义
SUM	求和
AVERAGE	求平均值
MAX，MIN	求最大、最小值
PRODUCT	求对应单元格的乘积
COUNT	计数
STDDEV	求标准差
STDDEVP	求总体标准差
VAR	求方差
VARP	求总体方差

被合并工作表的数据可能有相同的或不同的物理版面。如果合并计算所涉及的物理版面相同，也就是说，参与合并计算的所有工作表数据的对应位置都相同，即各工作表完全一样时，Excel 就对各工作表中的对应位置的单元格数据进行合并。如果参与合并计算的工作表物理版面不同，即各工作表中的数据处于不同的单元格中，就需要让 Excel 重新定位各工作表中参与合并计算的数据区域的行号和列号，不按相同的物理位置进行合并计算。

【例 4. 22】某电视机厂生产的电视机有 21 英寸、25 英寸、29 英寸及 34 英寸几种规格，主要销售于广东地区。该厂每个季度进行一次销售统计，每次统计的数据保存在一个独立的工作簿中。各个季度的统计情况如图 4. 100 所示，请统计各地区的年度销售总额。

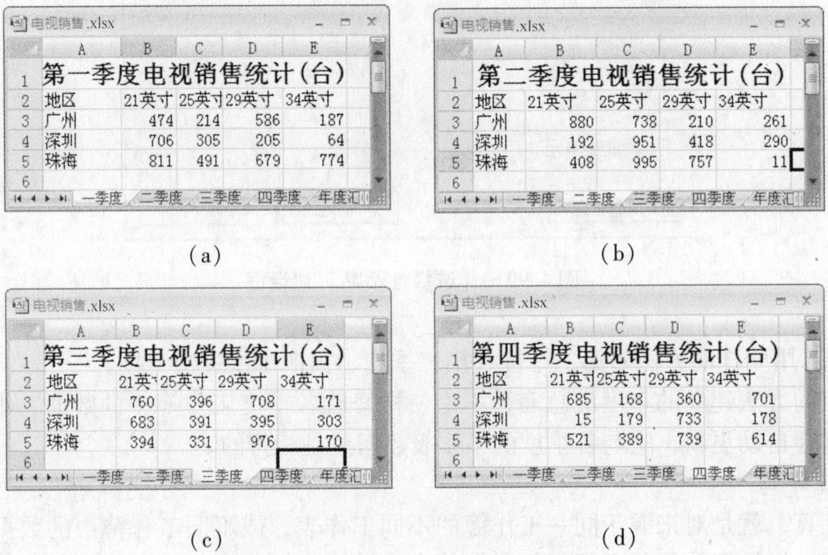

图 4. 100　各季度的电视销售统计表

对这个问题有很多解决方案，如可以把各个季度的销售数据复制到同一工作表中，然后再进行汇总统计；也可以把各季度的销售数据链接到同一工作表中，然后再进行汇总统计，但最好的方法是采用合并计算来完成。具体操作步骤如下：

步骤 1：打开包含四个季度电视销售数据工作表的工作簿“电视销售 . xlsx”，如图 4. 100 所示。

步骤 2：在“电视销售 . xlsx”中打开或建立“年度汇总表”工作表，如图 4. 101 所示，激活年度汇总工作表中存放汇总数据的第一个单元格，即数据区域中左上角的第一个单元格（或选中要存放合并数据的单元格区域）。本例选中 B3 单元格（或单元格区域 B3: E5）。

步骤 3：在【数据】选项卡的【数据工具】组中，单击【合并计算】按钮，弹出如图 4. 102 所示的【合并计算】对话框，从【函数】下拉列表中选择进行合并计算的函数。

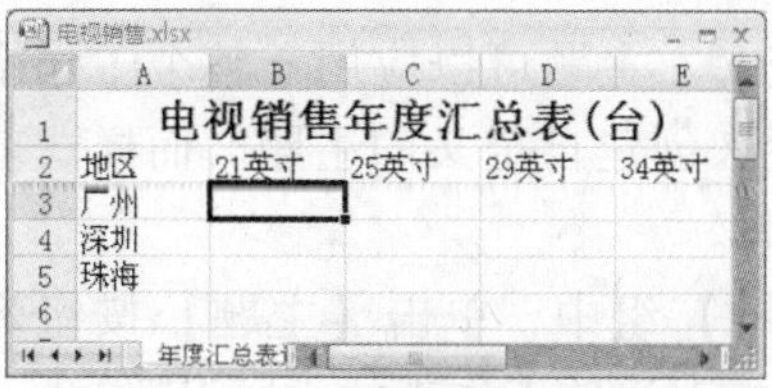

图 4.101 “年度汇总表”工作表

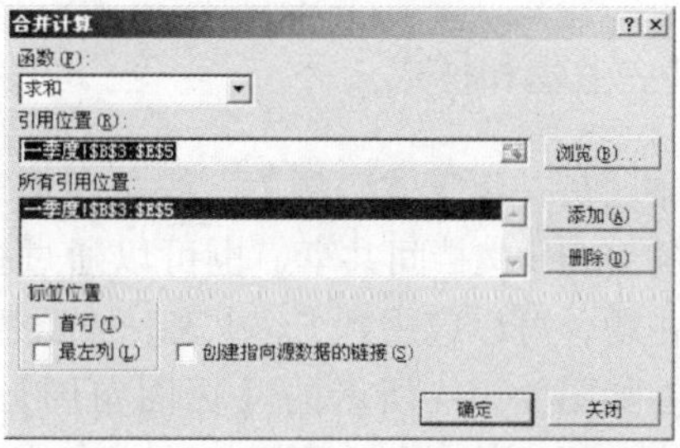

图 4.102 【合并计算】对话框

步骤 4：单击【引用位置】编辑框右边的【折叠/展开】按钮，选择合并计算的“一季度”工作表的 B3：E5 单元格区域。

步骤 5：单击如图 4.102 所示的【添加】按钮，在上一步中输入的工作表单元格区域就会加入到“所有引用位置”列表框中。

步骤 6：重复步骤 4 ~ 5，直到四个季度的统计数据区域都添加到“所有引用位置”列表框中，单击【确定】按钮。

年度汇总合并计算的结果如图 4.103（a）所示。图 4.103（a）中只有最终的汇总数据。如果想查看这些数据的来源就很麻烦了，因为不得不再次打开所有的季度总结工作表。如果真是这样，合并计算不但没有省事，反而使事情变复杂了。

这个问题可以通过建立合并数据与源数据链接来解决，方法是选中如图 4.102 所示对话框中的【创建指向源数据的链接】复选框。在上例中，如果选中了该选择项，则最后的“年度汇总表”工作表如图 4.103（b）所示。在图 4.103（b）中，要查看合并计算的明细数据，可以单击图中的“ + ”按钮，不想显示明细数据，可以单击相关行前的“ - ”按钮。

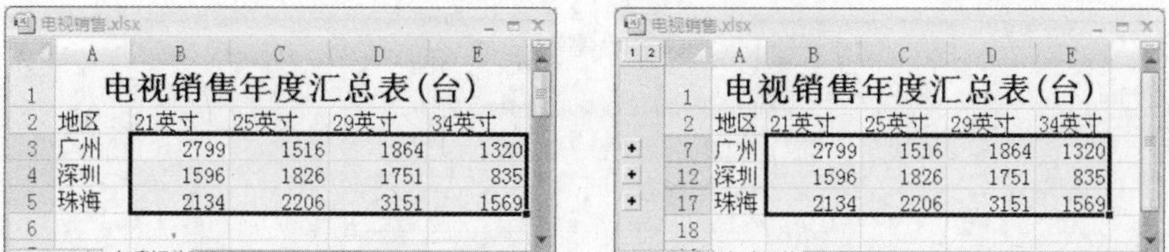

（a）未创建链接源数据的合并结果　　（b）创建链接源数据的合并结果

图 4.103 合并计算的结果

4.6 Excel 2007 页面设置和打印

当建立好工作表（或图表）之后，一般需要打印出来，在打印之前需要为打印文稿做一些必要的设置。例如：设置页面（纸张大小、方向等）；设置页边距（页边大小和页眉、页脚在页面中的位置）、添加页眉和页脚等，这些设置与在 Word 2007 中的基本类似，除这些之外还有一些与工作表本身有关的设置。设置完成后一般先进行打印预览，感觉满意后再打印输出。

4.6.1 主题和样式

主题是一组字体、颜色、线条和填充效果的预定义。主题可以应用于整个工作簿并在不同的 Office 文档间共享，也可以通过指定主题元素来创建自定义的主题。而样式基于当前的主题，可以应用到 Excel 表、数据透视表、图表等。

在如图 4.104 所示的【页面布局】选项卡【主题】组中，单击【主题】按钮弹出如图 4.105 所示的各种主题图标，单击选中的选项则完成对当前工作表的主题设置。

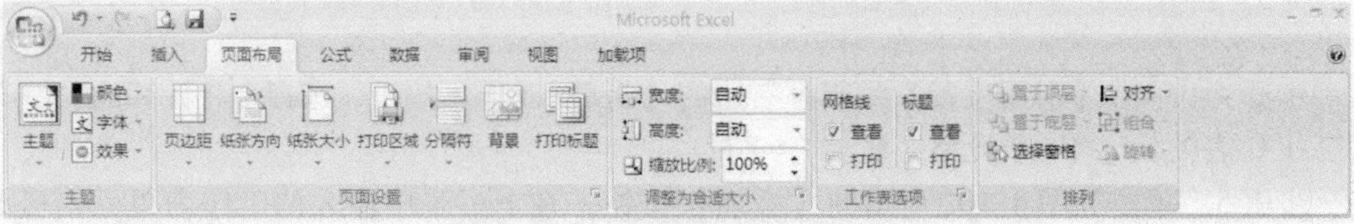

图 4.104 【页面布局】选项卡

图 4.105 内置主题图标

说明：Excel 2007 能够做到实时预览，即当鼠标移动到某样式上时，所选对象将自动显示出应用该样式后的效果，为有效地选择样式提供方便。

4.6.2 页眉、页脚设置

在 Excel 2007 中插入页眉和页脚的方法：

方法 1：在【插入】选项卡的【文本】组中，单击【页眉和页脚】按钮，弹出【页眉和页脚工具/设计】选项卡，如图 4.106 所示。用户可直接在“页眉”区和“页脚”区输入相应的页眉和页脚。输入完后单击工作表中任一单元格即退出页眉、页脚编辑状态。

方法 2：单击状态栏右侧的【页面布局】按钮，然后单击页眉和页脚区直接插入页眉和页脚。同时弹出【页眉和页脚工具/设计】选项卡。

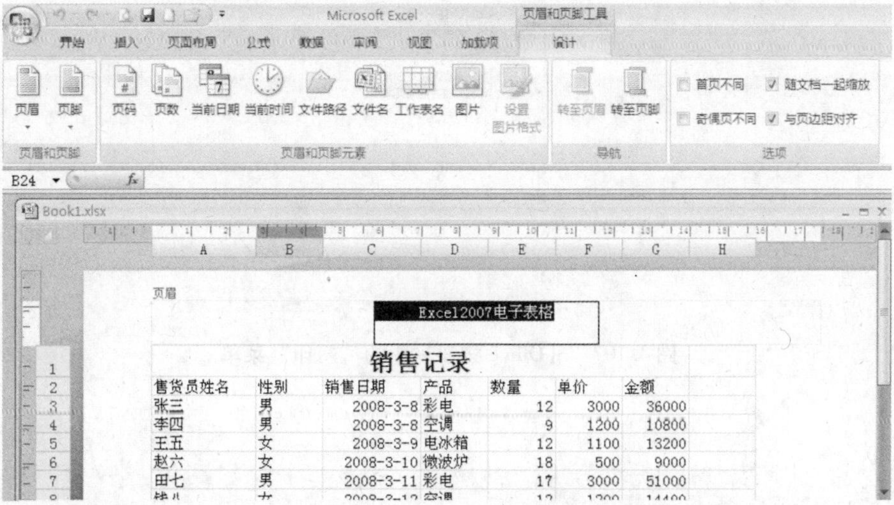

图 4.106 【页眉和页脚工具/设计】选项卡

4.6.3 页面设置

在【页面布局】选项卡的【页面设置】组，可以对预打印的表格页面进行设置。

【页面设置】组中各按钮的功能如下：

页边距：指纸张的边缘到正文的距离。

纸张方向：选择页面的纵向布局或横向布局。

纸张大小：选择页面大小，若要将特定页面大小应用到当前页面中，选择【其他纸张大小】选项。

打印区域：标记要打印的特定工作区域。

分隔符：指定打印开始位置，在所选内容的左上方插入分页符。

背景：将图片用作仅供显示的工作表背景，工作表背景不会被打印。

打印标题：指定要在每个打印页重复出现的行和列。

4.6.4 打印预览与打印

单击【Office 按钮】，在如图 4.107 所示的菜单中单击“打印”菜单中的【打印预览】命令，在如图 4.108 所示的【打印预览】窗口中查看工作表的打印效果；如果不满意，还可以利用该窗口的按钮，对显示的工作表进行进一步的修改和设置。

图 4.107 【Office 按钮】中的“打印”菜单

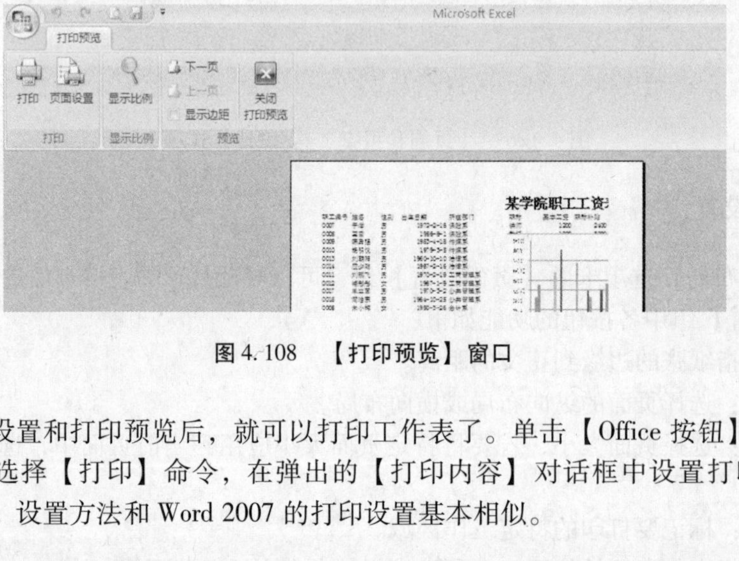

图 4.108 【打印预览】窗口

完成页面设置和打印预览后，就可以打印工作表了。单击【Office 按钮】，在弹出的下拉菜单中选择【打印】命令，在弹出的【打印内容】对话框中设置打印机、打印范围、打印份数。设置方法和 Word 2007 的打印设置基本相似。

【本章小结】

1. Excel 2007 的基本概念和基本操作，包括创建工作簿（或打开已存在的工作簿），Excel 2007 的启动和退出，Excel 2007 窗口的组成，Excel 2007 的基本概念和基本操作，数据的输入、编辑和修饰。

2. Excel 2007 工作表的格式化，包括工作表以及单元格和单元格区域的格式化。

3. Excel 2007 公式与函数的使用，包括公式与函数的基本概念以及常用函数的使用。

4. Excel 2007 图表的制作与编辑，包括图表的基本概念和图表的制作、编辑、修饰。

5. Excel 2007 数据管理与透视表，包括数据的排序、筛选、分类汇总操作及数据透视表和数据透视图的制作、编辑。

6. Excel 2007 页面设置和打印，包括 Excel 页面设置和打印的基本操作。

【本章关键词】

Excel 2007　基本操作　公式与函数　图表　数据管理　数据透视表

5 演示软件 PowerPoint 2007

本章学习要点：

- PowerPoint 2007 概述
- 演示文稿的制作与编辑
- 演示文稿的格式化与动画效果设置
- 演示文稿的放映与打印输出
- 演示文稿制作实例

PowerPoint 2007 是 Office 2007 中的一个应用软件，主要用于幻灯片制作和演示。PowerPoint 2007 被广泛应用于教学、学术讲座、技术交流、论文答辩、产品介绍和新闻发布等。

5.1 PowerPoint 2007 概述

1. PowerPoint 2007 的启动与窗口组成

PowerPoint 2007 的启动与其他 Office 应用程序的启动方式是一样的，启动 PowerPoint 2007 后，其窗口如图 5.1 所示。

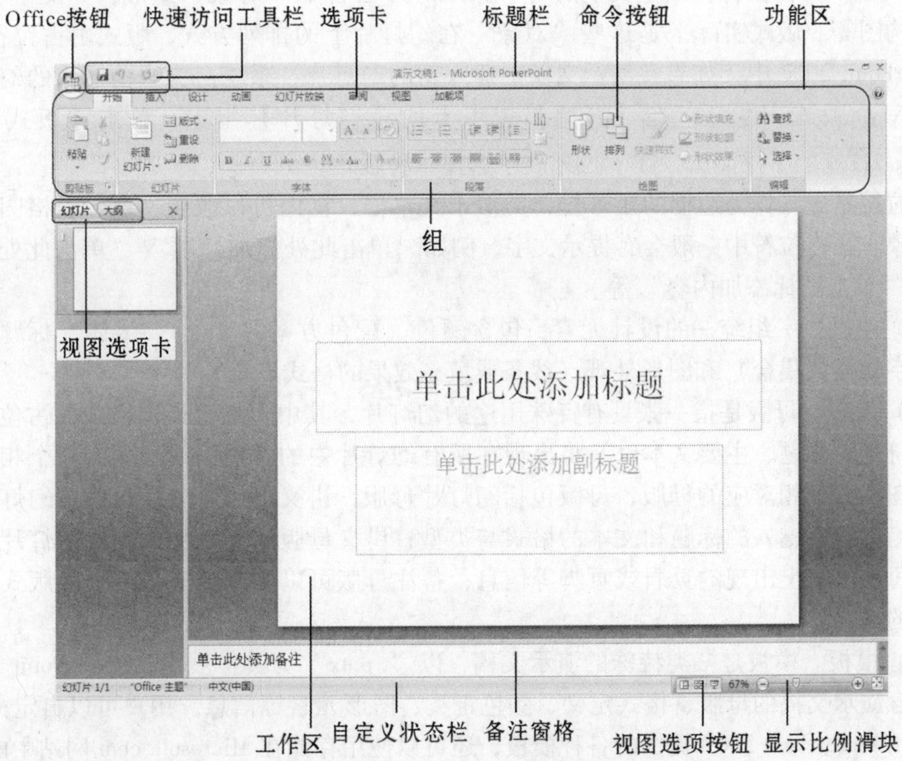

图 5.1 PowerPoint 2007 窗口

PowerPoint 2007 的窗口，主要是由标题栏、功能区、演示文稿窗口（工作区）、视图选项卡、备注窗格以及自定义状态栏等部分组成。

（1）标题栏。标题栏位于窗口的顶部，包括【Office 按钮】、【快速访问工具栏】、演示文稿名、【最小化】按钮、【最大化/还原】按钮和【关闭】按钮等。

（2）功能区。PowerPoint 2007 的功能区将相关的命令和功能组合在一起，并划分为【开始】、【插入】、【设计】、【动画】、【幻灯片放映】、【审阅】、【视图】和【加载项】等不同的选项卡。每个选项卡由功能相关的若干组组成，每个组又由若干命令按钮组成。

（3）演示文稿窗口。在应用程序窗口的中间是演示文稿窗口，是加工、制作演示文稿的区域。

（4）视图选项卡。视图选项卡包含【幻灯片】选项卡和【大纲】选项卡，显示在演示文稿窗口的左侧。

（5）备注窗格。使用备注窗格可编写关于该幻灯片的备注。

（6）自定义状态栏。右击状态栏，选中所需选项，可自定义状态栏的内容。

2. PowerPoint 2007 的基本概念

（1）演示文稿和幻灯片。利用 PowerPoint 2007 制作的“演示文稿”通常就保存在一个文件里，称之为演示文件，文件的扩展名为 . pptx。一个演示文稿是由若干张“幻灯片”组成的。这里“幻灯片”一词只是用来形象地描绘文稿的组成形式，实际上它表示一个“视觉形象页”。制作的演示文稿可能只保存在机器里用于演示，或是打印在纸张上，或是复印到透明胶片上，并不一定需要制成实际的幻灯片。

（2）版式与占位符。演示文稿的每一张幻灯片由若干“对象”组成，如文字、图表、组织结构图等。版式实际上是这些“对象”在幻灯片上的排列方式，版式由占位符组成。在 PowerPoint 2007 中，如果在演示文稿中插入新的幻灯片，系统会为当前插入的幻灯片自动分配一个版式，也可以在【开始】选项卡的【幻灯片】组中，单击【版式】按钮 版式 右侧的下拉箭头，在下拉列表中选择一种版式。

占位符是虚线作为边框的矩形框，类似于文本框，框内可以放置文字、表格图表和图片等对象。在占位符中一般会有提示文字，例如“单击此处添加标题”、“单击此处添加文本”或“单击图标添加内容”等。

（3）主题。一组统一的设计元素，包含颜色（配色方案的集合）、字体（标题文字和正文文字的格式集合）和图形外观（线条或填充效果的格式集合）。

（4）母版。母版是指一张具有特殊用途的幻灯片，其中包括已设定格式的占位符，这些占位符是为标题、主要文本以及将出现在所有幻灯片中的对象而设置的。每个相应的幻灯片视图都有其相对应的母版，母版包括幻灯片母版、讲义母版、备注母版。幻灯片母版控制在幻灯片上键入的标题和文本的格式与类型；讲义母版用于添加或修改幻灯片在讲义视图中每页讲义上出现的页眉或页脚等信息；备注母版可以用来控制备注页的版式以及备注文字的格式。

（5）模板。模板是一类特殊的演示文稿，以“. potx”为其扩展名，PowerPoint 2007 的模板包含演示文稿的母版、格式定义、颜色定义、图形元素等信息。用户可以自定义模板，也可应用 PowerPoint 2007 提供的各种模板，还可以使用存储在 Microsoft. com 网站中的模板。

（6）视图。视图就是观看演示文稿的一种方式。为了便于用不同的方式观看设计的幻灯片，PowerPoint 2007 提供了多种视图方式。可以在【视图】选项卡的【演示文稿视图】组中选择不同的视图，也可以单击状态栏的视图快捷按钮切换不同的视图。

3. PowerPoint 2007 的基本操作

（1）创建演示文稿。启动 PowerPoint 2007 时，会自动建立名为“演示文稿 1”的空白演示文稿。还可以根据需要，创建新的演示文稿。单击【Office 按钮】选择【新建】选项，在弹出的如图 5.2 所示的【新建演示文稿】对话框中，选择【空白演示文稿】图标按钮（系统默认此按钮），单击【创建】按钮，则新建名为“演示文稿 2”的空白演示文稿；也可以在左侧的列表中分别选择【已安装的模板】、【已安装的主题】、【我的模板】、【根据现有内容新建】及在线模板创建演示文稿。

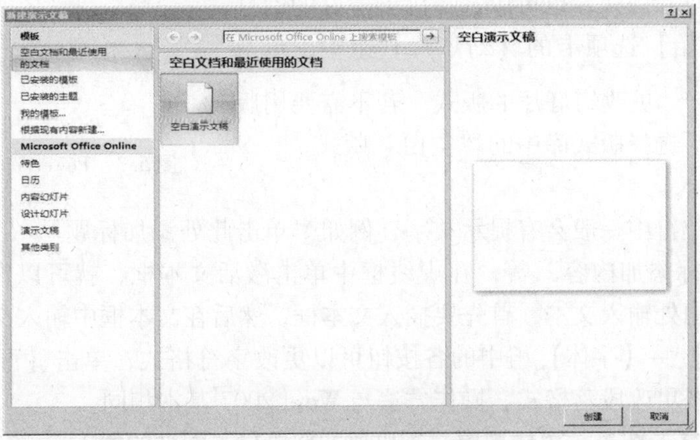

图 5.2 【新建演示文稿】对话框

（2）保存和打开演示文稿。单击【Office 按钮】，选择【保存】或【另存为】选项，在【另存为】对话框中，确定保存位置、文件名和文件类型，然后单击【确定】按钮，就可以保存演示文稿。

单击【Office 按钮】，选择【打开】选项，在【打开】对话框中，确定查找范围、文件名和文件类型，就可以打开演示文稿。

（3）退出 PowerPoint 2007。单击【Office 按钮】，单击【退出 PowerPoint】按钮，或单击窗口右上角的【关闭】按钮都可以退出 PowerPoint 2007。而单击【Office 按钮】，在下拉列表中选择【关闭】选项只是关闭演示文稿，并没有退出 PowerPoint 2007。

5.2 演示文稿的制作与编辑

创建完成的演示文稿只是空演示文稿或定义好主题或模板的演示文稿，要想得到更具有独特风格的演示文稿，还要进行进一步的制作。

1. 选择幻灯片版式

幻灯片版式用于排列幻灯片的内容，版式中包含不同类型的占位符和占位符排列方式，可以支持不同类型的内容。在【开始】选项卡的【幻灯片】组中，单击【新建幻灯片】按钮的下拉箭头，弹出如图5.3所示的【Office主题】列表框，用户可以从中选择所需的幻灯片版式。默认的幻灯片版式为“标题和内容”版式，它含有两个占位符，一个用于幻灯片标题，另一个是包含文本和多个图标的通用占位符。在通常情况下，新添加的幻灯片将与它前面的那一张幻灯片采用相同的版式。

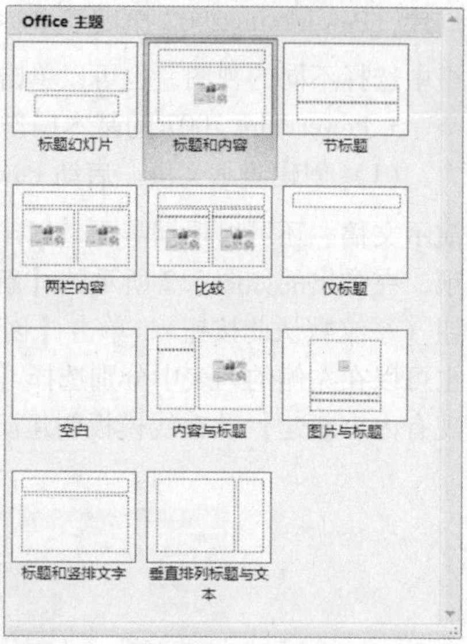

图5.3 PowerPoint 2007 版式库

PowerPoint 2007 版式库中有11种样式，如图5.3所示，根据需要可应用于不同的幻灯片中。可以在插入幻灯片时更改幻灯片版式，也可以选择已创建好的幻灯片，然后在【开始】选项卡的【幻灯片】组中，单击【版式】按钮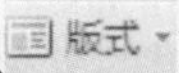

更改幻灯片的版式。若不需要用版式库内的版式，可选择版式库中的“空白”版式。

2. **文字的输入**

幻灯片的占位符中一般会有提示文字，例如“单击此处添加标题”、“单击此处添加文本”或“单击图标添加内容”等。在虚线框中单击激活文本框，就可以在其中输入文字。若要在幻灯片空白处输入文本，首先要插入文本框，然后在文本框中输入文字。

单击【开始】→【字体】组中的各按钮可以更改字符格式，单击【开始】→【段落】组中的各按钮可以更改段落格式。操作方法与Word 2007基本相同。

3. **图片、表格、图表、媒体剪辑、剪贴画、SmartArt图形的插入**

在PowerPoint 2007中，图片、表格、图表、媒体剪辑、剪贴画、SmartArt图形的插入方法和Word 2007基本一样。可单击幻灯片通用占位符中如图5.4所示的相应图标，在弹出的对话框中选择相应图片、表格、图表、媒体剪辑、剪贴画，即完成插入工作。

说明： SmartArt图形是信息和观赏的视觉表示形式，SmartArt图形和其他功能（如“主题”）组合，只需单击几下鼠标，即可创建具有设计师水准的插图。

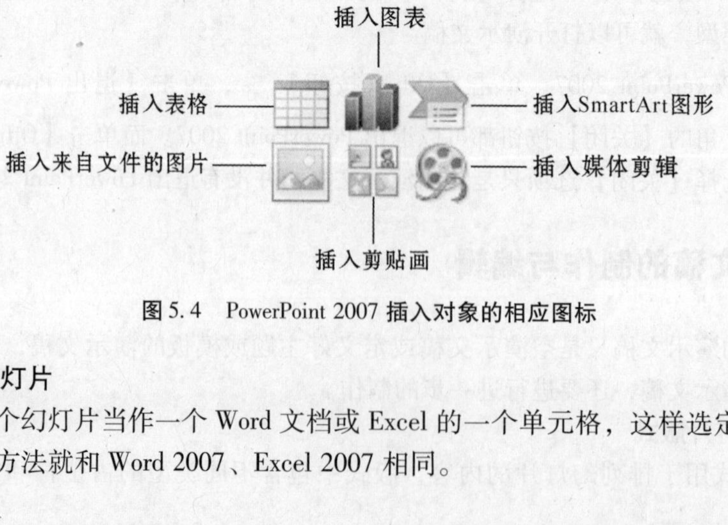

图5.4 PowerPoint 2007 插入对象的相应图标

4. **选定幻灯片**

可以把一个幻灯片当作一个Word文档或Excel的一个单元格，这样选定一张幻灯片或多张幻灯片的方法就和Word 2007、Excel 2007相同。

5. 添加和删除幻灯片

在【开始】选项卡的【幻灯片】组中，单击【新建幻灯片】按钮，就会在当前幻灯片后面添加一个应用了默认版式的新幻灯片；而单击【新建幻灯片】按钮中的下拉箭头或单击版式按钮，从弹出的【Office 主题】下拉列表中选择一种版式，可在当前幻灯片后面添加一个应用了所选版式的幻灯片。若在窗口左侧的【视图选项卡】中右击要在其后插入幻灯片的缩略图，在快捷菜单中选择【新建幻灯片】可快速插入一个幻灯片。

单击【开始】选项卡的【幻灯片】组中的按钮；或在窗口左侧的【视图选项卡】中右击要删除幻灯片的缩略图，在弹出的快捷菜单中选择【删除幻灯片】都可删除幻灯片。

6. 移动和复制幻灯片

在窗口左侧的【视图选项卡】中，右击要移动或复制幻灯片的缩略图，在快捷菜单中选择【剪切】或【复制】命令，移动鼠标到要移动和复制的目标位置，右击然后从快捷菜单中选择【粘贴】命令。在浏览视图和普通视图下，单击【开始】选项卡【剪贴板】组里的【剪切】或【复制】按钮，也能移动或复制幻灯片。

5.3 演示文稿的设计与动画效果

1. 修改幻灯片的背景色

修改幻灯片背景的操作：选定要改变背景的一张或多张幻灯片，单击【设计】选项卡【背景】组的对话框启动器按钮，在弹出的如图 5.5 所示的【设置背景格式】对话框中进行设置后，单击【关闭】按钮。若单击【重置背景】按钮则重新设置幻灯片背景。若想将背景应用于整个演示文稿，则单击【全部应用】按钮。

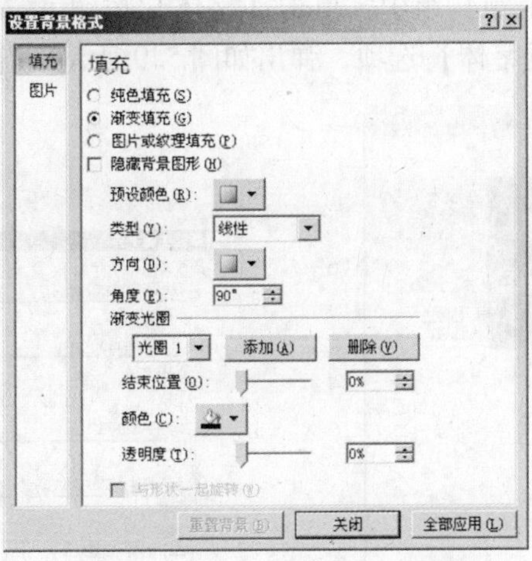

图 5.5 “设置背景格式”对话框

2. 应用主题

在【设计】选项卡的【主题】组中，单击【其他】按钮，弹出【所有主题】列表，如图 5.6 所示。右击需要选择的主题，在弹出的如图 5.7 所示的快捷菜单中，选择有关的操作，如【应用于所有幻灯片】或【应用于选定幻灯片】选项完成应用主题的操作。

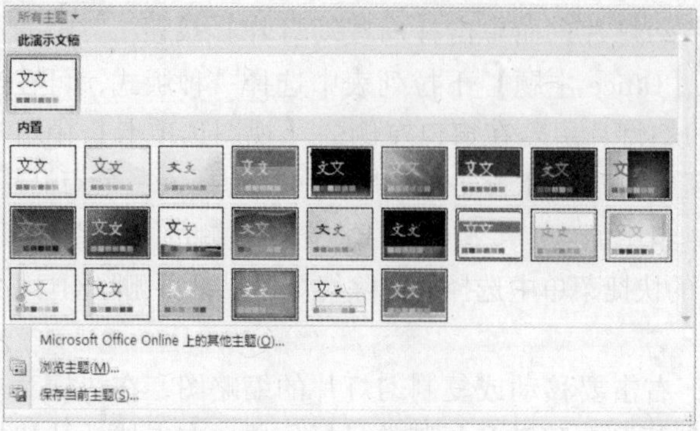

图 5.6 “所有主题”菜单

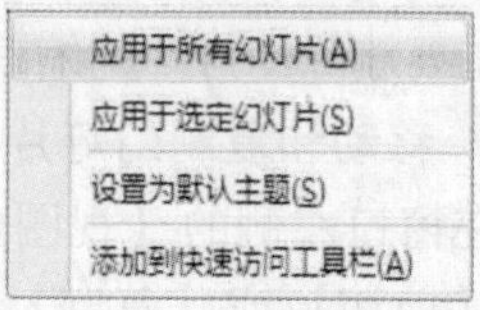

图 5.7 应用主题快捷菜单

3. 自定义主题

可以通过更改颜色、字体或选择一组效果来自定义主题。

在【设计】选项卡的【主题】组中，单击【颜色】按钮的下拉箭头，在弹出的颜色下拉列表中选择【新建主题颜色】选项，打开如图 5.8 所示的【新建主题颜色】对话框。

主题颜色包含四种文本/背景颜色、六种强调文字颜色和两种超链接颜色。单击要修改的颜色按钮，设置好颜色后，在【名称】文本框内输入自定义主题颜色的名称，然后单击【保存】按钮。完成颜色自定义后，在弹出的颜色下拉列表的自定义区，就可以看到自定义的主题颜色。

在【设计】选项卡【主题】组中，单击【字体】按钮的下拉箭头，在弹出的下拉列表中选择【新建主题字体】选项，弹出如图 5.9 所示的【新建主题字体】对话框。

图 5.8 【新建主题颜色】对话框

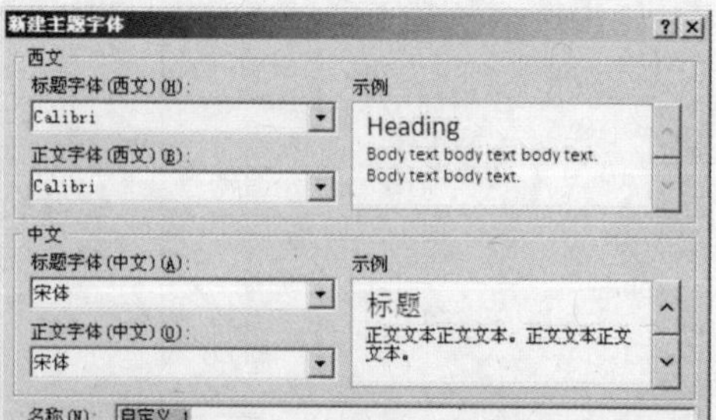

图 5.9 【新建主题字体】对话框

主题字体包括中英文的标题字体和正文字体，设置好所需字体后，在【名称】文本框内输入自定义主题字体名称，然后单击【保存】按钮。完成主题字体的自定义后，在弹出的字体下拉列表的自定义区，就可以看到自定义的主题字体。

在【设计】选项卡【主题】组中，单击【效果】按钮，弹出如图 5. 10 所示的【内置】效果图案列表。在【内置】效果图案列表中不能像上述颜色、字体那样自定义一组主题效果，只能在【内置】效果列表中选择一组主题效果。仔细观察【内置】效果列表，每一组主题效果在线条和填充效果上都有所不同。

设计好主题的内容后，在【设计】选项卡的【主题】组中，单击【其他】按钮，打开“所有主题”菜单，如图 5. 6 所示，在该窗口的底部选择【保存当前主题】选项，弹出【保存主题】对话框，在该对话框中的【文件名】框中输入自定义主题文件的名称，然后单击【保存】按钮。这时在所有主题列表的上部，【内置】主题列表的上面，可看到自定义的主题。

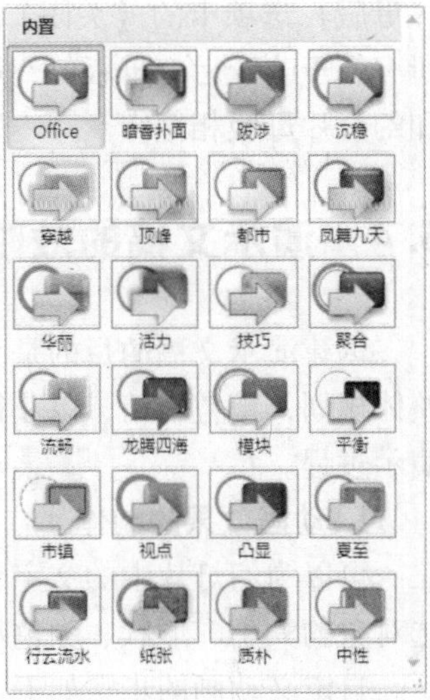

图 5. 10 【内置】效果图案列表

4. 制作幻灯片母版、讲义母版和备注母版

存储有关应用的设计模板信息的幻灯片，包括字形、占位符大小或位置、背景设计和配色方案。在 PowerPoint 2007 中有幻灯片母版、讲义母版和备注母版。单击【视图】选项卡的【演示文稿视图】组中的【幻灯片母版】按钮，则弹出如图 5. 11 所示的窗口，并在功能区弹出【幻灯片母版】选项卡及相关各组。

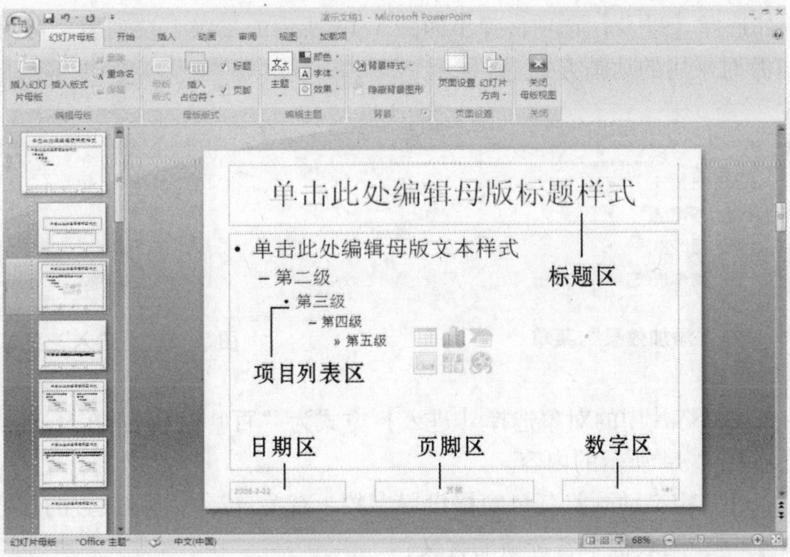

图 5. 11 幻灯片母版

幻灯片母版给出了标题区、项目列表区、日期区、页脚区和数字区等五个占位符，在幻灯片母版中可以编辑母版背景颜色，插入图片、文本框、图形、表格或按钮以及自定义动画等；还可以在“占位符”中改变字体、大小或颜色，改变项目符号字符等；在【幻灯片母版】选项卡的【关闭】组中，单击【关闭母版视图】按钮，返回幻灯片视图后，所有基于改变后的母版的幻灯片都套用了修改后的母版格式。讲义母版和备注母版的应用和幻灯片母版相似。

5.4 演示文稿的放映与打印输出

创建演示文稿的目的是为了放映和演示幻灯片。除了要在创建演示文稿的过程中做好整体规划，精益求精，以获得出色的视觉效果外，更重要的是要设计一种能够清晰展示的演示过程。

1. 动画效果的制作

可以为幻灯片中的文字、图形、声音、表格、图表等对象设置动画效果。例如改变所选对象的大小、形状、颜色和字体，选择进入、强调、退出和动作路径等方式。

自定义动画的步骤如下：

步骤1：在【动画】选项卡的【动画】组中，单击【自定义动画】按钮，在工作区的右侧显示【自定义动画】任务窗格，在幻灯片中单击要添加动画效果的对象，然后在【自定义动画】任务窗格中单击【添加效果】按钮，弹出如图5.12所示的下拉列表，表明可以为所选定的对象设置“进入”、“强调”、“退出”和“动作路径”动画效果。

说明：单击要添加动画效果的对象时功能区自动弹出【绘图工具/格式】选项卡。可以在该对象中设置艺术字和图形样式。

步骤2：如选择【进入】选项，弹出如图5.13所示的二级下拉列表，可为所选的对象设置进入幻灯片时采用的动画方式。

图5.12 “添加效果”菜单

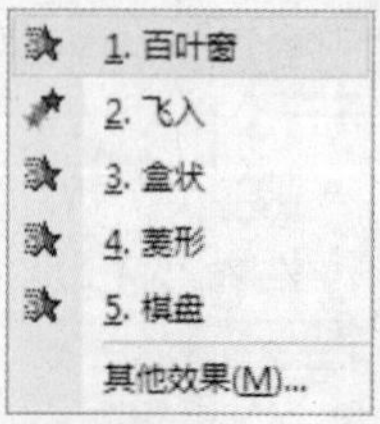

图5.13 “进入”菜单

步骤3：若为幻灯片中的对象选择【进入】方式为“百叶窗”，则在【自定义动画】任务窗格中显示如图5.14所示的内容。

步骤4：为【自定义动画】任务窗格设置参数。有关自定义动画设置的参数如下：

在【开始】下拉列表框中各选项的含义：

●单击时：单击鼠标时，激活所设的动画，所选的对象才进入幻灯片。

●之前：在上一对象开始之前，激活所设的动画，所选的对象才进入幻灯片。

●之后：在上一对象结束之后，激活所设的动画，所选的对象才进入幻灯片。

在【方向】下拉列表框中，可为所选对象进入幻灯片选择不同的方向。

在【速度】下拉列表框中，可为所选对象进入幻灯片选择不同的速度。

步骤5：右击【自定义动画】任务窗格中的列表框，或单击显示框右侧的下拉按钮，从弹出的下拉列表中选择【效果选项】命令，则弹出如图5.15所示的【效果选项】对话框，可以在该对话框中为自定义动画进一步设置有关参数。其中【声音】选项是指幻灯片对象“进入”时的声音；【动画播放后】选项是指设置动画播放后的效果；【动画文本】选项是指设置文本的动画方式。

说明：【效果选项】对话框的标题因【添加效果】选项的不同而有所不同，如图5.15所示的【效果选项】标题是“陀螺旋”，因为单击【添加效果】按钮设置的是“强调”、“陀螺旋”动画效果。

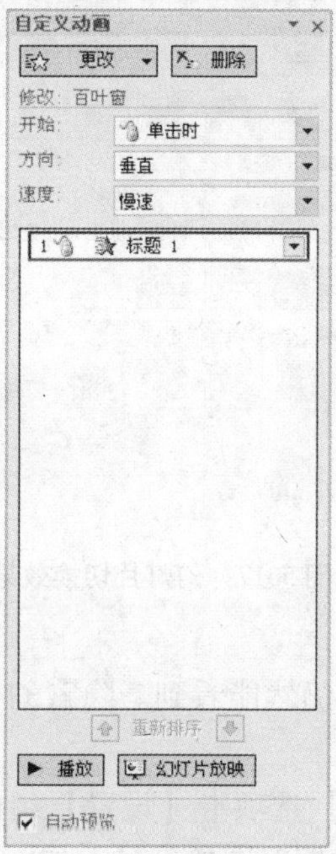

图5.14 【自定义动画】窗格

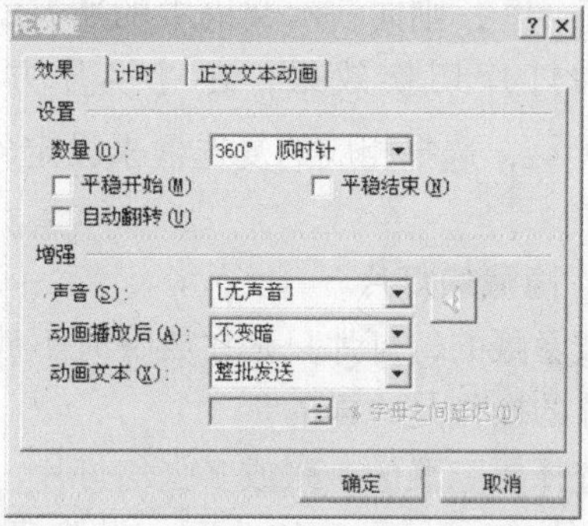

图5.15 【陀螺旋】对话框【效果】选项卡

【强调】、【退出】和【动作路径】等动画效果的设置与【进入】动画效果的设置基本相似。

若想快速看到设置的某对象自定义动画的效果，可单击如图5.16所示的【动画】选项卡【预览】组的【预览】命令按钮。

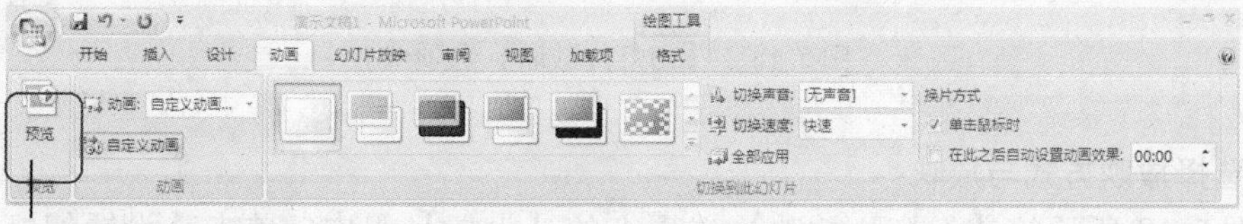

【预览】命令按钮

图5.16 【动画】选项卡

2. **幻灯片间的切换效果**

在放映演示文稿时，一张幻灯片放映完后进入另一张幻灯片的切换也可以设置动画效果和添加声音效果。

在【动画】选项卡的【切换到此幻灯片】组中，单击【其他】按钮，打开如图 5.17 所示的幻灯片切换效果列表。从图 5.17 可以看到，幻灯片切换效果有无切换效果、淡出和溶解、擦除、推进和覆盖、条纹和横纹以及随机等六类。

选定一张或多张幻灯片，再选定其中的一种幻灯片切换效果，则幻灯片切换效果就对选定的幻灯片起作用。

单击【切换声音】按钮右侧的下拉按钮，可从弹出的下拉列表中，为幻灯片切换选择声音；同理，单击【切换速度】按钮，则为幻灯片切换设置速度；单击【全部应用】按钮，则向演示文稿中的所有幻灯片添加设定的幻灯片切换效果；在【换片方式】区单击，选择相应的复选框来设定幻灯片的切换方式。

图 5.17　幻灯片切换效果列表

3. **隐藏幻灯片**

被隐藏的幻灯片只是在放映时不放映，在其他视图下仍然能看到。隐藏幻灯片和恢复幻灯片的操作是一样的。

选择要隐藏的一张或多张幻灯片，单击【幻灯片放映】选项卡【设置】组的【隐藏幻灯片】按钮，如图 5.18 所示。被隐藏的幻灯片在左窗格的缩略图的编号上加一方框，演示文稿播放时也不会播放被隐藏的幻灯片。需要取消隐藏幻灯片时，只需选定后再次单击【隐藏幻灯片】按钮即可。

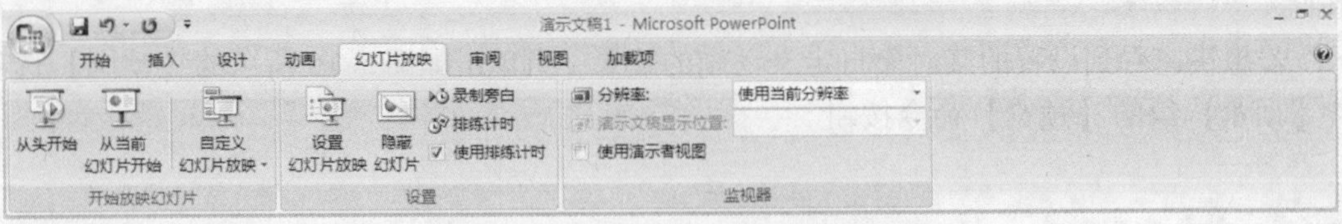

图 5.18　【幻灯片放映】选项卡

4. **选择放映方式与放映**

在图 5.18 所示的【幻灯片放映】选项卡的【设置】组中，单击【设置幻灯片放映】按钮，弹出如图 5.19 所示的【设置放映方式】对话框。下面对该对话框中的主要选项加以介绍。

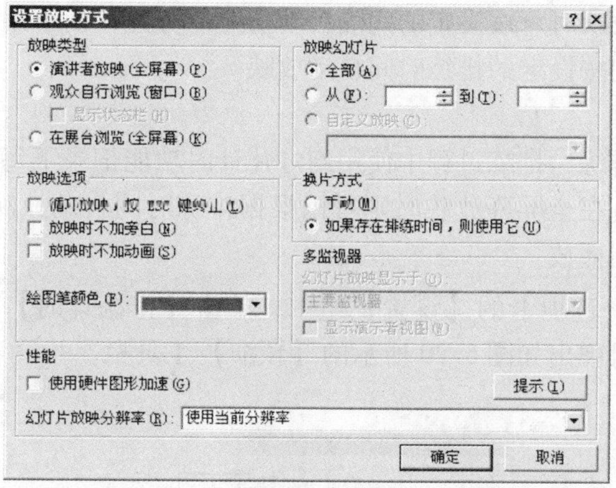

图 5.19 【设置放映方式】对话框

（1）放映类型。演示文稿有二种放映类型："演讲者放映"方式、"观众自行浏览"方式和"在展台浏览"方式。

"演讲者放映"方式以全屏幕方式显示幻灯片，是默认的放映方式。放映时允许用绘图笔（鼠标）在幻灯片上随意画线和写字等。单击状态栏右侧的播放按钮  或单击【幻灯片放映】选项卡【开始放映幻灯片】组的【从当前幻灯片开始】按钮则从当前幻灯片开始放映。按 F5 键或单击【幻灯片放映】选项卡【开始放映幻灯片】组的【从头开始】按钮则从第一张幻灯片开始放映。

单击鼠标，或按空格键，或按 Enter 键，或按 PageDown 键放映下一张幻灯片。

单击 Backspace 键，或按 PageUp 键，或右击鼠标选择"上一张"命令放映上一张幻灯片。

右击鼠标选择"定位至幻灯片"命令，然后单击要放映的幻灯片可放映指定的幻灯片。

如果放映到某个幻灯片时需要用"笔"在幻灯片上做标记讲解，则右击鼠标选择"指针选项"，可以随意在幻灯片上用鼠标写字和画线。如果要改变笔的颜色，则在"指针选项"中选择"墨迹颜色"，选择一种颜色即可。

停止放映则按 Esc 键或右击幻灯片选择"结束放映"命令。

"观众自行浏览"方式是以窗口方式显示演示文稿。放映时能看到"任务栏"等，在这种放映方式下，可以随时切换到 Windows 中的其他窗口并进行一些操作后再切换回来继续放映。

"在展台浏览"方式是全屏幕自动放映演示文稿。例如，用于商业展示或公共场所等。如果希望以"在展台浏览"方式循环放映演示文稿，则要设置幻灯片自动切换的时间间隔，以便按指定的时间间隔放映。

（2）放映选项。放映选项下有三个复选按钮，即"循环放映，按 ESC 键终止"、"放映时不加旁白"和"放映时不加动画"，可根据情况选一个或多个。

（3）放映幻灯片。放映幻灯片有三个单选按钮，可根据需要选择是放映全部的幻灯片还是放映部分幻灯片。

（4）换片方式。换片方式设置为手动时，演示文稿放映时要用手动控制，而不会自动放映，否则演示文稿放映时可按设定的间隔自动切换幻灯片，而不用人工干预切换幻灯片，如果存在排练时间，则按设定的排练时间自动放映。

5. **排练计时**

对演示文稿进行排练，排练过程中使用幻灯片计时功能记录下每张幻灯片的放映时间，经过排练计时设置后，在全屏幕放映时则可以根据排练时间自动放映，以确保演示文稿自动播放时按特定的时间播放。

在【幻灯片放映】选项卡的【设置】组中，单击【排练计时】按钮 排练计时，进入排练计时状态，这时弹出如图 5.20 所示的【预演】工具栏。

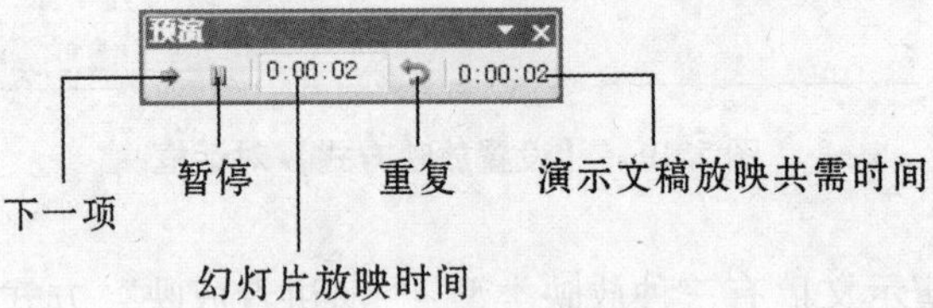

图 5.20 【预演】工具栏

对演示文稿排练结束后，弹出如图 5.21 所示的消息框，询问是否需要保留演示文稿排练时间，如需要则单击【是】按钮，这时视图方式自动切换到【幻灯片浏览】视图，每张幻灯片下都显示该幻灯片的播放时间。

图 5.21 消息框

6. **打印预览和打印输出**

在【设计】选项卡的【页面设置】组中，单击【页面设置】按钮，弹出如图 5.22 所示的【页面设置】对话框，可以设置幻灯片大小、打印方向、幻灯片编号起始值等。

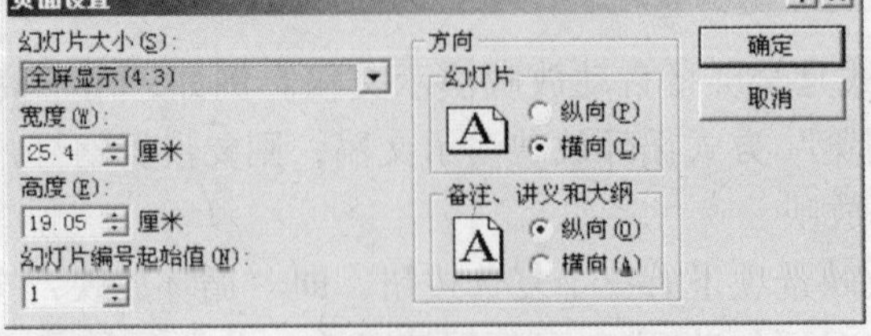

图 5.22 【页面设置】对话框

由于大多数幻灯片的内容与背景是彩色的，用单色打印机打印时很难区分各种颜色，可能是一团漆黑，因此最好先用“单色”观看打印效果后再打印。

单击【视图】选项卡【颜色/灰度】组的【灰度】按钮 灰度 或【纯黑白】按钮 纯黑白，则观看的幻灯片为非彩色，此时弹出如图 5.23 所示的【灰度】选项卡或如图 5.24 所示【黑白模式】选项卡。

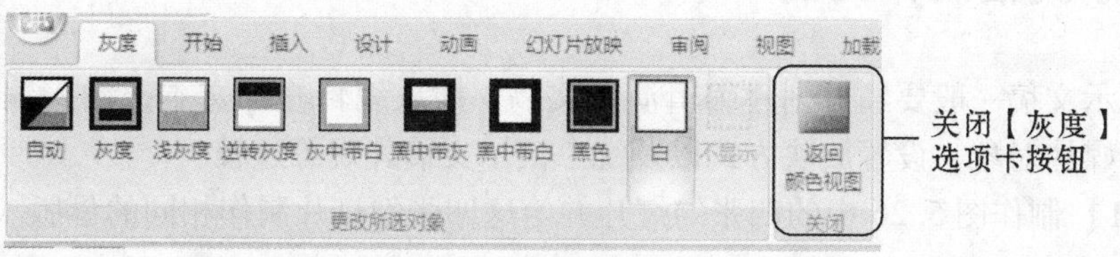

图 5.23 【灰度】选项卡

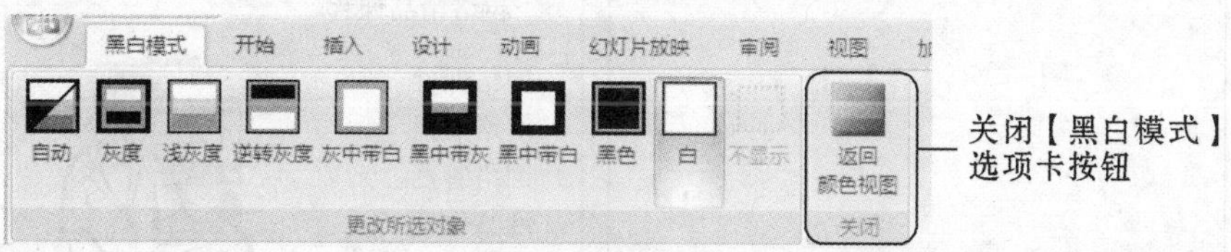

图 5.24 【黑白模式】选项卡

若单击【Office 按钮】的“打印”菜单，选择【打印预览】按钮，观看到的效果也是非彩色的，就是单色打印机的打印效果。单击【关闭打印预览】按钮，再单击【灰度】选项卡或【黑白模式】选项卡【关闭】组的【返回颜色视图】按钮，返回彩色视图。

在打印之前可以在“讲义”母版中先设置整体打印效果，然后单击【Office 按钮】的【打印】按钮，则弹出如图 5.25 所示的【打印】对话框，在其中设置打印参数。

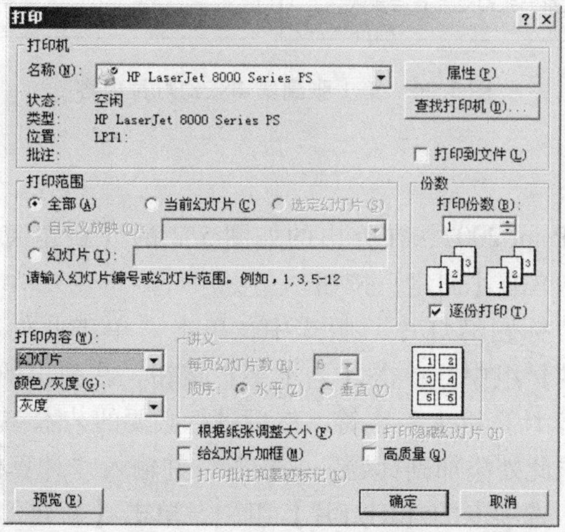

图 5.25 【打印】对话框

在默认情况下，一张纸打印一张幻灯片。如果希望一张纸打印多张幻灯片，并且希望按照讲义母版中的设置打印，应在【打印内容】下拉列表中选择【讲义】，然后选择每页4、6或9张幻灯片，指定幻灯片出现在页上的顺序等。在【打印】对话框中还可以设置打印范围、打印份数以及幻灯片是否加边框等。

5.5 演示文稿制作实例

制作演示文稿一般要经过创建编辑演示文稿，插入编辑修饰文本，插入编辑修饰图片和声音等多媒体对象，设置放映方式以及统一演示文稿外观等过程。

【例5.1】制作图5.26中的四张幻灯片并给这四张幻灯片制作相同的母版。

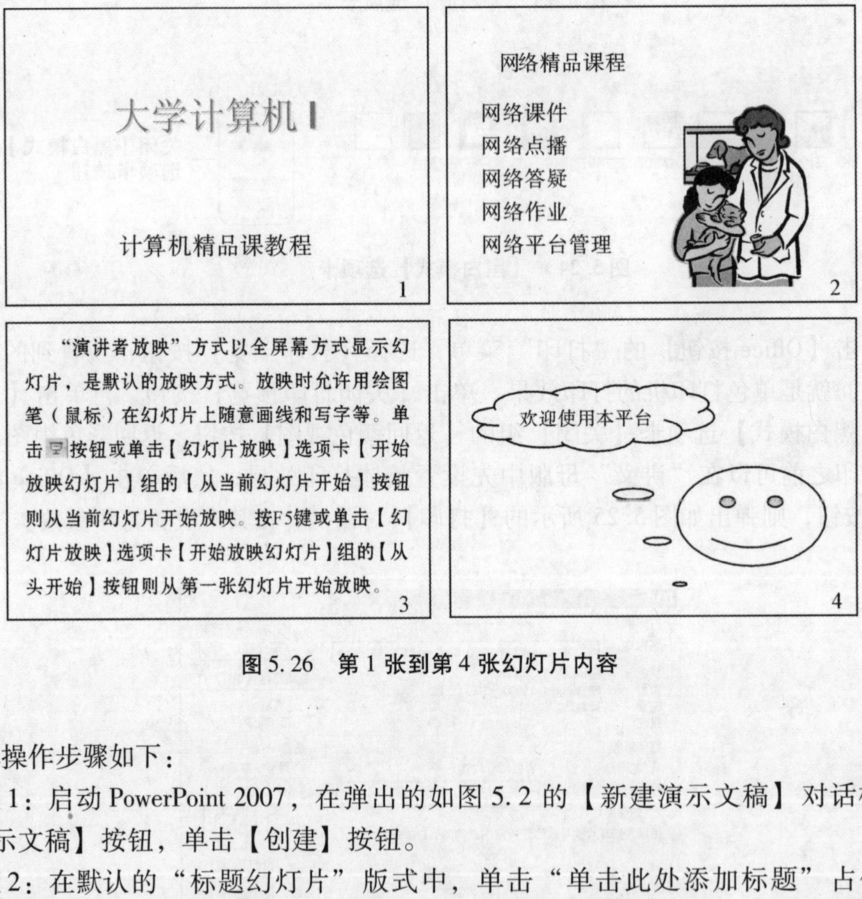

图5.26 第1张到第4张幻灯片内容

具体操作步骤如下：

步骤1：启动PowerPoint 2007，在弹出的如图5.2的【新建演示文稿】对话框中选择【空白演示文稿】按钮，单击【创建】按钮。

步骤2：在默认的“标题幻灯片”版式中，单击“单击此处添加标题”占位符，在【插入】选项卡的【文本】组中，单击【艺术字】按钮，在弹出的下拉列表中选择一种艺术字样式，并输入“大学计算机Ⅰ”字符，然后进行必要的艺术字修饰。

步骤3：单击“单击此处添加副标题”占位符，并输入“计算机精品课教程”等字符。

步骤4：在【开始】选项卡的【幻灯片】组中，单击【新建幻灯片】按钮中的下拉箭头，选择【内容与标题】版式插入第2张幻灯片。

步骤5：在第2张幻灯片中，单击“单击此处添加标题”占位符，输入“网络精品课程”内容；单击标题下面的“单击此处添加文本”占位符输入其他文本内容；单击右侧标题“单击此处添加文本”占位符，在【插入】选项卡的【插图】组中，单击【剪贴画】按钮，或直接单击如图 5.4 所示的【插入剪贴画】按钮，搜索到第 2 张幻灯片所示的剪贴画并插入。

步骤 6：在【开始】选项卡的【幻灯片】组中，单击【新建幻灯片】按钮中的下拉箭头，选择【标题和内容】版式插入第 3 张幻灯片，右击【单击此处添加标题】占位符，选择【剪切】命令删除“单击此处添加标题”占位符。

步骤 7：单击第 3 张幻灯片的“单击此处添加文本”占位符，输入如图 5.26 所示的第 3 张幻灯片的内容，并对文本进行修饰。

步骤 8：在【开始】选项卡的【幻灯片】组中，单击【新建幻灯片】按钮中的下拉箭头，在下拉列表中选择【空白】版式插入第 4 张幻灯片。

步骤 9：在【插入】选项卡的【插图】组中，单击【形状】按钮，选择第 4 张幻灯片所需要的形状，并输入文字。

步骤 10：选定所有的幻灯片，在【视图】选项卡的【演示文稿视图】组中，单击【幻灯片母版】按钮，弹出如图 5.11 所示的【幻灯片母版】界面。

步骤 11：在【插入】选项卡的【插图】组中，单击【剪贴画】按钮，插入某一个【剪贴画】，在左窗格选中【幻灯片母版】，在右窗格选中【页脚】区插入【形状】按钮中的箭头按钮，选中【数字】区输入幻灯片编号，最后在【幻灯片母版】选项卡中单击【关闭母版视图】按钮完成对演示文稿整体外观的设置。完成后的演示文稿如图 5.27 所示。

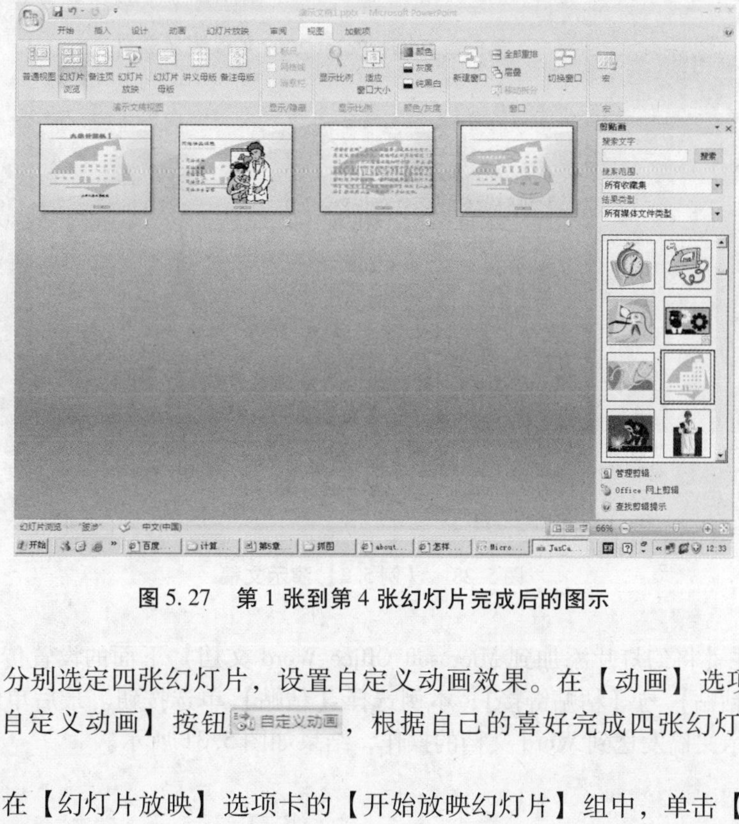

图 5.27　第 1 张到第 4 张幻灯片完成后的图示

步骤 12：分别选定四张幻灯片，设置自定义动画效果。在【动画】选项卡的【动画】组中，单击【自定义动画】按钮 自定义动画，根据自己的喜好完成四张幻灯片的动画效果设置。

步骤 13：在【幻灯片放映】选项卡的【开始放映幻灯片】组中，单击【从头开始】按钮完成演示文稿的放映。

说明： 自定义动画效果可以根据需要按照5.4节的步骤设定。

Word文档与PowerPoint演示文稿的文本传输。在Word中可以将Word文档发送给PowerPoint演示文稿。相反，在PowerPoint中也可以将Power Point演示文稿发送给Word文档，转化成的Word文档既可以是幻灯片形式，也可以是文本形式。

【例5.2】将图5.28所示的演示文稿发送到Word文档中。操作步骤如下：

步骤1：单击【Office按钮】，在弹出的如图5.29所示的菜单中选择【发布】→【使用Microsoft Office Word创建讲义】命令，弹出如图5.30所示的【发送到Microsoft Office Word】对话框。

步骤2：在【发送到Microsoft Office Word】对话框中有【备注在幻灯片旁】、【空行在幻灯片旁】、【备注在幻灯片下】、【空行在幻灯片下】和【只使用大纲】等单项按钮，用来设置演示文稿发送到Word后的幻灯片形式。若选中【只使用大纲】，则当前演示文稿的所有幻灯片中的文字以文本的形式发送到Word文档中，否则以幻灯片形式发送到Word文档中。本例选择【只使用大纲】单选按钮。

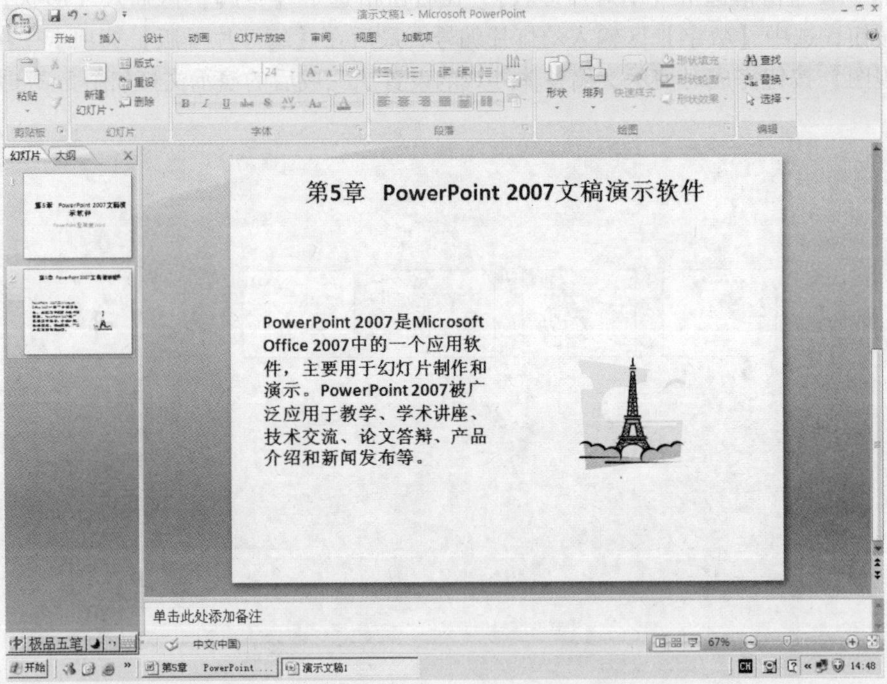

图5.28 【例5.2】演示文稿

步骤3：在【将幻灯片添加到Microsoft Office Word文档】下面的设置传输方式中有两个单选按钮【粘贴】与【粘贴链接】，本例选择【粘贴】单选按钮。最后单击【确定】按钮，完成将演示文稿发送到Word文档的操作，结果如图5.31所示。

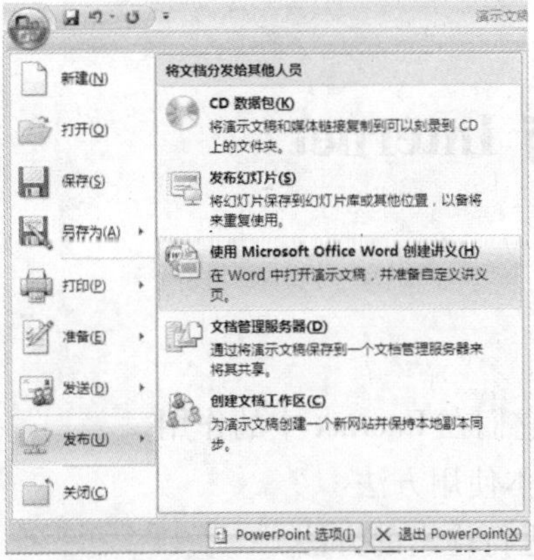

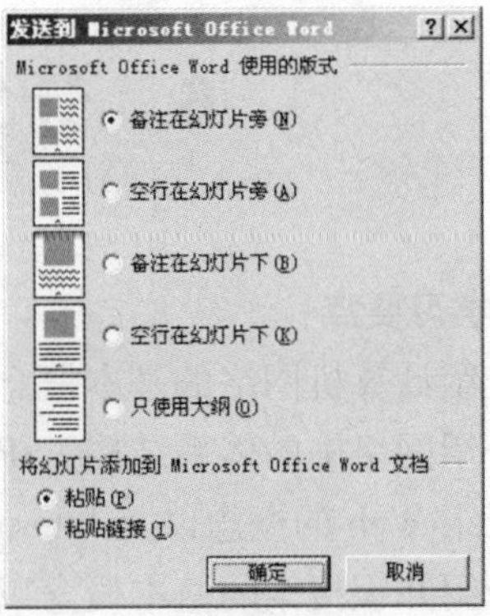

图 5.29 【Office 按钮】下拉菜单的【发布】选项　　图 5.30 【发送到 Microsoft Office Word】对话框

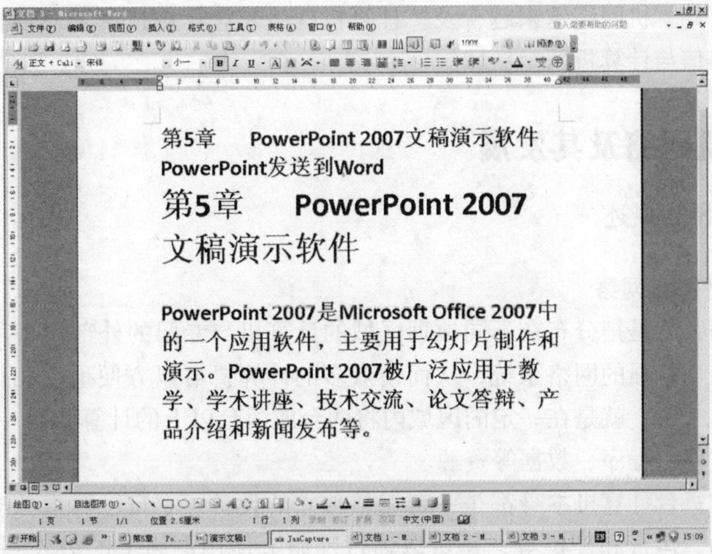

图 5.31 【例 5.2】演示文稿发送到 Word 文档

【本章小结】

1. PowerPoint 2007 主要包括的基本概念有幻灯片、演示文稿、模板、母版等。

2. PowerPoint 2007 演示文稿的制作方法及制作流程，主要有如何插入文本、图片、表格和图表等对象，如何插入幻灯片、编辑幻灯片等。

3. PowerPoint 2007 演示文稿的格式化与动画效果设置中的格式化部分和 Word 2007、Excel 2007 相似，而 PowerPoint 2007 的动画效果设置为用户提供了生动而实用的信息交流方式。

4. PowerPoint 2007 给用户提供了多种演示文稿的放映方式，打印参数的设置也为用户提供了多张幻灯片打印方式。

【本章关键词】

幻灯片　演示文稿　母版

6　计算机网络与 Internet

本章学习要点：

- 介绍计算机网络的基本概念及其发展
- 介绍网络中的体系结构、IP 地址和域名以及它们在 Internet 中的作用
- 介绍 Web 的概念以及 Internet Explorer 8 的基本使用方法
- 介绍知识搜索的基本概念以及运用中国知网进行检索的方法

21 世纪是计算机网络的世纪，其应用领域已涉及社会的各个方面，尤其是 Internet 的出现和应用，使得计算机网络越来越普及。计算机网络是计算机技术和通信技术紧密结合的产物，它涉及通信与计算机两个领域。

6.1　计算机网络及其发展

6.1.1　计算机网络概述

1. 什么是计算机网络

计算机网络，就是把分布在不同地理区域的计算机与专门的外部设备用通信线路互联成一个规模大、功能强的网络系统，从而使众多的计算机可以方便地互相传递信息，共享信息资源。简单来讲，就是在一定的区域内将两台或两台以上的计算机以一定的方式连接，以供用户共享文件、程序、数据等资源。

连入网络的每台计算机本身都是一台完整独立的设备。它自己可以独立工作，例如可以对它进行启动、运行和停机等，还可以通过网络去使用网络上的另外一台计算机资源，例如可以通过网络去操作另一台计算机上某一文件夹下的一个文件等。

2. 计算机网络的功能

一般来说，计算机网络的功能主要表现在硬件资源共享、软件资源共享和用户间信息交换三个方面。

（1）硬件资源共享。一个计算机网络可以在全网范围内实现对处理资源、存储资源、输入输出资源等昂贵设备的共享，如巨型计算机、具有特殊功能的处理部件、高分辨率的激光打印机、大型绘图仪以及大容量的外部存储器等，从而使用户节省投资，也便于集中管理和均衡分担负荷。

（2）软件资源共享。允许网络上的用户远程访问各类大型数据库等软件资源，可以得到网络文件传送服务、远地进程管理服务和远程文件访问服务等，从而避免软件研制上的重复劳动以及数据资源的重复存储，也便于集中管理。

（3）用户间信息交换。计算机网络为分布在各地的用户提供了强有力的通信手段。用户可以通过计算机网络传送电子邮件、发布新闻消息和进行电子商务活动等。

3. 计算机网络的分类

计算机网络种类繁多，按照不同的分类标准，可以有多种分类方法。但一般来讲，人们用得最多的是按网络的地理位置分类，可以划分成局域网、城域网和广域网。

（1）局域网。局域网（local area network，简称 LAN）是指将小区域内各种通信设备相互连接所构成的计算机网络，其分布范围局限在一间办公室、一栋大楼或一个校园内，用于连接个人计算机、工作站和各类外围设备以实现资源共享和信息交换。它的特点是：距离短、延迟小、传输速率高、传输可靠。

（2）城域网。城域网（metropolitan area network，简称 MAN）所采用的技术基本上与局域网相类似，只是规模上要大一些。城域网既可以覆盖相距不远的几栋办公楼，也可以覆盖一个城市。

（3）广域网。广域网（wide area network，简称 WAN）是一种跨地区的数据通信网络，如跨越国界、洲界，甚至覆盖全球。它的特点是：传输速率比较低、网络结构复杂、传输线路种类比较少。

局域网是组成其他网种类型网络的基础，城域网一般都加入了广域网。为了简明起见，也可把计算机网络分为局域网和广域网两类。

6.1.2 Internet 简介

1. Internet 的由来

Internet 起源于美国的 ARPAnet（阿帕网）。20 世纪 60 年代，美国国防部的高级研究计划署（ARPA）决定建立 ARPAnet，把美国重要的军事基地及研究中心的计算机用通信线路连接起来。首批联网的计算机主机仅有四台。其后，ARPAnet 不断发展和完善，特别是开发研制了互联网通信协议 TCP/IP，实现了与多种其他网络及主机互联，形成了网际网，即由网络构成的网络——Internet（因特网）。

由于美国军方 ARPAnet 网的成功，美国一些机构也开始建立起面向全国的计算机广域网。1986 年，美国国家科学基金会（national science foundation，简称 NSF）建立 NSFnet 网。由于该网得到了美国科学基金和 ARPA 的资助和支持，很多大学、政府科研机构甚至私营的科研机构都纷纷将自己的局域网并入 NSFnet 网，于是 NSFnet 取代了 ARPAnet 而成为 Internet 的骨干网。

随着 Internet 的迅速发展，美国的商业企业开始向用户提供 Internet 的联网服务。1991 年，这些企业组成了“商用 Internet 协会”。商界的介入，进一步发挥了 Internet 在通信、资料检索、客户服务等方面的巨大潜力，也给 Internet 的发展带来了新的飞跃。

自 1983 年 Internet 建成后，与它联网的计算机和网络猛增。由于越来越多计算机的加入，Internet 上的资源变得越来越丰富。到今天，Internet 已超出一般计算机网络的概念，不仅仅是传输信息的媒体，而且是一个全球规模的信息服务系统。

2. Internet 在中国

中国于 1994 年 5 月正式接通 Internet，之后 Internet 在中国的发展异常迅速。到 1996 年，中国的 Internet 已经形成了中国科技网（CSTnet）、中国教育和科研网（CERnet）、中国公用互联网（Chinanet）和中国金桥信息网（CGBnet）四大主流体系。后来，又有三大互联网络相继建成，它们是联通网（UNInet）、中国网通公司网（CNCnet）和中国移动互联网（CMnet）。

CERnet是由教育部主持建设和管理的全国性教育和科研计算机互联网，其主要服务对象是全国教育部门的广大师生。CERnet分四级管理，分别是全国网络中心、地区网络中心和地区主结点、省教育科研网和校园网。CERnet全国网络中心设在清华大学，负责全国主干网的运行管理。地区网络中心和地区主结点分别设在清华大学、北京大学、北京邮电大学、上海交通大学、西安交通大学、华中科技大学、华南理工大学、电子科技大学、东南大学、东北大学等10所高校，负责地区网的运行管理和规划建设。地区网络中心作为主网节点实现本地区高校校园网与CERnet的联网，并提供技术支持和服务。CERnet所有主干网节点之间都通过公用数字数据网（DDN）实现链接，并通过多条国际专线联入Internet。

6.2 网络体系结构

计算机网络系统是由网络硬件和网络软件组成的。

网络硬件是计算机网络系统的物质基础，主要包括传输介质、网络连接设备和主机设备三大部分。传输介质就是网络连接设备的中间介质，也是网络中传输信息的载体。主体设备称为主机，一般分为服务器和客户机（或称工作站）。服务器是为网络提供资源的基本设备，按其功能可分为文件服务器、域名服务器、打印服务器和通信服务器等；客户机是具有独立处理能力的计算机，是用户向服务器申请服务的终端设备，用户可以在工作站上处理日常工作，并随时向服务器索取各种信息及数据，请求服务器提供各种服务，如传输文件服务、文件打印服务等。

网络软件按其功能可以分为数据通信软件、网络操作系统和网络应用软件。数据通信软件是指按着网络协议的要求完成通信功能的软件；网络操作系统是指能够控制和管理网络资源的操作系统；网络应用软件是指网络能够为用户提供各种服务的软件，如网络安全软件、视频点播、远程教学和远程医疗等。

6.2.1 网络参考模型与协议

在计算机网络中，为了使不同类型的计算机、不同的操作系统之间能够正确地进行通信和数据交换，针对通信过程中的各种问题，制定了通信双方必须共同遵守的规则、标准和约定，如通信过程中的同步方式、数据格式、编码等。这些规则、标准和约定称为网络协议。

1. ISO/OSI参考模型

国际标准化组织（ISO）发布了开放系统互连参考模型（open system interconnection，简称OSI），以实现开放系统环境中的互连性、互操作性和应用的可移植性。ISO将整个通信功能划分为七个层次。

（1）物理层：OSI参考模型的最低层。利用物理传输介质为数据链路层提供连接，以便透明地传送比特流。

（2）数据链路层：在通信实体之间建立数据链路连接，传送以帧为单位的数据，使有差错的物理线路变成无差错的数据链路。

（3）网络层：通过路由算法，为分组通过通信子网选择最适当的路径。

（4）传输层：向用户提供可靠的端到端服务，透明地传送报文。向高层屏蔽了下层数据通信的细节，因而是计算机通信体系结构中最为关键的一层。

（5）会话层：组织两个会话进程之间的通信，并管理数据的交换。

（6）表示层：处理在两个通信系统中交换信息的表示方式。

（7）应用层：OSI 参考模型的最高层。确立进程之间的通信的性质，以满足用户的需要。

2. TCP/IP 参考模型与协议

TCP/IP 是网络使用的基本通信协议，实际上是一组协议，是一个 Internet 协议族。TCP/IP 协议族包括了 ARP、RARP、IP、ICMP、TCP、UDP、HTTP、FTP、SMTP、Telnet、DNS 等许多协议，这些协议合称为 TCP/IP 协议。

从协议分层方面来看，TCP/IP 参考模型分为四个层次：网络接口层、网络层、传输层与应用层。

（1）网络接口层：TCP/IP 的最低层，负责接收 IP 数据报并通过网络发送，或者从网络上接收物理帧，提取出 IP 数据报，交给网络层。

（2）网络层：也称为 IP 层，负责计算机之间的通信。

（3）传输层：负责应用进程之间的端到端通信。定义了两种协议：传输控制协议 TCP 与用户数据报协议 UDP。

（4）应用层：包括了所有的高层协议，并且不断有新的协议加入。主要有 HTTP、FTP、SMTP、SNNP、Telnet、DNS 等。

6.2.2 IP 地址与域名

为了使连入 Internet 的众多主机在通信时能够互相识别，Internet 网络中每台主机都必须有一个唯一的地址。主机（Host）指的是与 Internet 连接的计算机或设备。Internet 地址分两种形式，即用数字表示的 IP 地址和用字母表示的域名。

1. IP 地址

（1）IP 地址的结构。Internet 上为每台主机指定的地址为 IP 地址。IP 地址是唯一的，具有固定规范的格式。每个 IP 地址使用二进制数来表示。在 IPv4 中，其长度为 32 位；在 IPv6 中，其长度为 128 位。IPv4 中 IP 地址分为 4 段，每段 8 位，段与段之间用点号隔开。为了便于表达和识别，IP 地址是以十进制表示的，每段所能表示的十进制数最大不超过 255，如图 6.1 所示。

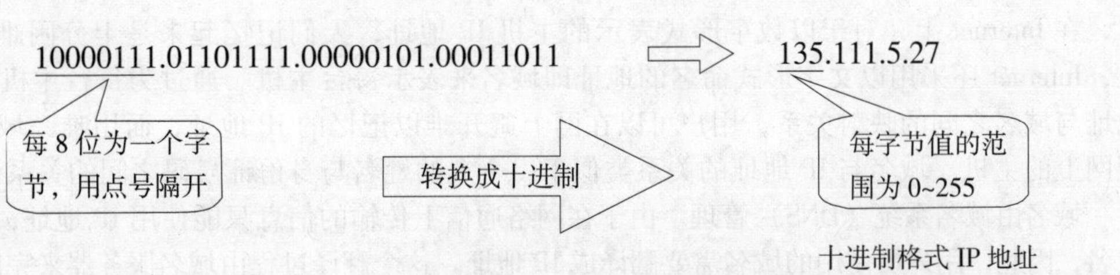

图 6.1 IP 地址结构

（2）IP 地址的分类。IP 地址由两部分组成：一部分为网络号，另一部分为主机号。网络号标志的是 Internet 上的一个子网，而主机号标志的是子网中的某台主机。就如我们的电话号码包括区号和号码一样，区号标志电话所在的地区，号码标志具体的某台电话机。IP 地址根据网地址和主机号的情况又可以分为 A、B、C、D、E 五类，如图 6.2 所示。

	0	1	2	3	4 5 6 7 8 16 24 31	
A类	0	网络号（1~127）				主机号
B类	1	0	网络号（128~191）			主机号
C类	1	1	0	网络号（192~223）		主机号
D类	1	1	1	0	网络标识（224~239）	组播地址
E类	1	1	1	1	网络标识（240~255）	保留为今后使用

图 6.2　IP 地址的分类

A 类 IP 地址的最高位为 0，其前 8 位为网络号，是在申请地址时由管理机构设定的，后 24 位为主机号，可以由网络管理员分配给本网络的各主机。因此，在 Internet 中，最多可有 $2^7 = 128$ 个 A 类地址，一个 A 类地址最多可容纳 2^{24}（约 1 600 万）台主机。

B 类 IP 地址的前 16 位为网络号，后 16 位为主机号，且前两位为 1、0。B 类地址的第一个十进制整数的值在 128 ~ 191。因此，在 Internet 中，最多可有 2^{14} 个 B 类地址，一个 B 类地址最多可容纳 2^{16} 即 65 536 台主机。

C 类 IP 地址的前 24 位为网络号，最后 8 位为主机号，且前三位分别为 1、1、0。C 类地址的第一个整数值在 192 ~ 223。因此，在 Internet 中，共有 2^{21} 个 C 类地址，一个 C 类网络最多可容纳 2^8 即 256 台主机。

D 类 IP 地址的第一段数字范围为 224 ~ 239，D 类地址用作多目的地信息的传输，作为备用。

E 类 IP 地址的第一段数字范围为 240 ~ 254，E 类地址保留，仅作为 Internet 的实验和开发之用。

子网掩码用于分离 IP 地址的网络号和主机号，也用来判别两台通信的主机是位于本地网上还是位于远程网上。子网掩码的表示类似 IP 地址的表示，也是由 32 位二进制位组成，前若干位为 1，其余位为 0。为“1”的部分，表示在 IP 地址相应位置的数字为网络号的数字，而为“0”的部分，表示 IP 地址相应位置的数字为主机号的数字。

2. 域名系统

在 Internet 上，对于以数字形式表示的主机 IP 地址，人们记忆起来是十分困难的。因此，Internet 还采用以文字形式命名的地址即域名来表示每台主机。通过为每台主机建立 IP 地址与域名之间的映射关系，用户可以在网上避开难以记忆的 IP 地址，而用唯一域名来标记网上的主机。域名与 IP 地址的关系类似于一个人的姓名与身份证号码之间的关系。

域名由域名系统（DNS）管理。由于在网络通信上传输的信息只能使用 IP 地址，不能用域名，因此，用户所使用的域名需要翻译成 IP 地址。这个翻译过程由域名服务器来完成。

域名采取层次型命名结构，域名分为顶层、第二层、子域等层次。一个完整的域名是按从最低层到最高层子域名的顺序书写，每一层构成一个子域名，子域名之间用圆点分隔。

各级自左向右越来越高，最左边的是机器名。域名的组成如下：

计算机主机名．子域名．子域名．顶层域名

例如，www. tsinghua. edu. cn 是清华大学的域名，它表示清华大学的一台 www 服务器。其中 www 为服务器名，tsinghua 为清华大学域名，edu 为教育机构域名，cn 为中国国家域名。

顶层域名共三类。第一类是国际通用域名，如 com（商业机构）、edu（教育机构）、gov（政府部门）、mil（军事部门）、net（网络服务机构）、org（非商业性组织）；第二类是国际性组织共用域名，域名为 int；第三类是国家/地区域名，如 cn 代表中国，hk 代表中国香港，au 代表澳大利亚，jp 代表日本。

域名必须经过向中国互联网信息中心（CNNIC）的机构注册登记才能获得。一般来说，域名的组成要便于记忆，能够给人留下较深的印象。

6.3 Web 服务

万维网（world wide web，缩写为 WWW）是在 Internet 上运行的全球性分布式信息系统的简称。由于它支持文本、图像、声音、影像等数据类型，并且使用超文本、超链接技术把全球范围内的信息链接在一起。这种服务涉及各个行业，是目前 Internet 上业务量最大的一类服务，也是最方便和最受用户欢迎的信息浏览方式。

6.3.1 Web 基础知识

1. 超文本和超链接的概念

超文本是一种通过文本之间的链接将多个独立的文本组合起来的一种格式。在浏览超文本时，看到的是文本信息本身，同时文本中含有一些“热点”，选中这些“热点”又可以浏览到其他的超文本。这样的“热点”就是超文本中的超链接。

2. Web 页面

阅读超文本不能使用普通的文本编辑程序，而要在专门的程序（如 Internet Explorer）中进行浏览。World Wide Web 中，在浏览环境下的超文本就是通常所说的 Web 页面。

3. 统一资源定位器

统一资源定位器（uniform resource locator，简称 URL）是指专为标志 Internet 网上资源位置而设的一种编址方式。它规定了信息资源在网络中存放地点的统一格式。

URL 的一般格式为：

方式：//主机名/路径/文件名

方式：指数据的传输方式，通常称为传输协议，如超文本传输协议（http）、文件传输协议（ftp）等。

主机名：指主机的地址，可以是 IP 地址，也可以是域名。

路径：指信息资源在主机上的路径。

例如，http：//www.microsoft.com/zh/cn/default.aspx 是微软公司中国站点主页的 URL，其中 http 代表超文本传输协议，www.microsoft.com 是微软公司网站 Web 服务器的域名，/zh/cn/是路径，default.aspx 是文件名。

4. Web 的工作原理

Web 服务采用客户/服务器模式，Internet 中的一些计算机专门发布 Web 信息，这些计算机上运行的是 WWW 服务程序，用超文本标记语言（HTML）写出的超文本文档都存放在这些计算机上，这样的计算机被称为 Web 服务器。同时，在用户的客户机上，运行专门进行 Web 页面浏览的客户程序，如 Internet Explorer。客户程序向服务程序发出请求，服务程序响应客户程序的请求，把 Internet 上的 HTML 文档传送到客户机，客户程序以 Web 页面的格式显示文档。

6.3.2 Internet Explorer 8 浏览器

Internet Explorer（简称 IE）是由微软公司开发的 Web 浏览器。Internet Explorer 8（以下简称 IE 8）是一个快捷、简单、安全，面向网络服务的窗口，特别是 IE 8 的一些特性和功能让用户能够以更快捷、更简单和更安全的方式浏览网页。

启动 IE 8 后，可以看到 IE 8 侧重于选项卡浏览、更容易搜索、更可靠的安全性等功能，如图 6.3 所示。

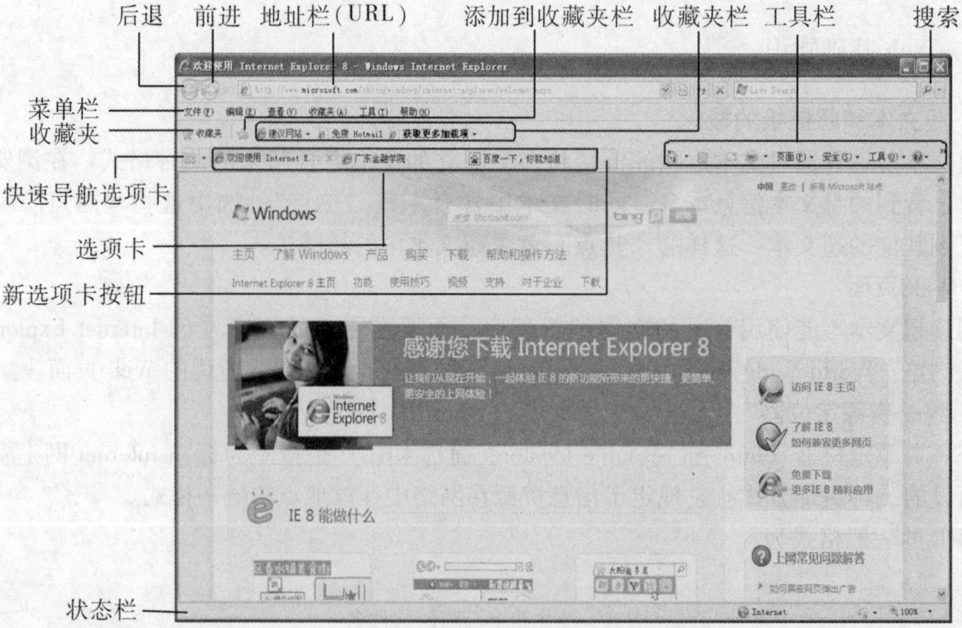

图 6.3 使用 IE 8 浏览器

在 IE 8 中选择某个选项卡，然后在地址栏输入要浏览网页的网址，例如输入 www.baidu.com，即可在该选项卡中打开该网页了。

6.3.3 IE 8 的常见操作

1. 选项卡式浏览

选项卡式浏览允许在一个浏览器窗口中管理多个网页。要在 IE 8 中创建或打开选项卡，只需单击选项卡右边的【新建选项卡】按钮，或右击网页中的任意超链接，然后在弹出如图 6.4 所示快捷菜单中选择【在新选项卡中打开】命令。

在图 6.3 所示窗口中单击不同的选项卡可以在一个窗口中从一个网页切换到另一个网页。右击选项卡，在弹出如图 6.5 所示的快捷菜单中选择对选项卡进行操作的有关命令。

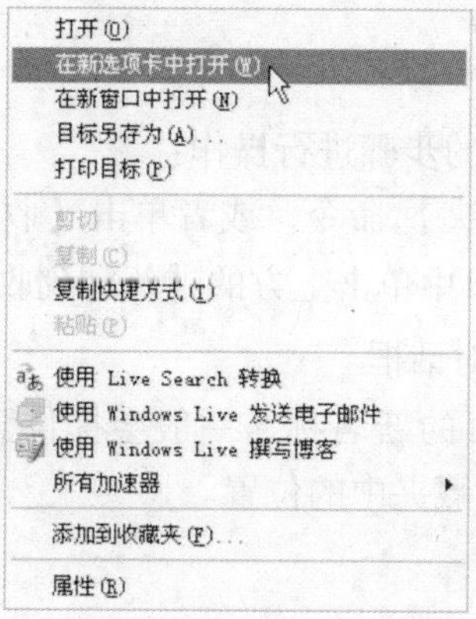

图 6.4 网页超链接的快捷菜单

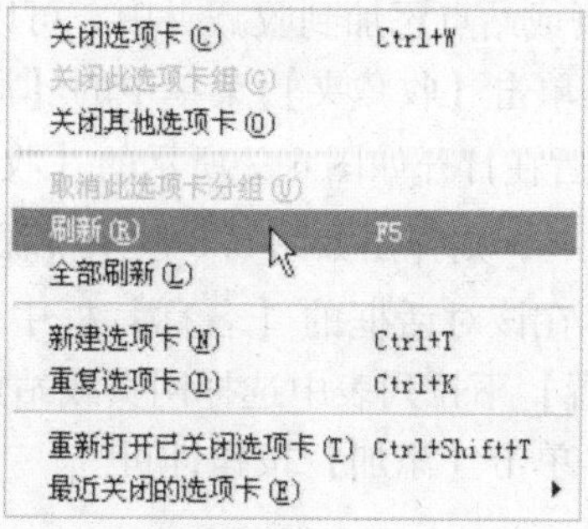

图 6.5 右击选项卡的快捷菜单

IE 8 使用名为“快速导航选项卡”的功能来管理多个选项卡。快速导航选项卡允许在一个窗口中查看所有在选项卡中打开的网页的缩略图。单击选项卡左侧的【快速导航选项卡】按钮（该按钮只有当选项卡多于一个时才会出现），便可以查看所有打开的选项卡，如图 6.6 所示。在【快速导航选项卡】视图中，只需单击选项卡缩略图便可查看该选项卡。单击缩略图最右侧角的【关闭】按钮，即可关闭该选项卡。

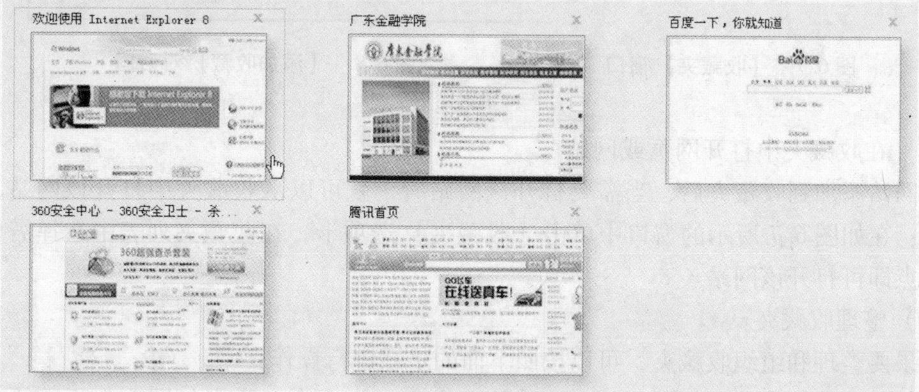

图 6.6 快速导航选项卡视图

2. **使用收藏夹**

（1）收藏中心。

Internet Explorer 8 提供了一个收藏中心，它的功能是帮助管理收藏夹、RSS 源和历史记录等。收藏夹，用于收藏经常访问的网页的链接。通过将网页添加到收藏夹列表，只需单击该网页的名称即可转到该网页，而不必输入其地址。RSS（Real Simple Syndication）源又称 XML 源、综合内容或 Web 源，它包含网站发布的经常更新的内容。RSS 源通常被用于新闻和博客网站，也可用于分发其他类型的数字内容，包括图片、音频和视频。历史记录，是指在浏览 Web 网页时，Internet Explorer 会存储有关曾经访问过的网站的网址。

这里主要介绍收藏夹的使用，包括将网页或站点链接添加到收藏夹、在收藏夹中打开网站和收藏夹的管理等操作。

（2）将网页或站点添加到收藏夹。

要将网页或站点添加到收藏夹中，可以按照下面的步骤进行操作：

步骤 1：单击【收藏夹】菜单中的【添加到收藏夹】命令，或者单击【收藏夹】按钮 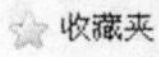

，然后在打开如图 6.7 所示的【收藏夹】窗口中单击上方的【添加到收藏夹】按钮 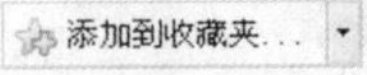

，则弹出如图 6.8 所示【添加收藏】对话框。

步骤 2：在该对话框的【名称】框中输入该网页的新名称，一般会提供默认的名称，在【创建位置】下拉列表中选择网页或站点保存在收藏夹中的位置。

步骤 3：单击【添加】按钮即可。

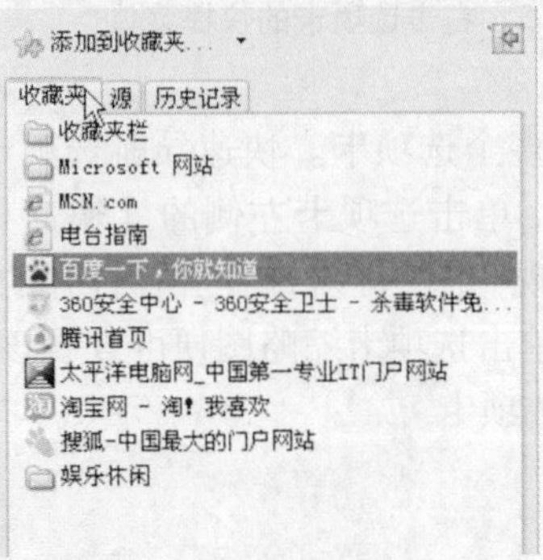

图 6.7 【收藏夹】窗口

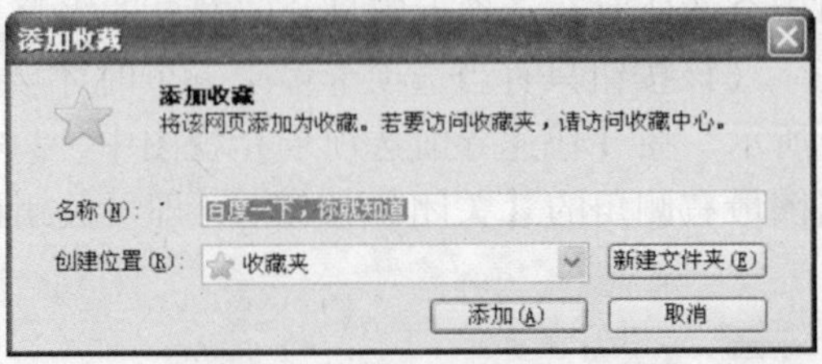

图 6.8 【添加收藏】对话框

（3）在收藏夹中打开网页或网站。

将网站添加到收藏夹后，当需要打开该网站时，就可以从收藏夹中打开该网站。操作方法是：在如图 6.7 所示的窗口中单击【收藏夹】选项卡，在收藏夹列表中选择需要的网页或站点即可打开该网站。

（4）整理收藏夹。

如果要整理和组织收藏夹，可以按照下面的步骤进行操作：

步骤 1：单击【收藏夹】菜单中的【整理收藏夹】命令，弹出如图 6.9 所示的【整理收藏夹】对话框。

步骤 2：在该对话框中单击【新建文件夹】按钮，并且输入文件夹名。例如，创建一个名为【娱乐休闲】的文件夹来存储与娱乐休闲有关的网页或网站。

步骤 3：将列表中的网页或网站快捷方式拖到合适的文件夹中。如果因为快捷方式或文件夹太多而导致无法拖动，也可以单击【移动】按钮，在打开的【浏览文件夹】对话框中选择合适的文件夹。

步骤 4：单击【关闭】按钮即完成操作。

也可以点击【删除】按钮删除选中的文件夹或网站快捷方式。

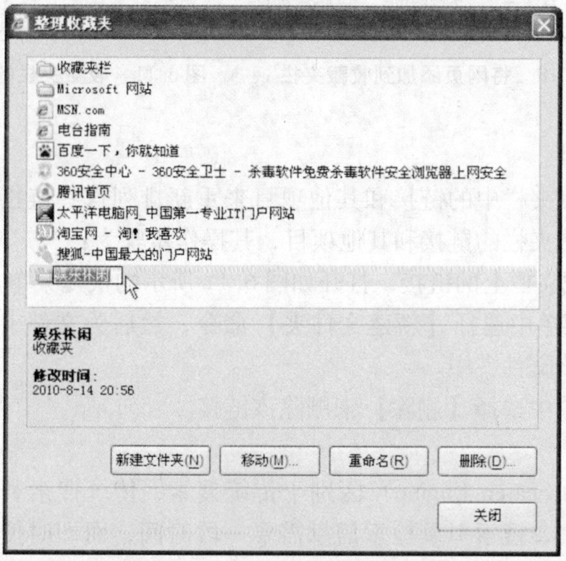

图 6.9 【整理收藏夹】对话框

3. 收藏夹栏

虽然 IE 浏览器提供了收藏夹来保存和管理经常访问的网页的链接，但打开收藏夹中保存的网页时操作比较繁琐，在 IE 8 中提供了收藏夹栏来简化操作。收藏夹栏不但可托管收藏夹链接，还可以托管源和网页快讯；可以将链接从地址栏或网页拖到收藏夹栏，单击即可获得收藏夹信息；还可以在收藏夹栏上重新安排项目，或将其整理到文件夹中；并且，可以使用源和网页快讯的新功能来检查收藏网站上的内容更新，无需离开当前页面。

（1）将网页添加到收藏夹栏。

选择希望添加到收藏夹栏的网页后，下列几种方法均可实现将网页添加到收藏夹栏：

方法 1：单击【添加到收藏夹栏】按钮。

方法 2：将网页图标从地址栏拖到收藏夹栏。

方法 3：将网页上的链接拖到收藏夹栏。

此时在【添加到收藏夹栏】按钮右边出现添加的网页连接，如图 6.10 所示。

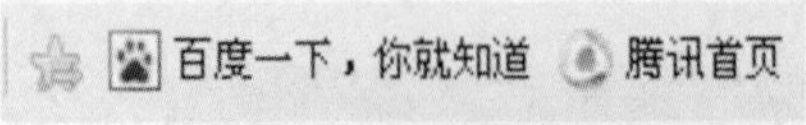

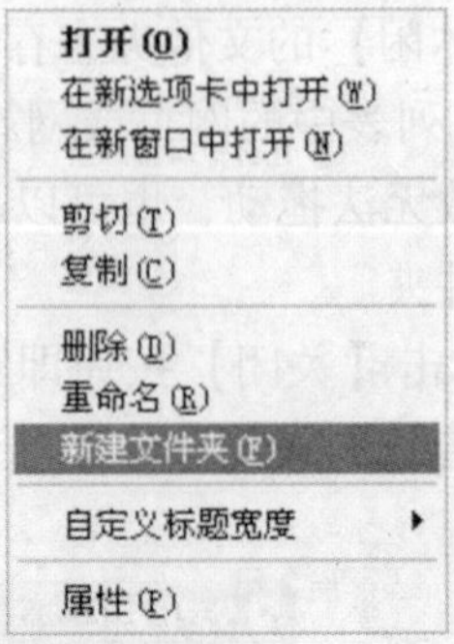

图 6.10 将网页添加到收藏夹栏　　　图 6.11 收藏夹栏的快捷菜单

（2）整理收藏夹栏。

可以通过拖动收藏夹栏中的链接和其他项目来重新排列这些链接和项目。也可以创建文件夹，然后整理收藏夹栏的链接和其他项目，其操作步骤为：

步骤 1：右击收藏夹栏上的链接，打开如图 6. 11 所示的快捷菜单。

步骤 2：在快捷菜单中选择【新建文件夹】命令，然后为文件夹命名。再将收藏夹栏上的有关链接拖放到该文件夹中。

也可以在快捷菜单中选择【删除】来删除该链接。

4. 即时搜索

即时搜索（Instant Search Engine）区别于传统搜索，传统搜索利用爬虫技术收集各个网页，更新到数据库中，搜索引擎检索信息需要一段时间，而即时搜索指搜索引擎通过检索各种网站发布的公共信息，实现信息发布和信息收录同步，即时呈现用户检索的最新信息。

（1）使用即时搜索。

在【地址栏】右边的【即时搜索】框中输入需要搜索的内容，单击搜索按钮即调用相应的搜索提供程序进行搜索，所谓搜索提供程序就是自动从 Internet 中搜索信息，经过一定的整理以后，提供给用户进行查询的程序。

（2）添加其他的搜索提供程序。

可以将其他的搜索提供程序的 Web 搜索添加到工具栏的搜索框中，操作步骤如下：

步骤 1：单击【搜索】按钮右边的下拉按钮，弹出如图 6. 12 所示的下拉列表。

步骤 2：选择【查找更多提供程序】命令，IE 8 窗口中列出了可供添加的搜索提供商名单，如图 6. 13 所示。

步骤 3：单击选中的搜索提供商上的【添加到 Internet Explorer】按钮，出现如图 6. 14 所示的【添加搜索提供程序】对话框，单击【添加】按钮即可。

图 6.12 搜索下拉列表

图 6.13 IE 8 添加搜索提供商名单

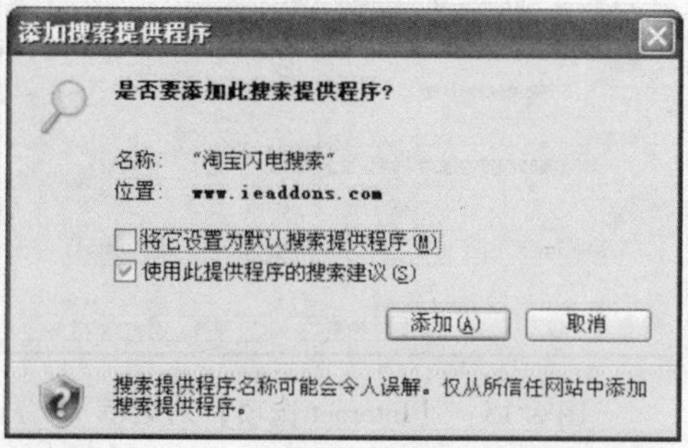

图 6.14 【添加搜索提供程序】对话框

4. Internet 选项的常用设置

(1) Internet 选项。

用户可以根据自己的喜好对 IE 8 选项进行设置,以适应自己的要求。

首先在浏览器窗口选择【工具】菜单中的【Internet 选项】命令,弹出如图 6.15 所示【Internet 选项】对话框。

在【Internet 选项】对话框中各个选项卡的功能如下:

【常规】选项卡:该选项卡是最常用的,它主要用于调整 Internet Explorer 页面的外观和内容显示模式,见图 6.15 所示。

【安全】选项卡:Internet Explorer 将 Internet 划分为 Internet、本地 Intranet、可信站点和受限站点 4 个区域,以便能够将网站分配到具有适当安全级别的区域。

【隐私】选项卡:Internet Explorer 提供了多种功能保护隐私并使计算机和个人可识别信息更加安全。隐私功能可以保护个人可识别信息,包含帮助查看当前网站如何使用个人可识别信息,以及允许设置指定隐私来决定是否允许网站将 Cookie 保存在计算机上。所谓 Cookie 是指由 Web 服务器将少量数据库储存到本地硬盘的一个非常小的文本文件中,如果计算机试图访问不符合隐私设置条件的网站时,它就会发出隐私警报。

【内容】选项卡:可以更改 Internet Explorer 显示屏幕内容的方式以及 Internet Explorer

如何使用证书、自动完成和源（RSS 源）。

【连接】选项卡：该选项主要用于更改 Internet 和网络设置，可以进行代理服务器的设置。

【程序】选项卡：通过使用 Internet Explorer 的程序设置，可以更改默认的 Web 浏览器和网页编辑器，以及管理 Internet Explorer 加载项。

【高级】选项卡：包含按类别组织的各种 Internet Explorer 选项的设置。其中大部分设置可在 Internet Explorer 中的其他位置进行更改。

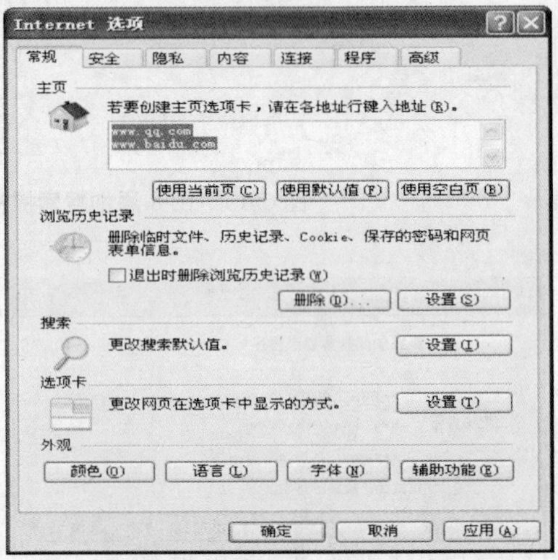

图 6.15　【Internet 选项】对话框

(2) 设置主页。

主页是每次打开 Internet Explorer 时最先显示的页面。主页一般会被设置为频繁查看的网页。

设置主页的方法为：在图 6.15 中【常规】选项卡的【主页】区的输入框中输入相应网站的 URL 地址，可以在输入框中输入多个网址，这样每次启动 IE 时，就会打开多个选项卡，每个选项卡分别显示一个网址的网页。在图 6.15 中就设置了两个主页，因此每次启动 IE 时打开两个选项卡，分别显示腾讯网站的主页和百度网站的主页。

也可以在【主页】区中选择【使用当前页】按钮，将当前选项卡中的网址作为主页；或者选择【使用默认值】按钮，将主页恢复成 IE 8 的默认主页；或者选择【使用空白页】按钮，将空白页设置为主页。

(3) 删除历史记录。

IE8 会把你访问过的每一个网页、图像、媒体和其他信息都以副本形式保存为临时文件，用户可以清除这些临时文件。

操作方法是：在图 6.15 中的【常规】选项卡中，单击【浏览历史记录】区中的【删除】按钮就可以删除临时文件，包括历史记录、表单数据和密码等。

(4) 打开或关闭弹出窗口阻止程序。

弹出窗口通常在访问网站时随即打开，并且通常是由广告商创建的。弹出窗口阻止程序能够限制或阻止大多数弹出窗口。

打开或关闭弹出窗口阻止程序的方法有两种：

方法 1：在图 6.15 中单击【隐私】选项卡，然后在【弹出窗口阻止程序】区中选中【打开弹出窗口阻止程序】复选框，则表示启用弹出窗口阻止程序，否则表示关闭弹出窗口阻止程序，最后单击【确定】按钮或者【应用】按钮保存设置。

方法 2：在浏览器窗口选择【工具】菜单中的【弹出窗口阻止程序】命令。如果之前没有启用弹出窗口阻止程序，则【弹出窗口阻止程序】的下一级菜单中出现【启用弹出窗口阻止程序】选项，单击该选项完成启用操作；如果之前已经启用弹出窗口阻止程序，则【弹出窗口阻止程序】的下一级菜单中出现【关闭弹出窗口阻止程序】选项，单击该选项完成关闭操作。

如果启用弹出窗口阻止程序，遇到有弹出窗口的网页，则在选项卡的下面出现提示信息框，单击该信息框，弹出快捷菜单，可进行相关设置，如图 6.16 所示。

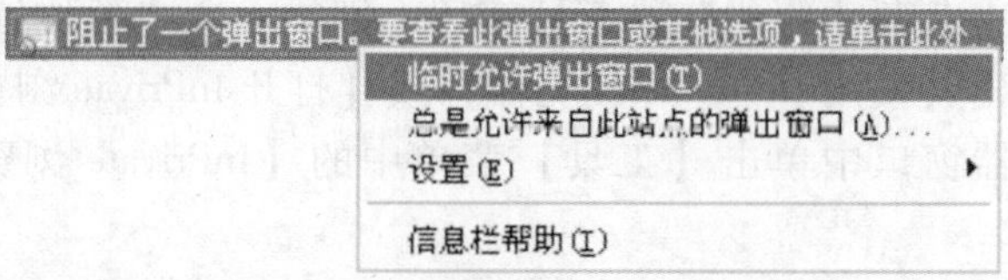

图 6.16 阻止弹出窗口提示信息

(5) 加快网页下载速度。

如果用户希望能够尽快看到网页中的文字内容，同时对网页中的图片、动画等多媒体信息不作要求，则可以采用如下操作方法：

在图 6.15 中单击【高级】选项卡，在如图 6.17 所示窗口的【设置】列表中取消【多媒体】栏中的【显示图片】、【在网页中播放动画】、【在网页中播放声音】和【智能图像抖动】等选项，则可以加快网页下载速度，此时，网页将不再显示图片和播放有关动画和声音。

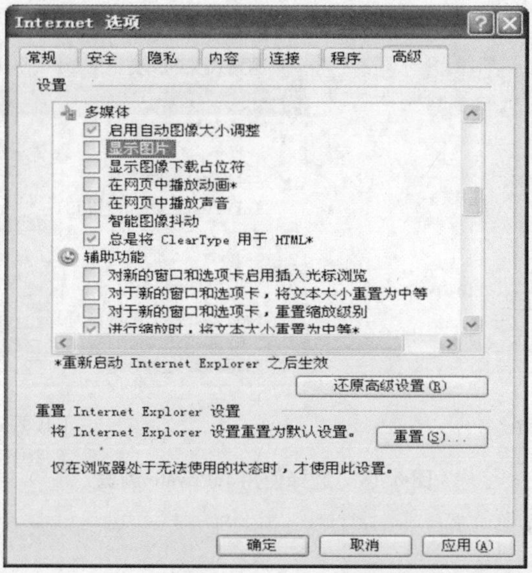

图 6.17 Internet 高级选项

6.3.4　IE 8 中安全功能的使用

1. InPrivate 模式

InPrivate 模式是 IE 8 为了保护用户上网浏览、购物时的个人隐私安全，新增的一个安全模块。它包含了 InPrivate 浏览和 InPrivate 筛选两类功能，前者能让用户在浏览网站时不在电脑里留下历史记录，后者能让网站无法跟踪用户的浏览活动。InPrivate 浏览可以帮助用户避免 IE 存储浏览会话数据，包括 Cookie、Internet 临时文件、历史记录以及其他数据，同时默认情况下将禁用工具栏，大大增强了上网的安全性。

(1) 使用 InPrivate 浏览。

启用 InPrivate 浏览的方法有：

方法 1：在 IE 8 中点击【新建选项卡】按钮，创建一个“新建选项卡”，然后在“新建选项卡”窗口中单击【使用 InPrivate 浏览器】或【打开 InPrivae 浏览窗口】选项。

方法 2：在浏览器窗口中单击【工具】菜单中的【InPrivate 浏览】命令，如图 6.18 (a) 所示。

方法 3：单击工具栏中的 安全(S) 按钮，在打开如图 6.18 (b) 所示的下拉列表中选择【InPrivate 浏览】选项。

进入 InPrivate 模式后，将会看到如图 6.19 所示的地址栏。操作方式与非 InPrivate 模式没有太多的差异。

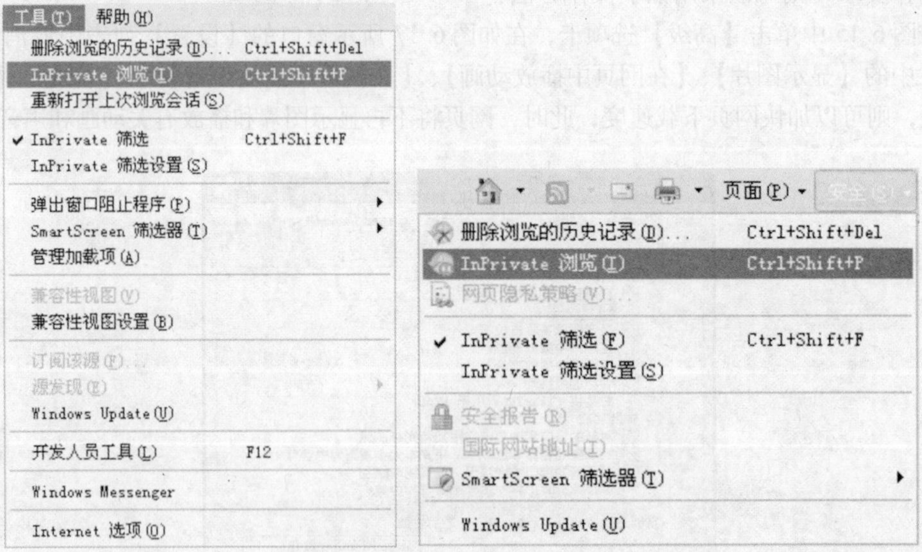

(a)　　　　　　　　　　(b)

图 6.18　选择使用 InPrivate 浏览

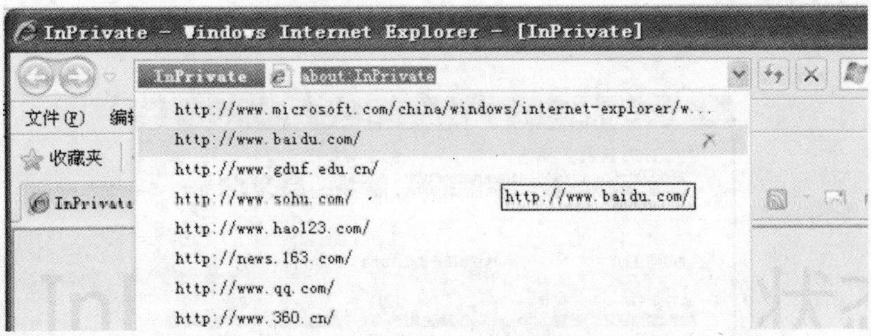

图 6.19 InPrivate 浏览模式下的地址列表

（2）打开和关闭 InPrivate 筛选。

许多网页中含有正在访问的网站以外的网站内容，例如广告、地图或 Web 分析工具等。提供这些内容的网站被称为内容提供商或第三方网站。这些内容提供商会收集用户访问网站的信息，而 InPrivate 筛选有助于防止网站的内容提供商收集有关用户访问网站的信息。默认情况下，InPrivate 筛选将分析用户所访问的网站和这些网站所使用的内容提供商，但不会自动阻止它们。用户可以选择允许或阻止内容提供商提供的这些内容，也可以让 InPrivate 筛选自动阻止任何内容提供商提供的内容，或者关闭 InPrivate 筛选功能。

首次打开 InPrivate 筛选，执行以下操作步骤：

步骤 1：在图 6.18 中选择【InPrivate 筛选】选项，则弹出如图 6.20 所示的【InPrivate 筛选】对话框。

步骤 2：单击对话框中的【帮我阻止】选项则自动阻止网站任何内容提供商提供的内容，或者单击【让我来选择哪些提供商接收我的信息】选项，以选择要阻止或允许的内容。

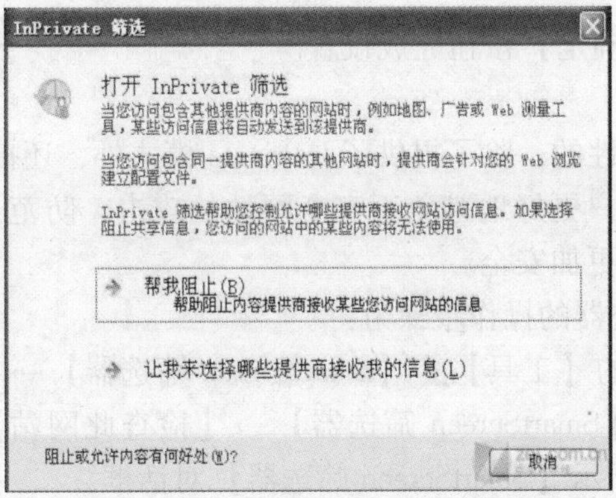

图 6.20 【InPrivate 筛选】对话框

如果 InPrivate 筛选已经打开，则在图 6.18 中 InPrivate 筛选选项标志为选中状态，如果要关闭 InPrivate 筛选，则再次选择该选项取消选中标志即可。

（3）设置 InPrivate 筛选。

设置 InPrivate 筛选的步骤为：

步骤 1：在图 6.18 中单击【InPrivate 筛选设置】选项，弹出如图 6.21 所示【InPrivate

筛选设置】对话框。

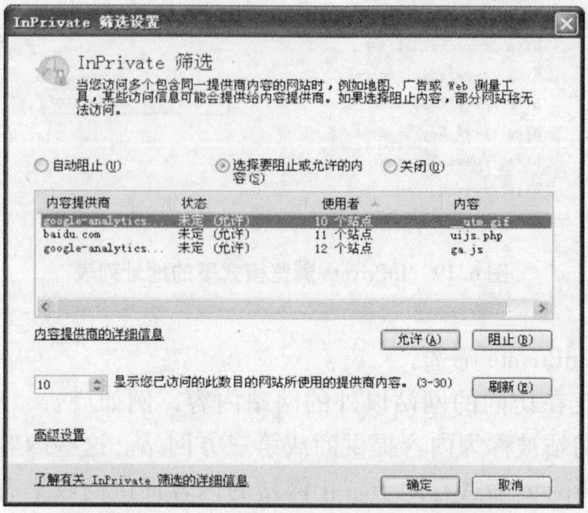

图 6.21 【InPrivate 筛选设置】对话框

步骤 2：对话框中提供【自动阻止】、【选择要阻止或允许的内容】和【关闭】三个单选按钮。如果要浏览器自动阻止，则选择【自动阻止】单选按钮；如果要手动阻止网站，则选择【选择要阻止或允许的内容】单选按钮；要关闭 InPrivate 筛选功能，请选择【关闭】单选按钮。

步骤 3：如果选择【选择要阻止或允许的内容】，还需要设置对话框列表中各项具体筛选内容为允许还是阻止，并在【显示您已访问的此数目的网站所使用的提供商内容】前面的框中设置访问次数值。

步骤 4：最后单击【确定】按钮完成设置。

2. SmartScreen 筛选

IE 8 是非常重视安全性的，除了提供了 InPrivate 模式外，还提供了【SmartScreen 筛选】功能。这个功能将帮助用户更好地避免不安全网站的攻击，防范恶意软件的威胁，让用户的数据、隐私和个人信息更加安全。

使用 SmartScreen 筛选器的操作步骤为：

步骤 1：单击菜单栏的【工具】→【SmartScreen 筛选器】→【检查此网站】命令或者单击工具栏【安全】→【SmartScreen 筛选器】→【检查此网站】选项，如图 6.22 所示。随后弹出一个如图 6.23 所示【SmartScreen 筛选器】对话框。

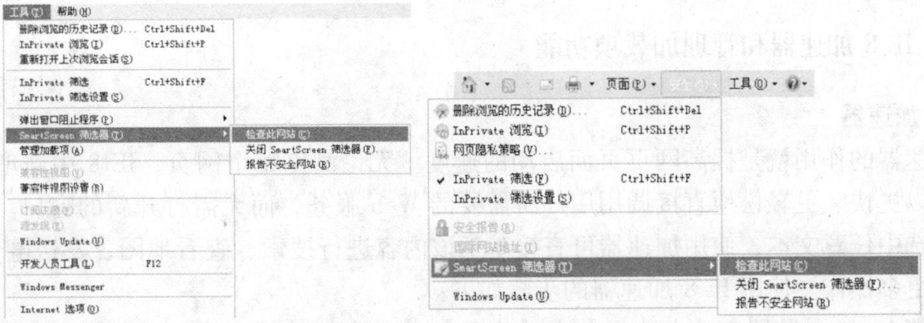

（a）　　　　　　　　（b）

图 6.22　通过菜单栏或工具栏使用 SmartScreen 筛选器

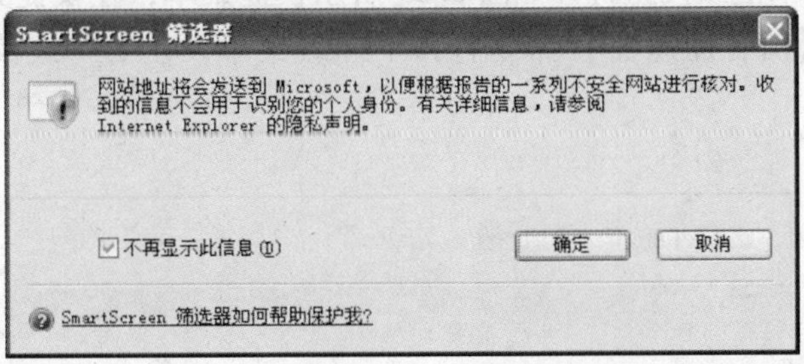

图 6.23　【SmartScreen 筛选】对话框

在该对话框中提示用户【SmartScreen 筛选器】会把当前网站的地址发送到 Microsoft，将网站与已经报告为不安全的网站进行核对，以辨别该网站是否存在危险。但该操作不会根据收到的信息识别用户的个人身份，用户可以放心使用。

步骤 2：在【SmartScreen 筛选器】对话框中单击【确定】按钮，则浏览器发送网站地址到 Microsoft 进行核对，并将核对的结果在对话框中显示，如图 6.24 所示。

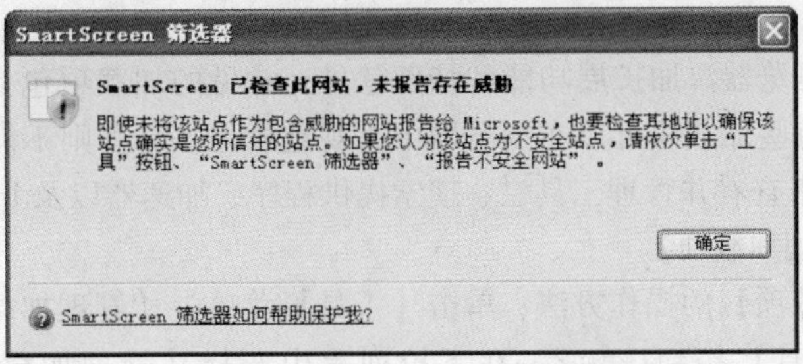

图 6.24　SmartScreen 筛选器检测网站的结果

步骤 3：单击【确定】完成操作。

6.3.5 IE 8 加速器和管理加载项功能

1. 加速器

加速器的作用就是提高网页页面启动的速度。无论浏览哪个网页，IE 8 中新增的加速器都可以更快、更轻松地直接调用用户所需要的 Web 服务，而无需打开新的窗口。只要在网页上选中任意文本，使用加速器可直接基于该内容进行搜索、查看地图、发送电子邮件、翻译或更多操作。使用 IE 8 加速器的步骤如下：

步骤 1：在浏览器窗口中选择单击【查看】菜单中的【插入光标浏览】命令，在弹出的【插入光标浏览】对话框中单击【确定】按钮，启用【插入光标浏览】功能。

步骤 2：将光标置于网页中，直接对网页中的文本进行选择，此时在选择文本附近出现【加速器】按钮，单击该按钮打开如图 6.25 所示快捷菜单，在快捷菜单中选择要执行的命令，也可以选择【所有加速器】命令打开下一级菜单，在下一级菜单中选择要执行的命令。

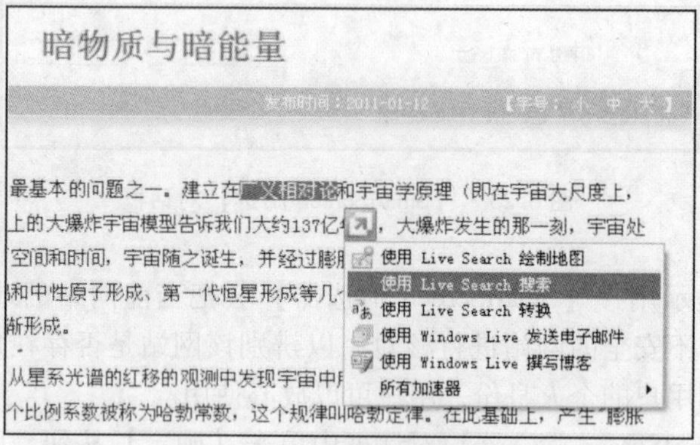

图 6.25 使用加速器

2. 管理加载项

加载项是指为浏览器添加扩展功能的特殊软件，常见的加载项包括附加的工具栏、插件和扩展组件等。有些加载项可以在浏览器中直观地看见，有些则不能直接看见。IE 8 使用【管理加载项】来查看并管理工具栏、搜索提供程序、加速器以及 InPrivate 筛选列表等。

（1）打开【管理加载项】。

打开【管理加载项】的操作方法：单击【工具】菜单中【管理加载项】命令，或者单击工具栏中的【工具】按钮，在下拉列表中选择【管理加载项】选项，弹出如图 6.26 所示的【管理加载项】对话框。该对话框中包括下面几项管理：

①工具栏和扩展。提供查看、启用或禁用工具栏、ActiveX 控件、浏览器助手对象和浏览器扩展。

②搜索提供程序。提供查看、更改默认值，以及添加或删除搜索提供程序。还可以设置防止程序更改默认搜索提供程序。

③加速器。提供查看、更改默认值，以及添加或删除加速器。

④InPrivate 筛选列表。查看状态并管理被阻止的网站的列表。

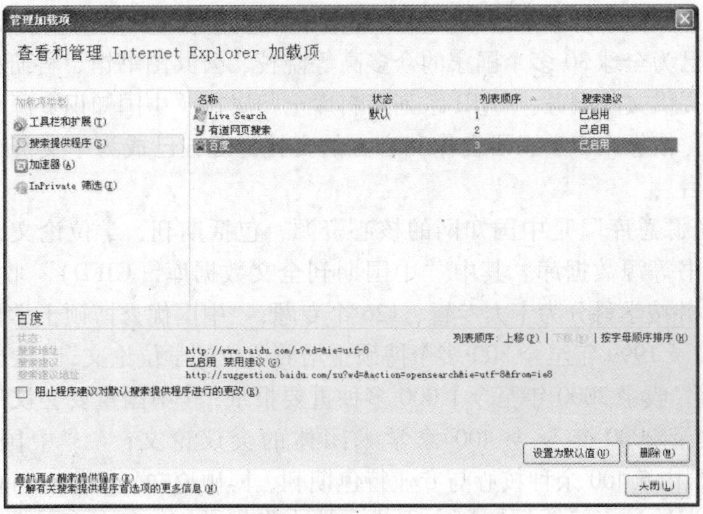

图 6.26 【管理加载项】对话框

(2) 使用【管理加载项】。

操作方法为：在图 6.26 所示对话框的左边选择加载项类型，然后在右边的列表中选择具体加载项，再对该加载项进行有关操作。

6.4 知识搜索

6.4.1 简介

搜索引擎是指根据一定的策略、运用特定的计算机程序从互联网上搜集信息，在对信息进行组织和处理后，为用户提供检索服务，将用户检索的相关信息展示给用户的系统。然而，随着互联网的发展和网上信息量的增加，传统搜索引擎逐渐表现出自身的缺陷和不足。一是传统搜索引擎对内容收录无法提出明确标准，信息质量良莠不齐，垃圾内容越来越多；二是传统搜索引擎主要是通过关键词匹配的简单方式查找网页，但是用户通常很难用几个孤立的关键词表达清楚自己的查询需求，因此，难以满足用户对内容准确检索的需求；三是用户更希望直接得到答案，而这只有在深入理解文献内容后，才能实现。

知识搜索是搜索引擎发展进入智能化阶段的智能检索，是建立在明确的知识来源基础上的，搜索引擎能根据明确的用户身份与诉求，回馈恰当的知识结果。知识搜索更强调知识的准确、标准，强调通过互动机制如评价、交流、修改、维护等进行搜索结果的自我学习，以达到知识搜索的智能化。

中国知识基础设施工程（China National Knowledge Infrastructure，CNKI），又称为中国知网，是以实现全社会知识资源传播共享与增值利用为目标的信息化建设项目，由清华大学、清华同方发起，始建于 1999 年 6 月。经清华大学以及学术界、教育界、出版界和图书情报界等共同努力，CNKI 工程集团采用自主开发并具有国际领先水平的数字图书馆技术，建成了世界上全文信息量规模最大的“CNKI 数字图书馆”，并正式启动建设“中国知识资源总库”及 CNKI 网络资源共享平台，通过产业化运作，为全社会知识资源高效共享提供最丰富的知识信息资源和最有效的知识传播与数字化学习平台。经历十多年的发展，CNKI 平台系列数据库已为全球 30 多个国家的众多高等院校、公共图书馆、科研机构、企业、医院以及其他系统提供文献服务。CNKI 系列资料库全归属在“中国知识资源总库”里，为一整合式检索系统。依靠产、学、研合作和官方的支持，现在已成为中文资源最丰富、服务最有效的知识平台。

“中国知识资源总库”是中国知网的核心资源，包括期刊、学位论文、会议论文、报纸、年鉴、工具书等源数据库。其中“中国期刊全文数据库（CJFD）”收录 1994 年至今 9100 多种期刊，并按学科分为十大专辑、126 个专题；“中国优秀博硕士学位论文全文数据库（CDMD）”收录 1999 年至今 300 多个博硕士培养单位的学位论文；“中国重要报纸全文数据库（CCND）”收录 2000 年至今 1 000 多种重要报纸；“中国重要会议论文集全文数据库（CPCD）”收录 2000 年至今 400 家学术团体的会议论文；“中国企业知识仓库（CEKD）”收录国内 5 400 余种核心与专业特色期刊、博硕论文、报纸、行业标准、法律法规、行业经济数据统计、行业深度研究报告、技术发展动态、国外经济发展动态等信息，涵盖企业技术创新、经营决策、企业管理、WTO、行业动态等专业资料信息。此外，还有“中国图书全文数据库”、“中国年鉴数据库”、“各行业百科数据库”、“声像资料数据库”等等。

6.4.2 中国知网的使用

1. 进入中国知网页面

可以在网页地址栏上输入 www. cnki. net 即可登录到中国知网主页，也可以通过高校图书馆的【中国知网】超链接进入。下面，我们通过单击广东金融学院图书馆中的【中国知网】超链接进入中国知网检索首页，如图 6. 27 所示，介绍中国知网的使用。

2. 登录中国知网系统

中国知网系统提供了两种登录方式：账户登录和 IP 登录。账户登录需要输入正确的帐户名和密码，主要适用于个人用户；IP 登录可以直接单击 IP登录 按钮进行登录，主要适用于采用 IP 管理的集体用户。使用 IP 登录，系统设有自动登录功能，例如使用广东金融学院校园网进入知网时，系统会自动进行 IP 登录，见图 6. 27 所示。

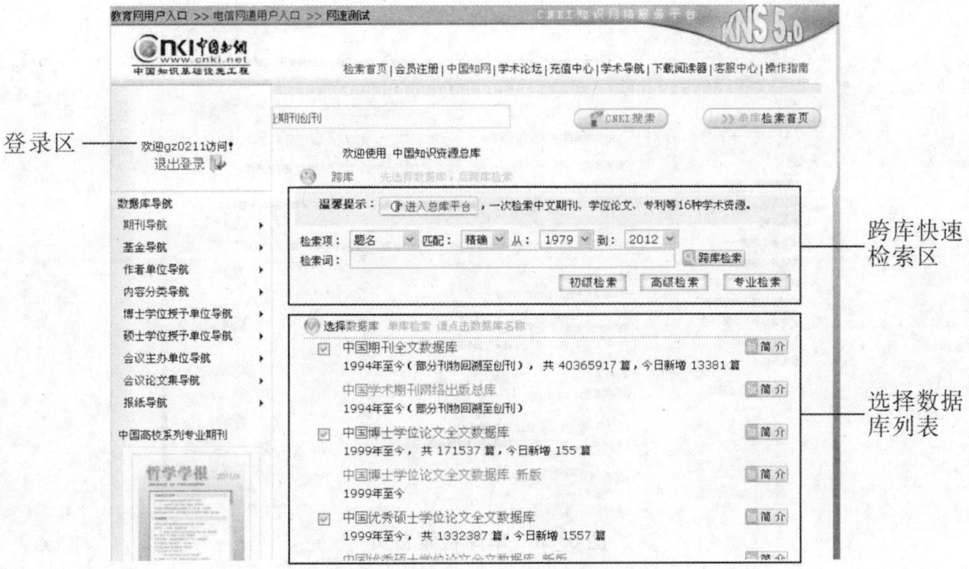

图 6.27 **“中国知网”跨库检索首页**

3. 检索功能

中国知网提供了单库检索和跨库检索两种模式，单库检索页是对单个数据库进行检索，跨库检索是指以同一检索条件同时检索多个数据库。检索方式有初级检索、高级检索和专业检索，其中初级检索又包括了跨库快速检索。

(1) 单库检索。

如果当前检索首页不是单库检索首页，见图 6.27 所示，则在图中单击【单库检索首页】按钮 

进入单库检索首页，如图 6.28 所示。在该窗口的【选择数据库】列表中单击具体的数据库名称链接，则进入该数据库检索页面。例如，在该窗口的【选择数据库】列表中单击【中国期刊全文数据库】链接，则进入如图 6.29 所示的“中国期刊全文数据库”检索页面。

检索页是以检索为主要功能的页面。单库检索页主要包括有数据库选择列表、各检索页面跳转链接区、检索导航区、检索及检索控制区和数据库介绍区/检索结果区。数据库选择列表可以选择其他数据库进行检索。各操作页面跳转链接区给出了查看检索历史、期刊导航、初级检索、高级检索和专业检索等链接。检索导航可控制检索范围、导出相应文献、查看导出文献。检索及检索控制项提供了逻辑、检索项、检索词、词频、最近词、词扩展、起止年份、数据更新、范围、匹配、排序、每页等各检索控制项，检索时系统会根据各控制项中设置的条件查找符合所有条件的信息。数据库介绍区/检索结果区，当首次进入检索页时主要简单介绍当前数据库的基本情况，当进行检索后，则该区主要显示执行检索所获得的文献的简单信息。

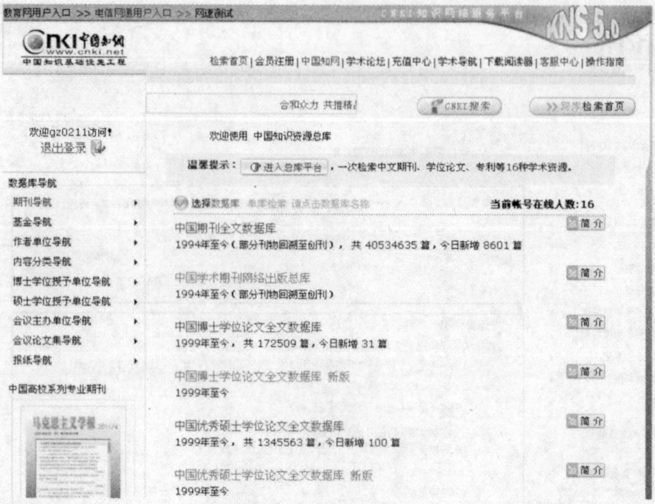

图 6.28 单库检索首页

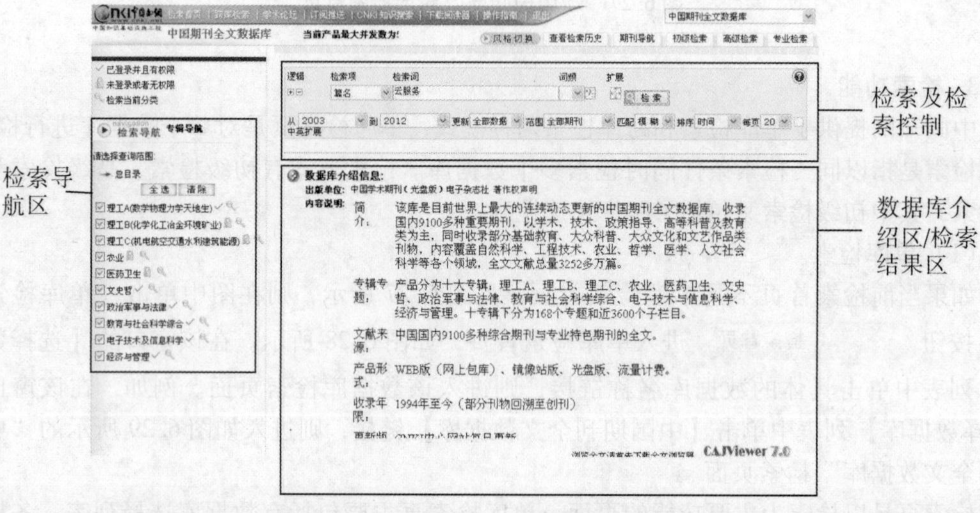

图 6.29 “中国期刊全文数据库”检索页

（2）跨库检索。

如果当前检索首页不是跨库检索首页，见图 6.28 所示，则在该窗口中单击【跨库检索首页】按钮 [>>跨库检索首页] 进入跨库检索首页，见图 6.27 所示，系统登录后默认首页为跨库检索首页。跨库检索首页集成了系统登录、选择数据库、跨库快速检索等功能及相关链接。在【选择数据库】列表中将需要检索的数据库前面的复选框打“√”（最多可选择 8 个库），然后单击 [初级检索] 链接、[高级检索] 链接或 [专业检索] 链接中的任意一个，即可进入跨库检索页。如图 6.30 所示为单击【初级检索】链接进入到跨库检索的页面。

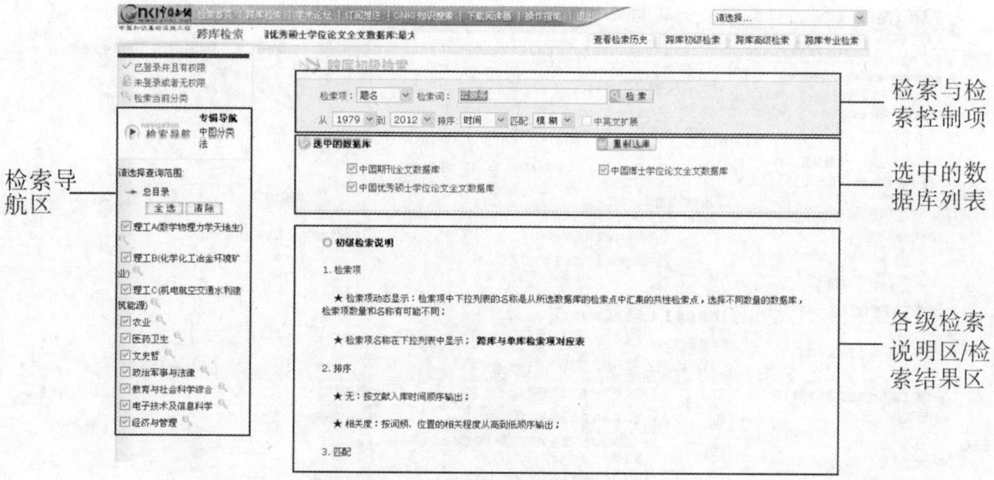

图 6.30 跨库检索页

跨库检索页主要包括数据库选择列表、各检索页面跳转链接区、检索导航区、检索及检索控制区、选中的数据库列表区和各级检索说明区/检索结果区。数据库选择列表可以选择某个数据库进行单库检索。各操作页面跳转链接区给出了查看检索历史、跨库初级检索、跨库高级检索和跨库专业检索等链接。检索导航可控制检索范围、导出相应文献和查看导出文献。检索及检索控制项提供了检索项、检索词、起止年份、排序、匹配等各检索控制项，检索时系统会根据各控制项中设置的条件查找符合所有条件的信息。选中的数据库列表区给出当前选中的数据库情况，也可以在列表的各个数据库前面的复选框中重新设定选中的数据库。各级检索说明区/检索结果区，当首次进入检索页时主要对当前检索方式作简单的介绍，当进行检索后，则该区主要显示执行检索所获得的文献的简单信息。

(3) 跨库快速检索。

跨库快速检索是一种便捷的检索方式。其操作步骤为：

步骤 1：在图 6.27 所示的跨库检索首页的【检索项】列表中选择检索项，在【检索词】输入框中输入需要检索的词，在【匹配】列表中选择匹配方式，分别在【起止年份】列表框中选择起止年份。

步骤 2：单击 跨库检索 按钮进行检索，检索结果在跨库初级检索页面显示，如图 6.31 所示。

图 6.31　跨库初级检索结果

（4）初级检索。

单库检索和跨库检索模式都提供了初级检索功能。单库检索模式下的初级检索提供了多项单词逻辑组合检索功能，多项是指可选择多个检索项，通过单击【逻辑】下方的 ⊞ 或 ⊟ 链接实现增加或删除一个逻辑检索行；单词是指每个检索词中只可输入一个词；逻辑是指每一检索项之间可使用逻辑与、逻辑或、逻辑非进行项间组合。

初级检索的操作步骤为：

步骤 1：在检索页左边的检索导航区的选择检索范围中设定检索类目的范围。可单击 全选 按钮一次性选择全部检索类目，单击 清除 按钮一次性清除全部所选检索类目，也可以点击检索类目前面的复选框选择一个类或多个检索类目。

步骤 2：设定各检索控制项的条件。对于单库检索模式，还可通过单击【逻辑】下方的 ⊞ 或 ⊟ 链接实现多项单词逻辑组合检索条件设定。

步骤 3：对跨库检索模式，还可以在【选中的数据库】列表区重新设定选中的数据库。

步骤 4：单击 检索 按钮进行检索，并在检索结果区显示执行检索所获得的文献的简单信息。如图 6.32 所示为“中国期刊全文数据库”进行初级检索结果页面。

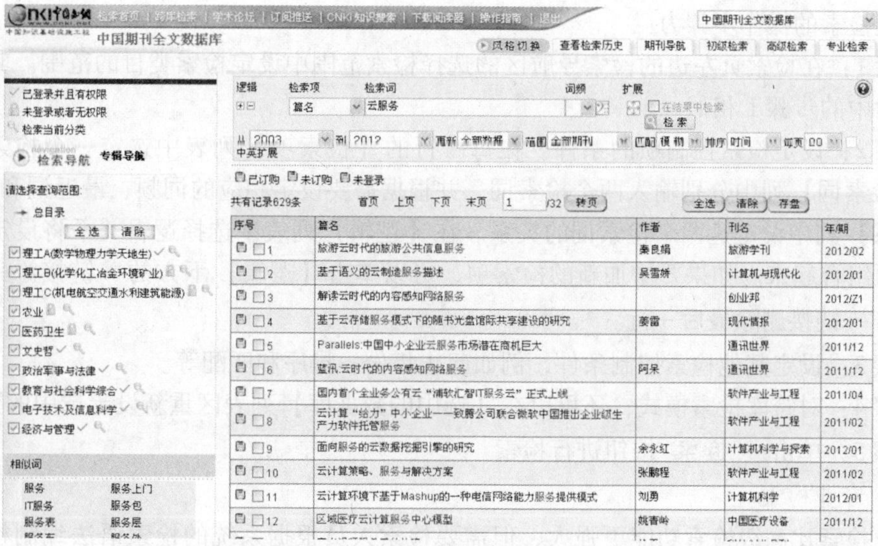

图 6.32 "中国期刊全文数据库"初级检索结果

(5) 高级检索。

高级检索是一种比初级检索更复杂一些的检索方式。高级检索特有功能如下：多项双词逻辑组合检索、双词频控制。多项是指可选择多个检索项；双词是指一个检索项中可输入两个检索词（在两个输入框中输入），每个检索项中的两个词之间可进行五种组合：并且、或者、不包含、同句、同段，每个检索项中的两个检索词可分别使用词频、最近词、扩展词；逻辑是指每一检索项之间可使用逻辑与、逻辑或、逻辑非进行项间组合。高级检索及检索控制项如图 6.33 所示，每一行可以设定一个检索项。

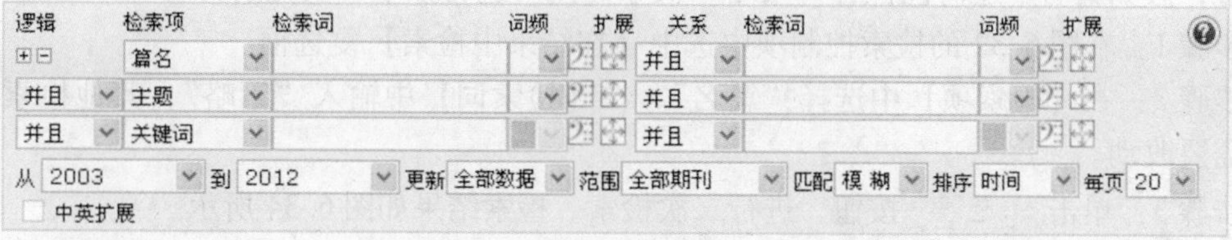

（a）单库高级检索的检索及检索控制项

（b）跨库高级检索的检索及检索控制项

图 6.33 高级检索的检索及检索控制项

高级检索的操作步骤为：

步骤 1：在检索页左边的检索导航区的选择检索范围中设定检索类目的范围。其操作与初级检索中的步骤 1 相似。

步骤 2：设定检索控制项的条件。在每一行的【检索项】列表中选定一个检索项，在两个【检索词】列中分别输入两个检索词，并根据需要设定相应的词频、最近词和扩展词，在【关系】列中设定这两个检索词的关系。在【逻辑】列表中选择逻辑关系将设定好的各个检索项组合起来。如果要增加新的检索项，可以单击【逻辑】下方的⊞链接添一行，也可以单击⊟链接删除最后一行。

步骤 3：设定其他检索控制条件，例如起止年份、排序和匹配等。

步骤 4：对跨库检索模式，还可以在【选中的数据库】列表区重新设定选中的数据库。

步骤 5：单击 检索 按钮进行检索。

(6) 专业检索。

专业检索比高级检索功能更强大，但需要检索人员根据系统的检索语法编制检索式进行检索。适用于熟练掌握检索技术的专业检索人员。系统提供的专业检索分单库和跨库。单库专业检索执行各自的检索语法，跨库专业检索原则上可执行所有跨库数据库的专业检索语法，但由于各库设置不同会导致有些检索式不适用于所有选择的数据库。这里不再详细介绍。

(7) 在结果中检索。

在结果中检索又称为二次检索。它是在当前检索结果内进行的检索，主要作用是进一步精选文献。当检索结果太多，想从中精选出一部分时，可使用二次检索。二次检索这一功能设在实施检索后的检索结果页面，在执行检索后，检索及检索控制项会出现一个【在结果中检索】复选框，见图 6.31 和图 6.32 所示，该复选框中为选中状态就表示进行二次检索。这里以“中国期刊全文数据库”为例，图 6.32 显示的检索结果共有记录 629 条，数量太多，假如篇名中还需包含有“策略”文字，则可进行如下二次检索：

步骤 1：在图 6.32 的检索控制项中选中【在结果中检索】复选框。

步骤 2：在【检索项】中选择“篇名”，在【检索词】中输入“策略”，其他检索控制项不需要改动。

步骤 3：单击 检索 按钮，进行二次检索。检索结果如图 6.34 所示。

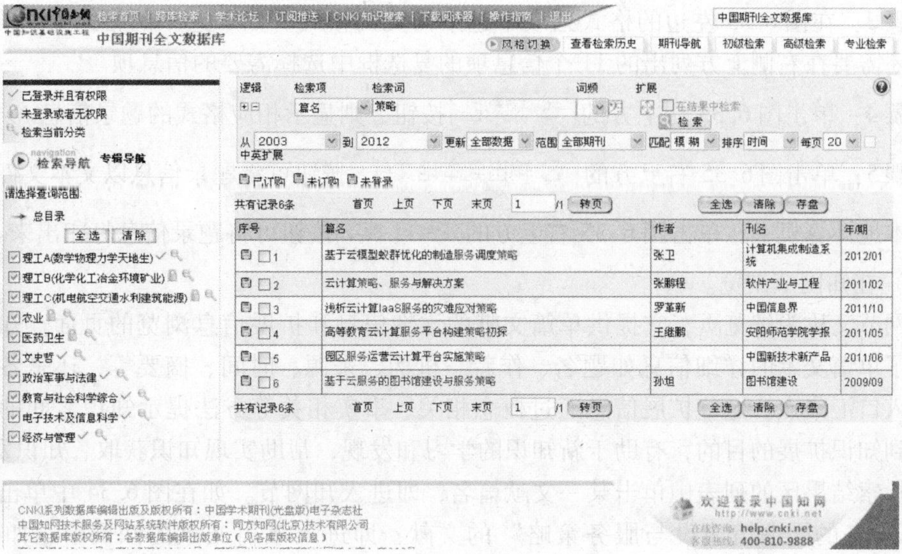

图 6.34　二次检索结果

4. **结果处理**

(1) 题录查看及保存。

题录是指文献的基本信息，也称为目录，它包括题名、作者、关键词、作者机构、文献来源和摘要等。保存题录是指当获得检索结果后，如需要将检索结果的题录保存以供他用时，可在检索结果的简单页面上选择条目进行保存。系统提供了简单格式、详细格式、引文格式和自定义格式等多种格式。题录的查看和保存的操作如下：

步骤 1：在检索结果区中选中需要保存题录的文献记录前面的复选框，可以单击 全选 按钮，将当前页面上显示的文献记录全部选中；也可以单击 清除 按钮，将取消前次所选文献记录，系统允许在一个题录文件中最多保存 50 条题录信息。

步骤 2：单击 存盘 按钮，系统弹出一个窗口将选中的文献记录以默认格式显示（默认格式为简单格式），如图 6.35 所示。

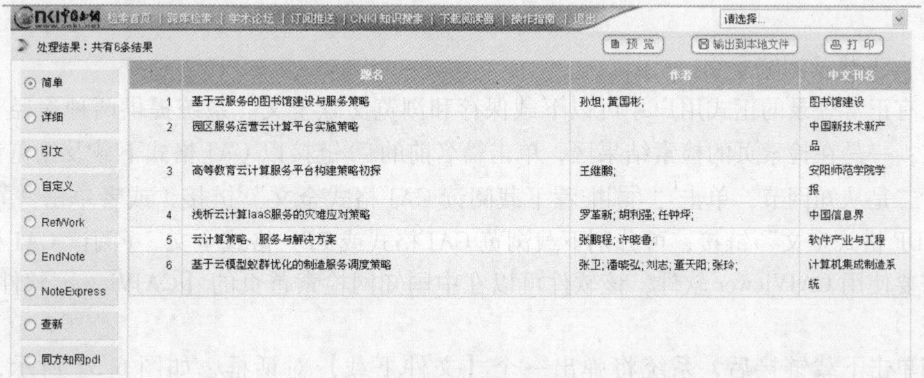

图 6.35　题录—简单格式

步骤 3：在图 6.35 左边的格式列表中选中需要的格式。如果选中的格式为“自定义”格式，还需要在右侧上方列出的 11 个信息项的复选框中选择需要的信息项。

步骤 4：单击图 6.35 右上方的【预览】按钮，则显示相应格式的题录信息。

步骤 5：单击图 6.35 右上方的【输出到本地文件】按钮可将题录信息以文本文件的格式保存到本地计算机上，单击图 6.35 右上方的【打印】按钮可将题录信息打印出来。

（2）在知网节浏览。

知网节又称为细览页，它提供单篇文献的详细信息和扩展信息浏览的页面。知网节不仅包含了单篇文献的详细信息如题名、作者、机构、来源、时间、摘要等，还是各种扩展信息的入口汇集点。这些扩展信息通过概念相关、事实相关等方法提示知识之间的关联关系，达到知识扩展的目的，有助于新知识的学习和发现，帮助实现知识获取、知识发现。

在检索结果区的列表中单击某一文献篇名，即进入知网节。如在图 6.34 中单击篇名为“基于云服务的图书馆建设与服务策略”的文献，即进入该篇文献的知网节，如图 6.36 所示。

图 6.36 知网节

（3）下载及浏览全文。

只有正常登录的正式用户才可以下载保存和浏览文献全文。系统提供两种途径下载浏览全文：一是在检索页的检索结果区，单击篇名前的链接以 CAJ 格式下载及浏览该文献全文；二是从知网节，单击“推荐下载阅读 CAJ 格式全文”链接，或者单击“下载阅读 PDF 格式全文”链接，可分别下载浏览 CAJ 格式或 PDF 格式全文。（阅读 CAJ 格式的文件需要使用 CAJViewer 软件，该软件可以在中国知网检索首页的【CAJViewer 软件下载】处下载。）

当单击下载链接后，系统将弹出一个【文件下载】对话框，如图 6.37 所示，单击【打开(O)】按钮，当系统安装有 CAJ 浏览器时，则系统先打开浏览器，再打开文献，则可浏览文献全文。也可以在图 6. 37 中单击 保存(S) 按钮，将文献保存到本地计算机后再打开浏览。

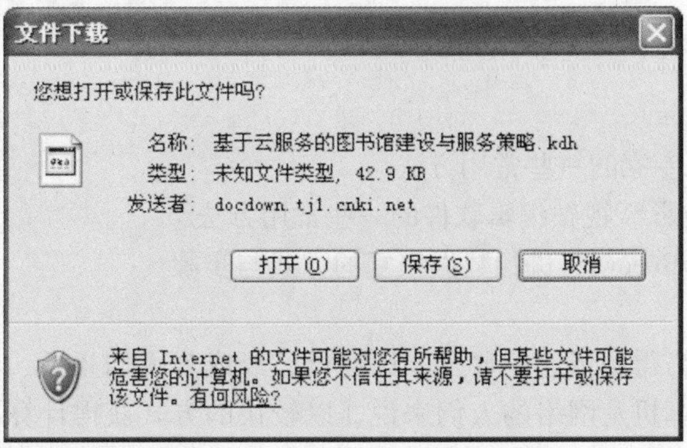

图 6. 37 【文件下载】对话框

【本章小结】

1. 计算机网络是将多个具有独立工作能力的计算机系统通过通信设备和线路连接在一起，由功能完善的网络软件实现计算机之间的资源共享和数据通信的系统。

2. 计算机网络是一个相当复杂的系统，国际标准化组织通过分层来实现简单化，于是提出了开放系统互连参考模型。当前运行的 Internet 中的 TCP/IP 协议也将协议分为四层。

3. 若要使用 Internet 上的资源，首先要将计算机连接到 Internet 上，在 Internet 中，是依靠 IP 地址和域名地址来识别连入 Internet 的不同主机。

4. Web 服务是 Internet 中最重要的一个应用，Internet Explorer 8 是微软公司开发的功能强大的 Web 浏览器。

5. 知识搜索是建立在明确的知识来源基础上，根据明确的用户身份与诉求，回馈恰当知识结果的搜索引擎。国内的代表是中国知网，它是目前最大的基于互联网的知识搜索引擎。

【本章关键词】

计算机网络　Internet　IP 地址　Web 服务　知网搜索

7　常用工具软件

本章学习要点：

- 介绍屏幕录像专家的一些常用方法
- 介绍“会声会影”视频编辑软件的一些常用方法
- 介绍软件 EasyRecovery 进行数据恢复的方式与步骤

随着计算机及网络得到迅速的普及，计算机已经成为人们生活、学习和工作的重要工具。对于开始使用计算机及网络的人们来说，以较快的方式获得计算机常用软件的常识和基本使用方法已经成为一种需要。

7.1　屏幕录像专家

屏幕录像专家是一款专业的屏幕录像制作工具软件。使用它可以轻松地将屏幕上的软件操作过程、网络教学课件、网络电视、网络电影、聊天视频等录制成 Flash 动画、ASF 动画、AVI 动画或者自动播放的 EXE 动画，并且具有长时间录像并保证声音完全同步的能力。

7.1.1　屏幕录像专家简介

首先将“屏幕录像专家”软件安装到计算机上。对于已经安装了“屏幕录像专家”软件的计算机，要想进行屏幕操作过程的录制，先要启动该软件，然后进行相应的参数设置，就可以开始录制了。

单击【开始】→【所有程序】→【屏幕录像专家 V7.5】→【屏幕录像专家 V7.5】选项，出现屏幕录像专家主界面窗口，界面由菜单栏、工具栏、模式框、录像文件列表框、帧浏览框等组成，如图 7.1 所示。

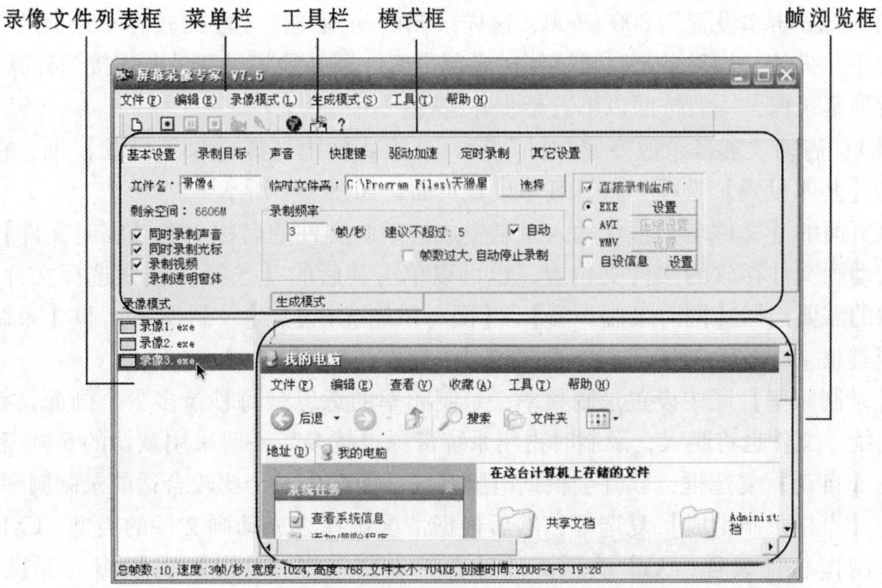

图 7.1 【屏幕录像专家 V7.5】运行的主界面

1. 模式框

屏幕录像专家包括【录像模式】框和【生成模式】框两部分。屏幕录像专家可以采用两种不同方式制作屏幕录像动画，这两种方式分别是：直接录制生成方式和先录制再生成方式，其对应的相关设置操作分别在【录像模式】框和【生成模式】框中完成。直接录制生成方式可以在录制后直接生成自动播放的 AVI 或 EXE 动画文件。先录制后制作的方式则录制后不直接生成动画文件，而是形成一个录像文件（.lx），该文件会在【录像文件列表】框中显示出来，然后利用这个录像文件就可以生成动画文件了，此功能是旧版本遗留的功能，当前版本的软件没有必要使用。

【录像模式】框中提供录像模式的【基本设置】、【录像目标】、【声音】、【快捷键】、【驱动加速】、【定时录制】和【其他设置】等功能项。【生成模式】框中提供生成模式的【基本设置】、【声音】和【信息】等功能项。

2. 录像文件列表框

屏幕录像专家将已经录制好的动画文件在此列表框中列出。

3. 帧浏览框

在软件进行录制时，会将录制过程的第一帧图片在帧浏览框中显示出来。此外，也可以将帧浏览框中的图片复制到系统剪贴板中或另存为图片文件。

7.1.2 进行屏幕录像

1. 屏幕录像前的准备

为了使录像的速度加快，减少录像所占用的系统资源，需要将计算机系统显示的颜色值设置在一个合适的值。如果计算机性能较好，可以将颜色值设成 32 位，否则应该将颜色值设成 16 位。如果需要进行全屏幕录制，还需要注意屏幕的分辨率，对于性能不是很好的计算机建议将分辨率设置到800＊600，这样录制的动画文件才能比较容易地播放，而且文件也比较小。另外，如果录制时也要同时录制声音，则必须将录音设备连接到计算机上。

进行屏幕录像，一般按照以下五个步骤进行：

步骤1：启动“屏幕录像专家软件”后，在模式框中选择【录像模式】框，在该模式框中单击【基本设置】选项，打开基本设置页面，如图7.1所示。

在该页面的【文件名】框中输入录制生成的动画文件的名称。在【临时文件】框中输入录制的动画文件存放的文件夹位置，也可以单击其后的【选择】按钮选择文件夹位置。根据录像的需要选择【同时录制声音】、【同时录制光标】、【录制视频】和【录制透明窗体】等复选框。

在【录制频率】区中设置录制频率，录制频率的意思是每秒录多少个画面，频率越高动画越连续，文件也将越大，录制时占用系统资源也越多，一般采用默认的5帧/秒，选中其后面的【自动】复选框，软件会根据电脑系统性能产生一个比较合适的录制频率。

选中【直接录制生成】复选框，然后根据情况选择生成动画文件的类型：EXE动画文件适合于制作软件教程；AVI动画文件适合于录制电影、电视和视频聊天等视频内容；WMV动画文件适合于录制游戏、电影、电视和视频聊天等视频内容。如果选择生成EXE动画文件，可以单击其后面的【设置】按钮，弹出【EXE播放设置】对话框，对生成的EXE动画文件进行设置；如果选择生成AVI动画文件，可以单击其后面的【压缩设置】按钮，弹出【视频压缩】对话框，在该对话框设置生成AVI动画的压缩程序和压缩质量；如果选择生成WMV动画文件，可以单击其后面的【设置】按钮，弹出【直接录制WMV设置】对话框，在该对话框设置生成WMV动画的比特率和输出图像尺寸；选择【自设信息】选项，可以在录像动画中显示文字信息，文字信息设置的方法是单击其后面的【设置】按钮可以设定显示的文字内容和显示位置。

步骤2：在【录像模式】框中单击【录制目标】选项，打开录制目标页面，如图7.2所示。在该页面中可以设置录制的目标，录制目标有三种方式：全屏、窗口、范围。

如果要选定全屏，直接选中【全屏】单选框即可。

如果要使用窗口方式，选中【窗口】单选框，会弹出一个【提示】对话框，单击该对话框中的【确定】按钮，软件窗口会自动最小化到任务栏上，同时出现四个红色的框角，移动鼠标，就会“套住”相应的区域，再单击鼠标，被选定的区域会在帧浏览框中显示出来。如果需要改变选定的窗口，那么只要单击【选择窗口】按钮，再移动鼠标选择窗口，选定后单击鼠标即可。

如果要使用范围方式，单击【范围】单选框，然后可以直接在范围坐标的【X1】、【Y1】、【X2】和【Y2】框中设定范围坐标；也可以进行框选，只要单击【选择范围】按钮，然后移动鼠标在屏幕上画框，之后单击，所画方框就是被选定的范围，在屏幕上出现四个绿色的框角将选定范围框住，该范围的图像就会在帧浏览框中显示出来，坐标也会显示在范围坐标框内。单击选中屏幕上四个框角中的一个，此框角颜色变成红色，这时可以拖动此框角来改变范围。

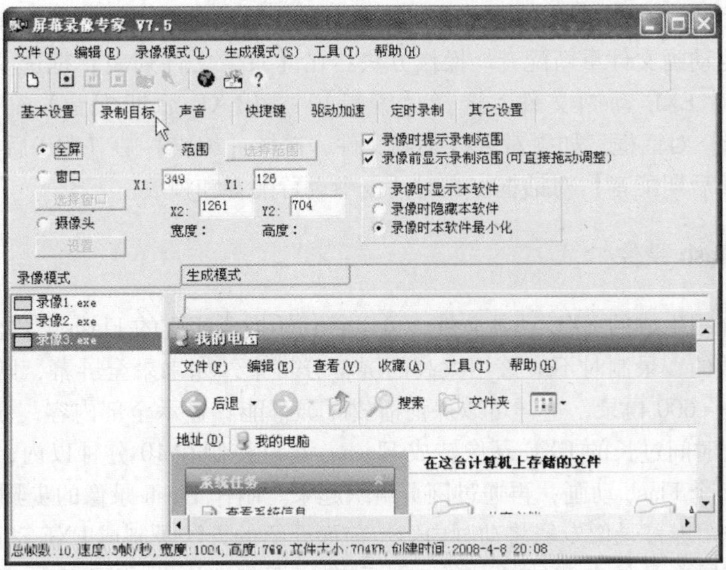

图 7.2 录像模式的“录制目标”设置

步骤 3：如果在屏幕录像时要进行现场录音，在【录像模式】框中单击【声音】选项，打开录制声音页面，如图 7.3 所示。在该页面中可以设置有关录像声音的各种参数，包括声音【采样位数】、【采样频率】、【音量】、【声音来源】和【自动增加鼠标点击声音】等。

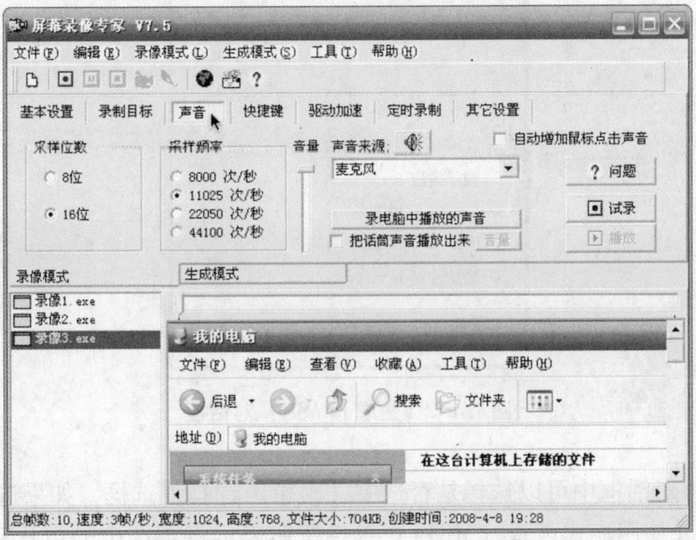

图 7.3 录像模式的“声音”设置

步骤 4：开始录制。按 F2 键开始进行屏幕录像，如果【录制目标】中选择的是窗口或范围，则在录像时会出现四个红绿交替的框角，四个框角之内的部分为刚才设定的范围。再按 F2 键结束录像，录像结束后会自动切换到屏幕录像专家程序窗口，录制的动画文件在该窗口的【录像文件列表】框中列出，双击该动画文件就可以播放刚才的录像。

步骤5：后期配音。录制AVI和EXE动画文件后如果对原来的声音不满意，可以使用后期配音功能为动画文件重新配音。操作方法：在【录像文件列表】框选中需要配音的动画文件，如果对EXE动画文件，选择【编辑】→【EXE后期配音】命令，则会弹出【EXE后期配音】对话框；如果对AVI动画文件，选择【编辑】→【AVI后期配音】命令，则会弹出【AVI后期配音】对话框。在对话框中进行配音和视放。

7.1.3 制作Flash录像

对于前面介绍生成的EXE动画文件，可以将其转换成相应的Flash文件。一般Flash都是在网页中播放的，录制时不应该用太高的屏幕分辨率，如果录全屏幕，则建议把屏幕分辨率设置为800*600再录，这样可以保证播放时屏幕能够显示全部内容，而不用拖动滚动条。最好不要把时间过长的EXE录像转成Flash，建议控制在10分钟以内，时间比较长的演示可以做成多个Flash动画，再通过网页组织起来。制作Flash录像的步骤是：

步骤1：先用屏幕录像专家将动画内容按前面介绍的方法录制成EXE动画文件。

步骤2：在屏幕录像专家的【录像文件列表】框中选中此EXE动画文件，选择【编辑】→【EXE转成FLASH】命令，弹出如7.4图所示的对话框。

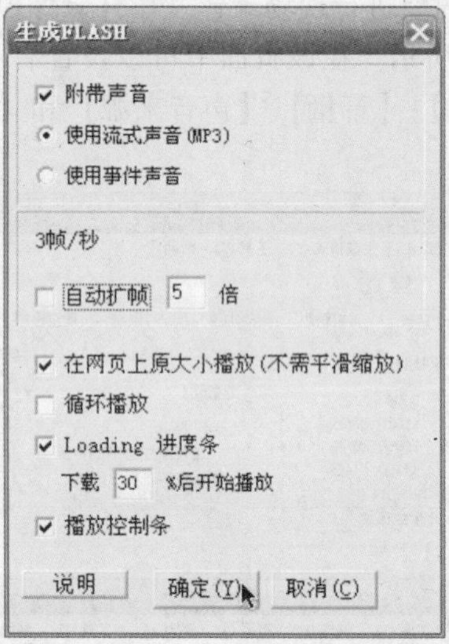

图7.4 【生成FLASH】对话框

步骤3：在该对话框中可以选择是否选中【附带声音】复选框，如果选中【附带声音】复选框，则选择【使用流式声音（MP3）】单选按钮表示将录像中的声音转换成MP3格式添加到Flash文件中；若选择【使用事件声音】单选按钮表示可以对录像中的声音进行修改以除去噪音。用户可以设置是否自动扩帧以及扩帧倍数，Flash扩帧的目的是使Flash动画更加流畅。选择【在网页上原大小播放（不需要平滑缩放）】复选框表示要在网页上播放生成的Flash文件，选中此选项，生成Flash时除了生成SWF文件外，还会生成一个同名的HTM文件，双击此HTM文件即可播放Flash动画。如果不选中【循环播放】复选框，那么生成的SWF文件在播放完后会自动回到开始播放的位置并停止播放，不会循环。

步骤4：在图7.4所示的对话框中单击【确定】按钮，将弹出一个【另存为】对话框，在该对话框中设定好Flash文件名和存放位置后单击【保存】按钮，进入Flash处理过程。

步骤5：在步骤4的制作Flash过程中，如果步骤3选择的是【使用流式声音（MP3）】单选按钮，则会弹出一个【选择流式声音比特率】对话框，在此对话框中可以选择声音要使用的比特率，比特率越低生成的文件就会越小，相应地声音质量会差一些。如果步骤3选择的是【使用事件声音】单选按钮，则会弹出一个【去噪音】对话框，对录像中的声音进行修改以除去噪音。完成操作后单击对话框的【确定】按钮，则完成Flash制作。

完成Flash制作后，在保存Flash动画文件的位置双击相应的SWF文件，则启动Flash播放器播放该SWF文件，如果步骤3选择的是【在网页上原大小播放（不需要平滑缩放）】复选框，还可以双击对应的HTM文件，使SWF文件在网页中播放。

7.2 “会声会影”视频编辑软件

“会声会影”是一套操作简单、功能强大的专为个人及家庭所设计的视频编辑软件。用户可以轻松体验快速操作自己的影视作品。软件采用制作向导模式，只要三个步骤就可快速制作出完美的影视作品。

7.2.1 “会声会影”简介

要想使用“会声会影”软件，首先要将该软件安装在计算机上。登录其官方网站下载该软件。软件安装后，单击【开始】→【所有程序】→【Corel VideoStudio Pro X3】→【ACorel VideoStudio Pro X3】命令，出现“会声会影”软件主界面窗口，如图7.5所示。

图7.5 “会声会影”主界面

这里以软件的 X3 版本为例，介绍软件界面中各区域的功能如下：

●“步骤面板”包含视频制作中捕获、编辑和分享三个步骤按钮。

●“编辑工具栏”包含了编辑步骤中各种类型的素材之间快速切换的选项，这里的素材类型包括视频、转场、标题、图形、过滤和音频等，如图 7.6 所示。

●“画廊”列出存放各种类型素材的文件夹列表，这种文件夹称为库文件夹，位于素材库的上方。

●“素材库”存储和组织所有媒体素材，包括视频素材、视频滤镜、音频素材、静态图像、转场效果、音乐文件、标题和色彩素材。

●“浏览窗口”显示当前的素材、视频滤镜、效果或标题等效果的窗口。

●“导览面板”提供一些用于回放和精确修整素材的按钮，如图 7.7 所示。

●“选项面板”包含相关的设置和相应按钮，以及可用于自定义所选素材设置的其他信息。此面板随着正在执行的步骤和具体的操作不同，其内容也不同。

●“时间轴”显示项目中包括的所有素材、标题和效果。在时间轴中包含了视频轨、覆叠轨、标题轨、声音轨和音乐轨等。

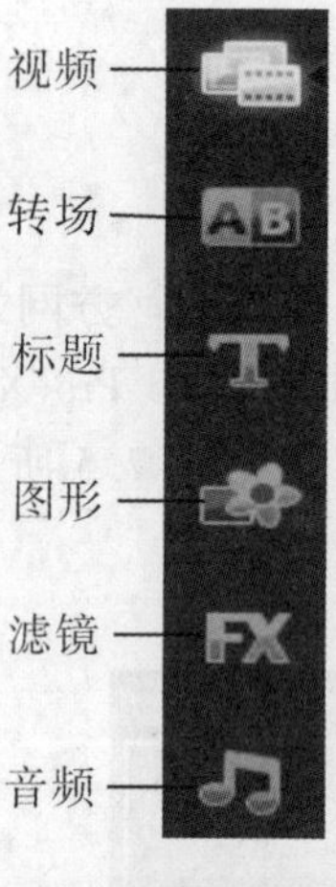

图 7.6 编辑工具栏

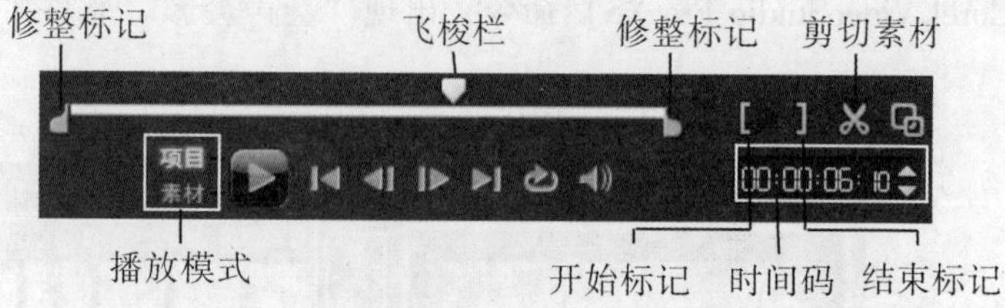

图 7.7 导览面板

在运行“会声会影”时，软件会自动创建一个新项目供用户开始制作视频作品，也可以选择【文件】菜单的【新建项目】命令，创建一个新的项目。创建了项目后，就可以进行视频制作了，使用“会声会影”进行视频制作，主要包括捕获、编辑和分享三个步骤，其中编辑步骤又包括了视频编辑、转场、覆叠、标题和音频等操作。接下来，依次介绍这些操作。

7.2.2 素材的捕获与管理

1. 素材的捕获

影片制作的核心是素材，有了好的素材才能制作出好的作品。“会声会影”中的素材包括图片、声音、动画、视频等；素材可以通过 DV、摄像机、数码相机以及其他移动设备等进行捕获，也可以直接从计算机的硬盘中导入。

单击步骤面板的【捕获】按钮，则在【选项面板】中列出【捕获视频】、【DV 快速扫描】、【从数字媒体导入】和【从移动媒体导入】等选项，根据具体情况选择捕获或导入的方式。这里我们介绍【从数字媒体导入】的操作步骤：

步骤1：单击【从数字媒体导入】，弹出如图7.8(a)所示的【选取“导入源文件夹”】对话框。

步骤2：在该对话框的树形文件夹中选中素材所在的文件夹，然后单击【确定】按钮，转入图7.8(b)所示的【从数字媒体导入】对话框，该对话框用来对选择的文件夹进行编辑操作。

步骤3：在【从数字媒体导入】对话框中可以单击【选取“导入源文件夹”】按钮，选择其他文件夹，单击和按钮排列文件夹之间的顺序，单击按钮删除左侧选中的文件夹。单击【起始】按钮进入如图7.8(c)所示的对话框；

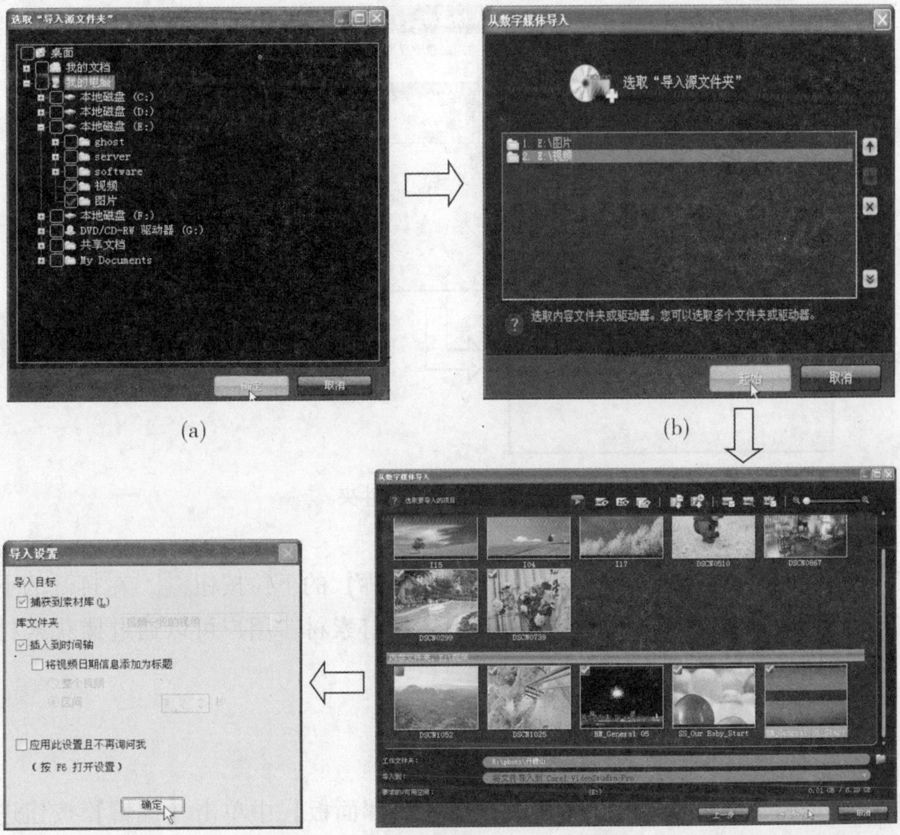

(a) (b) (c) (d)

图7.8 从数字媒体导入

步骤4：在图7.8(c)中选中需要导入的素材（选中的素材在项目的左上方的框中标记为“√”），可以选择多个项目。单击【开始导入】按钮，将选中的素材导入素材库。完成后出现【导入设置】对话框，如图7.8(d)所示。

步骤5：在【导入设置】对话框中设置【导入目标】、【库文件夹】和【插入到时间轴】等内容。最后单击【确定】按钮完成操作。

2. **素材的管理**

为了方便素材的使用，软件提供自定义库文件夹，用户可以将自己的素材存放在自定义的库文件夹中，以便于对素材的管理。库文件夹的创建和管理的步骤如下：

步骤1：在主界面中单击【素材库】上方【画廊】的下拉按钮，在打开的列表中选择【库创建者】，弹出【库创建者】对话框，如图7.9所示。

步骤2：在对话框中选择创建文件夹的类型，单击【新建】按钮，弹出【新建自定义文件夹】对话框；也可以对已创建的文件夹进行编辑或删除。

步骤3：在【新建自定义文件夹】对话框的【文件夹名称】框中输入自定义的文件夹名称，在【描述】框中输入该文件夹的简单描述，最后单击【确定】按钮完成创建，并返回到【库创建者】对话框。

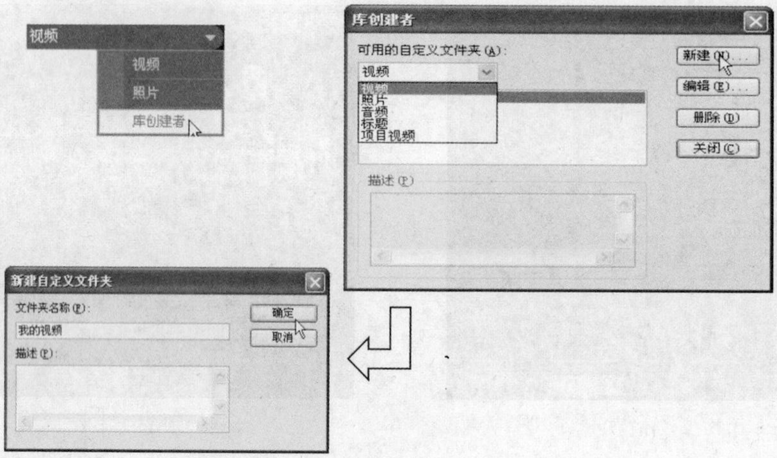

图7.9 创建库文件夹

创建好库文件夹后，单击【素材库】上方【画廊】的下拉按钮，在打开的下拉列表选项中可以找到该库文件夹。此时库文件夹中还没有素材。用户可以通过捕获素材的方法给库文件夹添加素材。

7.2.3 素材编辑

素材编辑是属于编辑步骤的操作之一，在【步骤面板】中单击【编辑】按钮进入编辑步骤。素材编辑可以排列、编辑和修整项目中所用的视频素材，可以对视频进行分割和调整回放速度，还可以对素材的色彩、亮度进行加强，对视频应用滤镜等等。

1. **处理素材**

素材是构建项目的基础。处理素材是需要掌握的最重要的技巧。处理素材包括对素材进行修整、设置回放速度、场景分割等。

(1) 将素材添加到【视频轨】。

在时间轴的【视频轨】上，可以插入多种类型的素材，如视频、图像和色彩等。视频和图像素材有下面几种方法添加到【视频轨】上：

方法1：在【素材库】中选择素材并将它拖到【视频轨】上。按住Shift或Ctrl键，可以在【素材库】中选取多个素材。

方法2：右击【素材库】中的素材，然后在快捷菜单中选择【插入到】→【视频轨】命令。

方法3：在Windows资源管理器中选择一个或多个素材文件，然后将它们拖到【视频轨】上。

色彩素材是可用于标题的单色背景。例如，插入黑色的色彩素材作为片尾鸣谢字幕的背景。将色彩素材添加到【视频轨】的方法是：

单击【编辑工具栏】的【图形】按钮，然后单击【素材库】上方【画廊】的下拉按钮，在打开的列表中选择【色彩】，最后在【素材库】中选择所需色彩，并将其拖到【视频轨】上。

（2）回放速度。

可以修改视频的回放速度。将视频设置为慢动作，强调视频中的动作，或设置快速的播放速度，为影片营造滑稽的气氛。操作方法为：

在【时间轴】上选中视频，然后单击【选项面板】→【视频】→【回放速度】按钮，弹出如图7.10所示的【回放速度】对话框。在该对话框的【速度】框中输入回放速度值，或拖动下面的滑块设定回放速度，设置的值越大，素材的播放速度越快。单击【预览】按钮可查看效果，最后单击【确定】按钮完成设置。

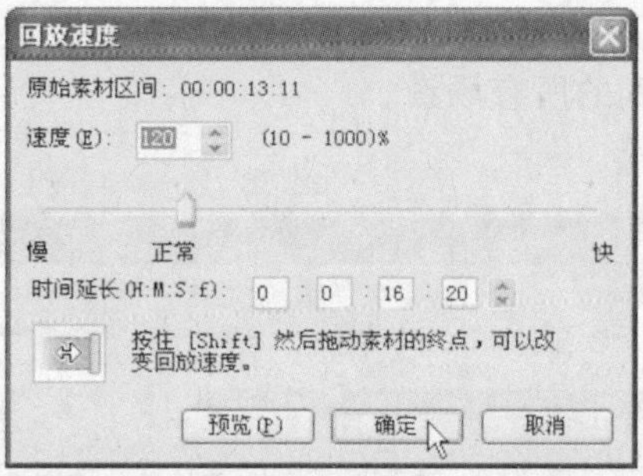

图7.10 【回放速度】对话框

（3）反转视频。

反转视频就是从后向前播放视频。在【时间轴】上选中视频，然后单击选中【选项面板】→【视频】→【反转视频】选项就可以实现视频反转播放。

（4）修整素材。

“会声会影”可以方便地对视频进行精确到帧的剪辑和修整。修整素材有两种方法：

方法1：选择【时间轴】上的素材，则该素材两端出现黄色的【修整拖柄】，如图7.11所示，拖动拖柄可以缩短素材。在【导览面板】上可反映素材的修整情况。

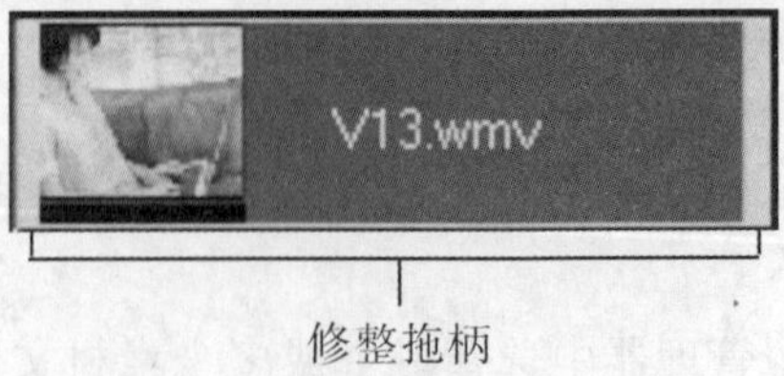

图 7.11 在时间轴中修整视频

方法 2：选择【时间轴】上的素材，在图 7.7 所示的【导览面板】上拖动【修整标记】按钮和，可以重新设定素材的开始和结束位置，也可以先将【飞梭栏】依次拖到开始和结束位置，然后单击【开始标记】按钮和【结束标记】按钮重新设定素材的开始和结束位置。

在【导览面板】上拖动【飞梭栏】到要修剪素材的位置，单击【剪切素材】按钮，则在【时间轴】上显示的素材被分割成两部分。如果要删除其中之一，在【时间轴】选中不需要的素材，然后按 Delete 键即可。

(5) 场景分割。

“会声会影”中的【按场景分割】功能，可以检测视频文件中的不同场景，然后将该文件分割成多个素材文件。操作步骤为：

步骤 1：在【时间轴】上选择所捕获的视频，然后单击【选项面板】→【视频】→【按场景分割】按钮，弹出如图 7.12 所示的【场景】对话框。此时，“会声会影”已经扫描整个视频文件并列出检测到的所有场景。

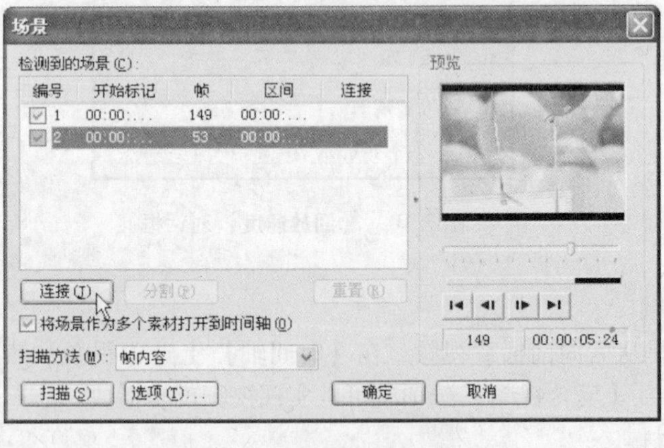

图 7.12 【场景】对话框

步骤 2：如果需要对视频场景进行重新分割，首先在【扫描方法】的下拉列表中选择按帧内容还是按录制时间扫描，然后单击【选项】按钮，在弹出的【场景扫描敏感度】对话框中，拖动滑动条设置敏感度级别（级值越高，场景检测越精确），最后单击【扫描】按钮，则重新扫描整个视频文件并在【检测到的场景】中列出检测到的所有场景。

步骤 3：在【检测到的场景】列表中，选择后面的场景，单击【连接】按钮，可以将选中的场景与它前面的场景合并成一个场景。如果列表中存在合并的场景，选中这种场景，单击【分割】按钮，又可以将它分割成多个独立的场景。

步骤4：选中【将场景作为多个素材打开到时间轴】选项，然后单击【确定】按钮，则在时间轴中可以看到刚才的视频文件已经被分割成几个排列在一起的视频文件了。

（6）多重修整视频。

多重修整视频功能是将一个视频分割成多个片段的另一种方法。按场景分割由程序自动完成，而使用多重修整视频则可以完全控制要提取的素材，使项目管理更为方便。操作步骤如下：

步骤1：在【时间轴】上选择视频文件，单击【选项面板】→【视频】→【多重修整视频】选项，弹出如图7.13所示的【多重修整视频】对话框。

步骤2：拖动【飞梭栏】到达要用作为起始帧的视频位置，然后单击【开始标记】按钮设置开始帧。在【精确剪切时间轴】中可以看到每一帧的画面，可以帮助精确确定位置。

步骤3：再次拖动【飞梭栏】到用作为终止帧的视频位置，单击【结束标记】按钮设置结束帧。此时，在【修整视频区间】将新增一个独立视频片断。

步骤4：重复执行步骤2和步骤3，直到标记出要保留或删除的所有片段为止。

步骤5：单击【确定】按钮，将【修整视频区间】中显示的所有视频片段插入到【时间轴】上。

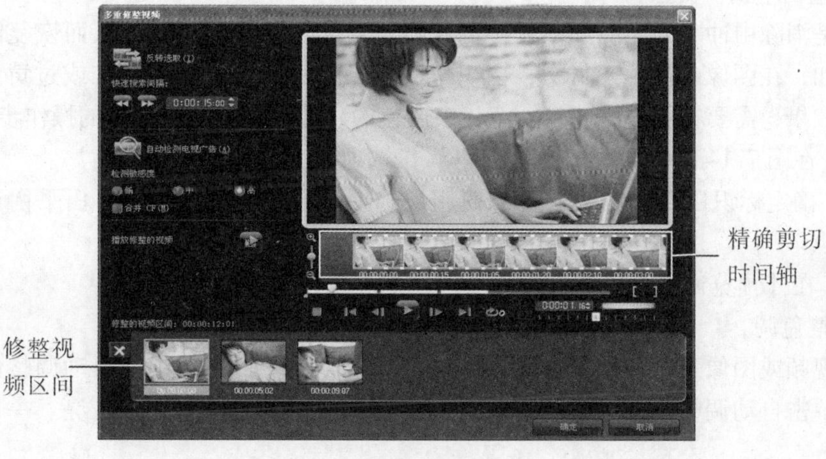

图7.13 【多重修整视频】对话框

（7）保存修整后的素材。

对素材进行修整后，如果希望保存编辑过的素材文件。“会声会影”将修整后的视频保存到一个新文件中（新文件命名采用原文件加序号的方式命名），而不是替换原始文件，为原始文件提供了安全保护措施。

要保存修整后的素材，在【时间轴】或【素材库】中选中素材，单击【文件】→【保存修整后的视频】命令，则将修整后的视频以新文件名保存在原来的库文件夹中。

2. 增强素材

“会声会影”通过调整视频或图像素材的当前属性（例如色彩设置等），从而提高视频或图像的质量。

（1）调整色彩和亮度。

要调整【时间轴】中的图像和视频的色彩和亮度设置，操作步骤如下：

步骤1：在【时间轴】上选择要调整色彩和亮度的视频或图像素材。

步骤2：单击【选项面板】→【视频】→【色彩校正】选项，此时【选项面板】切换到【色彩校正】界面，如图7.14所示。

步骤3：将滑动条向右拖可加强素材的色调、饱和度、亮度、对比度或Gamma，在【预览窗口】观看新的设置对图像和视频的影响。

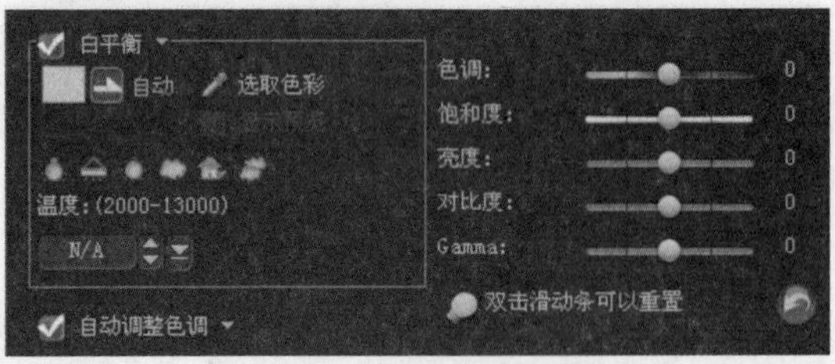

图7.14 色彩校正

（2）调整白平衡。

白平衡是消除由冲突的光源和不正确的相机设置导致的错误色偏，从而恢复图像的自然色温。例如，在图像或视频素材中，白炽灯照射下的物体可能显得过红或过黄。要成功获得其自然效果，需要在图像中确定一个代表白色的参考点。调整白平衡的操作步骤如下：

步骤1：在图7.14的选项中选中【白平衡】选项。

步骤2：确定标识白点的方法。可以使用各选项（自动、选取色彩、白平衡预设或温度）选择白点。

步骤3：在【预览窗口】观看新的设置对图像和视频的影响。

（3）调整色调。

要调整视频或图像素材的色调质量，在如图7.14所示界面中选中【自动调整色调】复选框，通过单击自动调整色调下拉列表，可以指定将素材设置为最亮、较亮、一般、较暗或最暗。

（4）应用滤镜。

滤镜可以应用到素材（视频或图像），用来改变素材的样式或外观效果。使用滤镜的主要作用有：调整色彩，例如使图像看起来像油画；去除马赛克，去除一些高度压缩的视频中常见的区块斑纹或纹式效果；去除雪花，消除视频中的可见动态雪花噪点；抵消晃动，校正或稳定由于相机摇动造成的不够标准的视频。操作步骤为：

步骤1：单击【编辑工具栏】的【滤镜】按钮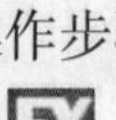，在【画廊】列表中选择滤镜的类型。

步骤2：在【素材库】列出的各种滤镜方式中选择一个滤镜，将该滤镜拖到【时间轴】

上需要使用滤镜的素材上。

步骤3：单击【选项面板】→【属性】选项卡，则选项面板出现如图7.15所示界面。

图7.15 对素材应用滤镜的选项面板

“会声会影”最多可以向单个素材应用五个滤镜。如果要自定义视频滤镜的属性，可以单击图7.15中的【自定义滤镜】按钮。

步骤4：在【预览窗口】预览应用了视频滤镜的素材的效果。

(5) 调整素材大小和变形素材。

其操作步骤为：

步骤1：在图7.15中选择【变形素材】复选框，此时在【预览窗口】出现黄色和绿色拖柄（黄色拖柄用于调整素材大小，绿色拖柄用于倾斜素材），如图7.16所示（图中波纹线表示黄色拖柄，直线表示绿色拖柄）。

图7.16 选择了【变形素材】的预览窗口

步骤2：在【预览窗口】拖动黄色或绿色拖柄，调整素材大小或者改变素材形状。

7.2.4 视频特效

转场效果使影片可以从一个场景平滑地切换为另一个场景。它们可以应用在【时间轴】中的素材之间，它们的属性可以在【选项面板】中修改。有效地使用此功能，可以为影片添加专业化的效果。

1. 添加转场

“会声会影”的素材库提供了大量的转场效果，可以将它们添加到视频中，其操作步骤为：

步骤1：单击【编辑工具栏】的【转场】按钮AB，然后在【画廊】的下拉列表中选择一个转场类别。此时【素材库】列出该转场类型的各种转场效果。

步骤 2：选择一个转场效果并将其拖到【时间轴】上，放在两个素材之间，则此转场效果将进入此位置。

2. 设置转场

可以对添加到【时间轴】的转场进行设置，操作方法为：首先选择在【时间轴】中介于两个素材之间的转场，则在【选项面板】中显示该转场效果的相关选项，如图 7.17 所示，在选项面板中对各个选项进行设置，完成对转场效果的设置。

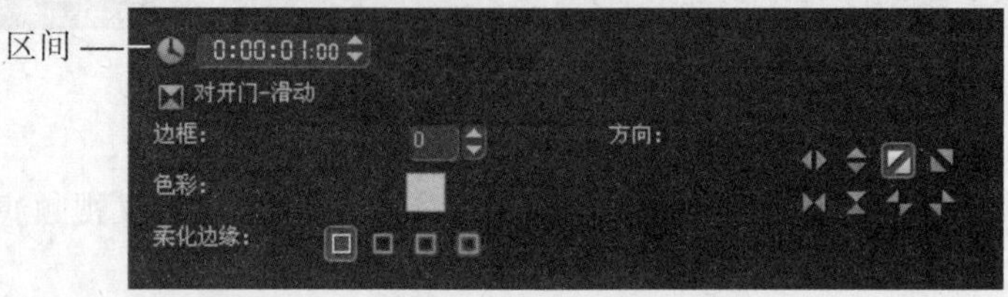

图 7.17　转场效果设置的选项面板

在图 7.17 中，各个选项的作用分别为：【区间】显示在所选素材上应用效果的区间，形式为“小时：分钟：秒：帧”，通过更改时间码值可调整区间；【边框】确定边框的厚度，设置为 0 表示删除边框；【色彩】确定转场效果的边框的色调；【柔化边缘】指定想要转场效果与素材的融合程度，增强柔化边缘会产生较平滑的转场，从而实现从一个素材到另一个素材的平滑过渡；【方向】指定转场效果的方向。

3. 将所选转场效果应用于所有素材

使用将所选转场效果应用于所有素材操作可以不用将转场效果通过手动添加的方式一个一个地添加到时间轴上。其操作方法为：

单击【编辑工具栏】的【转场】按钮，然后单击【画廊】后面的【对视频轨应用当前效果】按钮或者【对视频轨应用随机效果】按钮，使当前选择的转场效果应用于所有素材或者随机选择转场效果应用于所有素材，然后在对话框中单击【是】按钮完成设定。

7.2.5　覆叠效果

在【时间轴】的【覆叠轨】上添加覆叠素材，与【视频轨】上的视频合并起来，可以创建画中画的效果或添加字幕条来创建更具专业外观的影片作品。

1. 将素材添加到【覆叠轨】上

将视频、图像、色彩、Flash 动画等媒体文件拖到【时间轴】的【覆叠轨】上，可将它们作为覆叠素材添加到项目中。与将素材添加到【视频轨】上的操作相似，这里不再介绍。

2. 处理覆叠素材

对覆叠素材的处理包括修整覆叠素材、调整覆叠素材位置和大小、覆叠素材变形和设置动画等处理。其中，修整覆叠素材、调整覆叠素材位置和大小及覆叠素材变形可以参照 7.2.3 节中素材编辑的有关操作完成，这里主要介绍动画应用。

设置动画：选中【覆叠轨】上覆叠素材后，然后单击【选项面板】→【属性】选项卡，在如图 7. 18 所示的【方式/样式】的【进入】和【退出】区域中选择覆叠素材进入和退出的方向，选中【进入】下方的选项使素材以旋转的方式进入，选中【退出】下方的选项使素材以旋转的方式退出，选中选项使素材颜色以浅到正常的方式进入，选中选项使素材颜色以正常到浅的方式退出。

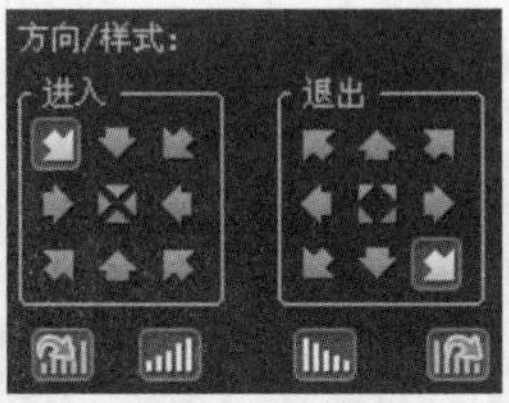

图 7. 18 方式/样式选项

3. **增强覆叠素材**

通过应用透明度、边框和滤镜等方法可以增强覆叠素材。还可以对覆叠素材应用色度键以删除其背景色，并将该素材作为新的背景在视频轨中显示。

在【覆叠轨】上选中覆叠素材，然后单击【选项面板】→【属性】→【遮罩和色度键】选项，此时【选项面板】切换成如图 7. 19 所示界面。

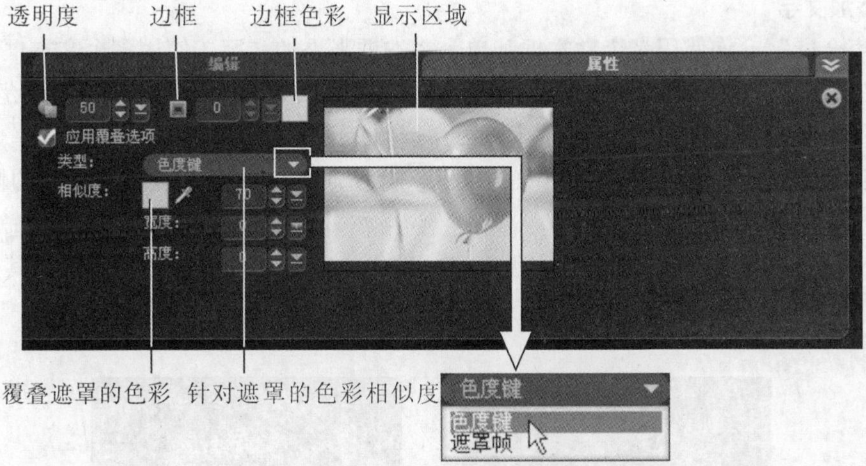

图 7. 19 遮罩和色度键选项

设置素材的透明度和边框：在【透明度】框中设置素材的透明度，在【边框】框中设置边框宽度，在【边框色彩】中设定边框的颜色。

对覆叠素材应用色度键：色度键可使素材中的某一特定颜色透明，以便能显示位于下面的素材。其操作方法是：在图 7. 19 中选中【应用覆叠选项】复选框，然后在【类型】下拉列表中选择【色度键】选项，在【覆叠遮罩的色彩】中设定颜色，在其后面的【针对遮罩的色彩相似度】中设定相似度，分别在【宽度】和【高度】中设定修剪覆叠素材的宽度和高度。

设定遮罩帧：遮罩是一种控制素材透明度的有效方法，可用于在素材中定义将哪些区域变为透明，哪些区域保持不透明。其操作方法是：在图 7.19 中选择【应用覆叠选项】复选框，然后在【类型】右边的下拉列表中选择【遮罩帧】选项，则在右边的【显示区域】中显示如图 7.20 所示的【遮罩帧列表】视图，在列表中选择遮罩帧。可在【预览窗口】看到设置后的效果。

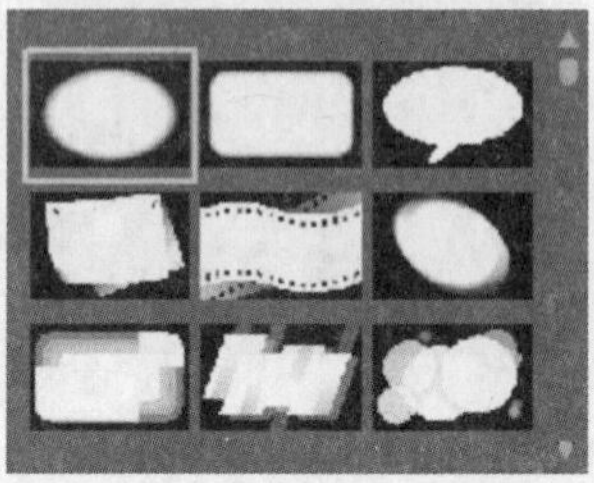

图 7.20　遮罩帧列表视图

7.2.6　标题

在视频作品中设置文字（字幕、开场和结束时的演职员表等等）可使影片更为清晰明了。“会声会影”可制作出带特殊效果的专业化外观的标题。

1. 添加文字

“会声会影”允许使用多个文本框和单个文本框来添加文字。使用多个文本框能灵活地将不同文字放置在视频帧的不同位置，并允许安排文字的叠放顺序。添加文字的步骤为：

步骤 1：在【编辑工具栏】选择【标题】按钮进入标题。

步骤 2：在【导览面板】拖动【飞梭栏】扫描视频，并选取要添加标题的帧。

步骤 3：双击【预览窗口】并输入文字。如果在【选项面板】→【编辑】选项卡中选择【多个标题】单选按钮，则双击【预览窗口】中文字框之外的地方，可添加其他文本框及文字，如图 7.21 所示。

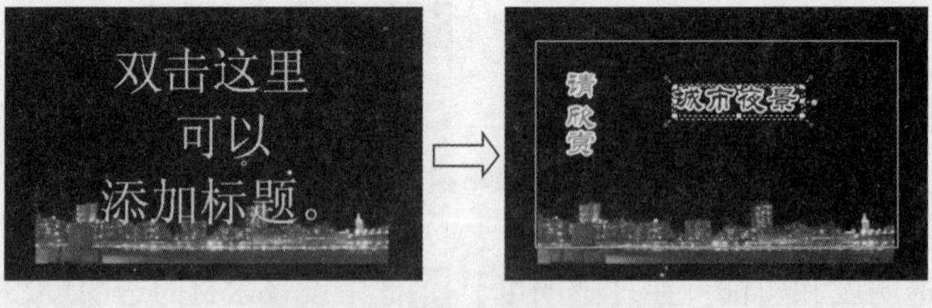

图 7.21　在视频上添加文字

步骤 4：在【时间轴】的【标题轨】上单击，则将【预览窗口】中的文字以标题形式添加到【标题轨】上。

2. 为项目添加预设的标题

素材库中包含了多个预设的标题，可将它们应用于项目。使用预设的标题的方法是：

在【编辑工具栏】选择【标题】按钮进入标题，在【画廊】的下拉列表中选择标题，然后将预设的标题拖到【标题轨】上。

3. **编辑文字**

在【标题轨】上选中标题素材，然后在【预览窗口】中双击需要编辑的文字，再选择【选项面板】→【编辑】选项卡，其界面如图 7.22 所示。然后在该选项卡中设置文字的属性（如字体、样式和大小等）、文字的样式和对齐方式、添加文字背景，以及对文字添加边框/阴影/透明度等即可。

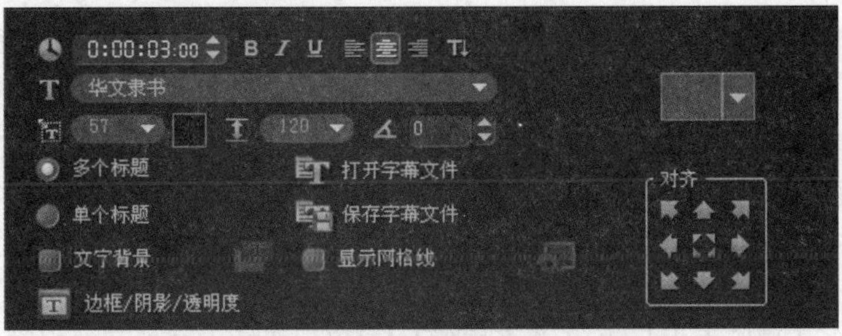

图 7.22　**文字设置选项**

4. **设置动画**

使用“会声会影”的文字动画工具，可以将动画应用到文字中。将动画应用到当前文字的步骤为：

步骤 1：在【标题轨】上选中标题素材，然后在【预览窗口】中双击需要编辑的文字，再单击【选项面板】→【属性】选项卡，如图 7.23 所示。

步骤 2：单击【动画】单选按钮，再选择【应用】复选框，然后在【选取动画类型】下拉列表中选择类型。

步骤 3：在【动画列表】中选择具体的动画方式。

步骤 4：也可以单击【自定义动画属性】按钮自定义动画的属性。

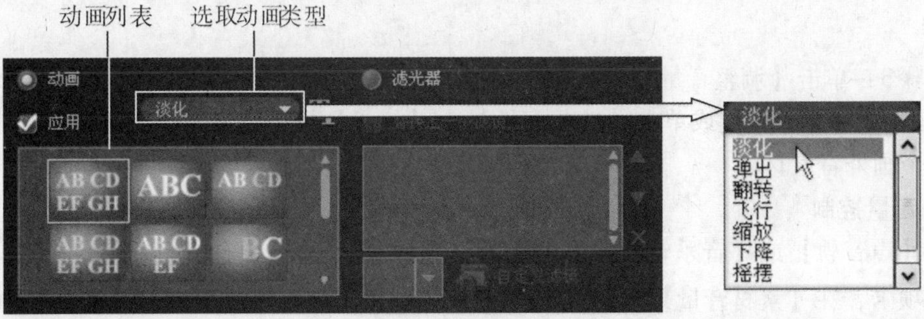

图 7.23　**应用动画**

7.2.7　音频

声音是视频作品获得成功的元素之一。“会声会影”能够为项目添加旁白和音乐。在【时间轴】上有两个轨：【声音轨】和【音乐轨】，可以将画外音插入【声音轨】，而将背景音乐或声音效果插入【音乐轨】。

1. 添加音频文件

“会声会影”提供了单独的【声音轨】和【音乐轨】，但可以将声音和音乐素材插入到任何一种轨上。

单击【编辑工具栏】上的【音频】按钮，然后在【素材库】中选择相应的音频，并拖动到【声音轨】或【音乐轨】上。单击【画廊】后面的【添加】按钮还可向音频素材库中添加音频素材。

2. 添加画外音

有时视频需要使用画外音来解释视频中所发生的事情。“会声会影”可以自行录制干脆清晰的画外音。添加画外音的步骤如下：

步骤1：在【导览面板】上将【飞梭栏】移到要插入画外音的视频段的开始位置。

步骤2：单击【编辑工具栏】上的【音频】按钮，然后单击【选项面板】→【音乐和声音】→【录制画外音】按钮，弹出如图7.24所示的【调整音量】对话框。对着话筒讲话，检查仪表是否有反应。可使用Windows混音器调整话筒的音量。

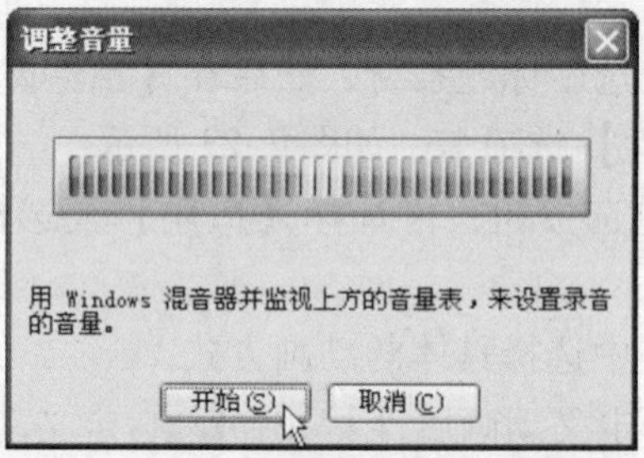

图7.24　【调整音量】对话框

步骤3：单击【调整音量】对话框中的【开始】按钮，进行录音。

步骤4：按下Esc键或单击【选项面板】中【停止】按钮结束录音，此时在【声音轨】出现一个画外音素材。

3. 音量控制

在【声音轨】或【音乐轨】上选择音频素材，然后选择【选项面板】的【音乐和声音】选项卡，在【素材音量】框中输入音量的百分比（取值范围为0~100，其中0将使素材完全静音，100将保留原始的录制音量）。也可以单击【素材音量】框后面的按钮，然后拖动滑块来设定音量。

4. 修整和剪辑音频素材

可以在【时间轴】上直接修整音频素材，也可以在【导览面板】实现对音频的修整和剪切。具体的操作请参照 7.2.3 节中修整素材的操作。

5. 延长音频区间

时间延长功能可以延长音频素材，而不会使其失真。通常，为适合项目而使用时间延长功能将使音频素材听上去像是以更慢的拍子进行播放。延长音频素材的区间有两种方法：

方法 1：选中【声音轨】或【音乐轨】上的音频素材，按下 Shift 键后拖动素材两端黄色的修整拖柄，可以延长音频区间。

方法 2：选中【声音轨】或【音乐轨】上的音频素材，然后单击【选项面板】→【音乐和声音】→【回放速度】按钮，打开图 7.10 所示【回放速度】对话框。在【速度】框中输入数值或拖动滑动条，以此改变音频素材的速度（较慢的速度使素材的区间更长，反之更短），最后单击【确定】按钮完成设置。

6. 淡入或淡出

有时需要视频中的音频有淡入/淡出效果，例如开始的背景音乐希望是由弱变强，而结束的背景音乐的音量是由强变弱。

在【声音轨】或【音乐轨】上选择音频素材，然后选择【选项面板】的【音乐和声音】选项卡，选择或选项则将音频素材设定为淡入或淡出效果。

7.2.8 分享

视频项目制作完成后，可将制作好的视频文件作为网页、多媒体贺卡导出，或通过电子邮件将其发送给亲朋好友。所有此类操作均可在“会声会影”的“分享”功能中完成。这里主要介绍创建并保存视频文件的方法，其操作步骤如下：

步骤 1：单击【步骤面板】的【分享】步骤，则在【选项面板】出现如图 7.25 所示的界面。

步骤 2：单击【创建视频文件】按钮，打开视频模板选择菜单，在菜单中选择视频模板，在打开的子菜单中选择视频格式，弹出【创建视频文件】对话框，在对话框中为视频输入文件名，然后单击【保存】按钮即可。

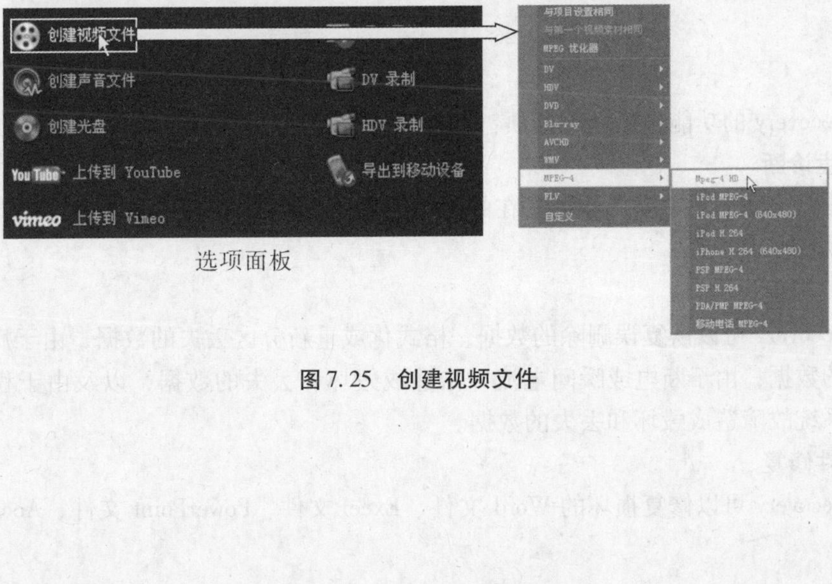

图 7.25 创建视频文件

数据恢复工具 EasyRecovery

当不小心对硬盘误格式化、错误分区或者错误删除文件（夹）等之后，使某个（些）数据甚至某个分区或整个硬盘中数据顿时化为灰烬。如果这些数据非常重要而又没有做相应备份的时候，那么这个损失是非常惨重的。这时可以使用 EasyRecovery 软件帮助恢复丢失的数据以及重建文件系统。EasyRecovery 可以高质量地找回文件。

7.3.1 EasyRecovery 介绍

对于已经安装了 EasyRecovery 软件的计算机，其启动方法为：单击【开始】→【程序】→【EasyRecovery Professional】→【EasyRecovery Professional】项目，出现如图 7.26 所示的界面。

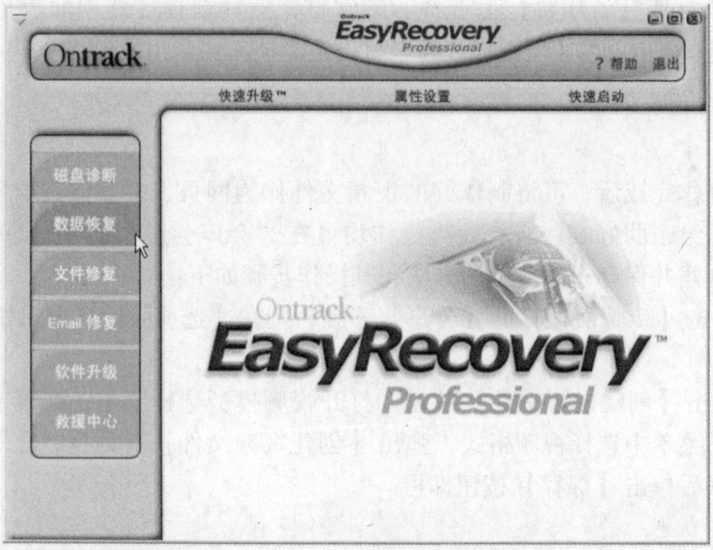

图 7.26　EasyRecovery 主界面

EasyRecovery 的功能包括如下四项：

1. 磁盘诊断

测试磁盘空间大小情况，检测潜在的磁盘问题，分析磁盘中文件系统结构，创建自引导诊断启动盘。

2. 数据恢复

EasyRecovery 可以恢复误删除的数据，格式化或重新分区丢失的数据，由于病毒造成损坏和丢失的数据，由于断电或瞬间电流冲击造成毁坏和丢失的数据，以及由于程序的非正常操作或系统故障造成毁坏和丢失的数据。

3. 文件修复

EasyRecovery 可以修复损坏的 Word 文件、Excel 文件、PowerPoint 文件、Access 数据库

文件以及 Zip 压缩文件等。EasyRecovery 修复文件时会生成备份文件，不改动原来的文件，并最大限度地将原来文档中的内容恢复出来。

4. e－mail 修复

EasyRecovery 可以修复由 Outlook 软件收发的电子邮件。

在这里，我们主要介绍 EasyRecovery 数据恢复的有关操作。

7.3.2 EasyRecovery 的数据恢复操作

单击左边【数据恢复】选项，则在窗口会出现六种数据恢复工具，如图 7.27 所示。

【高级恢复】：使用高级选项自定义数据恢复功能。

【删除恢复】：查找并恢复已删除的文件。

【格式化恢复】：从一个已格式化的卷中恢复文件。

【Raw 恢复】：不依赖任何文件系统结构信息进行恢复。

【继续恢复】：继续一个以前保存的数据恢复进程。

【紧急启动盘】：创建可引导的紧急引导启动软盘。

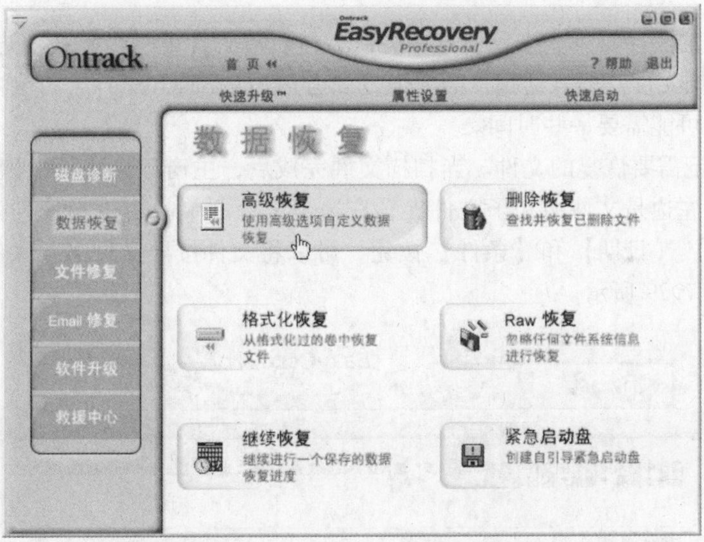

图 7.27 EasyRecovery【数据恢复】界面

以上所有数据恢复工具都需要通过简单的六个步骤来实现数据的修复还原。

步骤 1：选择分区。进入【数据恢复】第一个窗口就是选择需要操作分区的窗口，如图 7.28 所示。主窗口中显示了系统中硬盘的分区情况。

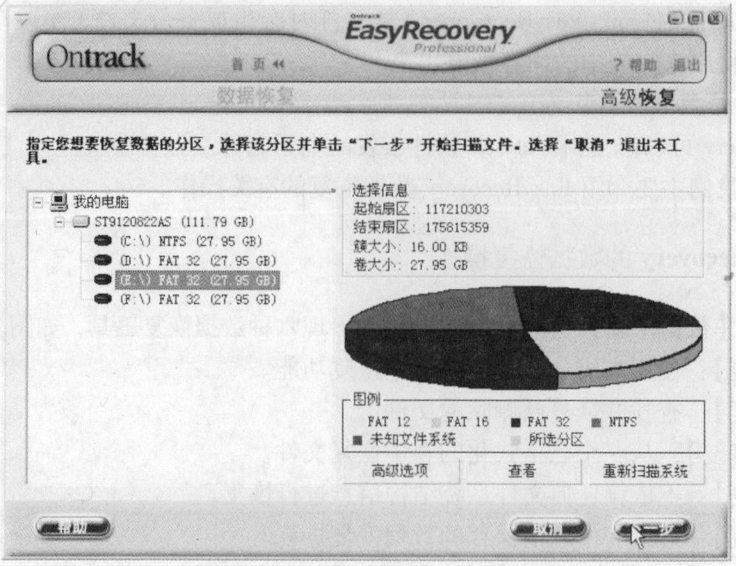

图 7.28 【数据恢复】的【选择分区】窗口

在窗口左边的驱动器列表中单击选中分区，然后单击【下一步】按钮进入步骤 2。

步骤 2：扫描文件。一旦选择了需要恢复的分区后，EasyRecovery 将会对系统进行扫描来查找文件，这可能需要一些时间。

步骤 3：标记需要恢复的文件。当扫描文件完成后，主窗口会将可以恢复的文件（夹）显示出来，窗口左边是文件夹和子文件夹，右边是文件。单击右边文件列表框上面相应的【名称】、【大小】、【日期】和【条件】按钮，可以将文件按照文件名、大小、日期和条件进行排序，如图 7.29 所示。

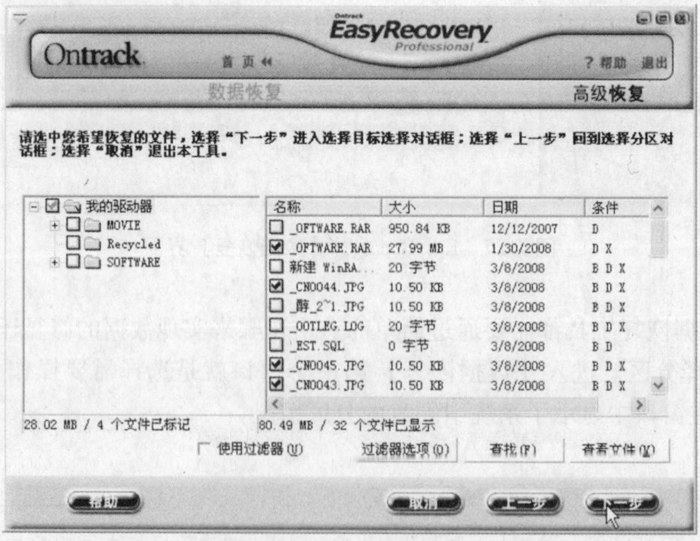

图 7.29 【数据恢复】的【选择文件（夹）】窗口

单击选中需要恢复的文件（夹），然后单击【下一步】按钮进入步骤4。

步骤4：设置目标文件夹。因为EasyRecovery不会将恢复的文件（夹）再保存到原来的分区，而需要在其他分区中设定一个目标文件夹来保存恢复的文件（夹），如图7.30所示。

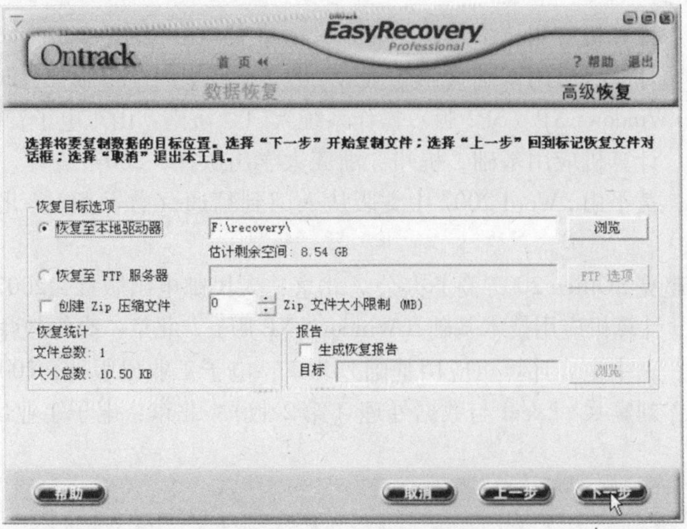

图7.30 【数据恢复】的【设置目标文件夹】窗口

在【恢复至本地驱动器】栏中输入目标文件夹，或单击其后的【浏览】按钮选择目标文件夹。设置好目标文件夹后，点击【下一步】按钮进入步骤5。

步骤5：复制数据。将需要恢复的数据复制到目标文件夹中，这可能需要一些时间。

步骤6：数据恢复报告。一旦数据复制结束，将出现数据恢复报告的信息界面。单击【完成】按钮，则整个操作完成。

【本章小结】

1. 屏幕录像专家软件是一款专业的屏幕录像制作软件，使用它可以轻松地将屏幕上的操作过程录制成EXE或AVI动画文件，此外，该软件还可以将录制的EXE动画文件转成Flash动画文件。

2. “会声会影”视频编辑软件操作简单、功能强大，使个人及家庭用户可以轻松体验快速操作自己的影视作品。

3. EasyRecovery可以检测潜在的硬件问题、分析文件系统的结构、恢复丢失的文件、修复Office文件、修复ZIP文件和修复Outlook邮件等，其中数据恢复是它最主要的功能。

【本章关键词】

屏幕录像专家　视频编辑　数据恢复

参考文献

[1] 范慧琳．计算机应用技术基础．北京：清华大学出版社，2007.

[2] 卢湘鸿．计算机应用基础（第5版）．北京：清华大学出版社，2007.

[3] 曾稳祥．Windows XP（SP2版）操作系统入门．济南：山东电子音像出版社，2007.

[4] 曹淑艳．计算机应用基础．杭州：浙江大学出版社，2007.

[5] 周建军，黄平山．Word 2007中文版从入门到精通（普及版）．北京：电子工业出版社，2007.

[6] 黄立，赵亮．Office 2007商务办公．北京：人民邮电出版社，2007.

[7] 李淑华．计算机应用技术基础（Windows XP版）．北京：高等教育出版社，2005.

[8] 王长友，王中生．计算机应用基础．北京：电子工业出版社，2007.

[9] 杜茂康，刘宴兵．Excel与数据处理（第2版）．北京：电子工业出版社，2007.